U0344128

中国地质调查局地质调查项目(项目编号：12120114024101)

湖南省科学技术厅、湖南省自然资源厅联合基金资助项目

(项目编号：2023JJ60164、2023JJ60165)

湖南省自然资源厅科技计划项目(项目编号：2023010202)　联合资助

湖南省地质调查所院士专家工作站

湖南省地质调查所博士后科研工作站

湖南衡阳盆地东缘 岩浆作用与成矿效应

陈　迪　罗　鹏　杨　俊　李银敏

刘庚寅　梁恩云　邹光均　马铁球　著

中南大学出版社

www.csupress.com.cn

·长沙·

内容简介 / Introduction

本书依托中国地质调查局区域地质调查项目"湖南 1∶5 万铁丝塘、草市、冠市街、樟树脚幅区域地质调查"（项目编号：12120114024101）、湖南省科学技术厅、湖南省自然资源厅联合基金资助项目（项目编号：2023JJ60165）、湖南省科技厅青年基金项目"湖南衡阳盆地东缘印支期花岗岩成因演化、岩浆作用过程与成矿效应"（项目编号：2018JJ3269）、湖南省地质调查所院士专家工作站、湖南省地质调查所博士后科研工作站的联合支持完成。

《湖南衡阳盆地东缘岩浆作用与成矿效应》一书共分为 6 章：绪论；区域地质与矿产研究现状；加里东期岩浆作用；印支期岩浆作用；燕山期岩浆作用；岩浆作用及成矿效应。全书 40 余万字，插图 128 幅，插表 53 张，引用文献 400 余篇，以衡阳盆地东缘加里东期花岗岩类、印支期花岗岩、燕山期花岗岩和火山岩及岩浆矿床为研究主线，通过大量野外地质调查和室内测试分析，对衡阳盆地东缘岩浆岩的分布、形成时代、地质特征，造岩矿物特征，岩石地球化学，微量元素地球化学，同位素地球化学，岩石熔融和形成时的温度、压力条件及侵位机制进行了研究总结，系统论述了衡阳盆地东缘加里东期、印支期、燕山期侵入岩，燕山期火山岩的成因及物质来源，地球化学演化规律，形成的大地构造背景以及岩浆与矿床形成的关系，并以区内典型矿床为实例，研究了岩浆矿床成矿条件、物质来源、形成时代等，重点阐述了成矿作用与岩浆岩的成因联系。

衡阳盆地东缘地质构造复杂，岩浆活动强烈，成矿流体活跃，本书对该地区花岗岩及火山岩进行岩石学、地球化学、同位素年代学及成矿关系研究，对于研究岩石成因、地壳物质演化、壳-幔物质循环、岩浆侵位机制，探索岩浆作用的成矿规律、寻找矿产资源等地质生产、科研具有一定的参考价值。

作者简介 / About the author

　　陈迪(1985—)，男，贵州习水人，地质与矿产勘查专业高级工程师，中国地质大学(武汉)资源与环境专业在读博士研究生，自然灾害调查评估师，湖南省自然资源厅储量评审专家。2010年至今一直在湖南省地质调查所(原湖南省地质调查院)工作，现任湖南省地质调查所基础地质调查研究中心主任。

　　工作以来，陈迪已主持、协助主持省部级区域地质调查项目4项；主持、参与省科技厅青年基金项目各1项；协助主持湖南省地质院科研项目1项；参与省部级的《中国区域地质志·湖南卷》《中国矿产地质志·湖南卷》的编写，以及全国矿产资源潜力评价项目等，其中，主笔编写《中国矿产地质志·湖南卷》中岩浆岩、变质岩部分；承接并主要负责湖南省砂石资源专项规划与勘查、第一次全国自然灾害综合风险普查(地质灾害部分)、生态修复保护规划及矿山生态修复保护方案、历史遗留矿山生态修复治理工程项目立项勘察设计、国土空间规划(双评价、山体水体修复保护专项)、地质文化村镇建设申报方案、污染地块场地调查等项目30余项。近年来已获得湖南省科技厅、湖南省地质学会奖励7项；湖南省地质调查所学术奖励8项、优秀共产党员称号4项、先进生产者及优秀基层负责人奖励10余项。以第一作者在《大地构造与成矿学》《中国地质》《现代地质》《地质通报》《地质科技情报》《地质力学学报》等地学核心刊物上发表论文10余篇，已公开出版专业著作1部(作者排名第2)，具备较强的生产实践和科研能力，是我省自然资源储量评审的中青年专家。陈迪作为基础中心负责人，在我省地勘单位改革转型发展的过程中，带领团队开展了多学科、多专业领域的转型发展与生产经营实践并取得显著成绩，是地调所专业技术及组织管理能力突出的中青年骨干。

　　工作单位简介：湖南省地质调查所是经湖南省委编委批准、由原湖南省地质调查院为基础并整合湖南省核工业地质局档案馆共同组建的公益类事业单位，主要职责是承担国家和湖南省基础性、公益性、战略性综合地质调查和地质科学研究，承担放射性地质档案资料管理和研究开发利用，为地质工作规划部署和业务管理提供技术支持。

前　言

花岗岩是地球独有的、有别于其他星球的重要特征岩石之一，也是大陆地壳的重要组成部分，它的形成和演化记录了地壳的演化历史和不同构造背景下的壳-幔岩浆相互作用的过程。花岗岩的形成还与多金属钨、钼、锡、铌、钽、稀土、金、铜、铅、锌等矿产密切相关。研究花岗岩及其成因可以探讨大陆地壳的演化机理、岩浆壳-幔相互作用的过程、地球的形成与演化关系；研究不同地质特征的花岗岩可获取不同源区的岩浆性质、形成的大地构造环境、岩浆作用与众多矿产资源之间的关系信息，为人类社会经济发展提供矿产资源保障，以推动人类经济社会的发展和进步。

国际上对花岗岩成因研究取得了一系列重要成果，王德滋院士（2002）对此总结为三个阶段。一是 Chappell 和 White（1974）针对花岗岩源区性质提出 I 型与 S 型花岗岩的划分，并用 M 型指代来源于地幔、地球上分布较少的花岗岩。学者 Loiselle 和 Wones（1979）提出第四种类型花岗岩，并依据其碱性（alkline）、贫水（anhydrous）和非造山（anorogenic）的特点将其称之为 A 型花岗岩，上述划分方案中的 I 型、S 型和 A 型花岗岩可以利用特征矿物和地球化学指标进行相互区分。二是 Pitcher（1983）提出花岗岩的构造环境分类。三是 1990 年美国大陆动力学计划提出后，将壳-幔岩浆相互作用引入花岗岩形成机制的研究中，即花岗岩的成因研究需结合地幔岩浆作用进行讨论。可见，花岗岩的研究已从岩相学为主向与其形成的大地构造背景方向转变，并且面临着向地球动力学相结合的方向发展（董申保，2007），以达到探讨区域性花岗岩成因及其形成时的大地构造环境，壳-幔物质与能量的相互交换，了解地幔物质的性质、循环和迁移，陆壳物质的组成、大陆地壳生长的机理和演化规律。

近年的调查研究表明，暗色微粒包体在花岗岩中大量存在，由于其蕴含大量的壳-幔岩浆作用信息，通过对其进行系统的研究，可以揭示区域岩浆的作用过程，也可以侧面反映其寄主花岗岩的成因及演化信息，甚至可以揭示区域的构造演化，近年来对暗色微粒包体的研究备受关注。花岗岩中暗色微粒包体是岩浆混合作用最显著、最直接的证据，是研究岩浆混合作用方式、端员组分性质、成岩过程物化条件等不可缺少的信息载体，是了解壳-幔岩浆作用的窗口，但对花岗岩体中暗色包体的成因研究，20世纪70年代以来一直存在残留体和岩浆混合成因两种观点的争论。主流观点之岩浆混合成因从幔源岩浆的起源出发，通过它们与地壳岩石相互作用中地幔热流、物质组成一系列的变化来反演壳-幔岩浆的演化和相互作用过程，对岩石成因、地壳生长与演化研究发挥了重要作用，近年来越来越多地得到研究者的推广和应用。在一个构造岩浆带内，通常以镁铁质微粒包体及其寄主花岗岩类岩石作为探测地壳、地幔深部的探针与窗口，通过全面的、综合的地质、地球物理、岩石学、矿物学以及主量元素、微量元素与同位素地球化学研究，获得壳-幔岩浆结构、组成、热状态及壳-幔岩浆相互作用过程的信息，揭示壳-幔岩浆相互作用过程，从壳-幔岩浆相互作用的深度来理解大陆地壳生长与演化，将有助于我们对花岗岩成因及地壳生长与演化的理解。

华南地区花岗岩类岩石分布广泛，约占全区面积的四分之一，而且该地区蕴藏着极为丰富的矿产资源，尤其是有色金属、稀土、稀有金属等矿产在我国国民经济建设中有重要的地位。众所周知，华南的钨矿著名于世，先进技术工业所需要的铌、钽及重稀土金属近年来在华南有了许多新的发现，此外锡、钼、铋等矿床也都具有重要的工业价值。上述矿产的形成，大多数在时间、空间和成因上与花岗岩类有密切的关系。所以对花岗岩类及有关成矿作用的研究，不仅是地学领域的重要理论课题之一，而且可为将来的找矿、探矿提供思路、线索和方向。21世纪以来，地球科学各领域发展很快，新理论、新技术、新发现不断涌现，地学知识不断充实和更新。本书以衡阳盆地东缘地区岩浆及其成矿作用显著的闪长岩、花岗岩、高分异花岗岩和玄武岩为研究对象，利用新的理论和方法，探讨花岗岩的成因、地质构造环境、壳-幔岩浆相互作用与大陆地壳生长过程、大陆动力学以及岩浆作用与成矿等方面的问题。

本书研究的一大特色是野外地质调查和实验室研究密切结合，2014年开始的湖南1:5万铁丝塘、草市、冠市街、樟树脚幅区域地质调查项目（项目编号：12120114024101）提供了翔实的野外地质调查资料，2018年开展的湖南省科技厅青年基金项目湖南衡阳盆地东缘印支期花岗岩成因演化、岩浆作用过程与成矿效应（项目编号：2018JJ3269）提供了部分理论基础和研究线索，2019年开展的湖南省地质矿产勘查开发局科研项目湖南常德至安仁断裂的地质特征、构造背景及控岩控矿研究（项目编号：201901）系统地梳理了区域上沉积、构造、岩浆成矿作用。本书在以往工作基础上开展了系统的岩石地球化学、同位素地球化学研究，其中实验测试研究是本书研究的重要内容。岩石地球化学、微量元素地球化学研究元素在地球中的分布、演化和迁移规律，同位素地球化学示踪岩浆演化、迁移与时间、空间的联系，放射性同位素测定不同类型岩石与矿床形成年龄，研究成岩、成矿物质来源，追踪地壳与地幔演化历史以及它们之间相互作用的特征，是研究基础地质、矿产地质等方面问题的重要支撑技术。本书开展了大量的岩石地球化学分析、锆石 U-Pb 测年、辉钼矿 Re-Os 测年研究，为深入总结衡阳盆地东缘地区的岩浆作用与成矿提供了关键性依据。

关键实验研究技术支撑之一：锆石 U-Pb 测年。该方法在本书中得到广泛应用，对建立衡阳盆地东缘花岗岩锆石 U-Pb 年代学格架提供了高精度的年龄数据。U-Pb 测年的单矿物锆石作为自然界一种普通的副矿物，广泛地分布于各类沉积岩、变质岩和火成岩中。由于它常常含有各种微量元素，并具有最佳的保存原始化学和同位素比值等信息的能力，使它在岩石学研究方面得到极为广泛的应用，特别是在同位素地质年代、地球壳-幔演化的研究中，锆石矿物是首选的研究对象。锆石 U-Pb 微区原位测年方法已经成为地学研究地质演化过程不可或缺的重要手段，这种方法使同位素测年和微量元素的测定向更微观、更清晰、更准确的方向发展。利用微区原位测年方法，能够对同一个矿物颗粒的不同部位进行年龄测定，可以得到矿物不同部位的成分及年代信息，从而重建出后期地质事件和区域地质活动，为物源示踪、推测反演地球环境、包裹体组分分析、变质年代等提供准确可靠的数据支撑，极大地推动了地质科学的发展。

关键实验研究技术支撑之二：辉钼矿 Re-Os 测年。Re-Os 同位素体系一直是地球化学研究的热点，在地球科学研究中意义重大，在本书研究成矿年龄方面发挥了重要的作用。Re-Os 同位素均为强亲铁元素，其他放射性同位素示踪体系如 Rb-Sr、Sm-Nd、U-Th-Pb 等均涉及亲石元素。因此 Re-Os 同位素体系在地球科学研究中能提供与其他同位素体系互补的信息。Re 作为中等不相容元素，倾向富集于熔浆中，Os 作为高度相容元素，倾向富集于地幔残留相中，在地幔熔融过程中，地幔与地壳的 Re/Os 值存在着较大的差异。Re-Os 同位素体系以其特殊的地球化学性质为确定岩石的形成时间、物质来源、演化过程及其地球动力学背景提供了重要信息。

衡阳盆地及其东缘地区地质构造复杂，多期的构造—岩浆作用叠加致使一些重要地质现象遭受不同程度的破坏，再有该地区植被发育、覆盖层厚，为在该地区开展系统的地质工作带来不少难度。2014 年以来，著者持续在该地区开展岩浆作用与成矿方面的相关工作，通过八年多的辛勤努力，排除了许多客观困难，终于完成了预定目标。尤其是近年来地勘经济持续低迷，著者所在的工作部门向地质技术服务方面转型发展,在财政资金投入、人力资源投入均短缺的背景下,得力于湖南省地质调查所(原湖南省地质调查院)领导、同事及家人的大力支持与鼓励,该书才得以按时出版,并有幸呈现在读者面前。该书的研究具有以下五个方面特色。

(1)野外地质调查和实验室研究紧密结合。在对花岗岩体的野外地质调查时,以侵入体(次)为最小研究对象,详细调查各侵入体之间的分布范围、接触关系、矿物组成和岩石结构、构造特征。在综合调查研究的基础上,系统采集各类实验研究样品,开展系统的岩石学、岩石地球化学、同位素地球化学研究,将野外地质调查和室内研究紧密地结合在一起,为本书中新观点的提出和成岩、成矿理论的论述提供了翔实的野外地质资料。

(2)采用锆石 SHRIMP U-Pb 测年、锆石 LA-ICP-MS 测年、辉钼矿 Re-Os 测年等多种同位素年代学测定方法,对获得的多组年龄数据进行客观和实事求是的讨论,对年龄数据进行相互印证和比较分析。在同位素年龄的具体应用和解释中,一方面充分结合地质体的野外实际情况,另一方面也不回避不同测定结果存在的不协调甚至矛盾的问题,以期为读者的参阅提供比较合理、客观的导向。

(3)同位素地球化学和岩石地球化学研究紧密结合。本书除应用常规的岩石主量元素、微量元素和稀土元素地球化学数据外,还着重研究了 Sr、Nd、Hf、Re 同位素地球化学特征,并对其模式年龄进行分析对比,以丰富的岩石地球化学、同位素地球化学数据研究为基础,系统探讨了不同时代、不同岩体中各类岩石的物质来源、基底特征、岩石成因及其演化规律。

(4)以区内典型矿床为实例,以成矿花岗岩研究为主线,结合典型矿床地质调查、区域成矿构造分析,着重研究了川口钨矿成矿条件、流体特征、成矿时代,以此开启了印支期岩浆作用与成矿关系的典型案例研究。通过对成矿理论和找矿思路的创新,为发现新的矿产资源和未来在湘东南甚至华南地区找矿、探矿提供科学依据。

(5)本书著者不但开展了系统的野外地质调查和实验测试研究,还收集了衡阳盆地及其东缘地区地层、构造、岩浆岩、矿产、地球物理等以往的研究数据和成果,并对其进行了多方面的综合分析。在此基础上,对衡阳盆地及周缘的一些重大基础地质问题,提出了许多新的观点和认识,大大提高了该区的地质研究水平,开阔了地质工作者对该地区岩浆作用与成矿的思路。

衡阳盆地有地幔柱成因属性,其丰富的岩浆活动与成矿作用以及特殊的大地构造属性,一直吸引着大量科研人员对该地区的持续关注。衡阳盆地以东边缘与湖南北西—南东向常德至安仁隐伏断裂带耦合,该带上呈线状展布的花岗岩体显示其侵位受断裂控制特征，北西至南东依次出露有多时代的吴集岩体、白莲寺岩体、将军庙岩体、狗头岭岩体、川口花岗岩体群和五峰仙岩体，从加里东期至燕山期均有发育。近年来获得的高精度年代学数据表明，该地区大部分花岗岩形成于印支期，显示常德至安仁基底隐伏断裂在印支期活化的特征，根据新获得的成岩、成矿年龄数据重新厘定川口钨矿形成于晚三叠世，以此开启了华南地区印支期岩浆活动大规模成矿的案例研究。研究区还是扬子和华夏板块的碰撞拼贴带，该地区发育有加里东期石英闪长岩、花岗闪长岩和暗色微粒岩石包体，这对研究华南加里东期是否存在俯冲碰撞及岩浆混合作用提供了良好的研究素材。

本书结合衡阳盆地东缘花岗岩展布于北东—南西向的茶陵至郴州深大断裂与常德至安仁基底隐伏断裂交汇成"Y"字形构造区域的特点，在详细的野外地质调查基础上，系统开展了该地区岩浆岩的岩石学、岩石地球化学、同位素地球化学、锆石 U-Pb 年代学和与岩浆岩密切相关的矿床研究，获得一批新的岩石地球化学、同位素地球化学数据，有了著者新的发现和认识，取得了一些新的成果，证实和完善并修正了过去的一些结论，其主要的进展和成果如下。

(1) 本书首次报道了加里东期吴集岩体、狗头岭岩体的 LA-ICP-MS 锆石 U-Pb 年龄，获得岩体侵位年龄为 (432.0±2.8) ~ (428.3±3.9) Ma、(395.7±2.7) Ma，显示为华南加里东期晚阶段（主体年龄<430 Ma）岩浆活动的产物；石英闪长岩、花岗闪长岩硅含量较低，为准铝质岩石且富含角闪石，具 I 型花岗岩特征；吴集岩体中发育的暗色包体为细粒结构，由微斜长石、斜长石、石英、角闪石和黑云母组成，是岩浆成因的闪长质包体，包体寄主花岗岩锆石的 $\varepsilon_{Hf}(t)$ 值为 -7.89 ~ -3.02；闪长质包体中锆石的 $\varepsilon_{Hf}(t)$ 值为 -7.82 ~ -1.16，其 $\varepsilon_{Hf}(t)$ 均值趋近于 0，尤其是闪长质包体，显示岩浆源自地幔，具岩浆混合成因；获得吴集岩体中暗色微粒包体结晶年龄为 (428.3±3.9) Ma、寄主岩的结晶年龄为 (428.8±3) Ma，二者年龄一致，为岩浆混合成因，该年龄的获得为岩浆混合作用发生的时间提供了有力的同位素年代学约束；吴集、狗头岭岩体形成的构造背景是在扬子板块与华夏板块俯冲消减的地球动力学背景下，中、上地壳叠置增厚和持续升温，造山峰期之后挤压减弱、软流圈地幔上涌，诱发岩石圈地幔和上覆的古老地壳物质重熔，在伸展构造背景下形成。

(2) 本书获得川口花岗斑岩高精度的锆石 SHRIMP U-Pb 年龄为 (246.6±2.3) Ma 和 (242.3±2.1) Ma，同位素年龄显示川口花岗斑岩形成于中三叠世，该同位素年龄的获得为研究华南中三叠世时期构造—岩浆活动提供了宝贵的数据。川口花岗斑岩为富硅、富碱、过铝，锆石 Hf 同位素的 $\varepsilon_{Hf}(t)$ 值（-8.78 ~ -2.59）较高，t_{2DM} 值为 1821~1431 Ma，均值为 1558 Ma，显示花岗斑岩为地壳物质重熔成因，具有由碰撞向碰撞后转换的构造背景下形成的岩石地球化学特征，本书研究认为中三叠世川口花岗斑岩形成于碰撞挤压造山的构造背景。

(3)本书系统开展了衡阳盆地东缘将军庙、川口、五峰仙花岗岩的 SHRIMP 和 LA-ICP-MS 锆石 U-Pb 测年工作，获得一批高精度的花岗岩形成年龄数据，并重点修订了川口花岗岩的侵位时间，认为川口花岗岩主体形成于晚三叠世；以近年来获得的高精度锆石 U-Pb 年龄数据为基础，建立了该地区印支期花岗岩的锆石 U-Pb 年代学格架，将其划分为三阶段的岩浆活动：第一阶段形成于中三叠世，时限为 246.6~236 Ma，第二、第三阶段岩浆活动时间为晚三叠世，同位素年龄的时限分别为 233.5~221.6 Ma 和 206.4~202 Ma；锆石 U-Pb 年代学数据显示该地区岩浆作用具有多阶段活动的特点。

(4)五峰仙岩体弱过铝(SiO_2<70%)和强过铝(SiO_2>70%)花岗岩富含刚玉分子 C(A/CNK 值>1)、P_2O_5 含量较高；大离子元素 Rb、Th、U 富集，Ba、Sr、Ti 亏损明显；轻稀土富集，稀土配分模式图呈右倾，Eu 呈负异常等特征显示五峰仙岩体为 S 型花岗岩，岩体是在印支板块向华南板块俯冲碰撞期后(变质基底年龄 258~243 Ma)及华南板块与华北板块的碰撞期间(超高压变质峰期在 238~218 Ma)华南内陆由挤压向伸展转换的背景下形成。五峰仙岩体中富含黑云母的花岗岩中均发育暗色微粒包体，这类包体具有岩浆混合成因的岩石学标志，发育淬冷结构、长石捕获晶、矿物镶边及包体的塑性形变等特征。通过对五峰仙岩体中暗色微粒包体的研究，认为岩石包体是岩浆混合成因，花岗岩形成过程中发生了壳-幔岩浆的相互作用。黑云母花岗岩 $\varepsilon_{Hf}(t)$ 值为 -4.4~0.7、二云母花岗岩 $\varepsilon_{Hf}(t)$ 值为 -8.72~-2.21，均较高，高的锆石 $\varepsilon_{Hf}(t)$ 值是幔源岩浆与壳源岩浆混合所致，锆石 Hf 同位素在五峰仙花岗岩和岩石包体中的示踪研究为岩浆混合成因提供了同位素方面的证据。

(5)本书系统总结了衡阳盆地东缘晚三叠世花岗岩的岩石成因类型、物质来源、形成的温压条件及构造背景，提出区内印支期花岗岩为重要的 W、Sn 成矿母岩，总结了区内钨锡钼等多金属矿床的成矿规律，丰富了花岗岩型 W、Sn 金属成矿理论，该研究成果对指导区内甚至华南地区探矿、找矿工作具有重要的理论意义和实用价值。本书重点研究了川口成矿二长花岗岩、白云母花岗岩、碱长花岗岩，其地球化学特征显示具有高的 SiO_2 含量、高的 A/CNK 值，含过铝质的白云母矿物等特征，为低温、低压条件下形成的 S 型花岗岩，是在印支板块向华南板块俯冲碰撞期后，华南内陆由挤压向伸展转换的背景下形成，岩体侵位期间华南内陆处于伸展的构造背景。形成铅锌矿、萤石矿的将军庙岩体具富硅、富碱、高钾钙碱性、过铝质的特征，Sr、Nd、Hf 同位素特征显示花岗岩为壳源成因，形成于后碰撞期或碰撞晚期的构造环境，源于中元古代结晶基底的部分熔融。通过辉钼矿 Re-Os 测年，获得川口三角潭钨矿中辉钼矿的模式年龄为（226.5±3.2）~（225.3±3.4）Ma，厘定川口三角潭钨矿的成矿时代为晚三叠世，且成岩与成矿时代吻合一致，是典型的岩浆作用形成的岩浆矿床，该成岩、成矿同位素年龄的获得为华南地区印支期岩浆作用成矿提供了新的同位素年龄证据。

（6）区内燕山期花岗岩总体不甚发育，本书仅对出露的白莲寺岩体进行研究总结，初步厘定其形成于晚侏罗世，归纳了研究区燕山期花岗岩的成因及构造背景。白莲寺花岗岩为富硅、富铝、富钾的亚碱性 S 型花岗岩；岩石的微量元素及同位素 Sr、Nd 特征显示花岗岩为壳源成因，但有下地壳或幔源物质的加入，是在伸展减薄的后造山环境下形成的。

（7）衡阳盆地东缘的玄武岩发育在白垩纪的红层盆地中，呈带状出露，显示受北东—南西向展布的断裂控制特征，形成于晚白垩世。玄武岩由斜长石、辉石、橄榄石、玻璃质及少量石英组成，岩石地球化学特征显示为钙碱性系列。玄武岩 Th/Yb 值较高，Nb^* 具亏损的特点，表明玄武岩岩浆的地幔源区可能受富 Th 的俯冲带流体交代，在喷出的过程中混染了部分地壳物质；构造环境判别显示该地区的新市、冠市街玄武岩具陆内裂谷玄武岩特征，反映其形成于变薄的大陆岩石圈上的陆内拉张环境。

（8）研究区先后经历了武陵运动、雪峰伸展运动、加里东运动、印支运动、早燕山运动、晚燕山运动及喜马拉雅运动等 7 次大的构造运动，所形成的构造层可划分为武陵期构造层、雪峰—加里东期构造层、华力西—印支构造层、早燕山期构造层、晚燕山—喜马拉雅期构造层等 5 个构造层。通过综合总结区内地层、构造、岩浆岩、地球物理等地质特征，结合目前地幔柱成因研究热点，以沉积—构造演化为线索，以区内不同方向的深大断裂控岩、控矿特征研究为切入点，开展岩浆作用与成矿关系研究，为深入探讨区内岩石成因、成矿背景，总结成矿规律与开展成矿预测等提供了区域构造地质方面的资料。

（9）以往研究认为，华南地区只有在燕山期才能形成大型钨矿，印支期岩浆成矿作用总体不及燕山期，通过对衡阳盆地东缘地区岩浆成矿与区内地层、构造、岩浆岩之间的关系，岩浆矿床的物质来源，高分异花岗岩的成矿专属性及成矿年龄在同位素制约方面的研究，认为区内印支期岩浆作用为成矿的主导因素。本次以川口钨矿为典型矿床进行了深入的总结研究，通过对矿区地层、构造、岩浆岩和蚀变岩石特征，矿体展布，矿石、流体特征及矿床的成因模式分析研究，以高精度的锆石 U-Pb 年龄和辉钼矿 Re-Os 年龄数据为基础，首次精确地将川口钨矿的成矿时代厘定为晚三叠世，为印支期形成的大型钨矿床。该研究成果的取得开启了华南地区印支期岩浆作用与成矿关系研究的热潮，本书为印支期岩浆作用形成大型金属矿床提供了典型案例。

（10）在新能源产业发展对锂资源需求日益扩大的背景下，本书以锂矿资源勘查开发的热点为契机，识别出衡阳盆地东缘川口富碱花岗岩、高分异花岗岩中富含稀有金属元素的特征，建立了高分异花岗岩与 Li、Nb、Ta 等稀有金属矿的成矿专属性，为进一步深入开展稀有金属成矿研究，以及 Li、Nb、Ta 等稀有金属找矿工作提供了思路和线索。

本书研究的最大亮点是建立了衡阳盆地东缘地区花岗岩侵位的锆石 U-Pb 年代学格架，尤其是对川口花岗岩成岩时代、成矿时代的重新厘定，为华南地区印支期岩浆作用与成矿关系研究开启了新的篇章。书中通过对华南地区已有的印支期花岗岩高精度年代学数据和钨锡钼等多金属矿床年代学数据分析总结，发现区域上印支期花岗岩成岩年龄集中于 240~210 Ma，矿床成矿年龄为 232~211 Ma，矿床成矿年龄和与之密切相关的花岗岩成岩年龄基本吻合，指示华南地区存在一次区域性的、与印支期花岗岩有关的、大范围的成矿作用。本书研究认为南岭地区在印支期也发生了不同于燕山期的大规模岩浆成岩、成矿作用，该认识的提出对指导区内甚至华南地区的矿产资源勘查工作提供了新的线索和思路。

全书由陈迪、罗鹏、杨俊、李银敏等分工编写而成。前言、第 1 章由陈迪编写；第 2 章 2.1 节由邹光均编写，第 2 章 2.2 节由杨俊编写，第 2 章中的 2.3~2.5 节由陈迪编写，第 2 章 2.6 节由陈迪、梁恩云编写；第 3 章由陈迪编写；第 4 章由罗鹏编写；第 5 章由李银敏编写；第 6 章 6.1 节由陈迪、李银敏编写，第 6 章 6.2~6.5 节由陈迪、罗鹏、马铁球编写，第 6 章 6.6 节由陈迪、刘庚寅编写。全书由陈迪统稿。

由于著者学识水平有限，书中难免存在很多不足甚至错误之处，欢迎读者发函至 542309852@qq.com 批评指正。

在此衷心感谢湖南省地质调查所（原湖南省地质调查院）及湖南 1∶5 万铁丝塘、草市、冠市街、樟树脚幅区域地质调查项目组，湖南衡阳盆地东缘印支期花岗岩成因演化、岩浆作用过程与成矿效应基金项目组，湖南省地质调查所院士专家工作站及博士后科研流动站协作研发中心，湖南省科技厅基金办，中南大学出版社和有关人士为本书的出版提供的帮助和支持。

作者

2023 年 5 月

目　录

第 1 章
绪 论

1.1 选题的依据及研究意义

衡阳盆地是华南地区独具特色的中—新生代陆相沉积盆地，呈等轴形态，重力资料显示出地幔隆起的特征，表明衡阳盆地的形成与华南地区中生代地幔柱活动具有密切的成因联系(秦锦华等，2019)；衡阳盆地的盆山型沙漠—河流—冲洪积扇沉积形成机制(曹硕，2020；黄乐清等，2019)、盆地中发育的晚白垩世玄武岩和丰富的矿产资源十分引人注目。衡阳盆地东缘与湖南北西—南东向的常德至安仁隐伏断裂带耦合，该带上呈线状展布的花岗岩体显示侵位受该隐伏断裂控制。研究区北西至南东依次出露有吴集岩体、白莲寺岩体、将军庙岩体、狗头岭岩体、川口花岗岩体群和五峰仙岩体，形成时代从加里东期至燕山期均有发育，近年高精度年代学数据表明该地区大部分花岗岩形成于印支期，显示该基底隐伏断裂在印支期活化特征(柏道远等，2021)。通过辉钼矿 Re-Os 测年，获得川口钨矿成矿年龄(226.5±3.2)~(225.3±3.4) Ma，时代为晚三叠世，成岩、成矿年龄数据结果表明，川口钨矿床成矿年龄和与之密切相关的川口花岗岩成岩年龄吻合，均形成于晚三叠世，结合华南地区印支期成矿花岗岩及相关矿床的年龄数据，认为华南地区存在一次区域性的、与印支期花岗岩有关的大范围成矿作用，该认识为华南地区研究印支期成岩成矿作用提供了新的思路和素材。

衡阳盆地南东发育隐伏的北东—南西向川口至双牌断裂，饶家荣等(2012)认为该断裂是扬子和华夏板块的碰撞结合带南东边界，该结合带上发育的加里东期石英闪长岩、花岗闪长岩和岩浆混合成因的岩石包体，为研究华南加里东期是否存在俯冲碰撞及岩浆混合作用提供了良好的研究对象。

常德至安仁断裂为一条北西向基底隐伏大断裂，衡阳盆地东缘为该断裂的南东部分，该断裂切入岩石圈(饶家荣等，1993；饶家荣，1999)，表现为极醒目的大型构造—岩浆隆起带，曾被视为扬子板块与华夏板块的缝合线(傅昭仁等，1999)和转换断层(饶家荣，1999)，对区域构造格局和大地构造演化具有十分重要的意义。本次的研究区正处于扬子板块与华夏板块的结合带上，而区内北西—南东向的常德至安仁隐伏岩石圈深大断裂与北北东向茶陵至郴州断裂在安仁处构成了特殊的"y"字型构造(柏道远等,2005b;柏道远等,2007),且该北西向常德至安仁断裂还控制了衡阳盆地东缘边界和一系列的花岗岩产出,其地理位置特殊又典型,选取该区岩浆活动强烈且成矿效应显著的花岗质岩体进行研究有如下重要意义。

(1)厘定研究区岩浆岩的形成时代,建立其年代学格架,识别出成矿与非成矿花岗岩,探讨其岩浆成矿专属性,指导区域内的探矿、找矿工作。

(2)华夏古陆与扬子板块南东缘的江南古陆发生碰撞拼贴留下的缝合线在湖南境内不明,尽管饶家荣等(2012)厘定了隐伏的川口至双牌断裂为其碰撞结合带的南东边界,但未得到岩石学方面的证据支撑。近年来在该带及其附近发现具俯冲碰撞背景下形成的岩浆岩,显示其华夏古陆与扬子古陆碰撞闭合时限极有可能为加里东期(赵博,2014),通过对该地区石英闪长岩、花岗闪长岩的研究,可为华夏古陆与扬子板块在加里东期碰撞背景研究提供岩石学方面的证据。

(3)研究区成矿花岗岩以印支期的花岗岩为主,发育极具特色的花岗闪长岩、二长花岗岩、碱长花岗岩(部分发育长石巨斑晶)、深源岩石包体和浅色 Nb、Ta 矿化的高分异花岗岩,有别于区域上其他地区同时出露多时代花岗岩体和复式岩体,而且该地区岩浆成矿效应显著,是深入研究印支期成岩、成矿这一中生代重大地质事件的极佳区域。

(4)研究区深大断裂特殊又典型,陆块边界断裂(川口至双牌断裂)和隐伏岩石圈断裂(常德至安仁断裂)在该区域交汇,构成区内成岩、成矿的密集区域。该区域的断裂在印支板块与华夏板块碰撞闭合之后(约 245 Ma)具有活化的特征,并且制约了岩体产出和岩浆热液成矿,本次研究可深入认识该区印支期的构造、岩浆及成矿特征,还可进一步探讨华南中生代的大地构造演化过程。

(5)衡阳盆地东缘的川口隆起带、五峰仙岩体外蚀变接触带是探矿、找矿的密集区域,但该地区基础地质研究程度较低,在找矿理论创新、找矿成绩方面的效果均不显著。本次探讨区内岩浆作用与其成矿效应,建立岩浆成矿专属性,对指导该区及区域上的探矿、找矿工作具有重要的理论意义和实用价值。

1.2 研究进展及存在的问题

衡阳盆地及其东缘地区地质构造复杂,多期的构造—岩浆作用叠加致使一些重要地质现象遭受不同程度的破坏,再有该地区植被发育、覆盖层厚,为在该地区进行系统的地质工作带来不少难度,导致该地区成岩与成矿的研究程度较低,且未彰显强烈的岩浆成岩、成矿特征,以往柏道远等(2007)对川口花岗岩的岩石地球化学进行了研究;Wang 等(2007)、章健(2010)、王凯兴等(2012)对五峰仙岩体开展了锆石 U-Pb 年代学、Hf 同位素、岩石地球化学等研究。但从目前的研究来看，区内强烈的岩浆活动与岩浆成矿潜力可能超越了以往的预期。因此，很有必要对区内岩浆侵入序列、成因与演化、深部成矿作用过程开展系统研究。

1.2.1　花岗岩研究现状

大陆地壳记录地球漫长的演化史，成为我们了解地球和地壳演化历史的重要工具；大陆地壳的平均年龄为 2 亿年，非常古老，隐藏着许多关于地壳的新生与消亡的秘密（Armstrong，1991；Bowring 和 Housh，1995）。大陆地壳相对于大洋壳和地幔来说经历了高度的演化，所以对大陆地壳历史的研究只能集中于这些演化的花岗岩之上；而花岗岩是地壳演化的最终岩浆产物，每种花岗岩体的生成都至少蕴含了一次地壳改造，这对了解花岗岩不同的成因机制至关重要，也对理解花岗岩形成时地幔的参与、新生地壳的生长和大陆动力学过程非常有意义（舒徐洁，2014）。

1）花岗岩分类研究现状

对于花岗岩的成因类型，目前常用的是以岩浆源区性质划分的 A 型、I 型、S 型和 M 型四种。A 型花岗岩最早是由 Loiselle 和 Wones（1979）于美国地质协会（GSA）年会上提出的，最初定义为碱性（alkaline）、贫水（anhydrous）和非造山（anorogenic）的花岗岩，主要分为过碱性 A 型花岗岩与铝质 A 型花岗岩，一般情况下具有 CaO、MgO 含量低，TFeO/MgO 值高的特点。随着对 A 型花岗岩定义的探讨，其岩石类型、化学成分都有了扩展，几乎囊括了除典型的 S 型（强过铝质）和 I 型以外的各种花岗岩（吴锁平等，2007）。I 型及 S 型花岗岩的概念由 Chappell 和 White（1974）提出，目前普遍认为典型的 I 型花岗岩是一系列准铝质钙碱性花岗岩的总称，其原岩物质是未经风化作用的火成岩经部分熔融作用形成，大部分为活动大陆边缘的产物。I 型花岗岩地球化学特征上一般表现为：A/CNK<1.1，Sr 含量高，同位素组成上 $^{87}Sr/^{86}Sr<0.705$、$\delta^{18}O<9‰$（陈建林等，2004）。而典型的 S 型花岗岩是以壳源沉积物质为源岩，经部分熔融和结晶分异过程产生，一般属于造山期花岗岩，以堇青石花岗岩和二云母花岗岩组合等过铝质花岗岩为代表。S 型花岗岩地球化学特征一般为 A/CNK>1.1，通常 Rb、Sr 含量较低，同位素组成上 $^{87}Sr/^{86}Sr>0.707$、$\delta^{18}O>9‰$（陈建林等，2004）。M 型花岗岩一般不常见，是一种幔源型花岗岩。

关于 A 型、I 型和 S 型花岗岩的区别，从矿物学角度来说，一般认为角闪石、堇青石和碱性暗色矿物是鉴别上述三种花岗岩的重要标志，而白云母和石榴石并不是鉴定 S 型花岗岩的有效标志（Miller，1984）。从地球化学特征上判别，则多借助于不同类型花岗岩元素含量及分馏特征之差异来判断。如一般使用 $10^4Ga/Al>2.6$ 作为 A 型花岗岩区别于其他类型花岗岩的重要标准，这种通过统计学方法得到的判别图解可以有效地区分过碱性 A 型花岗岩，但对铝质 A 型花岗岩并不是很适用（Whalen 等，1987）。另外，在岩浆发生高分异的情况下，高分异的 I 型、S 型花岗岩与铝质 A 型花岗岩具有相似的地球化学特征，从而导致成因类型判别的困难（Chappell 和 White，1974），若此时再使用 10^4Ga/Al>2.6 作为判别标准，许多高分异的 I 型及 S 型花岗岩会落入 A 型花岗岩的区域。同样，一般情况下 I 型及 S 型花岗岩的 Zr 含量较低，那么根据 w(Zr)>250 μg/g 及 w(Zr+Nb+Ce+Y)>350 μg/g 的条件，可以将这两种花岗岩与 A 型花岗岩区分开，但是在 A 型花岗岩发生高分异情况下，这种判别也显得无力（吴福元等，2007）。因此，在岩石类型划分过程中，要充分结合岩体产出时代背景等特征进行综合判定。

在某些情况下，一些元素的分馏可以为我们判别花岗岩的成因类型提供指导。实验研究表明（Watson，1979；Wolf 和 London，1994），在准铝质到弱过铝质岩浆中，磷灰石因溶解度很低而优先结晶，因此 I 型和 A 型花岗岩的 P_2O_5 含量具有随着残余岩浆 SiO_2 增高而降低的特点，并且高分异的 I 型和 A 型花岗岩的 P_2O_5 含量非常低，但 S 型花岗岩由于属强铝质岩浆岩而具有 P_2O_5 随着 SiO_2 的增加而增高或者不变的特点，少数高分异的 S 型花岗岩和花岗质伟晶岩有很高的 P_2O_5 含量，花岗岩中 P_2O_5 的这种化学行为可被用于区分 S 型和其他类型的花岗岩（Chappell，1999；Whalen 等，1987）。

事实上，目前对于不同类型的花岗岩的判别仍没有完善的标准，地球化学图解也往往存在多解性，即可能是必要条件而不是充分条件，因此通过地球化学图解来判定花岗岩的类型不可避免地带有局限性（李小伟等，2010）。一些花岗岩根本性的特征可能为判别提供新的思路和方法，如 Clemens 等（1986）的实验表明，A 型花岗岩的形成温度至少为 830 ℃，很可能超过 900 ℃，远比 I 型（平均 781 ℃）以及 S 型（平均 764 ℃）花岗岩形成温度要高。许多学者通过实验证明了 A 型花岗岩具有高温的特征（Rutter 和 Wyllie，1988）；同时锆石饱和温度计计算结果也说明 A 型花岗岩是高温的（King 等，2001），而实际上锆石温度计很可能低估了源区熔体的初始形成温度（Miller 等，2003）。因此，结合各种类型花岗岩的矿物学、地球化学特征，从多方面入手综合判断，才可能有效地区分 A 型、I 型、S 型花岗岩。

关于岩浆源区成分特征，Sylvester（1988）提出用 CaO/Na_2O 比值进行判别：w(CaO)/w(Na_2O)>0.3，表示源区物质属于贫黏土质岩石；w(CaO)/w(Na_2O)<0.3，表示源区物质属于富黏土质岩石。另外，Sylvester（1988）认为利用 Rb/Ba—Rb/Sr 图解对岩浆源区地壳成分进行判别，同时结合 CaO/Na_2O 比值特征，可以对岩浆源区贫黏土质玄武岩、杂砂岩、页岩及砂质岩与富黏土源区泥岩等进行有效的识别。同位素的研究，也能对岩浆的源区具有示踪作用（Li 等，2009），现有研究表

明 Hf 同位素、Sr-Nd 同位素、O 同位素及 Pb 同位素都对岩浆源区有较好的示踪作用。

2)岩浆混合成因研究现状及暗色微粒包体成因研究

岩浆源区的识别,对花岗岩中暗色微粒包体的研究,也能起到很好的示踪作用,人们在很早以前就已观察到不同成分岩浆的混合现象(彭亚鸣和苏丽美,1983),不同成分岩浆,有时完全混合成为一种新的均一岩浆;有时没有完全混合,从而出现不同成分的岩浆产物在一个岩体中共存的不均一现象。这些现象,无论在火山岩还是侵入岩体中都可以见到。人们特别注意到,在花岗岩体中十分普遍地分布着暗色微粒包体(舒良树,2006),对其成因研究认为暗色微粒岩石包体是基性岩浆与酸性岩浆混合作用过程的产物,反映了花岗岩的成因及壳-幔岩浆相互作用的许多基本问题,指示花岗岩的形成过程中有幔源岩浆的参与(Hibbard,1991;董申保,1995;王德滋和周金城,1999;王晓霞等,2002;杜远生和徐亚军,2012;陈迪等,2014)。

目前,花岗岩中暗色微粒包体的研究越来越多地受到大家的关注,彭亚鸣等(1983)、徐先兵等(2009)、杜远生和徐亚军(2012)报道了不同成分岩浆的混合现象,如本次研究的五峰仙岩体酸性花岗岩中发育偏基性的闪长质包体,而这种现象并非个例,在花岗岩体中普遍存在(孙明志和徐克勤,1990;舒良树,2006)。但混合作用究竟是发生在岩浆房中还是岩浆上升通道中?岩浆混合是一次性完成还是分多期进行?混合是由机械混合到均一的化学混合,还是从均一的化学混合到机械混合?这些都存在很大的争议。以往的研究多侧重于宏观的野外观测(李永军等,2003)、构造分析(Barbarin,1999)、岩石化学(Li,2009)和一些实验模拟(Kouchi,1983)等方面,而相关计算分析相对薄弱,以往提出的暗色微粒包体的成因模式也是众说纷纭。其中一种是残留体说,认为这些包体是地壳岩石发生深熔作用产生花岗岩浆后残留下来的偏基性的难熔残余(郭令智等,1984;陈洪德等,2006);另一种观点则认为,暗色微粒岩石包体是基性岩浆与酸性岩浆混合作用过程的产物(杨树峰等,1995;Wang 等,2007,2011)。Barbarin(1999)对花岗岩中不同类型的包体特点及成因进行了总结与评述,但是关于岩石包体成因的争论并没有停息反而是更加深化,并加强了区域构造与深部过程研究的结合(舒良树等,2008;孙涛,2006)。由于花岗岩中暗色微粒包体成因这一争论涉及到花岗岩的成因及壳-幔岩浆相互作用的许多基本问题,因而有着重要意义(王建辉,2006)。

3)高分异花岗岩研究现状及进展

高分异花岗岩是自然界中一种重要的岩石类型,是大陆地壳成分成熟度的重要标志,且与 W、Sn、Nb、Ta、Li、Be、Rb、Cs 和 REE 等稀有金属成矿作用关系密切(吴福元等,2017)。一般而言,暗色矿物含量低的浅色花岗岩或白岗岩,大多曾经历过强烈的结晶分异作用，为高分异或强分异花岗岩。与正常类型花岗岩相比，高分异花岗岩中的钾长石多为微斜长石并趋于富 Rb；斜长石逐渐减少，并向富钠方向演化。Zhang 等(2012)研究认为高度演化的花岗岩浆有可能结晶出铝含量高的锂电气石，而早期的电气石含较多的 Mg 和 Fe；李洁和黄小龙(2013)、Li 等(2015)认为在岩浆演化过程中，云母矿物依次从镁质黑云母、镁铁质黑云母、铁质黑云母，向锂铁云母和锂云母方向演化，而锂电气石、锂云母或含锂白云母矿物的出现则指示为高分异花岗岩。不过需注意的是含上述过铝质矿物的岩石不宜简单地将其归于 S 型花岗岩，它很可能有部分是高度分异成因的，且其中有部分可能是 I 型花岗岩(吴福元等，2017)。朱金初等(2002)曾报道的 Li-F 花岗岩实为分异花岗岩，因随着分异作用的不断进行，岩浆中 H_2O、Li、F、B、Cl 和 P 等挥发分不断增加，从而出现锂云母、锂辉石、透锂长石、萤石、黄玉、电气石和磷灰石等高分异花岗岩的特征矿物。

高分异花岗岩在副矿物组成及成分上具有明显的特色。Breiter 等(2014)认为在未分异或弱分异的花岗岩中，锆石基本上为早期结晶矿物，但在高分异花岗岩中，锆石属于晚期结晶矿物。高分异花岗岩大多还含有较多的继承锆石，它们可能来自原岩、围岩的混染，但是新生锆石均显示出较高的 Hf 和 P 含量，从而使富 Hf 和 P 的锆石成为高分异花岗岩最重要的副矿物(Huang 等，2002；Wang 等，2010)，而全岩中表征温度数值的 Zr 元素含量、Zr/Hf 比值很低，因在岩浆分异过程中，其结晶温度呈降低趋势，这就决定了高分异花岗岩应该具有较低的结晶温度(Bau，1996；Breiter 等，2014；Deering 等，2016)。

花岗岩浆在结晶分异过程中将导致 Cr、Ni、Co、Sr、Ba 和 Zr 等微量元素的显著降低，以及 Li、Rb 和 Cs 等含量的显著增高(Gelman 等，2014；Lee 和 Morton，2015)；稀土元素含量趋低、轻重稀土比值趋小和 Eu 负异常加大，并在稀土元素的配分模式中具有四分组效应(Miller 和 Mittlefehldt，1982，1984；李洁和黄小龙，2013；Gelman 等，2014)。

然而，高分异花岗岩的提出与研究尽管已经历了数十年的时间，但目前对该类花岗岩产生的地球动力学意义的认识还相当有限(吴福元等，2017)；Reichardt 等(2010)、Clemens 和 Stevens(2012)的研究认为，小股岩浆脉动构成的侵入体会快速结晶，单股的岩浆在侵位期间和侵位之后，所发生的分异作用是相对有限的，并认为不同批次的岩浆之间的成分差异可能主要是从源区继承而来。因此，对高分异花岗岩成因研究的这一科学问题还有待更深入的探索。

1.2.2 华南花岗岩研究现状

华南加里东期花岗岩类主要分布在湖南、广东、江西交界的万洋山—诸广山，武夷山两侧和江西省赣中武功山地区(王德滋等，2003)，多呈岩基产出，总面积超过 20000 km²，为面状展布(Feng 等，2014)。近年来，对于华南这些早古生代花岗岩的研究，取得了一系列可靠的年代学和地球化学数据。研究表明，华南加里东早期花岗岩较为少见，大多数为加里东晚期花岗岩，花岗岩的主要形成时间在 440~428 Ma(沈渭洲等，2008；徐先兵等，2009；张芳荣等，2009；张爱梅等，2010)，滞后于加里东运动变质作用的峰期，一般认为加里东运动变质峰期大于 445 Ma(于津海等，2005，2006，2007)，上述年龄数据的获得表明华南加里东晚期花岗岩不是在同碰撞挤压背景下形成的(Xia 等，2014)。张菲菲等(2010)对湘、赣交界处的早古生代花岗岩研究表明其侵入时代为 400~440 Ma，该地区发育的片麻状花岗岩和块状花岗岩在形成时代、岩石地球化学特征方面无明显差异，认为早古生代晚期华南内部加里东事件很可能不是洋陆俯冲作用而是陆内造山作用的结果。但由于在华南地区缺乏同期中基性侵入岩的数据，相关的一些研究也认为早古生代和早中生代时期形成的造山带是板内造山的结果(Wang 等，2012；Faure 等，2009；Charvet 等，2010；Chu 等，2012)。

在华南地区早古生代花岗岩的成因研究中，是否存在壳-幔的岩浆混合作用也是学术界研究的热点问题之一。很多学者认为该时期花岗岩主要为过铝质 S 型花岗岩，少数为含角闪石的 I 型花岗岩，其岩石成因与造山期加厚地壳的同碰撞熔融转换至后碰撞熔融有关(Zhao 等，2013；Xia 等，2014)，其物质来源为元古代地壳物质经部分熔融形成，几乎没有幔源岩浆参与的混合现象(Wang 等，2007，2011；舒良树等，2008；张芳荣等，2009；张菲菲等，2010；张苑等，2011；舒良树，2012；Zhang 等，2012)。Wang 等(2013)在华南的武夷山—云开大山和苗儿山—越城岭地区发现存在含高镁的玄武岩、安山岩、英安岩(年龄 435 Ma)和辉长岩(年龄为 466~420 Ma)，认为这些岩体的形成与岩石圈拆沉作用相关，在华南地区早古生代存在壳-幔岩浆相互作用。Feng 等(2014)在江西省中部发现加里东期的 A 型花岗岩，其中暗色微粒包体为火成成因，而且含有针状磷灰石，显示镁铁质岩浆在与寄主花岗岩混合时快速冷却形成的特征，Feng 等(2014)的发现表明至少自 415 Ma 开始华南武夷—云开造山运动从同碰撞地壳加厚环境向后碰撞伸展转变，该时期形成的花岗质岩体明显有幔源岩浆的参与(王丽丽，2015)。

华南地区印支期花岗岩大范围分布，且较为分散。在岩性上，主要可以分为两类。一类是强过铝的花岗岩(A/CNK>1.1)，含有白云母、石榴石、电气石等高铝矿物，不含堇青石，且与 S 型花岗岩相似(周新民，2003)。另一类是弱过铝质或准铝质花岗岩，可含角闪石，具有 I 型花岗岩的特征。近些年，在华南又陆续发现一些晚三叠世的 A 型花岗岩(彭松柏等，2004)。根据侵入时间的不同，许多学者将印支期花岗岩进一步细分为印支早期和印支晚期(于津海等，2007)。印支早期花岗岩是在挤压环境下，因地壳的加厚导致部分熔融形成；印支早期花岗岩具有片麻状结构和糜棱结构也可以解释为挤压环境下形成的同碰撞花岗岩。印支晚期花岗岩则被认为形成于一个相对伸展的构造环境，印支晚期形成的 A 型花岗岩也证实了这一时期华南处于伸展的构造环境，但印支期花岗岩形成的构造背景与洋-陆的俯冲碰撞过程有关还是与板内再造有关一直存在争议。此外，关于印支期华南属于特提斯构造域还是太平洋构造域，不同学者也具有不同的观点与看法(邢光福等，2008)。

燕山期花岗岩在华南花岗岩中出露面积最大，以粤、闽、湘、赣为主要的分布区域，主体上呈北东向分布，在南岭地区则呈东西向分布。华南地区与燕山早期花岗岩共生的是一套双峰式火山岩，且形成时间主要集中在 180~170 Ma(李献华等，2007；文施华，2012)，呈北东向展布，主要分布在广东省北部、福建省西南部及湖南省、江西省南部。燕山早期花岗岩往往是由多期、多阶段岩浆活动构成复式岩体，反应了区内燕山早期构造岩浆活动呈脉动特征。华南地区燕山期花岗岩岩性上以黑云母花岗岩和黑云母二长花岗岩为主，少数为花岗闪长岩。燕山早期花岗岩总体上具有较高的全岩 I_{Sr} 值、Nd 模式年龄和较低的 $\varepsilon_{Hf}(t)$ 值，表明其主要由地壳物质的部分熔融形成(周新民，2005)。

1.2.3 岩浆作用与成矿效应、中生代大地构造演化

前人通过对华南地区不同含矿岩体矿物学、岩石学、岩石地球化学及同位素特征的分析，对中生代花岗岩体的成矿专属性进行了系统的研究(陈骏等，2008；华仁民等，2007；夏宏远和梁书艺，1986)。大多数的观点认为陆壳改造型花岗岩(即 S 型花岗岩)与钨、锡等金属成矿关系密切。这类花岗岩多具 S 型花岗岩的特征，源自地壳物质的部分熔融，少有地幔物质参与(Xu 等，1982)。近年来，在钦杭结合带湘南—桂北一带，发现了一系列与中生代 A 型花岗岩有成因关系的锡多金属矿床，锡多金属成矿与 A 型花岗岩的联系也逐渐引起人们的重视。舒徐洁(2014)利用锆石 Hf 同位素对南岭中生代含矿花岗岩的物源特征进行了系统研究，发现含钨花岗岩和含锡花岗岩在 Hf 同位素特征方面存在明显差异。含锡花岗岩锆石的 $\varepsilon_{Hf}(t)$ 集中在-8~-2，以-5 为峰值，表明花岗岩的形成过程中有幔源物质的加入，而一般的含锡花岗岩均具 A 型花岗岩特征，多数的 A 型花岗岩的同位素示踪表明花岗岩在形成过程中存在幔源物质的参与；而含钨花岗岩中锆石的 $\varepsilon_{Hf}(t)$ 集中在-14~-8，峰值出现在-12，说明花岗岩的形成主要源自地壳物质(舒徐洁，2014；秦拯纬等，2022)。

华南是世界最大的钨矿矿集区，其中南岭钨矿带是最重要的世界级钨成矿带。南岭地区，与花岗岩类有关的钨矿是最重要的钨矿类型，自 20 世纪 40 年代起，国内外学者 Wood 和 Samson(2000)、Raith 和 Stein(2000)、Rice 等(2001)、Chen 等(2002)、Chiaradia(2003)、Du 等(2004)、Kohut 和 Stein(2005)、Neiva

(2008)等对花岗岩类与钨矿形成机制、含矿流体与围岩反应、含矿流体的混合作用等方面的研究取得了一系列成果。其中莫柱荪等(1980)、徐克勤和涂光炽(1984)、孙涛等(2003)、周新民(2003)、李晓峰等(2008)对南岭钨矿的成矿时代、矿床成因(陈毓川等,1989)、成矿母岩、赋矿构造(李逸群,1989)、大地构造背景(孙涛等,2003;周新民等,2005;华仁民等,2007)等进行了大量而深入的研究,提出了南岭"五层楼"的成矿模型,取得了国际领先的研究成果。谭俊等(2007)对岩株状产出的二长花岗岩和黑云母花岗岩进行研究,认为南岭钨矿的成矿母岩主要为重熔型 S 型花岗岩;席斌斌等(2007)指出地幔物质混入体积的大小可能影响钨、锡矿化的差异;季克俭(1991)认为钨主要来源于围岩,地层及流体对花岗岩类钨矿成矿也起着重要的作用。

花岗岩与成矿的关系一直被学术界所关心,岩浆成岩成矿理论研究一直是广大地质学者热衷的问题,与花岗岩类有关的 W、Sn、Pb、Zn 等矿产资源关系的研究取得了一系列成果(Wood 和 Samson,2000;Du 等,2004;Neiva,2008)。以往研究认为南岭钨、锡多金属成矿时代主要集中在燕山早期,与燕山早期花岗质岩浆活动有关,大规模钨、锡多金属成矿主要发生于 165～150 Ma 的中晚侏罗世,在中晚白垩世 130～90 Ma 存在花岗岩的矿化作用,具有集中分布和阶段爆发的特征(华仁民等,2005;毛景文等,2007)。

近年来的研究却在改变这一惯例认识,华南地区有关印支期花岗岩成矿的报道越来越多,成矿年龄在 231～214 Ma(蔡明海等,2006;杨锋等,2009;刘善宝等,2008;伍静等,2012)。本次研究更具特色的是,研究区的常德至安仁断裂带是我省的一条高温地热异常带,地热资源与断裂和印支期花岗岩体密切相关(饶家荣,1993),其印支期成岩、成矿(含清洁能源)事件十分引人注目。

梁华英等(2011)结合最近的年代证据,认为南岭地区在印支期也发生了大规模成岩、成矿作用,部分研究者开始关注南岭地区印支期岩浆作用成矿事件并探讨其找矿方向(伍静等,2012;汤琳等,2013;梁华英等,2011)。夏宏远和梁书艺(1986)、陈骏等(2008)、华仁民等(2007)对华南地区不同含矿岩体矿物学、岩石学、岩石地球化学及同位素特征进行了研究,总结区域上中生代花岗岩体的成矿专属性,认为陆壳改造型花岗岩(即 S 型花岗岩)与钨、锡等金属成矿关系密切。这类花岗岩多具 S 型花岗岩的特征,源自地壳物质的部分熔融,少有地幔物质参与(Xu 等,1982)。

对于华南中生代花岗岩的产出构造背景的讨论,长期以来在挤压至伸展转换的时限问题上一直存在很大争议。周新民(2003)对南岭地区进行长期研究后,提出华南的印支运动受特提斯构造域制约,燕山运动受古太平洋构造域制约。陆-陆碰撞造山作用形成了早中生代印支期花岗岩,洋-陆消减过程中的伸展造山作用形成了晚中生代燕山期花岗岩、火山岩。两个构造域的转换发生在华南中生代岩浆活动相对平静的 J_1 时期(周新民等,2005)。陈培荣等(2002)认为,印支期以后中国东南部进入持续拉张,在中侏罗世早期可能进入一个新的威尔逊旋回。邢光福等(2008)则认为从晚三叠世晚期开始并延续到中侏罗世初期的伸展作用,与白垩纪的伸展拉张并非同一拉张事件的不同地质发展阶段,而是两个互不关联的地质事件,前者可能是印支期主造山后的伸展,而后者是燕山期主碰撞造山后的伸展。范蔚茗等(2003)、王岳军等(2004,2005)则认为中生代以来华南至少存在着4期强烈的岩石圈减薄作用,时限大致是220 Ma、175 Ma、150~120 Ma、90~80 Ma,软流圈物质上涌和岩石圈伸展—减薄是华南中生代岩浆作用形成的主要机制。

近年来,众多有关华南中生代构造—岩浆与沉积作用响应及大地构造演化的研究表明,华南在燕山晚期已处于陆内岩石圈伸展减薄构造背景,但伸展背景是何时启动一直争论不休。随着湘南道县、宁远地区早中生代(178 Ma)具 OIB 型地幔属性碱性玄武岩、郴州至临武断裂 EMI、EMII 型岩石圈地幔镁铁质岩石、桂东南 165 Ma 左右的钾玄岩和正长岩、赣中早中生代(168 Ma)OIB 型碱性玄武岩的发现(王岳军等,2005),不少学者已倾向于认为在早中侏罗世华南板块内部已经转为伸展背景(范蔚茗等,2003;王岳军等,2005;陈培荣等,2002)。但邢光福等(2008)认为不能单纯从个别、局部的火成岩特征来判定中晚侏罗世的伸展背景,这种张性断裂可能是区域挤压下的局部拉张,应该综合宏观考虑区域地层系统、构造特征。近年来华南各省区域地质调查报告一致认为华南中侏罗世—晚侏罗世处于挤压隆升状态,伴有变质变形和推覆构造等,并因此提出华南中生代构造体制转折(晚侏罗世)为最终结束时限。

1.2.4 存在的问题

(1)华南在早古生代时期(加里东期)经历了广泛的构造岩浆活动,对于华南早古生代花岗岩的成因、构造环境及其褶皱造山的地球动力学背景,前人持有不同的观点,其构造演化究竟与板块俯冲作用相关,或由陆内造山作用主导以及是否存在壳-幔岩浆的混合作用,有待进一步的研究。

(2)印支期花岗岩的成岩时代没有高精度的年龄数据约束,其形成时代不明确,岩石成因未进行系统梳理,其成岩、成矿机制未进行深入探讨,岩浆作用与区内 W、Sn、Pb、Zn 矿之间的成因关系研究较弱。

(3)燕山晚期岩浆岩成因及构造背景缺少系统研究,燕山晚期多金属成矿作用及与岩浆岩的关系研究不够深入;燕山晚期玄武岩的发育与成矿时代探讨不够深入。

(4)稀有金属 Li、Nb、Ta 等的富集(弱矿化)未在以往的研究中引起重视,其成因演化规律方面的研究较弱。

1.3　关键科学问题

（1）建立衡阳盆地东缘岩浆岩的成岩、成矿年代学格架，建立研究区岩浆岩的侵入序列；系统总结研究区岩浆岩的成因及类型、形成机制及成矿效应。

（2）通过对区内岩浆岩微量元素，Sr、Nd、Hf 同位素的示踪研究，阐明研究区地壳重熔、地幔岩浆作用特征，探讨研究区地壳、地幔物质的性质、循环和迁移，陆壳物质的组成和演化规律。

（3）通过对该地区花岗岩的成因、分异演化过程、壳-幔岩浆相互作用及侵位机制的研究，探讨湖南衡阳盆地东缘多时代花岗岩侵入的岩浆动力学背景及华南中生代的大地构造演化过程。

（4）通过对衡阳盆地东缘多时代岩浆岩的研究，建立岩浆作用与有色金属 W、Sn、Pb、Zn、Mo 成矿之间的成因联系，指导区域探矿、找矿工作。

（5）通过对区内高分异花岗岩的研究，建立高分异花岗岩与 Li、Nb、Ta 稀有金属矿的成矿专属性。

1.4　研究内容、目标和技术路线

1.4.1　研究内容

1）同位素年代学、同位素示踪研究

（1）同位素年代学。

在查明吴集、狗头岭、将军庙、五峰仙岩体、川口花岗岩体群中的岩石组合及分布特征后，选取有代表性的样品开展锆石 U-Pb 年代学研究、典型矿床辉钼矿的 Re-Os 成矿年代学研究，建立区内的成岩、成矿年代学格架。收集研究区白莲寺岩体、冠市街玄武岩、新市玄武岩的岩石地球化学数据、年龄数据，厘定其形成时代。

（2）同位素示踪。

与测年样品配套开展 Sr-Nd 同位素、锆石 Hf 同位素研究，对区内岩浆的成因、演化及物质来源进行示踪。

2）壳-幔岩浆相互作用过程研究

以吴集岩体、将军庙岩体、五峰仙岩体中发育的暗色包体为研究对象，重点从以下几方面来研究岩石包体的成因及壳-幔岩浆的相互作用。

（1）查明包体的空间分布和形态特征；包体与寄主岩的关系；包体的类型及不同类型包体的特征与差异。

（2）研究包体从中心到边缘在结构构造、矿物组成、矿物的形态特征等的变化规律，揭示不同类型包体的微观表现。

（3）分析包体不同部位的岩石化学组成，以及稀土元素和微量元素组成，以揭示包体内部各种元素分布特征、包体形成过程中这种化学元素的聚散趋势，从而进一步探讨引起元素迁移和汇聚的内部和外部的物理化学条件。

（4）在上述研究的基础上，结合花岗岩成因研究方面的最新进展，探讨包体的物质来源和形成方式，建立包体的形成和演化模型，进一步研究包体的形成与寄主岩浆演化的关系、壳-幔岩浆的相互作用过程。

3）高分异花岗岩与 Li、Nb、Ta 矿化研究

以川口花岗岩为研究对象，研究高分异花岗岩的地质特征、地球化学特征、研究高分异花岗岩 Sr-Nd 同位素、锆石 Hf 同位素特征，探讨岩浆的分异演化、岩浆分异与 Li、Nb、Ta 等稀有金属成矿关系和大地构造演化过程。

4）综合研究岩浆作用与成矿效应、中生代大地构造演化

通过上述研究并结合前人研究的成果，主要研究以下四个方面：

（1）探讨区内岩浆的成因演化和深部作用过程。对区内的偏基性的闪长质包体—花岗质闪长岩—二长花岗岩—高分异花岗岩进行研究，建立区内岩浆的演化序列和侵入岩的年代学格架、壳-幔岩浆的相互作用及岩浆的演化过程。

（2）通过微量元素地球化学、同位素示踪等研究，查明区内的成岩、成矿物质来源，建立区内岩浆成矿专属性，指导下一步的找矿、探矿工作。

（3）结合区内特殊构造特征，以北东—南西向的茶陵至郴州断裂、北西—南东向的常德至安仁断裂为线索，结合研究区侵入岩、火山岩的成因和演化过程、岩浆的成矿效应，综合分析该区中生代大地构造演化特征。

（4）系统梳理研究区多时代岩浆作用与有色金属 W、Sn、Pb、Zn、Mo 矿之间的成因联系，建立高分异花岗岩与 Li、Nb、Ta 稀有金属矿的成矿专属性。

1.4.2　研究目标

本次研究的总体目标是根据华南花岗岩独特的地质条件，选定吴集、川口、五峰仙、白莲寺岩体等不同时代具有代表性、独具特色的花岗岩体进行系统研究，并重点对成矿花岗岩深入解剖研究，从地壳生长、物质循环的角度总结衡阳盆地东缘花岗岩、火山岩的形成构造环境、大陆地壳生长方式及岩浆作用成矿效应，建立衡阳盆地东缘花岗岩浆构造事件的时序，并探索该地区花岗岩与大陆生长及中生代岩浆-成矿作用相关的一些重大地质科学问题，为后续花岗岩综合研究、长期稳定部署花岗岩地质调查提供研究素材和知识储备。主要研究目标如下：

（1）查明区内岩浆岩的岩石组合及岩浆矿床分布特征；分析岩浆成因、演化、岩浆与成矿之间的关系，探讨区内岩浆成矿专属性。

（2）通过岩石学、岩石地球化学、同位素示踪研究并结合前人研究成果，探讨区内岩浆动力学、深部壳-幔岩浆作用过程及花岗岩的成因机制，深入研究该地区印支期的构造、岩浆及成矿特征，并进一步探讨华南中生代大地构造的演化过程。

1.4.3 技术路线

为保障研究的顺利进行，本书拟采取如下技术路线，具体见技术路线流程图（图1-1）。

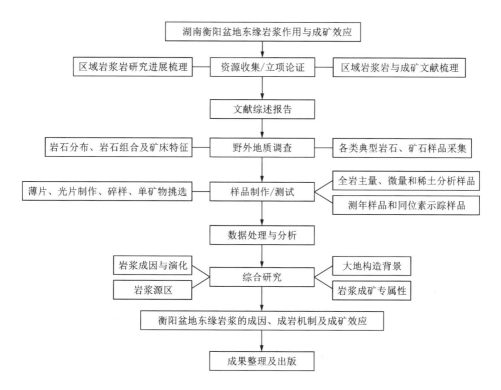

图1-1 衡阳盆地东缘岩浆作用与成矿效应研究技术路线流程图

（1）资料收集与整理。全面、系统地收集衡阳盆地东缘侵入岩年代学、地球化学等方面的相关文献，总结归纳前人的研究成果，研究存在的问题与不足，确定本次研究内容，编写文献综述报告和工作方案。

（2）野外地质调查与采样。

岩浆岩野外地质调查：通过野外地质调查了解衡阳盆地东缘的地质背景，重点调查侵入岩、火山岩的岩石组成、结构构造及其与周围地质体的接触关系，同时进行相关照片的拍摄、文字的记录、样品的采集，为后续的文稿的撰写做好铺垫。

典型矿山野外地质调查：通过对区内典型岩浆矿床的梳理，调查典型岩浆矿床与岩体的接触和产出关系，调查矿山构造、矿石特征，收集和采集典型矿石样品，做好拍摄、文字的记录、样品的采集工作。

（3）室内观察与实验。对本次采集的不同样品分别进行岩性描述和薄片鉴定；对样品进行烘干、磨样等前期处理，以备开展样品测试。

（4）数据处理与分析。对实验所获取的主量元素、微量元素及稀土元素、锆石 U-Pb 年龄、同位素等原始数据进行处理，同时绘制各类相关的图件与表格。

（5）综合研究。利用分析得到的地球化学数据，结合前人的研究成果系统深入研究衡阳盆地东缘岩浆岩成因、成岩机制及岩浆成矿效应。

（6）成果整理及出版。综合整理本书取得的研究成果，并对成果进行整理和出版。

1.5 工作概况与实物工作量

围绕衡阳盆地东缘岩浆作用与成矿的主要科学问题，本次工作全面收集了衡阳盆地东缘各时期岩浆岩的相关成果和资料，组织了多次野外地质踏勘、调查，采集岩石样品 50 件，进行了锆石 U-Pb 同位素定年和 Sr-Nd、Lu-Hf 分析，开展了岩石化学分析、地球化学分析、矿物鉴定、电子探针等室内工作。完成工作情况详见表 1-1。

表 1-1 衡阳盆地东缘岩浆与成矿效应研究主要完成工作一览表

序号	工作内容	单位	本次工作	收集
1	野外地质调查	天	135	
2	路线地质调查	km	300	
3	岩浆岩剖面测制	条	4	
4	野外地质照片	张	200	
5	样品采集	件	50	
6	区域文献资料	篇	400	收集资料

续表1-1

序号	工作内容	单位	本次工作	收集
7	岩石薄片	件	10	
8	单矿物挑选	件	5	
9	锆石 U-Pb 测年	件	2	
10	电子探针分析	点	100	
11	岩石地球化学分析	件	20	
12	Sr-Nd 同位素分析	件	6	
13	Lu-Hf 同位素分析	件	4	
14	Re-Os 同位素	件	2	
15	发表学术论文	篇	4	

1.6 主要创新点

（1）本书首次系统报道了吴集岩体、狗头岭岩体的锆石 U-Pb 年龄，厘定了狗头岭岩体石英闪长岩、吴集岩体花岗闪长岩为 I 型花岗岩类；提出加里东期吴集岩体中细粒岩浆结构的岩石包体为岩浆混合成因。

（2）根据新获得的大量锆石 U-Pb 年龄，修正了部分岩体的时代，进而厘定了加里东期、印支期和燕山期花岗岩的年代格架及侵入序列。

（3）首次系统总结了狗头岭、将军庙、川口、五峰仙岩体的岩石类型、岩浆源区和形成的构造背景，并确定区内印支期花岗岩为重要的 W、Sn 成矿母岩。

（4）本书首次获得华南内陆湖南川口花岗斑岩锆石 SHRIMP U-Pb 年龄为（246.6±2.3）Ma 和（242.3±2.1）Ma，时限为中三叠世，该年龄的获得为研究华南中三叠世时期碰撞挤压背景下构造—岩浆活动提供了同位素年龄证据。

（5）系统总结了衡阳盆地东缘钨锡钼等多金属矿床的成矿规律，丰富了花岗岩型 W、Sn 金属成矿理论。首次将川口钨矿的成矿时代厘定为晚三叠世，为华南地区印支期成矿提供了新的有力证据。

（6）本次识别出衡阳盆地东缘川口富碱花岗岩、高分异花岗岩中富含稀有金属元素，建立高分异花岗岩与 Li、Nb、Ta 稀有金属矿的成矿专属性，为进一步深入稀有金属成矿研究、找矿工作提供了思路和证据。

第 2 章
区域地质与矿产研究现状

本书主要研究的吴集、狗头岭、将军庙、五峰仙岩体，川口花岗岩体群，白莲寺岩体及攸县、衡阳盆地中的玄武岩分布于扬子与华夏两大古板块碰撞拼贴带上，该地区还处于茶陵至郴州北东向大断裂与北西向常德至安仁基底隐伏大断裂所组成的三角形区域内，是湖南省主要的不同方向深大断裂交汇区域，其岩浆作用成岩、成矿特征显著，本章对衡阳盆地及其东缘的地层、构造、岩浆岩、变质岩、地球物理特征、矿产资源特征进行简述。

2.1 区域地层

2.1.1 区域构造沉积演化背景

华南板块由扬子板块、华夏板块和其间的江南造山带组成。研究认为在新元古代晋宁 II 期（850~820 Ma）（省内称武陵运动）扬子板块和华夏板块沿江南造山带拼合成统一的古华南大陆板块，成为罗迪尼亚超大陆的一部分（Li 等，2008；王剑等，2009；李献华等，2012；张国伟等，2013；王光杰等，2000）；后伴随着罗迪尼亚超大陆的解体，在全球性裂解作用的影响下再次转化为拉张背景并形成南华裂谷盆地，保持裂谷盆地性质直至南华纪结束（何卫红等，2014）。震旦纪开始至寒武纪结束，随着裂谷活动的减弱或停止，沉积盆地性质由裂谷盆地向被动大陆边缘盆地转化，该时期主要以热沉降为主，华南板块自西向东依次为扬子板块碳酸盐台地、边缘海槽盆和华夏活动大陆边缘盆地，至寒武纪结束，形成的构造地层格架构成一个完整的超级层序（湖南省地质调查院，2017）；奥陶纪开始，受加里东运动影响，华夏板块与扬子板块拼合导致岩石圈板块挠曲以及华夏板块（武夷-云开古陆）向北西的推覆、扩增，使沉积盆地性质由原先的被动大陆边缘盆地向前陆盆地转化，沉积了一套类复理石建造，至志留纪隆升成陆、缺少沉积。泥盆纪—中三叠世再次沉降进入陆表海盆地演化阶段（即克拉通盆地演化阶段），沉积建造类型以碳酸盐建造为主、夹少量陆源碎屑岩建造。中三叠世印支运动之后，区内进入中新生代以暴露剥蚀与陆相沉积为主的沉积构造演化阶段，并发生多期构造运动和岩浆活动以及大规模内生金属成矿作用，区内缺失晚三叠世沉积记录。自侏罗纪开始进入陆相沉积演化阶段，沉积环境主要为湖泊-沼泽环境，形成一套陆源碎屑建造，中侏罗世发生早燕山运动致使先期沉积盆地关闭，区内整体抬升遭受剥蚀，缺失晚侏罗世沉积；自白垩纪至古近纪，可能受深部地幔蠕动以及区域北东向挤压派生的 NW-SE 向伸展构造控制，湖南省构造体制转为强烈伸展，形成沅麻、洞庭、长平、醴攸、衡阳等较大规模以及其他众多规模较小的陆相断陷盆地，充填紫红色砾、砂、泥质碎屑沉积。

2.1.2　区域地层

湖南地层区划按照区域内构造特征、古地理特征、古气候条件和古生物群特征等划分为湘西北地层区、湘中地层区和湘南地层区（王先辉等，2017）。衡阳盆地及东缘地区地层区划属湘中地层区，区内地层出露广泛且齐全，由老到新出露地层依次为新元古代冷家溪群、高涧群、南华系、震旦系，早古生代寒武系、晚古生代泥盆系、石炭系、二叠系；中生代三叠系、侏罗系、白垩系以及新生代古近系、第四系等（表 2-1）。

（1）青白口系。

青白口系自下而上划分为冷家溪群和高涧群。冷家溪群主要为活动型陆缘盆地背景下沉积的一套浅灰、浅灰绿色为主的浅变质细碎屑岩、黏土岩及含凝灰质细碎屑岩组成的复理石建造；自下而上划分为黄浒洞组和小木坪组。

黄浒洞组以灰色、灰绿色、深灰色中—厚层状、厚层—块状浅变质中细粒岩屑石英杂砂岩为主，夹灰色中层状粉砂岩、泥质粉砂岩、粉砂质板岩、粉砂质绢云母板岩，局部夹灰白色中—厚层状凝灰岩、凝灰质砂岩、凝灰质板岩。砂岩近岩浆岩体附近多具角岩化，有的已变质成石英角斑岩；板岩中常见斑点。小木坪组整合于黄浒洞组之上，岩性较为简单，为灰绿色薄层状绢云母板岩、黏土质板岩、粉砂质板岩、条带状绢云母板岩，夹少量灰白色凝灰质板岩，仅中部夹灰绿色厚层—块状浅变质细粒岩屑石英杂砂岩，砂岩中发育平行层理。

高涧群主要为裂谷盆地背景下沉积的一套陆源碎屑沉积体系，自下而上划分为架枧田组和岩门寨组，岩石组合类型为浅变质砂砾岩或长石石英砂岩、砂岩、板岩及凝灰岩夹层等。

架枧田组岩性以灰绿色、深灰色中—厚层状、厚层块状浅变质中细粒岩屑石英杂砂岩、浅变质岩屑杂砂岩、浅变质岩屑石英砂岩为主，夹灰绿色中层状粉砂岩、粉砂质板岩、凝灰质板岩，局部夹灰白色中—厚层状凝灰岩、凝灰质砂岩。岩门寨组整合于架枧田组之上，其岩性以灰绿色薄—中厚层状条带状含硅质绢云母板岩、条带状粉砂质板岩为主，夹灰绿色薄—中厚层条带状含硅质黏土质板岩，条带状构造发育，从下往上岩性逐渐变化为灰绿色薄—中厚层状绢云母板

表2-1　衡阳盆地及其东缘地区区域地层划分简表

年代地层			岩石地层	沉积建造	构造沉积演化阶段
界	系	统			
新生界	第四系			砾石层、黏土层	
	古近系	下统	高岭组	石英砂岩建造、砂泥岩建造	
			茶山坳组	钙质泥岩、泥岩建造	
			枣市组	泥岩、泥灰岩建造	
			百花亭组	紫红色石英砂岩建造、长石石英砂岩建造	
中生界	白垩系	上统	车江组	紫红色石英砂岩建造、长石石英砂岩建造	陆相盆地演化阶段
			戴家坪组	紫红色泥岩建造、粉砂质泥岩建造	
			红花套组	紫红色石英砂岩建造、粉砂质泥岩建造	
			罗镜滩组	杂色砾岩建造、紫红色石英砂岩建造	
		下统	神皇山组	紫红色泥岩建造、粉砂质泥岩建造	
			栏垅组	紫红色石英砂岩建造、长石石英砂质建造	
			东井组	紫红色泥岩建造、粉砂质泥岩建造	
			石门组	紫红色砾岩建造、砂砾岩建造	燕山运动
	侏罗系	下统	高家田组	砂岩、粉砂质页岩建造	
			石康组	砂岩、炭质板岩及粉砂岩建造	印支运动
	三叠系	中统	石镜组		
			三宝坳组	泥晶灰岩建造、夹生物屑灰岩建造	
		下统	管子山组	泥质粉砂岩夹钙质泥岩建造	
			张家坪组	泥质灰岩夹泥质粉砂岩建造	
晚古生界	二叠系	上统	龙潭组	砂泥岩建造、石英砂岩建造夹含煤建造	陆表海盆地演化阶段
		中统	孤峰组	硅质岩建造、硅质页岩建造	
			小江边组	钙质泥岩建造、夹碳酸岩建造	
		下统	栖霞组	泥晶灰岩建造、夹生物屑灰岩建造	
	石炭系	上统	马平组	生物屑灰岩建造、夹白云岩建造	
			大埔组	白云岩建造	
		下统	梓门桥组	生物屑灰岩建造、夹白云岩建造	
			测水组	石英砂岩建造、砂泥岩建造	
			石磴子组	生物屑灰岩建造、夹燧石灰岩建造	
			天鹅坪组	钙质泥岩建造	
			马栏边组	生物屑灰岩建造、夹粒屑灰岩建造	
	泥盆系	上统	孟公坳组	泥质碳酸岩建造、夹钙质泥岩建造	
			欧家冲组	砂岩砂岩建造、砂泥岩建造	
			锡矿山组	泥晶灰岩建造、生物屑灰岩建造	
			长龙界组	砂泥岩建造、夹泥质碳酸岩建造	
			棋梓桥组	生物屑灰岩建造、夹白云岩建造	
		中统	黄公塘组	白云岩建造	
			易家湾组	钙质泥岩建造、夹泥质碳酸岩建造	
			跳马涧组	紫红色石英砂岩建造、夹含砾砂岩建造	加里东运动

续表2-1

年代地层			岩石地层		沉积建造	构造沉积演化阶段
界	系	统				
早古生界	奥陶系	上统	天马山组		灰绿色石英砂岩建造、长石石英砂岩建造	被动大陆边缘盆地演化阶段
		中统	烟溪组		硅质岩建造、硅质页岩建造	
		下统	桥亭子组		板岩建造、粉砂质板岩建造、夹凝灰质板岩建造	
	寒武系	芙蓉统	爵山沟组		石英砂岩建造、夹砂泥岩建造	
		第三统	小紫荆组		砂泥岩建造、夹石英砂岩建造夹	
		第二统	茶园头组		石英杂砂岩建造、夹粉砂质板岩建造	
		纽芬兰统	香楠组		砂泥岩建造、夹黑色页岩建造	
新元古界	震旦系	上统	留茶坡组		黑色硅质岩建造	
		下统	金家洞组		黑色页岩建造、夹碳酸盐建造	
	南华系	上统	洪江组		含冰碛砾岩或砂泥岩建造	裂谷盆地演化阶段
		中统	大塘坡组		黑色页岩建造、夹含锰建造	
		下统	富禄组		长石石英砂岩建造、石英砂岩建造、夹砂泥岩建造	
			长安组		含砾砂岩建造、夹砂泥岩建造	雪峰运动
	青白口系	高涧群	岩门寨组		板岩建造、粉砂质板岩建造、夹凝灰质板岩建造	裂谷盆地演化阶段
			架枧田组		石英砂岩建造、夹凝灰岩建造	武陵运动
		冷家溪群	小木坪组		粉砂质板岩建造、板岩建造、夹凝灰岩建造	活动大陆边缘盆地演化阶段
			黄浒洞组		石英杂砂岩建造、夹粉砂质板岩建造	

岩、条带状绢云母板岩、黏土质板岩、条带状含硅质板岩夹薄—中厚层状浅变质粉砂岩及少量凝灰质板岩。

（2）南华系。

南华系与下伏地层高涧群岩门寨组呈平行不整合接触，属典型的裂谷盆地沉积，主要为一套冰期和间冰期气候交替条件下的陆源碎屑岩沉积体系，自下而上可划分为长安组、富禄组、大塘坡组和洪江组。长安组以灰绿色块状含砾板岩为主，次为含砾砂岩、含砾长石石英砂岩、含砾石英砂岩、浅变质砂岩等，属滨海—浅海沉积环境。富禄组以灰绿色厚层状浅变质长石石英砂岩、石英砂岩为主，次为粉砂质板岩、板岩等，属滨浅海沉积环境。大塘坡组以灰黑色、黑色薄—中厚层状炭质板岩为主，次为深灰色板岩、含锰白云岩等，属深水陆棚盆地沉积。洪江组以灰、深灰色块状含砾板岩为主，次为浅变质砂质板岩、板岩等，属冰水浅海陆棚沉积环境。

（3）震旦系。

震旦系与下伏地层洪江组呈整合接触，属被动大陆边缘盆地沉积，早期为一套温暖气候条件下形成的含磷碳酸盐建造、黑色页岩建造，晚期为深水陆棚盆地下形成的硅质岩建造，自下而上划分为金家洞组和留茶坡组。

（4）寒武系。

寒武系与下伏地层留茶坡组呈整合接触，属被动大陆边缘盆地沉积，为一套半深海—深海环境的浊流碎屑沉积夹硅质沉积，早期以黑色板岩、炭质板岩、硅质板岩与浅变质长石石英砂岩、粉砂岩夹少量长石石英杂砂岩为主，中晚期为长石石英杂砂岩、岩屑石英杂砂岩、粉砂岩、粉砂质板岩构成的类复理石建造；自下而上可划分为香楠组、茶园头组、小紫荆组、爵山沟组。

（5）奥陶系。

奥陶系与寒武系爵山沟组呈整合接触，属前陆盆地沉积背景，系一套浅海复理石—类复理石碎屑沉积夹硅质沉积，富产笔石。根据其岩石组合特征、古生物组合，可划分为桥亭子组、烟溪组、天马山组。桥亭子组为一套广海陆棚相的深灰色、灰黑色绢云母板岩、条带状板岩夹砂质板岩的岩石组合。烟溪组为一套滞留海盆下的灰黑色薄层状硅质岩夹少量硅质炭质板岩与炭质板岩的岩石组合。天马山组为一套次深海边缘斜坡盆地沉积环境下的灰绿色、灰色、深灰色中—厚层状浅变质细粒石英杂砂岩、长石石英砂岩与粉砂质板岩、绢云母板岩的岩石组合。

（6）泥盆系。

泥盆系与下伏前泥盆系天马山组呈角度不整合接触，自下而上划分为跳马涧组、易家湾组、黄公塘组、棋梓桥组、长龙界组、锡矿山组、欧家冲组、孟公坳组。其早期为滨浅海陆源碎屑沉积体系，岩石组合类型为细粒石英砂岩、细粒长石石英砂岩、含砾石英砂岩夹少量泥岩、粉砂质泥岩和少量泥灰岩的岩石组合；中晚期过渡为碳酸盐台地沉积体系，总体为一套内源碎屑岩(生物碎屑灰岩、粒屑灰岩为主)夹少量泥灰岩的岩石组合。

跳马涧组为灰白色、浅肉红色中—厚层状石英砾岩、细—中粒石英砂岩，夹紫红色、灰黄色中厚层状(含砾)粉砂质泥岩。易家湾组为泥质粉砂岩、页岩、薄层状灰、黄灰色钙质页岩、粉砂质页岩、泥灰岩夹少量含泥质灰岩透镜体。棋梓桥组为灰、深灰色厚层状—块状生物碎屑灰岩、生物碎屑含白云质灰岩、生物碎屑—泥晶含泥质灰岩。长龙界组为灰黄色薄层状含粉砂质泥岩夹中层状粒屑泥晶灰岩。锡矿山组为浅灰色、灰色厚—巨厚层状粒屑泥晶灰岩、亮晶粒屑灰岩、泥晶粒屑灰岩、亮晶内碎屑灰岩、粒屑泥晶白云质灰岩夹泥晶灰岩。欧家冲组为浅黄色薄—中厚层状泥质石英粉砂岩夹灰白色薄层状钙质页岩。孟公坳组为灰色、深灰色中厚层状含泥质含生物碎屑粉晶白云质灰岩与瘤状含生物碎屑泥晶灰岩。

（7）石炭系。

石炭系与下伏泥盆系孟公坳组呈整合接触，为一套碳酸盐台地夹混积潮坪—泻湖相沉积体系的岩石组合，自下而上划分为马栏边组、天鹅坪组、石磴子组、测水组、梓门桥组、大埔组、马平组。马栏边组为一套开阔台地相的深灰色厚层—巨厚层状生物碎屑泥晶灰岩、砂屑泥晶灰岩、泥晶亮晶砂屑灰岩的岩石组合。天鹅坪组为一套潮坪相沉积的以深灰色薄层状泥质粉砂岩、钙质粉砂质泥岩为主，夹少量透镜状泥灰岩的岩石组合。石磴子组为一套开阔台地—台地边缘浅滩相的深灰色、灰黑色中厚—巨厚层状亮晶砂屑灰岩、含燧石团块泥晶亮晶砂屑灰岩夹巨厚层状细晶白云岩、细晶灰质白云岩的岩石组合。测水组为一套滨岸潮坪—泻湖沉积环境形成的深灰色页岩夹透镜状、似层状含生物碎屑泥晶灰岩夹煤层的岩石组合。梓门桥组为灰色、深灰色中—厚层状含燧石结核生物碎屑泥晶灰岩夹生物碎屑泥晶灰岩的岩石组合，其上部为灰色、深灰色厚层状细—粉晶白云岩、生物碎屑泥晶灰岩，属局限台地—开阔台地沉积环境。大埔组的岩石类型以浅灰色厚层—块状粉晶、粗晶白云岩为主，夹少量灰质白云岩和白云质灰岩，总体上属台地潮坪沉积环境。马平组为一套开阔台地环境形成的含生物碎屑泥晶灰岩、泥晶内碎屑灰岩夹浅灰色白云岩的岩石组合。

（8）二叠系。

二叠系与下伏石炭系呈整合接触，为一套碳酸盐台地夹混积潮坪—泻湖相沉积体系，自下而上划分为栖霞组、小江边组、孤峰组、龙潭组。其中，栖霞组以粉晶灰岩、含生物碎屑含白云质灰岩为主，夹含燧石结核及团块生物碎屑粉晶灰岩；小江边组为一套深灰色、灰黑色钙质页岩、含炭质页岩夹似层状、透镜状泥晶泥质灰岩；孤峰组则以灰黑色含铁锰质硅质岩、硅质页岩为主，夹少量页岩、硅质灰岩；龙潭组为以浅灰色、深灰色石英砂岩、长石石英砂岩、粉砂质泥岩为主，夹少量含炭质页岩和煤层的岩石组合。

（9）三叠系。

三叠系与下伏二叠系呈整合接触，为一套浅海相陆源碎屑—碳酸盐沉积，沉积序列上早期以粉砂岩、粉砂质泥岩为主，夹少量石英粉砂岩，晚期以泥晶灰岩、粒屑泥晶灰岩为主，夹少量粉砂质泥岩或钙质泥岩；自下而上划分为张家坪组、管子山组、三宝坳组和石镜组。衡阳盆地及周缘地区三叠系出露较少。

（10）侏罗系。

侏罗系与下伏三叠系呈角度不整合接触，为一套陆相湖盆碎屑岩沉积体系，自下而上划分为石康组和高家田组，岩石组合类型以石英砂岩、含砾石英砂岩、长石石英砂岩为主夹少量粉砂质页岩、含炭质粉砂质页岩。

（11）白垩系。

白垩系与下伏侏罗系呈角度不整合接触，主要为一套陆相红色碎屑岩沉积体系，总体上由砾岩、砂岩、泥岩向上构成两套旋回沉积，自下而上划分为石门组、东井组、栏垅组、神皇山组、罗镜滩组、红花套组、戴家坪组、车江组。白垩系主要分布在衡阳、攸县盆地。

石门组为紫红色薄层状钙质粉砂质泥岩与泥质粉砂岩。东井组为紫红色块状砾岩、含砾砂岩，下部夹紫红色巨厚层状中粗粒长石石英砂岩，上部层间夹薄层状粉砂质泥岩。栏垅组为紫红色中厚层状粉砂质泥岩、泥质粉砂岩、泥岩。神皇山组为红色中—厚层状粉砂质泥岩、泥质粉砂岩、泥岩。罗镜滩组为紫灰色、深灰、灰白色等杂色砾岩夹紫红色厚层状长石石英砂岩。红花套组为紫红色、浅紫色厚层—巨层状中细粒、少量中粗粒长石石英砂岩。戴家坪组为浅灰色中厚层状—块状钙质粉砂质泥岩、薄—中层状泥质粉砂岩。车江组为紫红色块状含砾中—粗粒长石石英砂岩、细—中粒长石石英砂岩，夹少量泥岩、粉砂质泥岩。

（12）古近系及第四系。

古近系为一套陆相湖泊碎屑岩沉积体系，自下而上划分为百花亭组、枣市组、茶山坳组与高岭组；岩石组合类型为砖红色、紫红色块状砾岩、长石石英砂岩，粉砂质泥岩和泥岩。第四系为陆相沉积，主要为河流相砂、砾沉积，常呈阶地。

2.2 区域构造

据《中国区域地质志·湖南志》（湖南省地质调查院，2017），衡阳盆地及其东缘位于扬子板块与华南新元古代—早古生代造山带(华夏板块)结合部位(图2-1)，属南岭构造—岩浆—成矿带中西段。衡阳盆地及其东缘以川口至双牌基底隐伏断裂为界划分为扬子陆块和华夏陆块2个二级构造单元，进一步划分的三级构造单元为湘桂结合带(Ⅳ-4-3)、湘东南断褶带(Ⅳ-5-1)，其中湘桂结合带以常德至安仁基底断裂为界划分为邵阳坳褶带(Ⅳ-4-3-1)、醴陵断隆带(Ⅳ-4-3-2)，湘东南断褶带以茶陵至郴州断裂为界划分为炎陵至汝城冲断褶隆带(Ⅳ-5-1-1)、宁远—桂阳坳褶带(Ⅳ-5-1-2)。

衡阳盆地及其东缘地区由早至晚主要经历了武陵期、加里东期、印支期、燕山早期、喜马拉雅期等5次区域挤压构造运动，形成了大量不同时代和期次、不同方向与规模、不同性质的断裂、褶皱以及中生代构造盆地等构造形迹(图2-2)。根据衡阳盆地及其东缘的地质构造运动性质、变形特点、古地理、古气候、沉积作用、生物演化、变质作用、成矿作用等方面的差异，将衡阳盆地及其东缘构造演化划分为五个旋回(表2-2)。

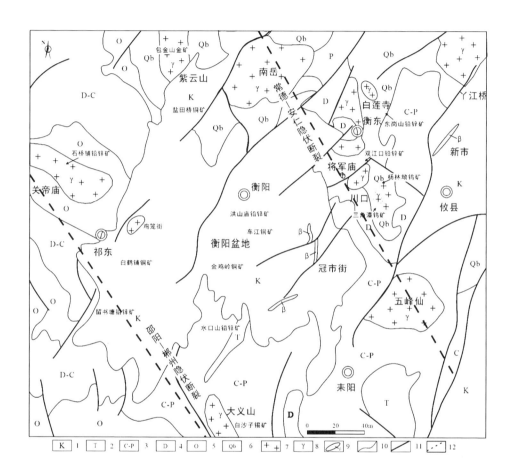

1—白垩系；2—三叠系；3—石炭系—二叠系；4—泥盆系；5—奥陶系；6—青白口系；
7—花岗岩花纹；8—花岗岩代号；9—玄武岩；10—地质界线；11—断裂；12—隐伏断裂。

图 2-1　衡阳盆地及周缘区域地质构造简图
[据秦锦华等(2019)修改]

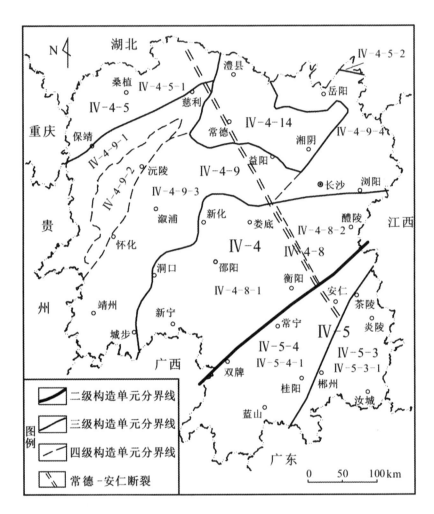

IV-4—扬子板块；IV-4-3—湘桂结合带；IV-4-3-1—邵阳坳褶带；IV-4-3-2—醴陵断隆带；

IV-5—华南新元古代—早古生代造山带(华夏板块)；IV-5-1—湘东南断褶带；

IV-5-1-1—炎陵至汝城冲断褶隆带；IV-5-1-2—宁远至桂阳坳褶带。

图2-2　湖南省构造单元划分、衡阳盆地及其东缘大地构造位置简图

[据湖南省地质调查院(2017)修改]

表 2-2　衡阳盆地及其东缘地区综合地质事件表

地质时代		沉积作用	构造变形	构造体制	演化阶段	构造旋回	岩浆活动	变质作用	矿化作用
第四纪	Q	砾石层、黏土层							砂金
新近纪	N	无沉积	近EW逆断裂及同走向褶皱、NE向左行走滑断裂、NW向右行走滑断裂	NNE向挤压	差异隆升	晚燕山—喜马拉雅旋回			
古近纪	E$_{2-3}$		NE向右行走滑断裂；NW向左行平移断裂	近EW向挤压	陆相断陷盆地				
	E$_1$	红色陆相砂泥质沉积	NE—NNE向（右行平移）正断裂；衡阳断陷盆地、攸县断裂盆地形成；冠市街玄武岩喷发	NE向挤压、NWW—SEE向伸展					铜、石膏
白垩纪	K$_2$							热接触变质、气—液蚀变	
	K$_1$								玛瑙
侏罗纪	J$_{2-3}$	无沉积	川口隆起内NNE—NE向逆断裂、切割花岗岩体的NW向左行平移断裂	NWW向挤压	陆内造山—岩浆活动阶段	早燕山旋回	二长花岗岩、火山岩		铌钽铁矿、萤石、钨铜、钨、钼
	J$_1$		川口隆起内NE向断裂左行走滑及NW向断裂右行走滑	SN向挤压					
三叠纪	T$_3$								
	T$_2$晚期		川口隆起上古生界盖层侏罗山式褶皱、前泥盆系基底与盖层共同卷入形成的厚皮式褶皱；NNE—NE向逆断裂；五峰仙—铁丝塘NW向左旋走滑基底隐伏断裂	NWW向挤压		华力西—印支旋回			
	T$_2$早期	碳酸盐岩和滨浅海陆源碎屑沉积			陆表海盆地				
二叠纪	P								锰
石炭纪	C								铁、煤、黄铁
泥盆纪	D								铁、白云岩

续表2-2

地质时代		沉积作用	构造变形	构造体制	演化阶段	构造旋回	岩浆活动	变质作用	矿化作用
志留纪	S_3			近 SN 向挤压	陆内造山—岩浆活动阶段	扬子—加里东旋回	石英闪长岩、花岗岩	热接触变质	金、钨、铜
奥陶—志留纪	O_2—S_2	无沉积			前陆盆地				
奥陶纪	O_1								
寒武纪	Є	砂泥质类复理石沉积			被动大陆边缘盆地				金
震旦纪	Z	白云岩	近 EW 向阿尔卑斯型褶皱,走向韧脆性断裂,轴面劈理等					低绿片岩相区域浅变质作用	
南华纪	Nh	含砾板岩夹砂岩			裂谷盆地				铁
青白口纪	Qb^2	板岩夹少量杂砂岩		差异性隆升		武陵旋回			金、钨、铁
	Qb^1	陆源碎屑浊积物	冷家溪群中近 EW 向紧闭线性褶皱与走向逆断裂,强烈发育的轴面劈理	近 SN 向挤压	活动陆缘盆地阶段				钨、锑、铅锌、铁

2.2.1 武陵旋回

衡阳盆地及其东缘武陵期区内主要出露冷家溪群小木坪组绢云母板岩、粉砂质板岩和黄浒洞组浅变质岩屑石英杂砂岩,构成该地区最老结晶基底,属华南洋与扬子板块前缘的增生楔与盆地沉积,即覆于洋壳之上的表层陆源碎屑沉积。880～820 Ma 期间为岛弧岩浆作用阶段,构造环境总体上受控于华南洋洋壳向 NNW 的俯冲(柏道远等,2010),其中冷家溪群及同期地层(火山沉积建造)主要形成于岛弧和弧后盆地(潘桂棠等,2008)。835～820 Ma 期间可能因俯冲板片的折断、拆沉引发深部地幔上涌,与伴生的拉张作用共同导致了具岛弧火山岩特征的基性—超基性火山岩喷发或侵位(王孝磊等,2003),并使基底岩石部分熔融而形成花岗闪长岩(马铁球等,2009)。

820~810 Ma发生武陵运动,由扬子板块与其东南缘的岛弧之间发生弧–陆碰撞所致,主碰撞带即为雪峰造山带(柏道远等,2010)。武陵运动造成冷家溪群的变形变质及其与上覆板溪群之间的角度不整合。衡阳盆地东缘地区表现为川口隆起带青白口系冷家溪群黄浒洞组、小木坪组中发育近东西向—北东东向线状紧闭褶皱和轴面劈理。

武陵期褶皱轴向总体呈NEE向或近EW向,少量NWW向。NEE向或近EW向褶皱反映了武陵期近NNW向的挤压应力,并经历加里东期褶皱的近共轴叠加。而NWW向的褶皱则反映了早期NEE向或近EW向褶皱后期受将军庙岩体、川口岩体侵位影响,走向发生了顺时针旋转。

2.2.2　扬子—加里东旋回

扬子—加里东旋回指新元古代中期武陵运动与志留纪加里东运动之间的地质演化阶段。鉴于其间存在南华系与板溪群之间的显著不整合构造事件,将此构造旋回进一步分为雪峰和扬子—加里东2个亚旋回。

雪峰亚旋回,即800 Ma开始衡阳盆地东缘进入板溪期裂谷伸展阶段,区内主要物质记录为青白口系高涧群架枧田组、岩门寨组,总体为一套以砂岩、板岩组成的复理石、类复理石为主的裂陷海盆沉积。该期褶皱轴向总体呈NEE向或近EW向展布,呈一系列以直立倾伏和斜歪水平形态为主的紧闭褶皱和少量呈直立的水平褶皱。这些特征表明高涧群岩门寨组褶皱形成于加里东期NNW或近SN向挤压作用。板溪期末(约720 Ma;柏道远等,2015)因伸展体制下的差异升降与断块旋转而发生横向上且强度不均衡的雪峰运动,造成南华纪长安组与板溪群之间的角度不整合至平行不整合接触,其衡阳盆地东缘二者之间呈平行不整合接触。

扬子—加里东亚旋回,即扬子—加里东亚旋回对应地质时代为南华纪—志留纪,以长安组伸展作用开始,志留纪晚期加里东运动结束。南华纪进入裂谷盆地阶段,区内主要沉积有长安组含砾砂质板岩、含砾不等粒长石石英砂岩、长石石英砂岩等。震旦纪开始,衡阳盆地东缘整体进入被动大陆边缘盆地演化阶段,主要物质记录有震旦纪灯影组、寒武纪牛蹄塘组、寒武纪香楠组至爵山沟组。震旦纪为裂谷盆地向被动大陆边缘盆地转化阶段,衡阳盆地东缘属碳酸盐台地,形成灯影组浅灰、灰黑色中厚层、薄层泥晶白云岩、含磷泥晶白云岩、粉屑泥晶白云岩及炭质薄层泥岩。寒武纪—早奥陶世为被动大陆边缘盆地阶段。寒武纪早期,衡阳盆地东缘为半深海盆地,马鞍山断裂以北江东水库一带形成牛蹄塘组炭质页岩、硅质页岩沉积,金紫仙一带形成香楠组炭质页岩为主的沉积。寒武纪中、晚期,研究区为活动型陆缘斜坡—半深海盆地环境,形成以砂质为主、泥质为辅的类复理石沉积。中奥陶世—志留纪,衡阳盆地东缘总体属前陆盆地阶段,区内缺乏相应的物质记录。

志留纪晚期发生加里东运动，衡阳盆地东缘整体隆升成陆并遭受剥蚀，表现为陆内造山运动，造成高涧群—寒武系的褶皱变形，以及上古生界与前泥盆系之间的角度不整合接触，并伴生与褶皱同走向的逆断裂，同时产生区域低变质并形成轴面劈理。加里东运动区域挤压应力场总体指向 N 或 NNW(丘元禧等，1998，1999；陈旭等，1999；郝义等，2010)。加里东运动后期，在挤压减弱、应力松弛的后碰撞环境(柏道远等，2006c)下发生大规模花岗质岩浆活动，区内主要物质记录为狗头岭石英闪长岩、吴集黑云母花岗闪长岩和黑云母二长花岗岩。

2.2.3　海西—印支旋回

继加里东运动研究区整体上升成陆之后，衡阳盆地东缘泥盆纪—中三叠世再次沉降进入陆表海盆地演化阶段，直至中三叠世末—晚三叠世初的印支运动褶皱回返才结束海相沉积历史。本阶段衡阳盆地东缘广泛发育了碳酸盐岩和滨浅海陆源碎屑沉积，并形成较丰富的煤、铁、锰等沉积矿产。陆表海盆在发展过程中经历了较复杂的扩张—收缩或沉降—抬升交替过程。

加里东造山运动之后，地壳表层发生造山期后的松弛，同时又受到钦防海槽张开的影响，使研究区转入相对稳定的大地构造环境，并处于总体弱拉张的应力场中，于中泥盆世开始衡阳盆地东缘发生海侵，在相对稳定的陆表海环境下，沉积了中泥盆世—三叠纪以碳酸盐岩为主，陆源碎屑岩为次并夹少量硅质岩的岩系。

中三叠世晚期为印支运动主幕，衡阳盆地东缘整体抬升成陆并遭受剥蚀，从此结束海相沉积历史。印支运动中衡阳盆地东缘受 NWW 向挤压而形成 NNE 向为主的褶皱(柏道远等，2005a，2005b，2006a，2006b，2008a，2008b，2009，2012)，其动力机制可能与扬子板块和华夏板块之间的陆内汇聚以及古太平洋板块向西俯冲有关。区内印支期褶皱走向复杂，主要分为 NNE 向、NW 向—近 SN 向、NEE 向—近 EW 向 3 大类。NNE 向构造线受控于 NWW 向区域挤压体制；NW 向—近 SN 向构造线是由 NNE 向构造线在常德至安仁隐伏断裂的左旋作用发生偏转所形成；NEE 向—近 EW 向构造线多分布于岩体附近，应与岩体的侵位作用有关。

在晚三叠世挤压减弱、应力松弛的伸展环境下，衡阳盆地东缘形成了五峰仙岩体，侵位年龄为(233.5±2.5) Ma(陈迪等，2017b)、(221.6±1.5) Ma(王凯兴等，2012)；将军庙岩体，侵位年龄为(229.1.5±2.8)(李湘玉等，2020)；川口岩体，侵位年龄为(223.1±2.6) Ma(罗鹏等，2021)、(206.4±0.5) Ma(陈迪等，2022)、(202±1.8) Ma(陈迪，2022)。花岗岩岩石类型主要有斑状黑云母二长花岗岩、二云母二长花岗岩等。印支运动后衡阳盆地东缘完全脱离海洋环境，进入陆地及陆相盆地演化阶段。

2.2.4 早燕山旋回

早燕山旋回指印支运动主幕结束至白垩纪断陷活动之前的构造演化阶段。衡阳盆地东缘的物质记录主要分布在凉江断裂以东,为一套陆相湖盆碎屑岩夹含煤沉积。

晚三叠世早期—早侏罗世早期,扬子板块及其以南各地块向北运移与中朝板块碰撞,研究区总体受 SN 向挤压,NW 向和 NE 向断裂分别发生右行和左行走滑。

中侏罗世中晚期发生早燕山运动。受古太平洋板块俯冲影响,研究区主要受 NWW 向强挤压而形成 NNE 向的褶皱与逆冲断裂,该时期形成的褶皱、断裂带常同向或横跨叠加在印支期褶皱、断裂之上。

晚侏罗世,研究区整体大幅抬升遭受剥蚀而缺失沉积物质。

2.2.5 晚燕山—喜马拉雅旋回

晚燕山—喜马拉雅旋回指白垩纪伸展断陷作用以来的陆相沉积盆地演化阶段,进一步分为晚燕山亚旋回(白垩纪—古近纪)和喜马拉雅亚旋回(新近纪以来)。

晚燕山亚旋回,即白垩纪—古近纪,区域构造体制转为强烈伸展,在板内裂谷强拉张环境及 NNE 向左旋正平移或离散走滑体制下形成陆相红色断陷盆地和盆-岭构造。衡阳盆地及东缘对应的物质记录有衡阳盆地、攸县盆地、茶陵盆地、川口隆起与两侧断陷盆地沉降相耦合,从而形成盆-岭构造景观。值得指出的是,衡阳盆地冠市街、攸县盆地新市一带因强拉张导致了玄武岩的喷发。本次大规模伸展活动可能与深部地幔蠕动,以及 NE 向挤压派生的 NW—SE 向伸展有关。受先期 NE—NNE 向断裂继承性活动控制,盆地或凹陷及主要控盆断裂大多为 NE—NNE 向。

始新世区域构造体制由伸展断陷转为挤压,先期断陷盆地大多收缩消亡,部分残余盆地中形成三角洲沉积及杂色泥岩—蒸发岩沉积。

始新世末—渐新世发生喜马拉雅运动,太平洋板块向 W 俯冲、引起区域近 EW 向挤压和缩短(万天丰等,2002),衡阳盆地及其周缘全部抬升遭受剥蚀;挤压造成白垩系—古近系褶皱,并形成 NE—NNE 向右行平移断裂、NW 向左行平移断裂等。

喜马拉雅亚旋回,即新近纪,受印度板块与亚洲大陆碰撞而存在区域 NNE 向挤压,形成衡阳盆地中 NEE 向褶皱,NW 向和 NE 向断裂分别发生右行和左行走滑。第四纪研究区主要表现为间歇性抬升,在湘江、洣水及永乐江河岸可形成多级阶地并发育冲积砾石层。

2.2.6 区域性深大断裂构造

衡阳盆地东缘地区深大断裂发育，最近的研究认为 NNE 向川口至双牌断裂为扬子板块与华夏板块的南东边界(饶家荣等，2012)，本次研究的衡阳盆地东缘地区正处于扬子板块与华夏板块的结合带上，而衡阳盆地东缘地区 NW 向的常德至安仁隐伏岩石圈深大断裂与 NNE 向茶陵至郴州断裂在安仁处交汇构成了特殊的"y"字形构造(图 2-3)(柏道远等，2005b；柏道远等，2007)，该 NW 向常德至安仁断裂还控制了衡阳盆地东缘边界和一系列的花岗岩产出，显示区域深大断裂控岩控矿的特点。本节就衡阳盆地东缘地区的川口至双牌、茶陵至郴州、常德至安仁深大断裂进行简述。

川口至双牌断裂为一条区域性隐伏断裂，由于活动历史早及后期构造层的覆盖，川口至双牌断裂在地表大多数地段都缺乏清楚的形迹表现。川口至双牌断裂的存在主要通过地球物理暨岩石圈结构和南华纪—寒武纪期间的控盆活动体现。

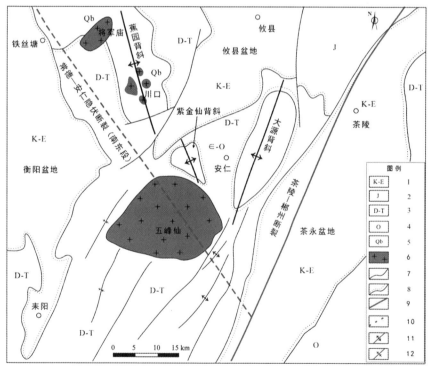

1—白垩系—古近系；2—侏罗系；3—泥盆系—三叠系；4—奥陶系；5—青白口系；6—印支期花岗岩花纹；7—地质界线；8—角度不整合界线；9—断裂；10—隐伏断裂；11—背斜；12—向斜。

图 2-3 衡阳盆地及其东缘地区主要地质构造简图

[据柏道远等(2005b)修改]

现有研究表明,该断裂为扬子板块与华南新元古代—早古生代造山带的分界断裂(湖南省地质调查院,2017),其地球物理探测表明湘中南存在一个总体呈北东走向的岩石圈增厚带(饶家荣等,1993),该增厚带的北西和南东两侧边界为陡倾的岩石圈低阻带,这在秀山至永新电阻率断面图中表现得很清楚(饶家荣等,2012)。该增厚带的南部边界沿川口至双牌一线展布;另刚性块体边界对邻侧构造形迹的走向常具明显的控制作用,通常使构造线与块体边界趋于一致,川口至双牌陆块边界明显控制了两侧加里东期和晚三叠世—早侏罗世构造线走向。加里东运动中区域挤压应力方向为近南北向,晚三叠世—早侏罗世具南北向区域挤压应力场且于湘中南形成隆起构造。地表出露情况和根据沉积层序和沉积物组成差异所进行的地层分区(陈多福等,1998)显示,川口至双牌汇聚带明显控制了南华纪—寒武纪的沉积作用,两侧岩性特征迥异,表现为不同的岩石组合特征。

常德至安仁断裂是一条长期活动的隐伏断裂,其走向约北西320°,往北、往南分别延伸至秦岭和汕头,全长达1000 km,为一倾向北东、深达上地幔的巨型线性低密度构造弱化带(饶家荣等,1993)。在湖南境内,其主体体现为北西—南东向的常德至安仁的隐伏深大断裂(图2-3),沿该断裂带发生加里东、印支和燕山早期等多期次花岗质岩浆活动,形成醒目的北西向岩浆岩带。该断裂在地表的总体形迹并不清楚,为基底隐伏断裂。该断裂在衡阳盆地东缘(常德至安仁断裂带的南东部分)形迹不清楚,为一以深部活动为主的隐伏断裂。沿断裂带重力水平梯级带急陡,显示一系列局部圈闭良好的重力低值带呈北西向线性排列特征。常德至安仁断裂带上出现了一些规模较大的岩体,如桃江岩体、沩山岩体、歇马岩体、五峰仙岩体等。衡阳盆地东缘的吴集岩体、白莲寺岩体、狗头岭岩体、将军庙岩体、川口岩体、五峰仙岩体基本沿该断裂的走向分布。常德至安仁断裂为衡阳盆地的北东边界,是控制衡阳盆地形成的主要控盆断裂之一(湖南省地质调查院,2017)。

茶陵至郴州断裂总体走向约 NE 30°,为倾向 SEE 的基底断裂带,断裂带北段被茶永盆地叠加覆盖,南段郴州至临武一带主要由多条 NNE 向次级逆冲断裂组成。受该断裂深部活动与构造样式控制,东侧千里山至炎陵一带形成走向与地表断裂带一致的 NNE 向莫霍面陡变带。印支运动时该断裂发生逆冲运动,导致断裂东盘隆升,形成炎陵至汝城隆起带;西盘下降,形成衡阳—桂阳坳陷带,从而造就了湘东南东隆西坳的构造格局。该断裂在白垩纪时产生构造反转成为伸展断裂,并成为茶永盆地主要的控盆断裂之一。茶-郴断裂是湘东南地区一条最重要的控岩、控矿断裂。该断裂带西侧拗陷带内燕山早期主要发育花岗闪长斑岩、花岗斑岩等小型超浅成侵入岩体,形成 Pb、Zn、Cu、Ag 等为主的低温热液矿产。

茶陵至郴州断裂为一航磁 ΔT 化极异常梯度带,断裂两侧地球物理特征迥然不同,东部为东坡至骑田岭花岗岩带重力低异常,与西部 NW 向重(力)低磁高

"鼻突"几乎呈直角对接。爆破地震发现区域上剖面内低速层有间断,断裂西侧的壳内低速层在断裂东侧中断;断裂两侧下地壳底部波速及厚度也不同。在茶陵剖面上莫霍面深度变化不大,但从资兴到临武莫霍面可能有 1~5 km 的落差变化,推断断裂倾向 SE,倾角约 65°。这一差别可能反映出该断裂为下切至上地幔的深断裂,并可以从断裂的活动历史得到解释。印支运动中该岩石圈断裂东盘向西仰冲,从而使得断裂东面的莫霍面相对西面向上错移。白垩纪时在区域拉张体制下,北面茶陵至永兴一带断裂上盘发生向东的伸展下滑,同时形成茶-永断陷盆地;而南面下滑位移量相对较小,使得茶-永盆地未向郴州以南贯通,可能正是白垩纪时拉张下滑量的差别造成了上述莫霍面在南、北的落差区别。

2.3 区域岩浆岩

湖南衡阳盆地周缘岩浆岩十分发育,尤其以衡阳盆地东缘加里东期的吴集岩体、狗头岭岩体,印支期五峰仙、川口、将军庙花岗质岩体为特色,上述花岗岩总体沿常德至安仁隐伏断裂呈线性展布(图 2-3)。岩浆岩以中—酸性侵入岩为主,自早至晚有加里东期、印支期、燕山期等多个时代,成岩年龄见数据表(表 2-3),另发育有少量的基性岩脉、酸性岩脉、伟晶岩脉。火山岩较少,仅仅在衡阳盆地东缘红层盆地中零星发育似层状的玄武岩,玄武岩呈带状展布。

表 2-3 衡阳盆地周缘地区岩浆岩同位素年龄数据表

岩体	岩性	测定方法	年龄值/Ma	资料来源
紫云山	斑状石英二长岩	锆石 LA-ICP-MS	225.2±1.7	鲁玉龙等,2017
	二云母花岗岩	锆石 LA-ICP-MS	227.9±2.2	鲁玉龙等,2017
	斑状石英二长岩	锆石 LA-ICP-MS	225.6±1.4	鲁玉龙等,2017
	花岗闪长岩	锆石 LA-ICP-MS	222.5±1.0	刘凯等,2014
	黑云母花岗岩	锆石 LA-ICP-MS	222.3±1.8	刘凯等,2014
	花岗闪长岩	锆石 LA-ICP-MS	218.8±2.1	Wang 等,2015
	黑云母花岗岩	锆石 LA-ICP-MS	219.9±3.6	Wang 等,2015
	黑云母花岗岩	锆石 SHRIMP U-Pb	216.6±3.7	王先辉等,2013
歇马	黑云母花岗岩	锆石 LA-ICP-MS	220.8±3.8	Wang 等,2015
	黑云母花岗岩	锆石 LA-ICP-MS	216.2±2.1	Wang 等,2015
	暗色微粒包体	锆石 LA-ICP-MS	221.0±2.5	Wang 等,2015
	暗色微粒包体	锆石 LA-ICP-MS	217.4±2.4	Wang 等,2015

续表2-3

岩体	岩性	测定方法	年龄值/Ma	资料来源
南岳	二长花岗岩	锆石 LA-ICP-MS	215.5±1.5	马铁球等，2013b
吴集	黑云母花岗闪长岩	锆石 LA-ICP-MS	432.0±2.8	陈迪等，2022
	黑云母花岗闪长岩	锆石 LA-ICP-MS	428.8±3.0	陈迪等，2022
	暗色微粒包体	锆石 LA-ICP-MS	428.3±3.0	陈迪等，2022
狗头岭	石英闪长岩	锆石 LA-ICP-MS	395.7±2.0	陈迪等，2022
白莲寺	黑云母二长花岗岩	锆石 LA-ICP-MS	154.6±1.2	马铁球等，2013a
将军庙	斑状黑云母二长花岗岩	锆石 SHRIMP U-Pb	229.1±2.8	陈迪等，2022
川口	二云母二长花岗岩	锆石 SHRIMP U-Pb	223.1±2.6	陈迪等，2022
	黑云母二长花岗岩	锆石 LA-ICP-MS	206.4±1.4	
	白云母花岗岩	锆石 LA-ICP-MS	202.0±1.8	
	花岗岩	锆石 LA-ICP-MS	227.8±0.66	Li 等，2021
	花岗岩	锆石 LA-ICP-MS	237.3±0.78	Li 等，2021
	花岗斑岩	锆石 SHRIMP U-Pb	246.6±2.3	陈迪等，2022
	花岗斑岩	锆石 SHRIMP U-Pb	242.3±2.1	陈迪等，2022
五峰仙	黑云母二长花岗岩	锆石 SHRIMP U-Pb	233.5±2.5	陈迪等，2017b
	黑云母二长花岗岩	锆石 LA-ICP-MS	236±6.0	Wang 等，2007
	二云母花岗岩	锆石 LA-ICP-MS	221.6±1.5	王凯兴等，2012
丫江桥	二长花岗岩	锆石 LA-ICP-MS	223.2±1.3	李彬等，2019
	二长花岗岩	锆石 LA-ICP-MS	213.0±1.2	于玉帅等，2019
	二长花岗岩	锆石 LA-ICP-MS	212.1±1.2	于玉帅等，2019
大义山	花岗岩	锆石 LA-ICP-MS	171.8±1.9	李勇等，2015
	花岗岩	锆石 LA-ICP-MS	169.9±1.8	李勇等，2015
	花岗岩	锆石 LA-ICP-MS	164.2±2.6	李勇等，2015
	二长花岗岩	锆石 LA-ICP-MS	153.4±1.1	赵增霞等，2017
关帝庙	花岗岩	锆石 LA-ICP-MS	223.4±1.9	赵增霞等，2015
	黑云母二长花岗岩	锆石 LA-ICP-MS	203.0±1.6	秦锦华等，2019
	二云母二长花岗岩	锆石 LA-ICP-MS	208.0±3.2	秦锦华等，2019
新市	玄武岩	锆石 LA-ICP-MS	137.2	马铁球等，2012
冠市街	玄武岩	全岩钾氩法	71.8~70.1	孟立丰，2012

衡阳盆地是华南地区独具特色的中—新生代陆相沉积盆地，重力资料显示地幔隆起、火成岩与成矿元素以及同位素组合具有幔源特征，衡阳盆地的形成与华南地区中生代地幔柱活动之间具有密切的成因联系(秦锦华等，2019)，同时其丰富的矿产资源十分引人注目(秦锦华等，2019；柏道远等，2021)，尤其是 W、Sn、Mo、Bi、Cu、Pb、Zn、Au 等多金属矿产与衡阳盆地周缘的岩浆作用密切相关(图 2-3)，如川口隆起带上产出与花岗岩密切相关的 W、Pb、Zn 等矿产(邓湘伟，2009；柳智，2012；罗鹏等，2021；彭能立等，2017；王银茹，2012；熊作胜，2014)，五峰仙岩外接触带产出的 Mo、Cu 矿等，大义山岩体中发育的锡矿(李勇等，2015；赵增霞等，2017)及紫云山岩体中发育的金矿(鲁玉龙等，2017)等都与岩体密切共生。

1. 侵入岩

研究区侵入岩：侵入岩主要为加里东期、印支期、燕山期等 3 个时代的岩体(图 2-4)，分布在衡阳盆地东缘，总体沿常德至安仁隐伏断裂南东段展布，总体呈线性分布，发育有吴集、狗头岭、将军庙、川口、五峰仙、白莲寺等岩体，岩性以酸性花岗质岩石为主，各时代花岗岩的侵位年龄见岩石年龄数据表(表 2-3)。

加里东期侵入岩有吴集、狗头岭岩体，岩石类型有石英闪长岩、花岗闪长岩、黑云母二长花岗岩、二云母二长花岗岩等，吴集岩体中常见岩浆成因的镁铁质微粒包体。加里东期花岗岩有 I 型和 S 型花岗岩，地球化学特征显示岩体形成于碰撞后伸展构造环境。印支期花岗岩岩体有将军庙、五峰仙、川口花岗岩体，岩石类型主要有黑云母花岗闪长岩、黑云母二长花岗岩、二云母二长花岗岩、碱长花岗岩、白云母花岗岩等。印支期花岗岩岩石类型主要为 S 型花岗岩，形成于伸展构造环境(陈迪等，2017b；Wang 等，2007；王凯兴等，2012，李湘玉等，2020)。燕山期花岗岩发育较少，仅在吴集岩体北东处出露白莲寺岩体，岩石类型主要有黑云母二长花岗岩、二云母二长花岗岩，显示地壳重熔特征，形成于后造山环境(马铁球等，2013a)。

非研究区侵入岩：衡阳盆地周缘除研究区岩体(衡阳盆地东缘)外发育有印支期的丫江桥、紫云山、关帝庙岩体，有印支期—燕山期的复式岩体南岳、大义山岩体，燕山期的鸡笼街岩体。印支期的丫江桥、紫云山、关帝庙、南岳、大义山岩体岩石类型主要有角闪黑云二长花岗岩、黑云母二长花岗岩、含电气石二云母二长花岗岩、二云母二长花岗岩，岩体中常见岩浆成因的镁铁质微粒包体，岩石类型多为下地壳部分熔融的 S 型花岗岩，少部分(如大义山岩体)具 A 型花岗岩的岩石地球化学特征(孙海瑞等，2021)，该时期岩体形成的构造背景是造山阶段的后碰撞构造环境，即挤压峰期之后的伸展环境，岩浆来源为应力减弱或挤压松弛体制之下，幔源基性岩浆底侵(发育岩浆混合成因的岩石包体)，诱发古元古界地壳部分熔融形成的花岗质岩浆，上述岩体具有沿着断裂构造运移侵位的特征(柏

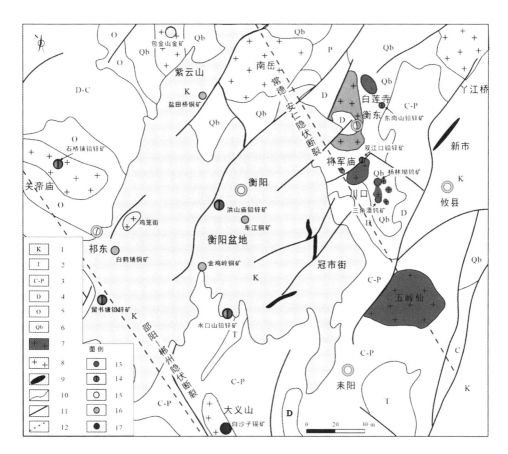

1—白垩系；2—三叠系；3—石炭系—二叠系；4—泥盆系；5—奥陶系；6—青白口系；7—研究区花岗岩（含五峰仙、川口、将军庙、吴集岩体）；8—非研究区花岗岩（含丫江桥、南岳、紫云山、关帝庙、鸡笼街、大义山岩体）；9—玄武岩；10—地质界线；11—断裂；12—隐伏断裂；13—钨矿；14—铅锌矿；15—金矿；16—铜矿；17—锡矿。

图 2-4　衡阳盆地及其周缘地区岩浆岩分布及主要断裂构造简图
［据秦锦华等（2019）；柏道远等（2021）修改］

道远等，2014a；赵增霞等，2015；杜云等，2015；孙海瑞等，2021；李彬等，2019；于玉帅等，2019）。燕山期的鸡笼街岩体及印支期岩体中发育的燕山期岩株、岩脉以黑云母花岗岩、二云母花岗岩、白云母花岗岩为主，多为地壳重熔的 S 型花岗岩，形成于后造山环境（马铁球等，2013a；李勇等，2015）。

2. 岩脉

衡阳盆地及其周缘岩脉、岩墙分布十分广泛，岩石以酸性斑岩类为主，中—基性岩脉次之。酸性脉岩主要有细粒花岗岩、花岗斑岩、石英斑岩、正长岩、花岗闪长斑岩等，另外还常见有石英脉、(似)伟晶岩脉。脉体的形成时代以晚三叠世、中侏罗世为主。花岗斑岩脉、伟晶岩脉、细粒花岗岩脉主要分布在川口隆起带、大义山岩体及南岳岩体内外接触带，基性岩脉在关帝庙岩体围岩中发育(秦锦华等，2019；柏道远等，2021)。

3. 火山岩

衡阳盆地及其东缘火山活动总体不强，在衡阳白垩纪红层盆地的南东侧及攸县盆地南西侧有较多的似层状玄武岩产出，出露于衡南县冠市街、攸县盆地新市附近，呈带状产出(马铁球等，2012；孟立丰，2012)。玄武岩喷发于白垩系中，下伏岩层有烘烤现象，上覆岩层近玄武岩处，局部有玄武岩砾石，接触面产状与围岩大体一致，局部呈微角度相交。岩性以蚀变橄榄玄武岩(或伊丁玄武岩)为主，下部夹一层蚀变杏仁橄榄玄武岩，上部和顶部有两层气孔状伊丁玄武岩或蚀变气孔状橄榄玄武岩(气孔体)，具多次喷发的特征。玄武岩底部为深褐色杏仁状熔岩(杏仁体)，厚度较薄，一般为 2~3 m。杏仁体以沸石、绿泥石、蛋白石充填为主，见少量石英，呈灰白色，多风化淋滤后呈黄绿色胶泥状，最大者 1~2 cm，一般为0.5 cm 左右。气孔、杏仁体呈压扁拉长状，具很强的定向性排列特征，长轴方向平行于熔岩与灰白色砂岩的接触面。上部溢流相岩性为深灰绿色致密块状玄武岩，可见长石斑晶。玄武岩形成时代为 137.2 Ma(马铁球等，2012)，71.8~70.1 Ma(孟立丰等，2012)，即其形成于燕山期。

2.4 变质岩

衡阳盆地及其周缘地处扬子板块与华夏板块结合处，从早到晚依次经历了武陵运动、加里东运动、海西—印支运动、燕山运动、喜马拉雅运动等多期次的构造活动，并叠加有加里东期、印支期、燕山期岩浆侵入活动(湖南省地质调查院，2017)，变质演化历史较为复杂，但衡阳盆地及其周缘变质作用类型以区域变质作用为主，其次为与岩浆活动有关的热接触变质及与断裂活动有关的动力变质。

1. 区域变质岩

衡阳盆地及其周缘前泥盆系均遭受了不同程度的低级区域变质作用，主要分布于衡阳盆地东缘的川口隆起带，紫云山、关帝庙岩体外围，川口隆起带内及紫云山岩体出露处褶皱与断层构造活动强烈，卷入其中的地层有青白口系冷家溪群、高涧群及震旦系陡山沱组与寒武系。区域变质岩的原岩为一套砂泥质细粒碎屑沉积岩，夹少量火山碎屑岩、碳酸盐岩与炭质岩，经历多期变形变质作用后，形成绿片岩相的低级区域变质岩系列，根据其原岩组分特征，盆地周缘的区域变质岩类型可划分为变沉积碎屑岩、变沉积—火山碎屑岩、变质碳酸盐岩与炭质板岩四种类型。衡阳盆地及其周缘的区域变质岩中明显的变质特征矿物为透闪石，透闪石的出现表明该类型变质岩处在绿帘角闪岩相，其形成温度范围为 450~560 ℃，压力范围为 0.4~1.0 GPa，略高于绿片岩相温、压范围。川口隆起带内见少量的绿帘角闪岩相变质岩，其形成可能是区域变质作用叠加了动力变质与热力变质作用的结果。

2. 热接触变质岩

热接触变质岩在衡阳盆地及其周缘十分发育，变质程度、变质类型与岩体大小及所侵入的围岩岩性有关，主要分布于吴集岩体、川口岩体、将军庙岩体、狗头岭岩体、五峰仙岩体、紫云山岩体、关帝庙岩体周边地区。区内岩体多数为多期岩浆活动的产物，岩体形态不规则，侵位规模大小不一，热接触变质岩可分为角岩带和角岩化、斑点状板岩带，不同程度的热接触变质岩呈渐变过渡关系。角岩带出露于岩体的外接触带，出露宽度不等，主要分布在川口岩体群、五峰仙岩体、将军庙岩体、吴集岩体、紫云山岩体、关帝庙岩体及狗头岭岩体的外接触带，岩性较为复杂，角岩带还受沉积原岩的矿物与化学组成的控制。据原岩的不同，热接触变质岩可分为云母角岩、长英质角岩、大理岩和石英岩四种主要类型。角岩化带分布于角岩带的外侧或近邻岩体分布，带内的主要岩性有斑点状板岩、角岩化板岩、角岩化砂岩、硅化灰岩等。

3. 气–液蚀变岩

气–液蚀变岩主要分布于岩体边缘、小岩体顶部、花岗伟晶岩边缘及蚀变破碎带两侧。由此形成的变质岩呈脉状、团块状、透镜状产出，为岩浆热液及流体交代花岗岩体的产物。其主要蚀变类型有云英岩化、硅化，其次有钠长石化、绢云母化、重晶石化、绿泥石化、黄铁矿化(马铁球等，2013a)。

4. 动力变质岩

动力变质岩主要产在断裂带、韧性剪切带中，多呈带状分布，具碎裂结构、糜棱结构，有或多或少的棱角状或眼球状碎斑或碎块，具有岩性变化大、伴随有蚀变和矿化等特征。动力变质岩类型按其变形特征与形成机制分为由脆性破碎形成的碎裂岩和由塑性变形形成的糜棱岩。衡阳盆地北东缘的南岳岩体西侧见混合岩化，主要岩石类型有混合岩化片麻岩、条带状混合岩、眼球状混合岩等。

5. 变质岩与成矿

衡阳盆地及其周缘区域变质作用与成矿的关系不明显，而热力变质作用与动力变质作用则是区内钨矿、金矿、辉钼矿、辉锑矿、铅锌矿等金属矿床及萤石矿成矿的主要控矿因素(彭能立等，2017；孙海瑞等，2021)。同时，产出于岩体内、外接触带的矿床，往往受到热力变质作用与构造活动(主要是断裂构造)的联合制约，典型的矿床有三角潭钨矿、双江口萤石矿和大义山锡矿等。

三角潭矿区钨矿床矿体产于川口花岗岩体内接触带上隆部位，矿床与花岗岩关系密切，主要控矿构造为北东东向的断裂。矿体严格受花岗岩与围岩接触面形态和内接触带中断裂的双重控制，接触面的隆起部位和内接触带中断裂的发育程度及展布方向，决定了钨矿床矿体的分布区域（邓湘伟，2009；罗鹏等，2021；彭能立等，2017）。矿区气-液蚀变十分发育，且种类丰富，常见的有钾化、云英岩化、硅化、绢云母化等，其中云英岩化最为发育，而且与成矿密切相关。

双江口萤石矿体赋存于将军庙花岗岩体中，受双江口北东向压扭性断层的控制（李湘玉等，2020）。岩浆期后，热水溶液中含有的大量游离氟，为区内萤石矿中氟的来源，而其含有的大量游离态硅与灰岩中钙质的交代作用为萤石矿的形成提供了钙的物源。北东向的断裂破碎带既是导矿构造，又是容矿构造，含氟热液沿断裂构造运移，与灰岩交代，形成萤石，当介质条件发生变化时，在断裂破碎带中沉淀而形成萤石矿体。

湖南大义山锡矿是南岭地区重要的锡多金属矿集区，已发现狮形岭、狮茅冲、白沙子岭等一大批中型及以上锡多金属矿床，锡矿与热接触变质岩、气-液蚀变岩密切相关。大义山岩体有关矿化以锡矿为主，铜矿、铅锌矿次之，主要有蚀变花岗岩型、云英岩脉型、石英脉型、矽卡岩型等（孙海瑞等，2021）。大义山地区泥盆、石炭系为重要的赋矿围岩，碳酸盐岩与岩体接触部位往往形成矽卡岩型锡多金属矿，其中泥盆系主要为中厚层石英砂岩、砂岩、粉砂岩以及中厚层至厚层灰岩、白云质灰岩；石炭系主要为中厚层灰岩、白云岩以及石英砂岩、粉砂岩、页岩等。

2.5 地球物理特征

1. 重力场特征

衡阳盆地周缘及南岭地区重力场以北西高、南东低，以及大量重力低与少量重力高等规模不一的重力场圈闭为特征。北西高、南东低的重力场反映出上部低密度层在北西部较薄、南东部较厚，与区内西部拗陷且花岗岩体不发育、东部隆起且花岗岩体极为发育的构造特征相吻合（李金冬，2005）。绝大多数圈闭的低重力场则与低密度的花岗岩体有关，如大义山岩体、五峰仙岩体、南岳岩体、歇马岩体等，均伴有低重力场。综合地球物理及地质资料分析可知，重力异常中心常与岩体出露中心不一致，大多偏南、偏东，如南岭骑田岭岩体、千里山岩体—宝峰仙岩体、将军庙与川口岩体、彭公庙岩体、瑶岗仙岩体等，说明岩体的整体中心并不是出露范围的中心，而是重力异常中心的下方，因此岩体大多具有向南东倾伏的特征，上述特征显然与区内 NNE 与 NE 向断裂大量发育且大多为倾向南东的逆冲断裂密切相关，表明断裂对岩浆就位控制作用明显（李金冬，2005）。

衡阳盆地及周缘地区地球物理资料显示，衡阳盆地的莫霍面深度只有 28.6 km，属于地壳减薄区，即地幔隆起区。衡阳盆地为一个具有良好圈闭的重力高异常区域，等深线为 31~32 km，衡阳盆地内部的重力异常值大于-5 mGal，由中心向外，其重力异常值呈现明显降低趋势(图 2-5)，最大差值为-55 mGal，暗示在盆地中新生代陆相沉积层下部可能发育有一定规模密度相对较高的地质体。衡阳盆地对应一级重力高场，反映出壳层薄和莫霍面的隆升，其重力资料显示出地幔隆起的特征(秦锦华等，2019)。

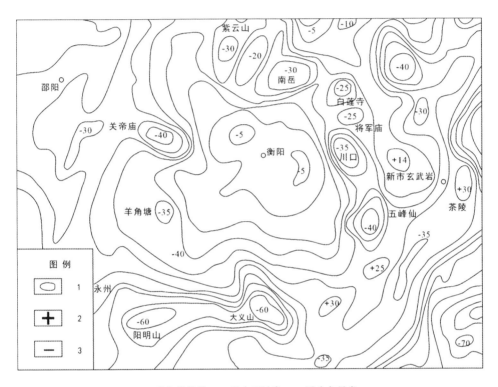

1—重力等值线；2—重力正异常；3—重力负异常。

图 2-5　衡阳盆地及其周缘地区重力等值线图

[据秦锦华等(2019)；饶家荣(1993)；Wang 等(2015)修改]

该区域内，在北西高重力场与南东低重力场之间为炎陵至临武重力梯度带，长>250 km，宽约 20 km，重力异常值-35~60 mGal，水平梯度为 1.25 mGal/km，梯级带的北西侧重力场平稳，而南东部分重力场起伏变化大，反映出北西部地壳稳定程度较高，花岗岩体相对不发育，南东部地壳组成较复杂，尤其是花岗岩侵位非常普遍，如五峰仙、骑田岭、关帝庙、彭公庙等岩体均形成自行封闭的局部重力低异常。从重力等值线特征与花岗岩体的分布情况来看，该梯度带是断裂构造与岩浆带的综合反映，即梯度带的西缘走向与茶陵至郴州深大断裂走向位置一致。东缘略向东偏转，并与骑田岭—宝峰仙—彭公庙—炎陵花岗岩带的西侧边界基本重合。梯度带表明自北西向南东陆壳变厚，从而也反映出茶陵至郴州深大断裂倾向南东的产状特征(图2-4)。秦葆瑚(1987)根据多年积累的地质、地球物理资料认为，断裂构造有清晰的重磁异常反映，规模巨大的重力梯度带反映深大断裂带特点。

沿郴州至大义山一线形成北西向的重力低值带，反映出郴州至邵阳北西向基底断裂和构造岩浆带的存在。川口西面存在一北西向平急陡梯级带，一系列局部圈闭良好的重力低值呈北西向线性排列，与区域常德至安仁一级基底大断裂相吻合(图2-3)。衡阳盆地东缘的常德至安仁梯度带反映了区内岩石圈上地幔存在巨大规模的北西向构造弱化带，其向北西延伸到陕西宝鸡、向南东到广东汕头，反映为该强度$-30×10^{-5}$~$-20×10^{-5}$ m/s^2的负异常带，其宽80~100 km，长约1000 km，在湖南境内长度大于450 km，走向$320°$~$330°$，称其为岩石圈断裂带、转换断裂带等。九疑山—诸广山一线以南有明显的东西向重力梯级带，长130 km，宽20 km，可能是东西向基底断裂与花岗岩体的综合反映。

另外，热流值的空间变化是板块构造学说的地球物理证据之一，板块活动格局控制了热流的区域分布，高热流区与板块边界有很好的对应关系。高热流区主要集中在三大洋的洋中脊、环太平洋火山带(俯冲带)及非洲板块和欧亚板块的碰撞拼贴带(其大地热流值>70 mW/m^2)，板内构造稳定区地表热流也相对偏低(大地热流值为0~40 mW/m^2)。结合湖南省岩石圈底板等深线及大地热流值分布图，以衡阳盆地为中心，沿北东—南西向的川口至双牌、长沙再至城步古俯冲碰撞带的北西和南东岩石圈厚度增加，大地热流值沿俯冲碰撞带增高(图2-6)，上述特征与衡阳盆地及其周缘主要岩石圈深大断裂和俯冲碰撞带分布特征基本一致。衡阳盆地周缘及南岭地区总体显示为高热流区，表明富集铀、钍、钾等强不相容元素及地壳富硅的特征，显示出该地区强烈的构造岩浆活动的属性。

衡阳盆地周缘及南岭地区广泛发育中生代花岗岩。郑平等(2020)对湘东南地区花岗岩进行了放射性生热率和元素热贡献率计算，得出花岗岩放射性生热率平均值为7.03 $\mu W/m^3$，属于高产热花岗岩，U热贡献率明显高于Th热贡献率，结合该区开展的地球物理、地球化学、地热学等研究成果，认为衡阳盆地周缘及南岭地区为"热壳冷幔"型岩石圈热结构模型。

2. 地磁场特征

衡阳盆地周缘及南岭地区磁场跃变，梯度、强度较大，方向各异，总体上可以分为以下几个磁异常带：

(1)茶陵至五峰仙北东向磁异常带，异常强度总体上为40~60 nT，与下古生界含磁铁矿、磁黄铁矿板岩、变质砂岩有关。

(2)东西向磁异常带，包括水口山至耒阳磁异常带、上堡磁异常带、香花岭

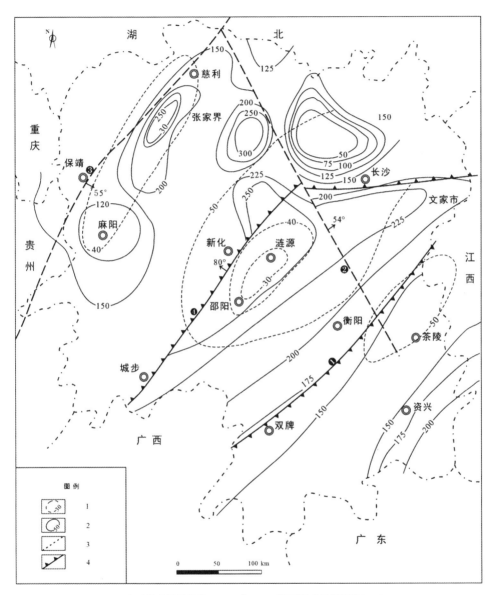

1—大地热流值等值线（mW/m²）；2—岩石圈底板等深线（km）；
3—隐伏基底断裂；4—俯冲碰撞带。
❶—川口至双牌古俯冲碰撞带；❷—常德至安仁隐伏岩石圈断裂；
❸—慈利至保靖大断裂；❹—长沙至城步古俯冲碰撞带。

图 2-6 湖南省岩石圈厚度图

［据柏道远等（2021）修改］

至汝城磁异常带等，反映了加里东运动近南北向挤压下形成的前泥盆纪地层及东西向构造隆起带和构造岩浆热变质带的分布。东西向磁异常带包含一些主要磁块，如大义山、上堡、骑田岭、水口山等，上述磁异常大多与岩体热蚀变作用相关，并在一定程度上反映出花岗岩体与金属成矿的相关性。

航磁异常大致与布格重力异常对应，黄沙坪、骑田岭、千里山一带航磁异常呈北东东向展布特征，北西侧为负值平缓异常区，南东侧为正值高异常区，强度最高达 200 nT，并在黄沙坪、新田岭、千里山、瑶岗仙等地形成一定规模的正、负相伴的局部异常。

部分断裂构造带具有较清楚的航磁异常反映。沿郴州至茶陵断裂一线，异常方向总体呈明显的 NNE 向，为一航磁异常梯度带。沿安仁至攸东一线局部航磁异常呈串珠状排列，走向 20°，是 NNE 向断裂的反映。沿郴州至大义山基底断裂与构造岩浆带一线形成局部航磁异常，呈串珠状排列。

衡阳盆地周缘及南岭地区重磁异常突出，反映某些内生金属矿床的区域控矿因素。①大矿田都位于重力梯度带上并有明显的重力负异常伴生，这种重力场特征反映两种地质现象，一为深大断裂带的存在，二往往由隐伏—半隐伏花岗岩体引起。这两者都对矿产形成有重要作用。②几乎所有的大型内生金属矿床出露区域上都有明显的航磁局部异常。③航磁"高磁区"是大范围矿化蚀变的反映，是成矿预测的一种重要标志。④重磁异常反映的隐伏岩体及花岗岩接触变质带，能为成矿预测提供有利于找矿的空间位置（秦葆瑚，1987）。

3. 区域岩石圈结构

王方正等（1997）根据宁远、道县一带中生代玄武质火山岩与次火山岩中超镁铁质岩、基性岩和中酸性岩等深源包体的物理、化学性质并结合地球物理研究建立了湘东南地区岩石圈的结构模型；蔡学林等（2004）根据四川黑水至台湾花莲地学大断面的最新成果，认为邵阳至茶陵至永新段现今断面中尽管地幔岩石圈及壳内各圈层厚度存在差异，但自下而上的结构型式总体特征基本一致。因此，可以认为衡阳盆地及其周缘的南岭地区岩石圈垂向组成结构自上而下依次为新元古界以后的浅变质沉积岩、沉积岩及花岗岩类。其岩石圈上地壳由结晶片岩、片麻岩等组成，显示为酸性特征，下地壳由辉长岩—斜长岩等组成，显示为基性特征。

地学断面探测结果清楚显示出湘东南地区组成岩石圈各圈层的厚度在横向上的变化，以茶陵至郴州断裂为界，东侧地壳明显变厚（图 2-6），与饶家荣等（1993）研究结论基本吻合，同时与东隆西拗的构造格局相一致。而地幔岩石圈则正好相反，东侧较西侧显著变薄，暗示东侧在中生代经历了更强烈或更大规模的地幔岩石圈拆沉事件。

王倩等（2018）采用 Pn 波层析成像方法反演获得了中国东部及其邻区上地幔顶部 Pn 波速度结构及各向异性，并对反演结果的分辨率进行了详细的测试，结果表明中国东部地区上地幔顶部平均速度为 8.06 km/s，速度变化为 7.81～8.32 km/s。衡阳盆地及其周缘总体表现为高速区，Pn 波速度变化为 8.00～8.05 km/s（图 2-7），表现为地块稳定特征，而区域上的 Pn 波速度低速区域则表明该地体不同的基底物质经历了破坏或改造（王倩等，2018）。

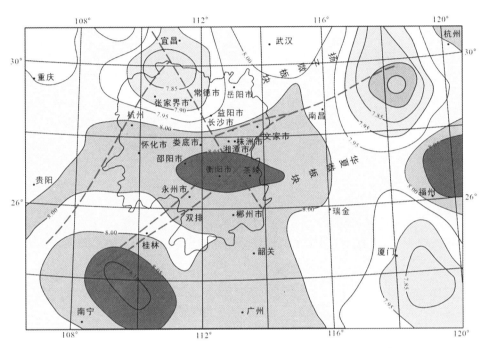

图 2-7　湖南省及周边地区上地幔顶部 Pn 波速度（km/s）分布图
[据湖南省地质调查院（2017）修改]

2.6　区域矿产

　　华南大陆一直是国内外地质学家关注的焦点。自元古代以来，华南大陆经历了多期、复杂的构造运动，形成复杂的弧形褶皱、断裂以及岩浆岩带，记录了华南大陆地壳生长和增生的全部过程，是我国重要的多金属成矿地区（肖克炎等，2016）。衡阳盆地及其周缘位于华南大陆南岭成矿带和钦—杭成矿带交汇部位（图 2-8），其中南岭成矿带以成钨、锡、铋、铅锌、稀土矿为主，钦—杭成矿带以成铜、锡、钨、铀、铌钽、金、银、锑矿为主，钦—杭成矿带同时也是煤、铁、非金属成矿带。再有，衡阳盆地及其周缘大地构造位置上处于扬子与华夏两大古板块碰撞拼贴带（徐文景，2017），主要断裂有北东—南西向的郴州至茶陵断裂（图 2-8）和北西—南东向的常德至安仁隐伏断裂，其特殊的构造条件为成岩、成矿作用的发生提供了有利条件。

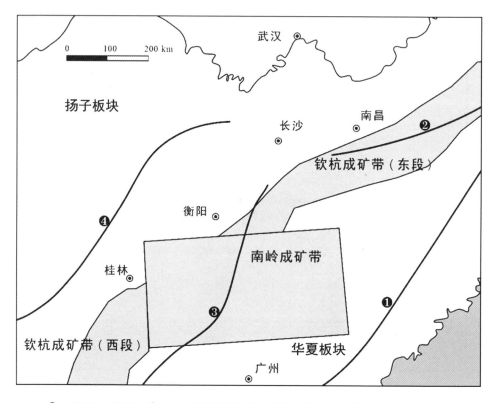

❶—政和至大埔断裂；❷—江山至绍兴断裂；❸—郴州至茶陵断裂；❹—安化至罗城断裂。

图 2-8   华南地区主要断裂带与成矿区带分布图

[据肖克炎等(2016)；徐文景(2017)修改]

已有资料表明，衡阳盆地及其周缘矿产资源丰富(表 2-4)，现已查明有黑色金属、有色金属、稀有及稀土金属、贵金属、燃料矿产、化工原料、建筑材料及其他非金属等矿产。其主要成因类型有岩浆型、接触交代型、热液型、沉积型、风化淋滤型等。其中，与印支期、燕山期花岗岩有关的钨、锡、铋、钼、铜、铅、锌等有色金属最为重要，发育大量大型—超大型矿床。这些矿床大多分布于茶陵至郴州大断裂的两侧以及南岭成矿带的万洋山—诸广山找矿远景区内。其从成矿元素组合特征可分为中高温 W—Sn 多金属成矿系列和中低温 Cu—Pb—Zn 多金属成矿系列。中高温矿床主要分布于茶陵至郴州断裂以东的隆起区以及断裂以西的拗陷区内局部隆起地带，主要矿产地有衡阳盆地东缘的川口钨矿和盆地周缘的大义山锡多金属矿等；中低温矿床主要分布于茶—郴断裂以西的拗陷区内，主要矿产地有水口山铅锌矿、水口山金矿及宝山铜矿等。

表 2-4　衡阳盆地及其周缘地区矿产资源成矿时代特征简表

序号	赋矿地质体	矿产	成矿时代	资料来源
1	紫云山岩体	包金山—金坑冲金矿	222.5 Ma	鲁玉龙等，2017
2	紫云山岩体	大坪铷铌钽矿	227.5 Ma；222.3 Ma	鲁玉龙等，2017
3	水口山—铜鼓塘岩体	水口山铅锌银金矿柏杭铜（铀）矿	158～153 Ma	马丽艳等，2016
4	关帝庙岩体	石桥铺铅锌（铀）矿	220～240 Ma	赵增霞等，2015
5	川口岩体群	三角潭钨矿	225.8 Ma	彭能立等，2017
6	川口岩体群	杨林坳、塘江源钨矿	225.8 Ma	彭能立等，2017
7	衡山岩体	马迹长石矿（铌钽矿）	140.6 Ma	马铁球等，2013b
8	周家岭岩体	清水塘铅锌矿	203 Ma	秦锦华等，2019
9	大义山岩体	大义山锡矿	156～185 Ma	赵增霞等，2017
10	将军庙岩体	双江口萤石（铅锌）矿	229.1 Ma	李湘玉等，2020
11	鸡笼街岩体	谭子山重晶石（铜）矿	J	秦锦华等，2019
12	羊角塘岩体（隐伏）	留书塘铅锌矿	T	程顺波等，2017
13	冠市玄武岩	石材	71.8～70.1	孟立丰，2012
14	枚县新市玄武岩	石材	132.7 Ma	马铁球等，2012
15	衡阳盆地	盐田桥铜矿	K	秦锦华等，2019
16	衡阳盆地	车江铜矿	K	秦锦华等，2019
17	衡阳盆地	洪山庙铅锌矿	K	秦锦华等，2019
18	衡阳盆地	金鸡岭铜矿	K	秦锦华等，2019

　　衡阳盆地及其东缘矿产资源较为丰富，有钨、铜、铅、锌、铁、锰、锑、金、钼、铌钽矿、煤、萤石、石膏、白云岩、玛瑙、黄铁矿等多种矿种，其钨、钼、金、铁等金属矿产以及萤石矿多集中在川口岩体群、将军庙岩体、五峰仙岩体与狗头岭岩体这四个岩体内部及其外接触带区域，其中具有较大找矿远景、有一定规模、有经济意义的矿产主要为钨，金次之；铜矿以及石膏、玛瑙等非金属矿则主要分布在衡阳盆地、醴攸盆地等白垩纪陆相红层盆地内。本书主要对衡阳盆地东缘与岩浆作用密切相关的矿产进行讨论。

钨矿为衡阳盆地东缘最重要的矿产，研究区内有大型钨矿床1处、中型钨矿床1处（据湖南省2014年矿产资源储量统计年报）、小型钨矿床4处，矿点5处，钨矿均分布于川口花岗岩体群内部及其内、外接触变质带中，且矿床成因类型均属于中—高温热液型矿床（彭能立等，2017）。

川口隆起带的南西侧衡南县花桥镇内发育一处钨铜矿，矿层产于中—细粒黑云母花岗岩、二云母花岗岩中，矿体产出受北东向裂隙的控制；目前调查又发现两条含钨铜的石英脉，其脉宽20~50 cm，长约30 m；矿物呈星点状、小块状分布；矿石中含钨品位 WO_3 1.5%~6.0%，含铜品位0.05%~0.75%；围岩蚀变有硅化、角岩化等，成因上属于热液裂隙充填型。

川口隆起带上发育有铅锌矿点，分别为衡东县早禾冲铅锌矿和衡南县楼屋铅锌矿。铅锌矿的形成受构造、地层岩性的控制，在构造条件方面，早禾冲铅锌矿与楼屋铅锌矿分别产出于压性断层或与之相关的次一级构造和层间裂隙之中；在岩性条件方面，含矿围岩有青白口纪冷家溪群小木坪组的砂质板岩、中泥盆统棋梓桥组的灰岩。矿体多在含铅锌矿的石英脉或方解石脉中产出。

川口隆起带上的德圳乡附近发育一辉锑矿点，矿体产于青白口纪冷家溪群黄浒洞组二段砂质板岩中，受断层构造的破碎裂隙控制；矿物呈星点状、细脉状、团块状，呈不均匀分布；矿石中有用矿物以辉锑矿为主；围岩蚀变以硅化、黄铁矿化为主。矿床成因类型为低温热液裂隙充填型。

在五峰仙岩体外接触带发育有辉钼矿点，矿点位于耒阳市洋际乡周家屋。矿体产出于五峰仙岩体与泥盆纪长龙界组侵入接触带附近的石英脉中，受印支期北西向断裂构造控制，其次生的张性裂缝与次一级断裂为主要的容矿构造；金属矿物以辉钼矿、辉铋矿、黄铁矿为主；脉石矿物为脉石英；次生矿物有褐铁矿等；围岩蚀变可见有硅化、云英岩化、绢云母化、绿泥石化、角岩化等；矿床成因类型属于热液脉型。

第 3 章
加里东期岩浆作用

华夏板块广泛出露显生宙各个时期不同类型的岩浆岩，这些大面积分布的岩浆岩是幕式多期次岩浆活动的产物，它们形成于早古生代（加里东期）、早中生代（印支期）、晚中生代（燕山期）和新生代等多个时期。其中华夏板块以早、晚中生代岩浆岩分布最广（徐文景，2017），而早古生代岩浆岩在强度和广度上仅次于晚中生代岩浆岩，在华夏板块内呈面状展布（图 3-1），是华夏板块岩浆岩研究的重要组成部分（孙涛，2006）。徐文景（2017）的研究认为幕式岩浆作用反映了多期次地壳再造事件，暗示了华夏板块具有复杂的地质演化历史，是研究花岗岩以及大陆地壳形成和演化的极佳场所。

前人针对华夏板块岩浆岩的研究主要集中于晚中生代各类岩石及新生代玄武岩，尽管在研究中注意到早古生代岩浆作用明显不同于晚中生代，但是相对于晚中生代岩浆岩的大量研究，针对早古生代岩浆岩的研究稍显薄弱，缺乏系统的研究工作。现有资料表明，华夏板块早古生代岩浆岩包括广泛分布的 S 型花岗岩、I 型花岗岩、镁铁质侵入岩和火山岩（图 3-1）。

大陆地壳的形成和演化是地球科学研究领域的根本性问题之一，作为其主要组成部分的长英质岩浆岩记录了陆壳增生和再造的重要信息（DePaolo 等，1981；Rudnick，1995）。长英质岩浆岩的成因和演化研究一直是固体地球科学研究的热点之一，华夏板块早古生代巨量陆内岩浆岩以花岗岩类为主，是研究这一科学问题的良好对象之一（徐文景，2017）。华夏板块（湘东南地区）发育有加里东期的板杉铺岩体、宏夏桥岩体、彭公庙岩体、吴集岩体、狗头岭岩体及万洋山—诸广山地区岩体群（关义立等 2016；陈迪等，2016；张文兰等，2011），许多学者对以上岩体在物质来源（李献华等，1991，1992）、形成机制（李献华等，1993）及岩浆的活动时代（李献华等，1990）等方面都进行了不同程度的研究，但吴集岩体因风化强烈，地表覆盖层厚在岩体时代、地球化学及同位素示踪方面的研究较薄弱；狗头岭岩体因出露范围小，岩体周围还未发现大型矿床而未得到关注。

本书对华夏板块衡阳盆地东缘的早古生代狗头岭、吴集镁铁质—长英质岩浆岩进行了详细的矿物学、岩石学、地球化学和地质年代学综合研究，讨论这些岩浆岩的成因及其构造背景，并在前人研究的基础上，探讨壳-幔岩浆相互作用在

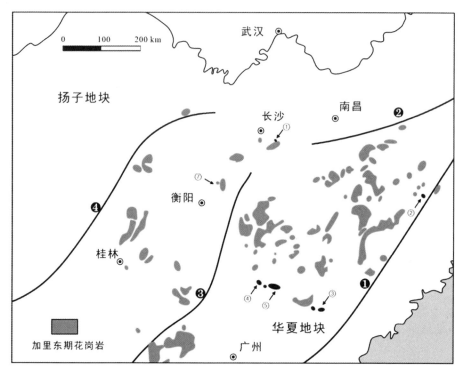

●—政和至大埔断裂；❷—江山至绍兴断裂；❸—郴州至茶陵断裂；❹—安化至罗城断裂。
①—桃源辉长岩；②—大康辉长岩；③—扶溪二长苏长岩；④—韶关茶园山火山岩；
⑤—始兴司前火山岩；⑦—本次研究的加里东期花岗岩。

图 3-1　华南地区主要断裂带及加里东期岩浆岩分布图
[据徐文景(2017)修改]

华夏板块早古生代巨量陆内岩浆岩形成过程中的作用。值得注意的是，吴集岩体内发育暗色岩石包体，以往的研究对早古生代岩体中岩石包体的认识存在较大分歧，张芳荣等(2009)认为华南加里东期花岗岩迄今还没有发现证据确切的、属于岩浆混合成因的暗色微粒包体，周新民(2003)认为常见的岩石包体都是残留体、残影体，张芳荣(2011)认为基性岩石包体的岩石地球化学特征和同位素地球化学特征显示幔源特性由含有基性火山岩的中—新元古代地壳的加入引起，而非地幔物质的加入；然而柏道远等(2006b，2006c)在加里东期彭公庙岩体及伍光英等(2008)对万洋山岩体的研究中，认为岩石包体是岩浆混合成因的。再有，狗头岭岩体岩石以石英闪长岩为主，是华夏板块内早古生代少有以中基性岩为主的岩体。因此，衡阳盆地东缘早古生代岩浆岩的研究，对探讨壳-幔岩浆相互作用及构造属性具有重要意义。

3.1　岩体地质特征

3.1.1　吴集岩体

衡阳盆地东缘加里东期吴集岩体和狗头岭岩体(衡东县附近)位于扬子与华夏两大古板块碰撞拼贴带上[图 3-2(a)],该地区的岩体受湖南北西—南东向常德至安仁隐伏岩石圈断裂的影响,呈南北向展布,出露面积约 210 km²。吴集岩体和狗头岭岩体是北西—南东向常德至安仁构造岩浆带上少有的在加里东期侵位的花岗岩体[图 3-2(b)]。

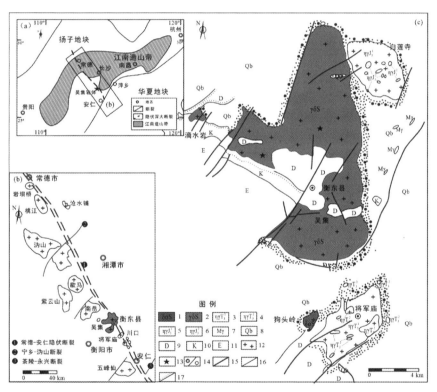

(a)江南造山带构造地质简图[据余心起等(2010)修改];(b)常德至安仁构造岩浆带印支期岩体分布简图;(c)吴集岩体地质简图。

1—加里东期石英闪长岩(狗头岭岩体);2—加里东期花岗闪长岩(吴集岩体);3—印支期粗中粒斑状二长花岗岩;4—印支期细(中)粒二长花岗岩;5—燕山期粗中粒斑状二长花岗岩;6—燕山期细(中)粒二长花岗岩;7—细粒花岗岩脉;8—青白口纪地层;9—泥盆纪地层;10—白垩纪地层;11—第三纪地层;12—花岗岩;13—样品点;14—地名;15—断裂;16—地质界线;17—不整合地质界线。

图 3-2　吴集岩体区域地质构造位置和岩体地质简图

[据马铁球等(2013a)修改]

　　吴集岩体分布于衡东县附近,在地表呈独立的岩基产出,出露面积约210 km²,岩体西侧还有滴水岩小岩株(吴集岩体西侧)出露[图3-2(c)]。岩体主要侵入于新元古代浅变质岩系中,南西侧被泥盆系跳马涧组及白垩系沉积覆盖。岩体侵入围岩均发生较强的角岩化、斑点板岩化等热接触变质,形成角岩、斑点状板岩、千枚岩及片岩等,形成围绕岩体的环状热接触变质带,宽200~2000 m。岩体出露地表部分均已风化,部分自然露头上可见球形风化花岗岩[图3-3(a)],自然露头极少有新鲜的岩石出露地表,岩体内发育有细粒花岗岩脉和花岗闪长斑岩脉。

　　吴集岩体主要由中(粗)粒斑状黑云母花岗闪长岩组成,岩石呈灰白色、中(粗)粒结构、似斑状结构、块状构造[图3-3(b)],岩石中斑晶含量约25%,斑晶主要为斜长石;基质主要由微斜长石(约19%)、斜长石(约50%)、石英(约21%)、黑云母(约10%)组成,副矿物可见锆石、磷灰石等。岩石中斜长石为半自形板状,普遍不同程度地被绢云母、高岭石交代,多数呈钠氏双晶、卡钠复合

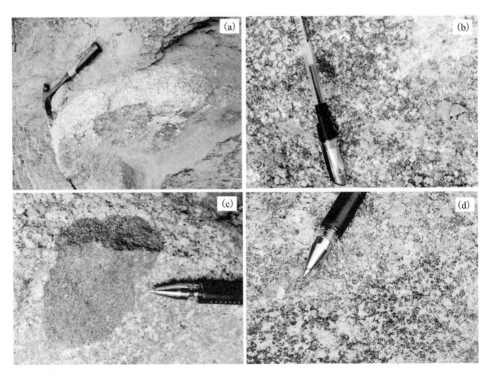

　　(a)吴集岩体粗中呈球状风化的花岗岩;(b)吴集岩体粗中粒斑状花岗闪长岩;(c)吴集岩体中粒斑状花岗闪长岩中发育的岩石包体;(d)吴集岩体岩石包体中的暗色矿物(角闪石和黑云母)。

图3-3　吴集岩体和狗头岭岩体岩石学特征图像

双晶，粒度大小在 2~4 mm；微斜长石呈它形板状、极少为充填状，格子状双晶明显，少数见显微脉状钠长石微纹，粒度粗大的微斜长石中有细小斜长石嵌晶包体，粒度大小在 2~5 mm；石英为它形粒状且常为连晶，粒度在 2~5 mm；黑云母为半自形板片状，多呈聚晶，粒度大小在 1~2 mm，部分大于 3 mm。矿物黑云母 Ng 呈棕红色，Np 呈浅棕黄色，锆石中的包体见放射晕圈，蚀变后成绿泥石。

吴集岩体中还出露粗中粒斑状黑云母二长花岗岩。粗中粒花岗结构，矿物粒径主要为 2~5 mm，少量在 5~6 mm；矿物成分主要有斜长石、钾长石、石英、黑云母等。斜长石主要以更长石为主，偶见中长石，为自形、半自形柱状，钠氏双晶较发育，常见 2~3 环的环带构造，常见绢云母化、泥化、黝帘石化等蚀变；钾长石为微斜或微斜微纹长石，自形、半自形、它形板柱状，具格子双晶，钠长石条纹发育；石英它形粒状，见面状液态包体；黑云母自形、半自形片状，Ng 深褐色、棕褐色，Np 淡黄色；见绿泥石、绿帘石化蚀变。

岩体中见少量的微细粒斑状黑云母二长花岗岩、二云母二长花岗岩。微细粒花岗结构，矿物粒径为 0.5 mm 左右，少量在 2 mm 左右。矿物成分主要有斜长石、钾长石、石英、黑云母、白云母等。斜长石主要为更长石，自形、半自形柱状，钠氏双晶发育，常见 2~4 环的环带构造，常见绢云母化、泥化等蚀变。钾长石为微斜或微斜微纹长石，半自形板柱状，具格子双晶，钠长石条纹较发育。石英它形粒状，见绢云母、磷灰石包体。黑云母半自形、它形片状，Ng 褐棕色，Np 淡黄色；见绿泥石化、绿帘石化等蚀变。白云母呈它形片状。

吴集岩体中(粗)粒斑状黑云母花岗闪长岩中发育岩石包体，形态为长条状、椭圆状［图 3-3（c）］、不规则状等，包体大小一般在 3 cm×4 cm 左右；岩石包体与寄主岩大多数呈截然接触，少数接触边界不清，呈渐变过度，包体颜色较寄主岩深，粒度较寄主岩细，呈细粒、微细粒结构。岩石包体主要由微斜长石(约 7%)、斜长石(约 61%)、石英(约 12%)、黑云母(约 10%)、角闪石(约 10%)组成［图 3-3（d）］，副矿物可见磁铁矿、榍石、磷灰石等，部分磷灰石呈针状，其长宽比为 10∶1。包体中斜长石为半自形板状，具钠长石律双晶、卡钠复合双晶等；黑云母为半自形板片状，多与半自形柱状角闪石共生。另外，在吴集岩体中还偶见角岩包体，该类包体仅分布于较早侵入的岩石(花岗闪长岩)单元的接触带附近，为岩浆侵位时带入花岗闪长岩中的碎块，角岩包体多呈棱角状，部分呈条带状。角岩包体的产出大小不一，包体长轴方向与片麻理基本一致，与寄主岩界线清晰；岩性为微晶片岩、绿泥石石英片岩、云母石英角岩等。

3.1.2 狗头岭岩体

衡阳盆地东缘加里东期狗头岭岩体(衡东县附近)大地构造上位于扬子与华夏两大古板块碰撞拼贴带上［图 3-4（a）］。狗头岭岩体位于铁丝塘镇的北东侧，出露面积约 3 km²，侵入冷家溪群的板岩之中，南侧泥盆纪跳马涧组覆盖于岩体之上。狗头岭岩体为一小岩体，岩性组成单一，岩性为深灰色细粒角闪石黑云母石英闪长岩［图 3-4（b）］。

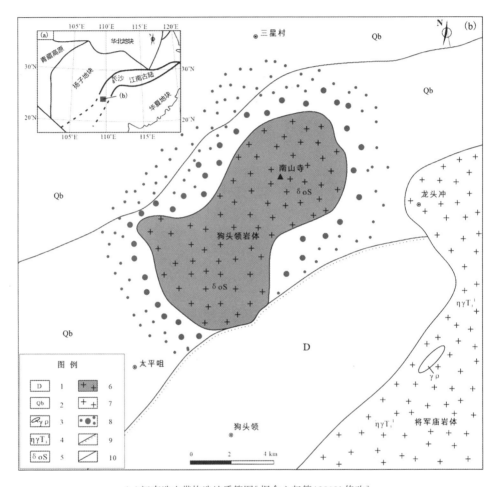

（a）江南造山带构造地质简图［据余心起等（2010）修改］；
（b）狗头岭岩体地质简图［据王先辉等（2017）修改］。
1—泥盆系；2—青白口系；3—伟晶岩脉；4—粗中粒斑状二长花岗岩；5—石英闪长岩；
6—加里东期花岗岩；7—花岗岩；8—岩体外接触蚀变带；9—角度不整合界线；10—地质界线。

图 3-4　狗头岭岩体区域地质构造位置和岩体地质简图

岩体主要侵入于青白口纪变质岩系中，部分被泥盆纪跳马涧组沉积覆盖。岩体与围岩接触带呈波状曲线，接触面总体倾向围岩，倾角 25°~60°，与泥盆纪跳马涧组沉积接触处倾角约为 20°。岩体所侵入的围岩发生较强的角岩化、斑点板岩化热接触变质现象，形成角岩、斑点状板岩、千枚岩及少部分片岩；热接触变质形成围绕岩体的环状热接触变质带，宽 200~1000 m。热接触变质岩石以角岩最为常见，为石英、隐晶状石英组成的变晶粒状结构，有时石英变晶呈集合体状分布在绢云母、黑云母之间，黑云母多呈细小雏晶状，但也构成一些不规则、形状大小不一的斑点。石英变晶分布不均匀，但都有一定的定向性。岩体内蚀变作用不普遍，仅见绿泥石化、绿帘石化及绢云母化。与岩体有关的矿化较弱，仅在外接触带、岩体边部有少量的含金矿化石英脉发育。

狗头岭岩体石英闪长岩（δoS）岩性单一，结构构造简单，为灰白色、灰黑色块状构造，细粒结构如图 3-5 所示，矿物粒径一般为 0.4~2 mm，主要由斜长石（61%~64%）、角闪石（25%~30%）、黑云母（10%~15%）、石英（4%~5%）组成（图 3-5）。长石为自形板柱状，晶体大小为 0.5 mm×0.8 mm~3.0 mm×3.4 mm，An＝50，偏基性，个别具环带构造、钠氏双晶、聚片双晶及卡钠复合双晶，普遍发生了高岭石化和云母化蚀变，个别颗粒有轻度泥化，是岩石中的主要矿物；碱性长石呈半自形—它形粒状，不规则板状，晶形为 0.5 mm×0.6 mm~1 mm×1.5 mm，主要为微斜长石，格子双晶发育；角闪石为自形—半自形柱状、粒状，晶形为 0.2 mm×0.5 mm~1.0 mm×1.5 mm，颜色棕黄带绿，有时见轻度绿泥石化，矿物中多见锆石、磷灰石、榍石等包裹物；黑云母为自形—半自形片状，晶形为 0.05 mm×0.05 mm~0.1 mm×0.2 mm，呈褐黄色、深棕色，常和角闪石分布在一起；石英为少量它形粒状充填，含量较少；副矿物可见磷灰石、磁铁矿、榍石等，多分布在角闪石聚集体中，副矿物以锆石、磷灰石为主。

图 3-5　狗头岭岩体石英闪长岩镜下特征图像

3.2 岩体锆石 U–Pb 年代学

3.2.1 测试方法

本次开展锆石 U–Pb 定年的样品采集地多选择在新开公路侧，取样避开了断裂带、岩脉、石英脉发育的地方，样品均为风化程度较弱、无污染的新鲜岩石。所采集样品的碎样及单颗粒锆石的人工挑选在湖南省地质调查院测试中心完成，制靶在北京科荟测试技术有限公司完成，样品测试在北京科荟测试的 MC–ICP–MS 实验室完成。

锆石分选采用标准重矿物分离技术，分选出不同颜色、不同晶形的锆石，并在双目镜下挑选出 200 粒寄送到北京科荟测试技术有限公司，制靶过程中将锆石黏到双面胶上，加注环氧树脂，待固化后，打磨抛光后送至测试实验室。样品靶抛光之后在光学显微镜下拍摄透、反射图像，观察锆石裂隙和包裹体发育位置。在原位分析之前，通过阴极发光(CL)图像详细研究锆石的晶体内部结构特征和锆石中矿物包裹体发育情况(冀磊等，2018；张超等，2018)。

MC–ICP–MS 实验所用仪器为多接收等离子质谱 Finnigan Neptune，激光剥蚀系统为 Newwave UP 213。LA–ICP–MS 锆石 U–Pb 定年和微量元素分析在北京科荟测试技术有限公司 LA–ICP–MS 四级杆质谱 Agilent 7700 与 193 nm 准分子激光剥蚀系统(GeoLasPro)上完成，激光斑束直径为 30 μm，频率为 28 Hz。

详细的仪器参数和分析流程见 Zong 等(2017)。GeolasPro 激光剥蚀系统由 COMPexPro 102 ArF 193 nm 准分子激光器和 MicroLas 光学系统组成，ICP–MS 型号为 Agilent 7700e。激光剥蚀过程中采用氦气作载气、氩气为补偿气以调节灵敏度，二者在进入 ICP 之前通过一个 T 形接头混合，激光剥蚀系统配置有信号平滑装置(Hu 等，2015)。本次分析的激光束斑主要为 30 μm，所用频率皆为 28 Hz。U–Pb 同位素定年采用锆石标准 91500 和玻璃标准物质 NIST610 作外标进行同位素校正。每个时间分辨分析数据包括 20~30 s 空白信号和 50 s 样品信号。对分析数据的离线处理(包括对样品和空白信号的选择、仪器灵敏度漂移校正、元素含量及 U–Pb 同位素比值和年龄计算)采用 ICPMSDataCal(Liu 等，2008)软件完成。锆石样品的 U–Pb 年龄谐和图绘制和年龄加权平均计算采用 Isoplot/Ex–ver3(Ludwig，2003)完成。

3.2.2 测试结果

吴集岩体中(粗)粒斑状黑云母花岗闪长岩(样号 HD-1)中锆石呈柱状晶形,粒径一般为 100~400 μm,长宽比为 2∶1~4∶1,晶形比较完整,裂纹不发育,阴极发光图像显示这些锆石发育典型的岩浆型震荡环带(图 3-6,样号 HD-1);在样品 HD-1 中选择锆石震荡环带清晰、裂纹不发育及锆石表面干净的位置进行分析,样品 HD-1 共计分析点 25 个。

同位素分析数据中显示这些分析点的锆石 U 含量为 137.3×10^{-6} ~ 1227.7×10^{-6},平均含量为 529.8×10^{-6};Th 含量为 128.2×10^{-6} ~ 1461.9×10^{-6},平均含量为 564.5×10^{-6};Th/U 值为 0.63~2.51,平均值为 1.06。吴集岩体样品 HD-1 的 Th 和 U 含量较高,Th/U 值均大于 0.5,据李基宏等(2004)和刘勇等(2010)的报道,岩浆锆石 Th/U 值一般为 0.5~1.5,结合锆石阴极发光图像为岩浆型震荡环带及较高的 Th/U 值特征,可知本次测试分析中的锆石为典型岩浆锆石。在分析的 25 个点中,锆石的 $^{206}Pb/^{238}U$ 年龄集中分布于 438.9~427.1 Ma,获得 25 个分析点数据的 $^{206}Pb/^{238}U$ 加权平均年龄为 (432.0 ± 2.8) Ma$(2\sigma$,MSWD = 0.18,95% 置信度)(图 3-7,样号 HD-1),这个年龄代表中(粗)粒斑状黑云母花岗闪长岩的结晶年龄。

吴集岩体中粒斑状黑云母花岗闪长岩(岩石包体寄主岩;样号 HD-3-1)中锆石呈柱状晶形,粒径一般为 100~300 μm,长宽比为 2∶1~3∶1,晶形比较完整,裂纹不发育,阴极发光图像显示这些锆石发育典型的岩浆型震荡环带(图 3-6,样号 HD-3-1);在样品 HD-3-1 中选择锆石震荡环带清晰、裂纹不发育及锆石表面干净的位置进行分析,样品 HD-3-1 共计分析点 23 个,同位素分析数据显示这些分析点的锆石 U 含量为 183.8×10^{-6} ~ 957.8×10^{-6},平均含量为 659.7×10^{-6};Th 含量为 194.7×10^{-6} ~ 1395.4×10^{-6},平均含量为 727.4×10^{-6};Th/U 值为 0.79~1.73,平均值为 1.11。吴集岩体样品 HD-3-1 的 Th 和 U 含量较高,Th/U 值均大于 0.5,据李基宏等(2004)和刘勇等(2010)的报道,岩浆锆石 Th/U 值一般为 0.5~1.5,结合锆石阴极发光图像为岩浆型震荡环带及较高的 Th/U 值特征,可知本次测试分析中的锆石为典型岩浆锆石。在分析的 23 个点中,锆石的 $^{206}Pb/^{238}U$ 年龄集中分布于 434.1 ~ 423.9 Ma,获得锆石的 $^{206}Pb/^{238}U$ 加权平均年龄为 (428.8 ± 3) Ma$(2\sigma$,MSWD = 0.119,95% 置信度)(图 3-7,HD-3-1),这个年龄代表中粒斑状黑云母花岗闪长岩(岩石包体寄主岩)的结晶年龄。

吴集岩体中暗色微粒包体(样号 HD-3-2)中锆石呈柱状晶形,粒径一般为 100~300 μm,长宽比为 3∶1~4∶1,晶形比较完整,裂纹不发育,阴极发光图像显示这些锆石发育典型的岩浆型震荡环带(图 3-6,HD-3-2);在样品 HD-3-2 中选择锆石震荡环带清晰、裂纹不发育及锆石表面干净的位置进行分析,样品

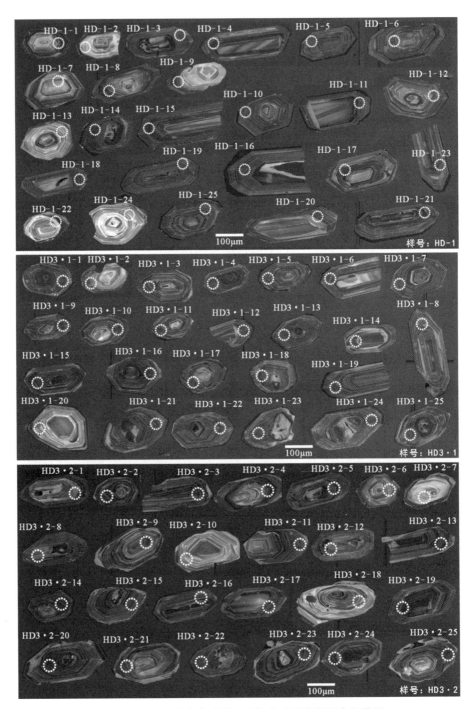

图 3-6　吴集岩体花岗岩锆石阴极发光图像及测点位置图

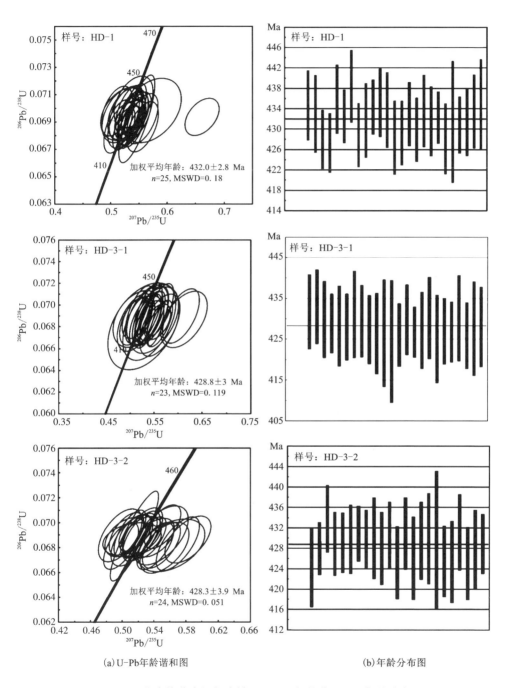

(a)U-Pb年龄谐和图　　　　　　　　(b)年龄分布图

图 3-7　吴集岩体花岗闪长岩锆石 U-Pb 年龄谐和图及年龄分布图

HD-3-2 共计分析点 24 个，同位素分析数据显示这些分析点的锆石 U 含量为 $154.4 \times 10^{-6} \sim 1154.0 \times 10^{-6}$，平均含量为 504.0×10^{-6}；Th 含量为 $130.8 \times 10^{-6} \sim 1284.5 \times 10^{-6}$，平均含量为 539.4×10^{-6}；Th/U 值为 $0.79 \sim 2.09$，平均值为 1.03。吴集岩体样品 HD-3-2 的 Th 和 U 含量较高，Th/U 值均大于 0.5，据李基宏等 (2004) 和刘勇等 (2010) 的报道，岩浆锆石 Th/U 值一般为 $0.5 \sim 1.5$，结合锆石阴极发光图像为岩浆型震荡环带及较高的 Th/U 值特征，可知本次测试分析中的锆石为典型岩浆锆石。在分析的 24 个点中，锆石的 $^{206}Pb/^{238}U$ 年龄集中分布于 $433.4 \sim 424.3$ Ma，获得锆石的 $^{206}Pb/^{238}U$ 加权平均年龄为 (428.3 ± 3.9) Ma (2σ，MSWD = 0.051，95% 置信度)(图 3-7，HD-3-1)，这个年龄代表中粒斑状黑云母花岗闪长岩中岩石包体的结晶年龄。

狗头岭岩体石英闪长岩(样号 GT-2)中锆石大部分呈柱状晶形，少部分呈短柱状，粒径为 $100 \sim 400$ μm，以 $100 \sim 300$ μm 居多(图 3-8)，锆石长宽比为 $2:1 \sim 4:1$，晶形比较完整，裂纹不发育，阴极发光图像显示这些锆石发育典型的岩浆型震荡环带，个别锆石见锆石核(图 3-8，测点 7)；对样品中的 13 颗锆石进行分析，同位素分析结果显示狗头岭岩体石英闪长岩锆石 U 含量介于 $103 \times 10^{-6} \sim 610 \times 10^{-6}$，所测点 U 的平均含量为 276×10^{-6}；Th 含量为 $137 \times 10^{-6} \sim 695 \times 10^{-6}$，所测点 Th 的平均含量为 272×10^{-6}。所测点 Th/U 值介于 0.69 到 1.48 之间，均值为 1.01，其 Th/U 值较高。

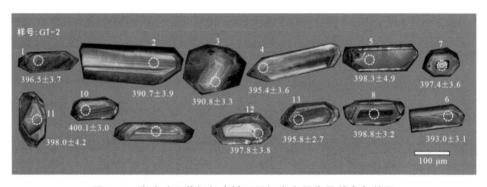

图 3-8　狗头岭石英闪长岩锆石阴极发光图像及单点年龄图

狗头岭岩体石英闪长岩样品 GT-2 的 Th 和 U 含量较高，Th/U 值均大于 0.5，据李基宏等 (2004) 和刘勇等 (2010) 的报道，岩浆锆石 Th/U 值一般为 $0.5 \sim 1.5$，结合锆石阴极发光图像为岩浆型震荡环带及较高的 Th/U 值特征表明，本次测试分析中的锆石为典型岩浆锆石。在样品的 13 个测点中，年龄集中于 $400.1 \sim 390.7$ Ma，且测点数据的谐和性好[图 3-9(a)]，对 13 个测点的年龄加权平均计算获得的年龄为(395.7±2.7) Ma，MSWD=0.9[图 3-9(b)]，这个年龄代表石英闪长岩的结晶年龄。

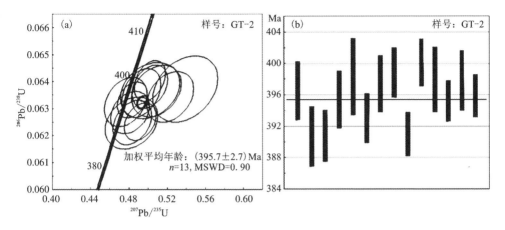

图 3-9 狗头岭石英闪长岩锆石 U-Pb 谐和图(a)和$^{206}Pb/^{238}U$ 加权平均年龄图(b)

3.3 岩石地球化学特征

3.3.1 测试方法

在岩石主量元素、稀土元素、微量元素的分析过程中，先将样品破碎至 200 目后挑选 50 g 作为测试样，样品测试在湖南省地质调查院测试中心完成，其中主量元素采用四硼酸锂熔片 XRF 分析法(FeO 用硫酸—氢氟酸溶矿—重铬酸钾滴定法测定)，在 X 荧光光谱仪上完成；微量元素采用四酸溶矿—ICP—MS 分析法，在质谱仪 Thermoelemental X7 完成；稀土元素采用过氧化钠融熔—ICP—MS 分析法，在 Thermoelemental X7 完成。衡阳盆地东缘加里东期吴集岩体、狗头岭岩体岩石化学主量元素、微量元素、稀土元素分析数据见表 3-2。

Sr-Nd 同位素在武汉地质调查中心同位素实验室完成。Sm 和 Nd 的分离使用常规的两次离子交换技术轻稀土元素分离通过阳离子交换柱(1 cm×8 cm，充填树脂 Bio-Rad AG 50×8 200~400 目)和 Sm 和 Nd 的提纯通过另一个交换柱(0.6 cm×7 cm，填充 Kel-Ftelfon 粉，H-DEH-P 作为交换介质)。质谱分析使用 7 个接收器的 Finn igan MAT-261 质量分光计，Sr 用静态模式而 Nd 用动态模式。$^{87}Sr/^{86}Sr$ 比值用$^{86}Sr/^{88}Sr$=0.119 进行标准化，NBS-607 $^{87}Sr/^{86}Sr$=1.20035±1(2σn，n=6)；$^{143}Nd/^{144}Nd$ 比值用$^{146}Nd/^{144}Nd$=0.7219 进行标准化，LaJolla $^{143}Nd/^{144}Nd$=

0.511854±7（$2\sigma n$，$n=8$）。用于计算年龄的衰变常数（λRb 和人 λSm）是 ^{87}Rb 为 0.0142 Ga^{-1}，^{147}Sm 为 0.00654 Ga^{-1}。

锆石 Lu-Hf 同位素原位分析在中国地质科学院矿产资源研究所成矿作用与资源评价重点实验室完成，采用仪器为 Newptune 多接收等离子质谱仪和 NewWave UP123 紫外激光剥蚀系统（LA-ICP-MS），实验中以 He 为剥蚀物质载气，GJ-1 为锆石国际标样，Plesovice 为参考物质。详细仪器操作条件和分析方法可参照侯可军等（2007，2011）和吴福元等（2007）文献。锆石 ^{176}Lu/^{177}Hf 测试结果见 3.3.5 节。

吴集岩体、狗头岭岩体的 CIPW 标准矿物计算含量和岩石化学分析数据见表 3-1 和表 3-2。

表 3-1　吴集岩体、狗头岭岩体 CIPW 标准矿物计算含量表　　单位：%

样品	HD-1	HD-2	HD-3	HD-4	HD-5	HD-6	GT-4	51-1	51-2	GT-1	GT-2	GT-3
岩体			吴集岩体						狗头岭岩体			
Q	17.51	19.59	18.5	15.93	14.95	16.34	8.93	7.1	9.7	8.68	5.49	5.58
A	23.07	23.3	23.19	22.24	24.59	25.52	14.33	10.74	12.53	10.65	11.15	10.01
P	42.68	43.24	43.49	43.46	42.52	41.08	49.35	54.53	51.35	51.94	55.81	50.97
C	/	/	/	/	/	/	/	/	/	/	/	/
Hy	13.39	12.08	13.05	15.46	14.99	13.91	21.33	18.82	18.96	25	22.08	27.53
Mt	0.61	0.61	0.65	0.75	0.72	0.67	0.67	0.68	0.63	0.84	0.7	0.88
Ap	0.35	0.28	0.28	0.35	0.35	0.33	0.53	0.44	0.36	0.49	0.32	0.49
Di	1.8	0.4	0.32	1.2	1.31	1.58	3.38	6.51	5.6	0.65	3.42	2.92

注：Q 为石英，A 为碱性长石，P 为斜长石，Di 为透辉石，Hy 为紫苏辉石，Mt 为磁铁矿，Ap 为磷灰石，/ 表示 CIPW 计算不出现此矿物。

表 3-2　吴集岩体、狗头岭岩体岩石化学分析数据表

分析项目	HD-1	HD-2	HD-3	HD-4	HD-5	HD-6	GT-4	51-1	51-2	GT-1	GT-2	GT-3
岩体			吴集岩体（花岗闪长岩）						狗头岭岩体（石英闪长岩）			
SiO_2	64.56	66.35	65.82	63.75	63.90	64.50	55.92	55.30	56.93	53.53	54.64	52.50
TiO_2	0.54	0.46	0.47	0.55	0.53	0.53	1.25	1.00	0.74	1.43	0.87	1.32
Al_2O_3	14.71	14.79	14.87	14.83	14.94	14.74	15.28	15.94	15.29	15.47	16.66	15.11
FeO	2.98	3.09	3.24	3.81	3.70	3.37	6.58	6.46	6.02	7.09	6.82	7.22

续表3-2

分析项目	HD-1	HD-2	HD-3	HD-4	HD-5	HD-6	GT-4	51-1	51-2	GT-1	GT-2	GT-3
Fe_2O_3	4.60	4.54	4.80	5.40	5.21	4.91	0.81	1.10	0.97	2.08	0.86	2.28
MnO	0.08	0.07	0.08	0.09	0.08	0.08	0.13	0.14	0.13	0.15	0.14	0.19
MgO	3.20	2.30	2.54	3.24	3.21	3.08	6.80	6.15	6.20	6.79	6.80	7.99
CaO	4.07	3.39	3.45	4.05	3.90	3.84	6.30	7.48	6.72	6.17	7.02	6.74
Na_2O	2.91	3.16	3.14	2.90	2.93	2.84	2.35	2.69	2.63	2.10	2.56	2.00
K_2O	3.60	3.68	3.66	3.46	3.84	3.99	2.09	1.57	1.84	1.51	1.63	1.41
P_2O_5	0.17	0.14	0.14	0.17	0.17	0.16	0.24	0.21	0.17	0.22	0.15	0.22
LOI	0.82	0.38	0.36	0.76	0.74	0.55	1.12	0.85	1.49	2.93	1.17	2.33
ToTal	102.2	102.4	102.6	103.0	103.2	102.6	99.5	99.4	99.8	101.7	100.3	101.2
FeOT	7.12	7.18	7.56	8.67	8.39	7.79	7.31	7.45	6.89	8.96	7.59	9.27
A/CNK	0.91	0.96	0.96	0.93	0.93	0.92	0.87	0.81	0.82	0.95	0.89	0.88
A/NK	1.69	1.61	1.63	1.74	1.66	1.64	2.49	2.60	2.42	3.04	2.79	3.13
ALK	6.51	6.84	6.80	6.36	6.77	6.83	4.44	4.26	4.47	3.61	4.19	3.41
Rb	212	236	275	205	223	226	260	76	93	101	113	104
Ba	747	819	782	701	793	805	238	340	382	232	280	260
Sr	283	274	267	283	294	282	267	298	290	238	258	210
Zr	170	160	162	186	185	170	87	88	102	108	82	129
Hf	5.35	5.79	5.87	5.84	5.35	5.29	5.00	5.00	5.00	4.76	3.50	4.45
Th	39.46	31.08	29.46	33.33	34.73	34.42	10.00	8.31	10.40	9.61	7.50	9.02
U	6.93	6.09	5.88	7.17	6.94	7.53	2.90	1.57	2.13	2.41	1.94	2.83
W	4.86	1.20	2.09	1.42	5.34	4.31	1.33	1.09	1.09	1.51	2.47	4.52
Sn	4.31	3.66	4.54	4.41	4.13	3.61	7.86	1.81	2.94	6.65	3.15	4.85
Nb	13.07	12.24	12.77	13.60	12.98	12.58	14.30	10.70	7.85	12.12	8.04	10.10
Li	40.46	43.75	70.49	43.05	42.55	42.87	130.0	53.40	65.00	102.0	81.94	102.5
Ta	1.31	1.42	1.52	1.32	1.19	1.13	1.61	1.06	0.92	1.67	0.81	1.19
Y	25.10	33.50	27.40	24.50	29.40	23.80	22.60	19.40	18.70	19.12	18.22	19.39
La	66.70	78.85	51.85	35.90	74.61	78.03	25.00	24.20	24.40	19.90	20.87	20.07
Ce	89.34	82.57	67.91	70.98	89.56	84.18	45.80	46.30	46.30	39.19	40.86	41.94

续表3-2

分析项目	HD-1	HD-2	HD-3	HD-4	HD-5	HD-6	GT-4	51-1	51-2	GT-1	GT-2	GT-3
Pr	14.89	18.54	12.28	8.50	16.67	17.73	5.78	5.46	5.38	4.84	4.89	5.04
Nd	54.05	66.23	45.11	31.23	60.77	64.98	24.70	23.60	22.80	19.18	19.06	19.98
Sm	9.02	12.22	8.25	5.19	10.81	11.15	4.52	4.30	4.05	3.79	3.65	3.81
Eu	2.03	2.75	1.90	1.27	2.44	2.47	1.19	1.29	1.18	1.06	1.14	1.05
Gd	7.39	9.39	6.74	4.62	8.63	8.16	4.34	4.04	3.94	3.47	3.32	3.52
Tb	1.23	1.80	1.22	0.78	1.52	1.38	0.72	0.66	0.62	0.64	0.61	0.65
Dy	6.67	10.01	6.96	4.55	8.37	7.18	3.94	3.61	3.50	3.91	3.65	3.96
Ho	1.38	2.01	1.43	1.08	1.74	1.45	0.95	0.89	0.84	0.91	0.85	0.90
Er	3.87	5.66	4.08	3.25	4.77	4.08	2.01	1.88	1.82	2.54	2.39	2.55
Tm	0.53	0.85	0.60	0.46	0.65	0.58	0.38	0.35	0.35	0.43	0.40	0.43
Yb	3.69	6.13	4.18	3.21	4.52	4.14	2.36	2.15	2.18	2.69	2.60	2.71
Lu	0.54	0.85	0.61	0.48	0.66	0.60	0.40	0.35	0.35	0.42	0.40	0.42
$\sum$REE	286.4	331.4	240.5	196.0	315.1	309.9	144.7	138.5	136.4	122.1	122.9	126.4
LREE	236.0	261.2	187.3	153.1	254.9	258.5	107.0	105.2	104.1	88.0	90.5	91.9
HREE	50.4	70.2	53.2	42.9	60.3	51.4	37.7	33.3	32.3	34.1	32.4	34.5
LREE/HREE	4.68	3.72	3.52	3.57	4.23	5.03	2.84	3.15	3.22	2.58	2.79	2.66
$(La/Yb)_N$	12.96	9.22	8.90	8.02	11.83	13.53	7.60	8.07	8.03	5.31	5.76	5.31
δEu	0.74	0.75	0.76	0.78	0.75	0.76	0.81	0.93	0.89	0.88	0.98	0.86
Nb*	0.17	0.14	0.18	0.23	0.15	0.14	0.38	0.34	0.23	0.43	0.27	0.37
tZr/℃	760	764	765	768	767	760	687	676	693	711	681	711

注：氧化物含量单位为%；微量元素数量级为10^{-6}。

3.3.2 主量元素特征

吴集岩体的主体构成岩石为花岗闪长岩，岩石的SiO_2含量为63.8%~66.4%，按SiO_2含量分类，吴集岩体属于酸性岩类；K_2O含量为3.46%~3.99%，Na_2O含量为2.84%~3.16%，K_2O/Na_2O值为1.16~1.4，岩石表现为富钾的特征；K_2O+Na_2O含量为6.36%~6.84%，表现为贫碱的特征，在$w(SiO_2)$—$w(Na_2O+K_2O)$图解[图3-10(a)]和$w(Na_2O)$—$w(K_2O)$图解[图3-10(b)]中投点分别落在亚碱

性和钾质区域;对 A/CNK 和 A/NK 进行计算,A/CNK 值为 0.91~0.96,A/NK 值为 1.22~1.43,在图解 $Al_2O_3/(K_2O+Na_2O+CaO)$—$Al_2O_3/(K_2O+Na_2O)$ 中投点均落在偏铝质岩石区域[图 3-10(c)],对岩石的钙碱指数进行计算,其里特曼指数(δ)值为 1.95~2.19,为钙碱性岩石,在钙碱指数图解中[图 3-10(d)],岩石投点落在碱钙性区域。主量元素地球化学特征表明吴集岩体花岗闪长岩为钾质、亚碱性、准铝质的碱钙性岩石。

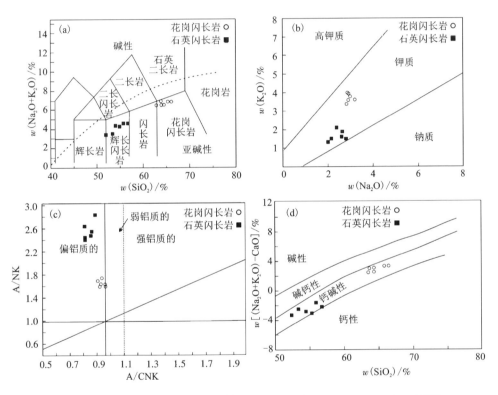

(a)$w(SiO_2)$—$w(Na_2O+K_2O)$图解[图式据 Irvine(1971)];(b)$w(Na_2O)$—$w(K_2O)$图解;

(c)A/CNK-A/NK 图解[图式据 Frost(2001)廖忠礼,2006];

(d)$w(SiO_2)$—$w[(Na_2O+K_2O)-CaO]$图解[图式据 Frost(2001)]。

图 3-10 吴集岩体、狗头岭岩体主量元素岩石化学图解

吴集岩体的 CIPW 标准矿物体积百分含量计算表明(数据见表 3-1),Q 含量较少,为 14.9%~19.5%,均值为 17.1%;碱性长石含量为 22.2%~25.5%,均值为 23.6%,标准矿物计算中碱性长石含量低,与花岗闪长岩的矿物组合特征一致;斜长石含量为 41.1%~43.5%,均值为 42.7%。CIPW 标准矿物中不含刚玉分子(C)，表现为岩石不富铝值的特征，这与 A/CNK 值<1.1 特征一致。副矿物 Mt 含量为 0.61%~075%，Ap 含量为 0.28%~0.35%，标准矿物计算中副矿物出现较少。

狗头岭岩体石英闪长岩主量元素中，SiO_2 含量为 52.5%~56.9%，均值为 54.8%，按 SiO_2 含量的划分方案为中性岩类；主要氧化物 K_2O 含量为 3.46%~3.99%，Na_2O 含量为 2.84%~3.16%，K_2O/Na_2O 值为 1.16~1.4，岩石表现为富钾的特征；K_2O+Na_2O 含量为 3.41%~4.47%，表现为贫碱的特征，在 $w(SiO_2)$—$w(K_2O+Na_2O)$ 图解[图 3-10(a)]和 $w(Na_2O)$—$w(K_2O)$ 图解[图 3-10(b)]投点分别落在亚碱性和钾质区域；对 A/CNK 和 A/NK 进行计算，A/CNK 值为 0.81~0.95，均值 0.87，A/NK 值为 1.61~1.74，在 A/CNK—A/NK 图解中投点均落在偏铝质岩石区域[图 3-10(c)]，对岩石的钙碱指数进行计算，其里特曼指数(δ)值为 1.22~1.53，为钙碱性岩石，在钙碱指数图解中[图 3-10(d)]，岩石投点落在碱钙性区域。主量元素地球化学特征表明狗头岭石英闪长岩为钾质、亚碱性、准铝质的碱钙性岩石。

狗头岭岩体石英闪长岩的 CIPW 标准矿物体积百分含量计算表明(数据见表 3-1)，Q 含量较少，为 5.49%~9.7%，均值为 7.58%；碱性长石含量为 10.1%~14.3%，均值为 11.5%，标准矿物计算中碱性长石含量低，与石英闪长岩不富含碱长石的矿物组合特征一致；斜长石含量为 49.3%~55.8%，均值为 52.3%。CIPW 标准矿物中不含刚玉分子(C)，表现为岩石不富铝值的特征，这与 A/CNK 值<1.1 特征一致。副矿物 Mt 含量为 0.63%~0.88%，Ap 含量为 0.32%~0.53%，标准矿物计算中副矿物出现较少。

吴集岩体和狗头岭岩体是分布在常德至安仁构造岩浆带上仅有的两个加里东期花岗质岩体，他们在空间位置分布上相邻，岩石地球化学均显示为钾质、亚碱性、准铝质的碱钙性特征。为了解狗头岭石英闪长岩和吴集花岗闪长岩成分变化和岩石间成因联系，用 SiO_2 为横坐标、其他主要氧化物为纵坐标对岩石的相关性和演化趋势进行分析。在吴集、狗头岭岩体主体岩石的主量元素 Harker 图解中，SiO_2 与 Al_2O_3、CaO、MgO、P_2O_5、TiO_2、FeO、TFeO 及 K_2O 投点呈良好的线性关系(图 3-11)，在分离结晶作用中，由于受固溶体矿物晶出的影响，其演化线多为曲线，而不是直线，因此图解中直线分布特征反映该地区石英闪长岩、花岗闪长岩具有同源区岩浆演化的特征。狗头岭石英闪长岩的 MgO 含量为 6.15%~7.99%，TFeO 含量为 6.89%~9.27%；吴集花岗闪长岩的 MgO 含量为 2.3%~3.24%，TFeO 含量为 7.12%~8.67%，显示狗头岭岩体中更富 Mg、Fe 的特征，具更多地幔岩浆参与的形迹。

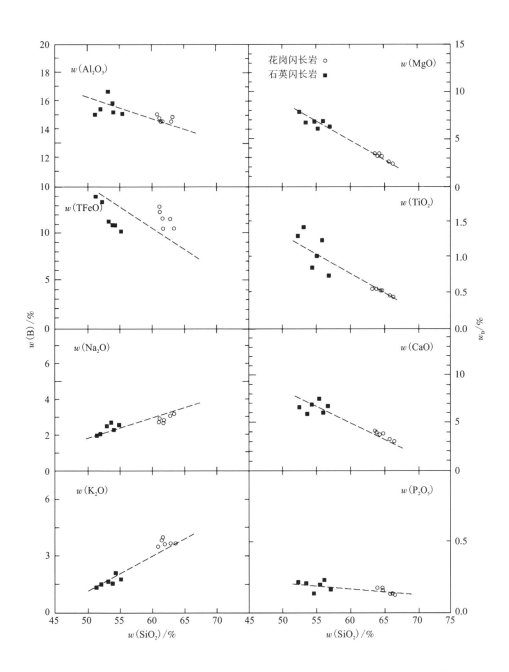

图 3-11　吴集岩体、狗头岭岩体主量元素 $w(SiO_2)$ —氧化物 $w(B)$ 变异图解

[底图据李瑞保等(2018)]

3.3.3 微量元素特征

吴集岩体花岗闪长岩微量元素中大离子亲石元素 K 含量为 $2.87×10^{-2} \sim 3.31×10^{-2}$；Rb 含量为 $204.8×10^{-6} \sim 274.8×10^{-6}$；Th 含量为 $29.46×10^{-6} \sim 39.46×10^{-6}$；Ba 含量为 $700.7×10^{-6} \sim 819.4×10^{-6}$；Sr 含量为 $267.1×10^{-6} \sim 294.3×10^{-6}$，Yb 含量为 $2.36×10^{-6} \sim 6.13×10^{-6}$，反应了地壳中等厚度（$30 \sim 50$ km）下熔融形成的低 Sr 低 Yb 的花岗岩特征（张旗等，2006），在微量元素原始地幔蛛网图中[图 3-12（a）]表现为 K、Rb、Th、U、Nd、Sm 富集，Nb、Ba、Sr、P、Ti 亏损，图解上显示为 Ba、Nb、Sr、P、Ti 低槽的特征。高场强元素 Nb 含量为 $12.24×10^{-6} \sim 13.6×10^{-6}$；Ti 含量为 $0.27×10^{-2} \sim 0.33×10^{-2}$，Nb 和 Ti 在微量元素原始地幔蛛网图中[图 3-12（a）]出现低槽，表现为高场强元素亏损特征。Nb^* 值 $[Nb^* = Nb_N/0.5(K_N+La_N)]$ 为 $0.14 \sim 0.23$，均值为 0.17，Nb^* 值均小于 1，表明 Nb 具有负异常，但异常程度不大，可能指示岩石在形成的过程中混染了部分大陆壳物质或花岗质岩石（李昌年，1992）。

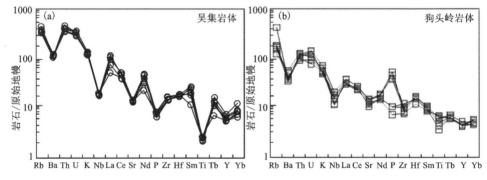

图 3-12　狗头岭、吴集岩体微量元素原始地幔蛛网图

[标准化数据引自 Sun 等（1989）]

狗头岭岩体石英闪长岩微量元素中大离子亲石元素 K 含量为 $1.17×10^{-2} \sim 1.73×10^{-2}$；Rb 含量为 $76.4×10^{-6} \sim 260×10^{-6}$；Th 含量为 $7.5×10^{-6} \sim 10.4×10^{-6}$；Ba 含量为 $231.7×10^{-6} \sim 382×10^{-6}$；Sr 含量为 $209.6×10^{-6} \sim 298×10^{-6}$，在微量元素原始地幔蛛网图中[图 3-12（b）]表现为 Rb、K、U、Th 及部分 P 富集，Ba、Nb 亏损，图解上显示为 Ba、Nb 低槽的特征，其 Sr 低槽特征不明显，Sr 含量相对较高。高场强元素 Nb 含量为 $7.85×10^{-6} \sim 14.3×10^{-6}$；Ti 含量为 $0.44×10^{-2} \sim 0.86×10^{-2}$，Nb 在微量元素原始地幔蛛网图中[图 3-12（b）]出现低槽，表现为高场强元素亏损特征。狗头岭岩体的 Nb^* 值为 $0.23 \sim 0.43$，均值为 0.34，Nb^* 值均小于 1。表明 Nb 具有负异常，表现为 Nb 相对于 K 和 La 亏损的特征。

3.3.4　稀土元素特征

　　吴集岩体花岗闪长岩的稀土元素总量 $\sum$ REE 为 $196.0\times10^{-6}\sim331.3\times10^{-6}$，均值为 279.8×10^{-6}，表现为稀土元素总量较低；LREE 含量为 $153.1\times10^{-6}\sim261.2\times10^{-6}$，HREE 含量为 $42.9\times10^{-6}\sim70.2\times10^{-6}$，岩石具有富集 LREE 特征，在稀土元素球粒陨石标准化配分模式图中[图 3-13（a）]，表现出右倾模式。而 LREE/HREE 值为 $3.52\sim5.03$，均值为 4.17；[La/Yb]/$_N$ 值为 $8.02\sim13.5$，均值为 10.75，LREE/HREE 值及[La/Yb]/$_N$ 较大，表明轻重稀土的分异程度明显，从图 3-13（a）中可以看出轻稀土明显比重稀土富集。稀土元素 δEu 值为 $0.74\sim0.78$，δEu 值小于 1，表明在岩浆分离结晶过程中斜长石的分离结晶作用不明显，在稀土元素球粒陨石标准化配分模式图中[图 3-13（a）]，Eu 未见明显的"V"形分布特征。

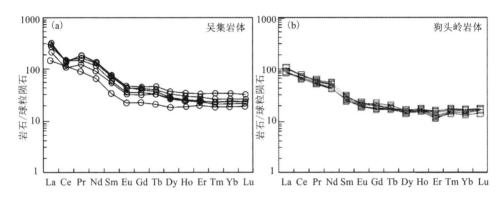

图 3-13　狗头岭、吴集岩体稀土元素球粒陨石配分模式图

[标准化数据引自 Sun 等（1989）]

　　狗头岭岩体石英闪长岩的稀土元素总量 $\sum$ REE 为 $122\times10^{-6}\sim146.40\times10^{-6}$，均值为 131×10^{-6}，表现为稀土元素总量含量较低；LREE 含量为 $87.9\times10^{-6}\sim106.9\times10^{-6}$，HREE 含量为 $32.3\times10^{-6}\sim37.7\times10^{-6}$，岩石具有富集 LREE 特征，在稀土元素球粒陨石标准化配分模式图中[图 3-13（b）]表现出右倾模式。而 LREE/HREE 值为 $2.58\sim3.22$，均值为 2.87；[La/Yb]/$_N$ 值为 $5.31\sim8.01$，均值为 6.68，LREE/HREE 值及[La/Yb]/$_N$ 较低，表明轻重稀土的分异程度不明显，从图 3-13（b）中可以看出右倾的斜率小。稀土元素 δEu 值为 $0.81\sim0.98$，δEu 值小于 1 但趋近 1，表明在岩浆分离结晶过程中斜长石的分离结晶作用不明显，在稀土元素球粒陨石标准化配分模式图中[图 3-13（b）]，Eu 未见明显的"V"形分布特征。

3.3.5 Lu-Hf、Sr-Nd 同位素特征

锆石 Hf 同位素分析以 GJ 为标样，获得标样的 $^{176}Lu/^{177}Hf$ 值为 0.000238 ~ 0.000240，均值为 0.000238；$^{176}Hf/^{177}Hf$ 值为 0.282014 ~ 0.282028，均值为 0.282022，与侯可军等（2011）报道的标准样品 GJ1 $^{176}Lu/^{177}Hf$ 和 $^{176}Hf/^{177}Hf$ 分析数据 0.00028±2、0.282008±25 基本一致。

吴集岩体花岗岩闪长岩（HD-1）分析 24 颗锆石（其加权平均年龄为 432.0 Ma）$^{176}Yb/^{177}Hf$ 和 $^{176}Lu/^{177}Hf$ 值分别为 0.011764 ~ 0.05690 和 0.000467 ~ 0.00197，其 $^{176}Lu/^{177}Hf$ 值小于 0.002，表明这些锆石在形成以后，仅具有较少的放射性成因的 Hf 积累，因而可以用初始的 $^{176}Hf/^{177}Hf$ 值代表锆石形成时的 $^{176}Hf/^{177}Hf$ 值。锆石 Lu、Hf 同位素组成方面，$f_{Lu/Hf}$ 值为 -0.99 ~ -0.94，低于平均地壳 $f_{Lu/Hf}$ 值 -0.55（Griffin 等，2002），趋于上地壳 $f_{Lu/Hf}$ 值 -0.72（Amelin 等，1999）。24 颗锆石计算获得的 $\varepsilon_{Hf}(t)$ 值为 -7.1 ~ -1.73，均值为 -4.91，模式年龄 t_{DM} 值为 1327 ~ 1114 Ma，均值为 1240 Ma；t_{2DM} 值为 1857 ~ 1518 Ma，均值为 1721 Ma。

吴集岩体花岗岩闪长岩（HD-3-1，其中发育岩石包体）分析 24 颗锆石（其加权平均年龄为 428.8 Ma）$^{176}Yb/^{177}Hf$ 和 $^{176}Lu/^{177}Hf$ 值分别为 0.015163 ~ 0.035419 和 0.000614 ~ 0.001342。锆石 Lu、Hf 同位素分析结果显示，$f_{Lu/Hf}$ 值为 -0.98 ~ -0.96，低于平均地壳 $f_{Lu/Hf}$ 值 -0.55（Amelin 等，1999），趋于上地壳 $f_{Lu/Hf}$ 值 -0.72（Griffin 等，2002）。24 颗锆石计算获得的 $\varepsilon_{Hf}(t)$ 值为 -7.89 ~ -3.02，均值为 -5.98，模式年龄 t_{DM} 值为 1354 ~ 1161 Ma，均值为 1278 Ma；t_{2DM} 值为 1904 ~ 1599 Ma，均值为 1786 Ma。

吴集岩体中的岩石包体（HD-3-2）分析 25 颗锆石（其加权平均年龄为 428.3 Ma）$^{176}Yb/^{177}Hf$ 和 $^{176}Lu/^{177}Hf$ 值分别为 0.014362 ~ 0.035158 和 0.000586 ~ 0.001291。锆石 Lu、Hf 同位素分析结果显示，$f_{Lu/Hf}$ 值为 -0.98 ~ -0.96，低于平均地壳 $f_{Lu/Hf}$ 值 -0.55（Griffin 等，2002），趋于上地壳 $f_{Lu/Hf}$ 值 -0.72（Amelin 等，1999）。25 颗锆石计算获得的 $\varepsilon_{Hf}(t)$ 值为 -7.82 ~ -1.16，均值为 -4.74，模式年龄 t_{DM} 值为 1356 ~ 1090 Ma，均值为 1229 Ma；t_{2DM} 值为 1903 ~ 1484 Ma，均值为 1707 Ma。

狗头岭石英闪长岩（GT-2）分析 9 颗锆石（其加权平均年龄为 395.7 Ma）$^{176}Yb/^{177}Hf$ 和 $^{176}Lu/^{177}Hf$ 值分别为 0.013761 ~ 0.065537 和 0.00042 ~ 0.001187。锆石 Lu、Hf 同位素分析结果显示，$f_{Lu/Hf}$ 值为 -0.99 ~ -0.94，低于平均地壳 $f_{Lu/Hf}$ 值 -0.55（Griffin 等，2002），趋于上地壳 $f_{Lu/Hf}$ 值 -0.72（Amelin 等，1999）。25 颗锆石计算获得的 $\varepsilon_{Hf}(t)$ 值为 -9.51 ~ -1.8，均值为 -3.55，模式年龄 t_{DM} 值为 1384 ~ 1092 Ma，均值为 1155 Ma；t_{2DM} 值为 1985 ~ 1498 Ma，均值为 1608 Ma。

　　狗头岭岩体石英闪长岩 Sr、Nd 同位素分析数据见表 3-3，其初始比值、$\varepsilon_{Nd}(t)$ 值以及 Nd 的模式年龄是根据样品对应的年龄（395.7±2.7）Ma 进行计算的，获得样品的 $^{87}Rb/^{86}Sr$ 值为 1.11~3.27，$^{87}Sr/^{86}Sr$ 值为 0.71633~0.73224，计算得到初始的 $^{87}Sr/^{86}Sr$ 值（$^{87}Sr/^{86}Sr$）$_i$ 为 0.710125~0.713839。初始 Sr 大于 0.7，未出现异常，其计算结果有意义，且初始的 $^{87}Sr/^{86}Sr$ 值相对较低，指示带有一定的地幔印记。样品 $^{147}Sm/^{144}Nd$ 值为 0.1046~0.1252，$^{143}Nd/^{144}Nd$ 值为 0.512102~0.512178，$\varepsilon_{Nd}(t)$ 为 -5.37~-5.81，两阶段 Nd 模式年龄 t_{2DM} 为 1.61~1.58 Ga。狗头岭岩体石英闪长岩 Sr、Nd 同位素具有初始 Sr 低及 $\varepsilon_{Nd}(t)$ 高的特征。

表 3-3　狗头岭岩体岩石样品 Rb-Sr、Sm-Nd 同位素组成数据表

样品	Rb ×10⁻⁶	Sr	$^{87}Rb/^{86}Sr$	$^{87}Sr/^{86}Sr$	（$^{87}Sr/^{86}Sr$）$_i$	Sm ×10⁻⁶	Nd	$^{147}Sm/^{144}Nd$	$^{143}Nd/^{144}Nd$	$\varepsilon_{Nd}(t)$	t_{2DM} /Ga
GT-1	96.9	254	1.11	0.71633±2	0.710125	3.575	17.28	0.1252	0.512178±8	-5.37	1.58
GT-2	158	140	3.27	0.73224±3	0.713839	4.262	24.66	0.1046	0.512102±5	-5.81	1.61

　　将吴集岩体花岗闪长岩锆石 Hf 同位素特征与邻区万洋山—诸广山地区加里东期花岗岩进行对比，表现出元古宙基底重熔的特征[图 3-14(a)]。吴集岩体中的岩石包体 t_{2DM} 均值为 1707 Ma、狗头岭岩体石英闪长岩的 t_{2DM} 均值为 1608 Ma，比花岗岩的 t_{2DM} 均值低，表明岩浆中有新生物质的加入，岩石包体 $\varepsilon_{Hf}(t)$ 值、狗头岭岩体石英闪长岩的 $\varepsilon_{Hf}(t)$ 值趋近于 0，表明有幔源物质的加入（图 3-14）。另外，在锆石 U-Pb 年龄上也有差异，南侧万洋山—诸广山地区加里东期花岗岩锆

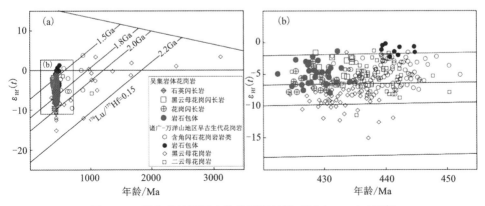

图 3-14　湘东南地区早古生代锆石年龄 t(Ma)—$\varepsilon_{Hf}(t)$ 图解

[底图数据据徐文景（2017）]

石 U-Pb 年龄总体大于 430 Ma[图 3-14(b)]，陈相艳(2016)研究认为加里东期 430 Ma 是碰撞以后碰撞体制的转换时限，吴集岩体花岗闪长岩锆石 U-Pb 年龄总体小于 430 Ma，体现了湘东南地区不同时代岩体侵位具不同的构造属性。

3.4 岩石成因及构造背景

3.4.1 岩石成因及岩浆源区

吴集岩体花岗闪长岩 SiO_2 含量为 63.8%~66.4%，狗头岭岩体石英闪长岩 SiO_2 含量为 52.5%~56.9%，SiO_2 含量较低，为准铝质岩石，岩石中含角闪石，副矿物组合中普遍出现磁铁矿、榍石而未见富铝矿物，这些特征表明吴集岩体、狗头岭岩体为 I 型花岗岩。在(Zr+Nb+Ce+Y)—TFeO/MgO 图解中，狗头岭岩体石英闪长岩和吴集岩体花岗闪长岩的分异程度不同，狗头岭岩体分异程度较高，但在 SiO_2—Ce 图解中均显示为 I 型花岗岩(图 3-15)。

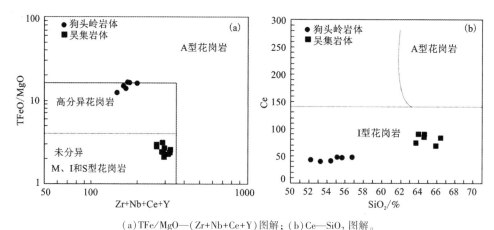

(a)TFe/MgO—(Zr+Nb+Ce+Y)图解；(b)Ce—SiO_2 图解。

图 3-15　吴集岩体、狗头岭岩体岩石类型判别图解

[底图据 Whalen 等(1987)]

吴集岩体、狗头岭岩体中的花岗闪长岩、石英闪长岩及岩石包体为准铝质、CIPW 标准矿物中不出现刚玉分子，副矿物组合中普遍出现磁铁矿、榍石而未见富铝矿物，这些特征明显不同于强富铝的 S 型花岗岩。花岗闪长岩、石英闪长岩及岩石包体中均含矿物角闪石，这是 I 型花岗岩的典型矿物学标志(王涛等，2005)；花岗闪长岩、石英闪长岩的 A/CNK 值小于 1.1，也显示为 I 型花岗岩的特点[S 型花岗岩 A/CNK 值大于 1.1，Chappell 和 White(1992)]；花岗闪长岩、石英闪长岩在其稀土元素配分模式图中显示为右倾轻稀土富集型也与 I 型花岗岩曲线相似(张万平等,2011)。Chappell 和 Stephens(1988)认为 I 型花岗岩由壳内变质中基性火成岩部分熔融而来,本书讨论的石英闪长岩两阶段模式年龄 t_{2DM} 值为 1985~1498 Ma 跨度大,显示有变质中基性火成岩部分熔融或新生地幔物质加入的特点;而吴集岩体从 Hf 同位素示踪的结果来看,花岗闪长岩两阶段模式年龄 t_{2DM} 值为 1857~1518 Ma,岩石包体两阶段模式年龄 t_{2DM} 值为 1903~1484 Ma,两阶段模式年龄显示花岗闪长岩及岩石包体具有新元古代地壳基底重熔的特征。本书讨论的花岗闪长岩、石英闪长岩及岩石包体的 Rb/Sr 值为 0.25~1.02,Rb/Sr 值小于 5 则指示熔融作用与黑云母脱水作用有关(周万蓬等,2017)。

吴集岩体花岗闪长岩、狗头岭岩体石英闪长岩的微量元素蛛网图、稀土元素配分模式图中表现出一定的地壳印迹特征,指示吴集岩体、狗头岭岩体的岩浆源区物质是多样的(图 3-16)。对地壳印迹成分的识别,利用 Sylvester(1988)提出的 Rb/Sr 比值进行判断。吴集岩体花岗闪长岩的微量元素 Rb/Sr 值为 0.72~1.03,均值为 0.82;Rb/Ba 值为 0.28~0.35,均值为 0.30。狗头岭岩体石英闪长岩的微量元素 Rb/Sr 值为 0.26~0.97,均值为 0.48;Rb/Ba 值为 0.22~1.09,均值为 0.47。吴集岩体、狗头岭岩体其 Rb/Sr 和 Rb/Ba 值都较低,显示狗头岭及吴集岩体的花岗闪长岩、石英闪长岩形成的岩浆源区为贫黏土源区。此外,由于岩体的 Rb/Sr 值(平均值为 0.48 和 0.82)低于 3.0,反映它们是砂质源岩部分熔融的产物。

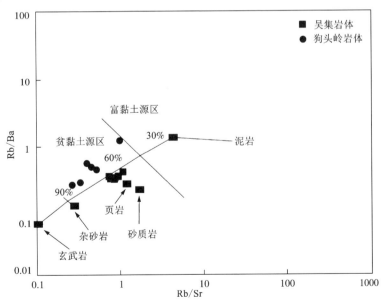

图 3-16 吴集岩体、狗头岭岩体 Rb/Sr—Rb/Ba 源区判别图

[底图据 Sylvester(1988)]

吴集岩体中发育的岩石包体与寄主岩多呈截然接触，包体为细粒、微细粒结构(结构上比寄主岩细)，矿物组合主要为微斜长石、斜长石、石英、角闪石和黑云母，为岩浆成因的闪长质包体。包体中不发育变晶结构和片理构造等变质岩的结构、构造，不含富铝特征的变质矿物，表明包体不是基底变质岩的难熔残留物。暗色微粒包体以塑性变形为主，还具有岩浆流动形成的特征，表明代表岩石包体的镁铁质岩浆与寄主岩的长英质岩浆共存的特点。花岗闪长岩中从不含—含岩石包体的岩石地球化学特征有 SiO_2(66.35% ~ 63.75%)逐渐降低、Fe_2O_3 含量(4.54% ~ 5.4%)和 MgO 含量(2.3% ~ 3.24%)升高的特点。岩浆混合的特征是基性端元的岩浆与酸性端元的岩浆混合(邹滔等，2011)，一般表现为壳-幔岩浆混合模式(陈斌等，2009)，本书研究的岩石包体基性程度较寄主岩高，在包体中未出现标准刚玉(C-norm)分子，包体中斜长石富钙偏基性，这些特征表明代表岩石包体的岩浆为岩浆混合中的基性端元。

闪长质包体及其寄主花岗闪长岩的锆石 Hf 同位素示踪显示，寄主花岗闪长岩的 $\varepsilon_{Hf}(t)$ 值为 -7.89 ~ -3.02，均值为 -5.98，两阶段模式年龄 t_{2DM} 值为 1904 ~ 1599 Ma，均值为 1786 Ma；闪长质包体的 $\varepsilon_{Hf}(t)$ 值为 -7.82 ~ -1.16，两阶段模式年龄 t_{2DM} 值为 1903 ~ 1484 Ma，均值为 1707 Ma。闪长质包体及其寄主花岗闪长岩锆石 $\varepsilon_{Hf}(t)$ 值、两阶段模式年龄 t_{2DM} 值的频数分布趋于一致(图 3-17)，且闪长质包体及其寄主花岗闪长岩的 $\varepsilon_{Hf}(t)$ 值趋近于 0，尤其是闪长质包体，显示了包体的岩浆混合成因，其两阶段模式年龄基本一致(图 3-17)，显示岩浆混合作用过程中均一化程度较高。

狗头岭岩体石英闪长岩同位素初始的 $^{87}Sr/^{86}Sr$ 值($^{87}Sr/^{86}Sr$)$_i$ 为 0.710125 ~ 0.713839，$\varepsilon_{Hf}(t)$ 为 -5.37 ~ -5.81，两阶段 Nd 模式年龄 t_{2DM} 为 1.61 ~ 1.58 Ga。Sr、Nd 同位素组成具有不同于 S 型花岗岩高初始 Sr 和低的 $\varepsilon_{Hf}(t)$ 的特征，而最为可能是火成岩部分熔融或有地幔物质的加入。两阶段 Nd 模式年龄为 1.61 ~ 1.58 Ga，表明这些源区物质最初是在新元古代时期从地幔中提取的。

吴集岩体花岗闪长岩、狗头岭岩体石英闪长岩在产出的空间上相邻，在时间上属于加里东期侵位的花岗质岩体，利用主要氧化物比值协变图对岩浆成因进行分析，同分母氧化物比值协变图[图 3-18(a)、图 3-18(b)]上表现为线性相关，在多元素不同分母比值图[图 3-18(c)、图 3-18(d)]上表现为双曲线演化关系；协变图解显示良好的协变关系，暗示它们在成因或岩浆源区上存在密切的联系(张晓琳等，2005)。

吴集岩体中暗色微粒包体及其寄主岩的锆石 U-Pb 年龄表明，暗色微粒包体结晶年龄(428.3±3.9)Ma 与寄主岩的结晶年龄(428.8±3)Ma 基本一致，排除了暗色微粒包体来源于深部熔融残留体或浅部围岩捕虏体的可能性，进一步支持了暗色微粒包体的岩浆混合成因；暗色微粒包体及其寄主岩年龄的获得，还为岩浆

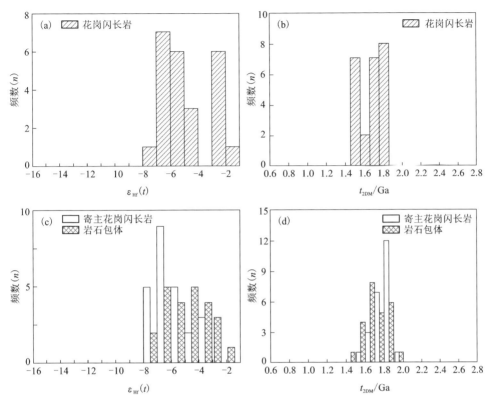

图 3-17　吴集花岗闪长岩、岩石包体和包体寄主岩锆石
$\varepsilon_{Hf}(t)$ 值和 $t(Hf)_{2DM}$ 频率分布直方图

混合作用发生的时间提供了有力的同位素年代学约束，时限为加里东期。Watson 和 Harrison（1983）从高温实验（700～1300 ℃）得出锆石溶解度模拟公式为 $\ln D_{Zr}^{Zircon/melt} = -3.80 - 0.85 \times (M-1) + 12900/T$。则 $t_{Zr}(℃) = 12900/[\ln D_{Zr}^{Zircon/melt} + 0.85M + 2.95] - 273$。吴集岩体中花岗闪长岩锆石饱和温度 t_{Zr} 为 760.2～768.1 ℃，狗头岭岩体中石英闪长岩锆石饱和温度 t_{Zr} 为 675.5～711.2 ℃，表明花岗闪长岩的结晶温度较高，这种形成于高温条件下的 I 型花岗岩，暗示尚存在深部软流圈的上涌和热量的向上传递，并有少量幔源物质加入，以致形成了吴集岩体在宏观上可见的岩浆混合成因的暗色岩石包体。

　　综合以上分析，认为吴集岩体中发育的 I 型花岗闪长岩极可能为幔源基性岩浆底侵诱发古老地壳物质部分熔融形成。

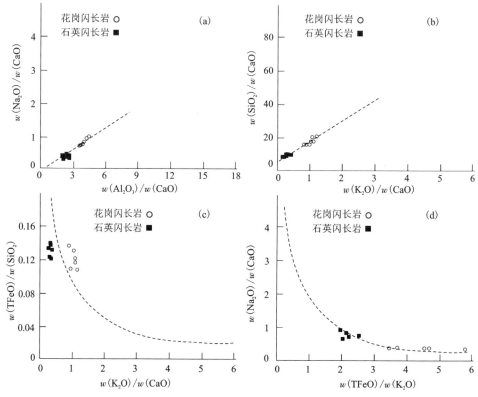

图 3-18　加里东期石英闪长岩、花岗闪长岩主量元素协变图解

[底图据牛漫兰等(2018)]

3.4.2　构造意义

华夏古陆与扬子板块南东缘的江南古陆发生碰撞拼贴留下的缝合线(一条大型韧性剪切带)即为钦杭结合带(图 3-19)。在皖南祁门县、款县和赣东北樟树墩地区发现了蛇绿岩、在赣东北蛇绿岩内发现了 Adakite 型花岗岩等证据表明扬子与华夏板块之间曾存在古洋壳(赵博,2014;水涛等,1987),以及近年来在该带及其附近发现具俯冲碰撞背景下形成的岩浆岩,显示其华夏古陆与扬子古陆碰撞闭合时限极有可能为加里东期,其两大古陆的碰撞闭合示意图如图 3-19 所示。

华南加里东运动作为一次强烈而广泛的地壳运动形成了大量的花岗岩,这些花岗岩体集中于政和—大埔及绍兴—江山—萍乡两条区域性深大断裂构成的喇叭形区域之间,具线状分布的特点(陈迪等,2016),其形成的构造背景前人有较多的研究成果,也存在一定的争议,但普遍认为其与造山作用有关(陈洪德等,

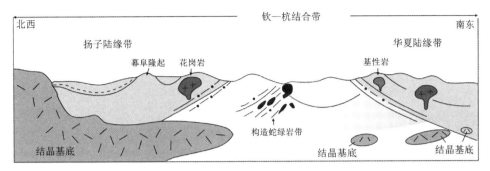

图 3-19　华南加里东期扬子、华夏板块碰撞闭合示意图

[据水涛等(1987)修改]

2006；舒良树，2006；Wang 等 2007；覃小锋等，2011），从近年来获得的年龄数据来看，华南地区加里东期有早、晚两期花岗岩侵位，但形成的构造环境有所不同，不同地区间也有差异。部分研究认为华南加里东早期花岗岩形成于同碰撞挤压构造环境，岩石组合为混合岩、片麻状花岗岩、片麻岩；彭松柏等（2016）还报道了加里东早期处于俯冲碰撞背景下的变辉绿岩、石榴石角闪岩、斜长角闪岩、晶屑凝灰岩等（图 3-20），其处于俯冲碰撞背景下的岩石年龄有：桂东南岑溪糯洞变辉绿岩锆石 U-Pb 年龄为（437±5）Ma（彭松柏等，2016），浙江龙游石榴石角闪岩的年龄为 440 Ma（陈相艳等，2015），浙江陈蔡斜长角闪岩的锆石 U-Pb 年龄为（420.6±1.8）Ma（赵希林等，2018），云开地块北缘的岑溪地区斜长角闪岩的锆石 U-Pb 年龄为（441.3±2.4）Ma（覃小锋等，2017）；云开地块北缘的岑溪地区晶屑凝灰岩的锆石 U-Pb 年龄为（442.2±3.7）Ma（覃小锋等，2017），年龄数据显示变辉绿岩、石榴石角闪岩、斜长角闪岩、晶屑凝灰岩的锆石 U-Pb 年龄多大于 430 Ma（陈相艳等，2015）。

变辉绿岩、石榴石角闪岩、斜长角闪岩、晶屑凝灰岩的稀土元素、微量元素特征也显示形成于俯冲碰撞背景，彭松柏等（2016）对变玄武岩、辉绿岩的稀土元素球粒陨石标准化图进行分析，其特征表现为稀土元素配分平坦，轻稀土略亏损，无明显 Eu 异常，轻重稀土无明显分异的特征，与典型洋中脊玄武岩（N-MORB）特征基本一致［图 3-21（a）］；微量元素 N-MORE 标准化蛛网图上，具有大离子亲石元素 Rb、Ba、Th、U、K、Pb 相对富集，Sr 无明显富集，高场强元素 Nb、Ta、Zr、Hf、Ti 平坦—略亏损的特征［图 3-21（b）］。

变玄武岩、辉绿岩特征表明与形成于俯冲带之上（SSZ）构造环境具有大离子亲石元素富集、高场强元素平坦—略亏损蛇绿岩（T-MORE）中玄武岩、辉绿岩脉（岩墙）地球化学特征一致的特征。覃小锋等（2017）研究广西糯桐镇油茶

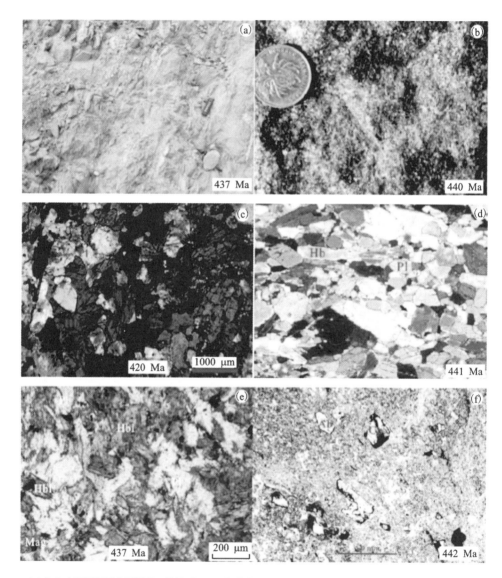

(a)桂东南岑溪糯洞变辉绿岩,其锆石U-Pb年龄为(437±5)Ma(彭松柏等,2016);(b)浙江龙游石榴石角闪岩,年龄440 Ma(陈相艳等,2015);(c)浙江陈蔡斜长角闪岩,其锆石U-Pb年龄为(420.6±1.8)Ma(赵希林等,2018);(d)云开地块北缘的岑溪地区斜长角闪岩,其锆石U-Pb年龄为(441.3±2.4)Ma(覃小锋等,2017);(e)桂东南岑溪糯洞变辉绿岩的辉长结构(彭松柏等,2016);(f)云开地块北缘的岑溪地区晶屑凝灰岩,其锆石U-Pb年龄为(442.2±3.7)Ma(覃小锋等,2017)。

图3-20 华南加里东期变辉绿岩、石榴石角闪岩、斜长角闪岩、晶屑凝灰岩特征图像

林场一带和断裂带南东侧云开地块北缘归义镇一带出露的变质(中)基性火山岩[图 3-21(c)、图 3-21(d)]，其稀土配分模式曲线与 Condie (1982)划分的太古代 TH 1 型拉斑玄武岩的模式曲线相类似(即 DAT，类似于现代洋中脊拉斑玄武岩)，微量元素配分型式与 N-MORB 的曲线较相似，且 Nb、Ta、P 和 Ti 的负异常不明显[图 3-21(d)]。上述研究显示华南地区早古生代处于俯冲碰撞背景下的岩石组合特征(岩石年龄多大于 430 Ma)。

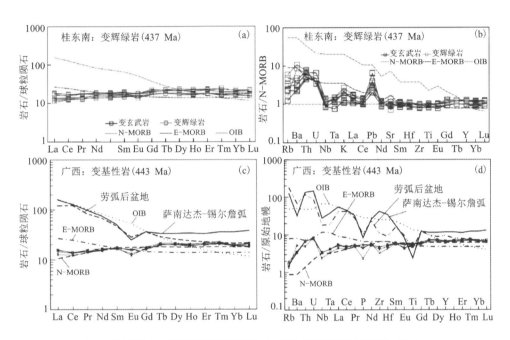

（a）、（b）为桂东南岑溪糯洞变辉绿岩稀土、微量元素图解(彭松柏等，2016)；
（c）、（d）为云开地块北缘的岑溪地区变基性岩的稀土、微量元素图解(覃小锋等，2017)。

图 3-21　华南加里东期变辉绿岩、变基性岩稀土元素
球粒陨石配分模式图、微量元素原始地幔蛛网图
[标准化数据引自 Sun 等(1989)]

陈相艳(2016)对龙游群中石榴石角闪岩、蛇纹石化辉石橄榄岩、辉石岩和辉长岩的研究认为，上述岩石组合为造山后的岩浆作用物质，并为加里东期构造作用的属性提供了新的证据，将 430 Ma 作为碰撞—后碰撞体制的转换时限。华南早古生代侵位的块状花岗岩年龄大部分小于 430 Ma(属晚期)，李光来等(2010)研究认为在武夷和湘桂赣地块侵位的块状花岗岩处于后碰撞(造山带垮塌)的环境，是由深部山根垮塌、软流圈上涌引起地壳深部拉张松弛减压，发生部分熔融形成壳源型花岗岩或混合岩(周万蓬等，2017)。

本次获得吴集岩体、狗头岭岩体花岗闪长岩、石英闪长岩锆石 U-Pb 年龄分别为（432.0±2.8）~（428.3±3.9）Ma、（395.7±2.7）Ma，显示为华南加里东期晚阶段（主体年龄<430 Ma）岩浆活动的产物。从近年来获得的高精度锆石 U-Pb 年龄来看，华南地区加里东期花岗岩明显为早期、晚期侵位，华夏、扬子板块侵位的块状花岗岩的年龄数据特征尤为醒目（图 3-22）。岩体的区域分布及年龄结果的分析显示，加里东期华夏板块内的片麻状花岗岩和混合岩的成岩年龄明显早于块状花岗岩，而扬子板块的块状花岗岩的成岩年龄要晚于华夏板块块状花岗岩年龄，从南东往北西，加里东期块状花岗岩年龄有逐渐变小的趋势。吴集岩体、狗头岭岩体大地构造位置上位于扬子与华夏两大古陆块碰撞拼贴带上，获得的年龄小于（部分年龄接近于）陈相艳（2016）认为的转换时限（430 Ma）。另外，吴集岩体、狗头岭岩体分布在北西南东向常德至安仁构造岩浆带上，狗头岭岩体呈椭圆形的岩株状展布，吴集岩体的西侧部分与围岩呈断层接触，接触面走向为北东—南西向，且吴集岩体出露地区分布的断裂走向以北东—南西为主（图 3-2），显示加里东期的吴集岩体、狗头岭岩体受北西—南东向的常德至安仁断裂控制产出的特征不明显。

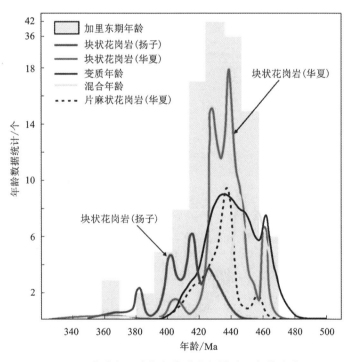

图 3-22　华南加里东期年代学数据统计及年龄分布图

[据朱清波等（2015）]

　　吴集岩体、狗头岭岩体的岩石学、矿物学、岩石地球化学特征显示为 I 型花岗岩类，从岩石类型的构造指示意义来看，I 型花岗岩类与俯冲碰撞相关（张旗等，2008）。利用 Pearce（1984）提出的微量元素判别图解，吴集岩体、狗头岭岩体的投点在 Y—Nb 图解［图 3-23（a）］中显示为 VAG（火山弧花岗岩）+syn-COLG（同碰撞花岗岩）；在进一步判别中，利用（Yb+Ta）—Rb 图解［图 3-23（b）］，吴集岩体、狗头岭岩体构造环境显示为 post-COLG（后碰撞花岗岩）。肖庆辉等（2002）的研究认为大量在 Pearce（1984）图解中的同碰撞花岗岩其实是后碰撞的，判别图解中具有火山弧花岗岩特征的印迹，暗示花岗岩形成过程中有幔源物质加入。吴集岩体、狗头岭岩体花岗闪长岩、石英闪长岩未见明显的挤压变形，其形成时代总体小于 430 Ma，本书认为其形成于加里东晚期的后碰撞背景。

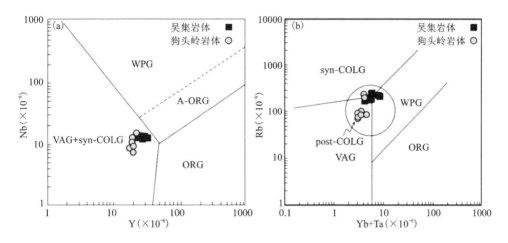

VAG—火山弧花岗岩；WPG—板内花岗岩；S-COLG—同碰撞花岗岩；
post-COLG—后碰撞花岗岩；ORG—洋中脊花岗岩；A-ORG—异常洋中脊花岗岩。
图 3-23　狗头岭岩体、吴集岩体 Y—Nb（a）及（Yb+Ta）—Rb（b）环境判别图解
［底图据 Pearce 等（1996）］

　　吴集岩体花岗闪长岩微量元素表现为 K、Rb、Th、U、Nd、Sm 富集，Nb、Ba、Sr、P 亏损，稀土元素富集 LREE，球粒陨石标准化配分模式图中表现出右倾模式（图 3-13）。吴集岩体花岗闪长岩微量、稀土元素特征不同于彭松柏等（2016）报道的变玄武岩、辉绿岩，覃小锋等（2017）报道的变质（中）基性岩特征（图 3-20）显示，吴集岩体花岗闪长岩岩浆源区与变玄武岩、辉绿岩，变基性岩的源区和构造背景不同。根据吴集岩体、狗头岭岩体为 I 型花岗岩类，形成于后碰撞构造环境以及区域构造演化过程，推断本书研究的花岗岩［（432.0±2.8）~（428.3±3.9）Ma］形成背景及机制为：在华南加里东早期俯冲碰撞背景下导致中、上地壳叠置、增厚和升温，造山峰期之后在挤压减弱、应力松弛的后碰撞环境下，中、上地壳酸性岩石减压熔融并向上侵位形成加里东期的吴集岩体。

狗头岭岩体石英闪长岩在 Yb_N—$(La/Yb)_N$ 图解和 Y—(Sr/Y) 图解中（图3-24），狗头岭岩体投点显示为经典岛弧岩石，在微量元素蛛网图中 Nb 有一定程度的亏损也与活动大陆边缘的钙碱性玄武岩地球化学特征相似（Xu 等，2002；曹豪杰等，2013），而本次获得锶同位素初始比值（$^{87}Sr/^{86}Sr$）为 0.710125 ~ 0.713839（较高）、$\varepsilon_{Nd}(t)$ 为 -5.37 ~ -5.81（较低）反映其具有俯冲消减作用，而石英闪长岩显示为 I 型花岗岩也与俯冲有关（张旗等，2008），这就可能指示狗头岭岩体形成于与俯冲消减作用有关的岛弧环境。最近，覃小锋等（2013）报道了两广交界壶峒片麻状复式岩体[锆石 U-Pb 年龄为（443.1±2.0）Ma]为大陆边缘弧型岩浆岩；巫建华等（2012）在广东北部发现了加里东期火山岩，并获得碎斑熔岩锆石 SHRIMP 年龄为（443.5±5.4）Ma，这些报道为扬子板块与华夏板块在加里东期存在俯冲作用提供了佐证。彭松柏等（2016）在广西发现了加里东期的蛇绿岩，并认为与扬子板块和华夏板块的俯冲碰撞有关，但是从野外的地质证据而言，区域上还未报道有典型的扬子板块和华夏板块在加里东期俯冲碰撞的地质证据，本书从岩石学的角度，倾向于认为狗头岭岩体形成于碰撞后的应力松弛构造环境，但就区域地质构造背景而言，还需进一步地深入工作和讨论。狗头岭岩体石英闪长岩的锆石 U-Pb 年龄为（395.7±2.7）Ma，为 I 型花岗岩，侵位时间明显晚于吴集岩体，其形成的构造背景可能与陆壳的强烈伸展有关。

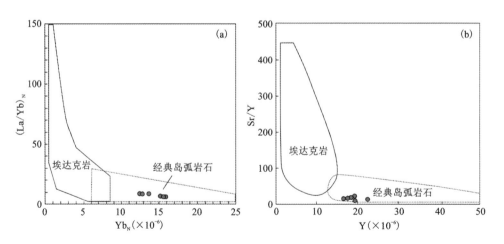

（a）Yb_N—$(La/Yb)_N$ 图解[据 Richards 和 Kerrich（2007），Castillo（2012）]；

（b）Y—Sr/Y 图解[据 Defant 等 Drummond（1990）]。

图3-24　狗头岭岩体 Yb_N—$(La/Yb)_N$ 和 Y—Sr/Y 环境判别图解

第4章
印支期岩浆作用

　　花岗岩是大陆地壳重要的组成部分，花岗质岩浆在陆壳形成与再循环中扮演着重要的角色，研究花岗岩对探讨陆壳的形成和演化过程具有重要意义，并在内生金属矿床成因研究和国民经济发展中具有重要的科学意义和战略价值。花岗岩本身虽不能直接反映地壳的生长情况，但是作为大陆地壳向长英质演化的重要指示物（Armstrong，1991；Bowring 和 Housh，1995），它是地壳成分成熟度的重要标志，而且特定地区花岗岩产出的多少在某种程度上反映了地壳演化的程度（吴福元等，2007a）。另外，对花岗岩全面的研究可探讨大陆的结构、生长、演化及壳-幔岩浆相互作用等多方面的信息（Pearce，1984；Eby，1990；Barbarin，1999），同时在内生金属矿床成因研究和国民经济发展中也具有重要的科学意义和战略价值（王孝磊，2017）。

　　随着锆石微区原位 U-Pb 定年的发展和广泛应用，华南地区有关印支期成岩成矿的报道越来越多，非印支期侵位的桃江岩体（222～210 Ma）、岩坝桥岩体（220～219 Ma）、川口花岗岩岩体群（223 Ma，206～202 Ma）其锆石 U-Pb 年龄数据表明其实为印支期形成。区域上，华南三叠纪花岗岩的锆石 U-Pb 定年结果表明其形成时代为 250～202 Ma，主要集中在 239 Ma 和 220 Ma（Wang 等，2013）。印支期的岩石类型多为过铝质的黑云母花岗岩、二云母花岗岩和白云母花岗岩，它们一般不含堇青石或石榴石（Wang 等，2007；高彭，2016）。最近十年，越来越多的辉钼矿 Re-Os 数据显示，印支期（231～214 Ma）发育大量的钨锡多金属矿床，随着研究的深入普遍认为印支期也发生了大规模岩浆成矿作用，其成矿年龄在231～214 Ma（蔡明海等，2006；杨锋等，2009；刘善宝等，2008；伍静等，2012）。但是，因华南地区燕山期岩浆成矿效果显著，以往研究对印支期花岗岩成岩、成矿关注不够，甚至将一些印支期的花岗岩归为燕山期，导致华南印支期构造、岩浆演化与成矿等基础地质问题未得到系统深入的研究。

　　湖南衡阳盆地东缘是华南两条重要成矿带（南岭成矿带和钦—杭成矿带）的重叠区域（图2-8），该地区发育有印支期的将军庙、五峰仙岩体和川口花岗岩岩体群，以及零星的花岗岩脉[图 4-1（b）]，与岩浆密切相关的矿床有川口钨矿、将军庙岩体中的铅锌矿和萤石矿及最近发现的五峰仙岩体外围的钼矿化。本书研

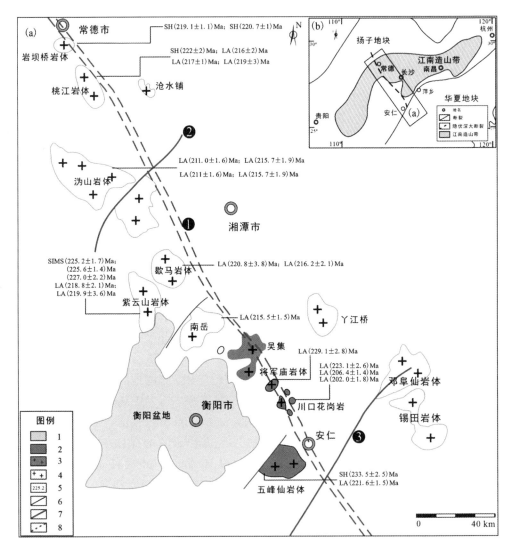

❶—常德至安仁隐伏岩石圈断裂；❷—宁乡至沩山深大断裂；❸—茶陵至永兴深大断裂。
1—白垩系红层盆地；2—本次研究的印支期花岗岩；3—本次研究的加里东期花岗岩；4—花岗岩
（花纹）；5—岩体侵位年龄；6—地质界线；7—断裂；8—隐伏断裂（图中年龄数据据续海金等，
2004；Wang等，2012；丁兴等，2012；鲁玉龙等，2017；刘凯等，2014；Wang等，2015；马铁球等，
2013a，2013b；陈迪等，2017a，2017b；Wang等，2007；等）。

图4-1 （a）湖南常德至安仁构造岩浆带上花岗岩体和（b）本次研究岩体位置分布简图
[据柏道远等（2021）修改]

究的将军庙、五峰仙岩体和川口花岗岩还是北西—南东向的常德至安仁断裂带上印支期花岗岩的重要组成部分[图 4-1(b)]。常德至安仁断裂带上发育有印支期的岩坝桥岩体、桃江岩体、沩山岩体、紫云山岩体、歇马岩体、南岳岩体、将军庙岩体、川口花岗岩群、五峰仙岩体，岩体分布及年龄数据见图 4-1(a)。该断裂带上还发育有印支期的辉长岩、辉绿岩、花岗闪长岩、岩浆混合成因的花岗岩及高分异花岗岩等多类岩石，且成矿效应十分显著，具有明显受北西—南东向的常德至安仁构造岩浆带控制的特点。

饶家荣等(2012)的研究认为区域上 NNE 向川口至双牌断裂为扬子板块与华夏板块的南东边界，本次研究的花岗岩正处于扬子板块与华夏板块的结合带上[图 4-1(a)]，且区内 NW 向常德至安仁隐伏岩石圈深大断裂与 NNE 向茶陵至郴州断裂在安仁处构成了特殊的"y"字型构造(柏道远等，2007)，该 NW 向常德至安仁断裂还控制了衡阳盆地东缘边界和印支期的花岗岩产出，其岩浆成矿效果显著，本书对衡阳盆地东缘印支期成岩、成矿这一中生代重大地质事件的研究具有探索性，通过此项研究可深入了解区域上印支期成岩、成矿这一重大地质事件，对深刻理解该区甚至华南地区中生代大地构造演化过程和指导找矿工作具有重要的理论意义和实用价值。

4.1　岩体地质特征

4.1.1　将军庙岩体地质特征

衡阳盆地东缘的将军庙岩体的大地构造位于扬子与华夏两大古板块碰撞拼贴带上[图 4-2(a)]，出露面积约 35 km^2，为川口隆起带上出露面积最大的一个花岗岩体，岩体出露在铁丝塘镇东北侧，主要分布在莫井乡的行政区域内。将军庙岩体侵入的最新地层为泥盆纪欧家冲组，所侵入的围岩均发生较强的角岩化、局部大理岩化(岩体西南与围岩棋梓桥组接触处)等热接触变质现象；在双江口至下瓦子坪一带岩体边部尚见跳马涧组及棋梓桥组的强蚀变黄铁矿化石英岩、硅化灰岩捕虏体。将军庙岩体中常见细粒花岗岩脉、石英脉、花岗伟晶岩脉及萤石矿脉等。

将军庙花岗岩分布特征及各侵入次的分布范围见图 4-2(b)，花岗岩外接触带的沉积围岩中普遍发生热接触变质和交代作用(云英岩化、大理岩化，角岩化等)，热接触变质带宽度为 200~1500 m，总体呈围绕岩基的同心环带状，在岩体边部发育冷凝边，显示将军庙岩体主动侵入特征。岩体的南东与围岩接触呈断层接触，接触带上发育碎裂花岗岩，岩石硅化明显，为动力变质岩特征。在岩体的内接触带，即在岩体与围岩的侵入接触处，岩体中可见捕掳的围岩碎块，捕掳体

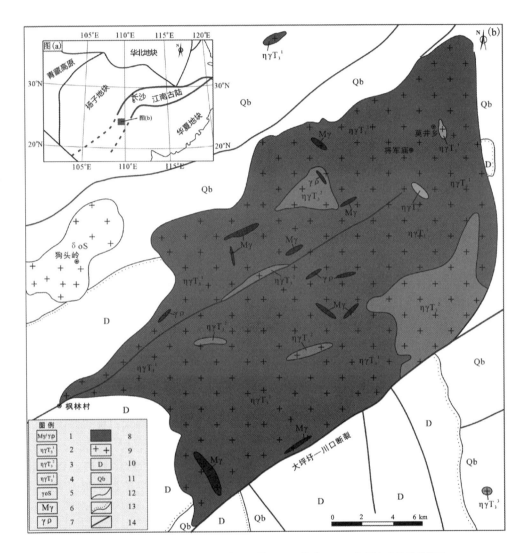

（a）江南造山带构造地质简图［据余心起等（2010）修改］；（b）将军庙岩体地质简图。
1—岩脉类地质体；2—二云母二长花岗岩；3—含斑黑云母二长花岗岩；4—粗中粒斑状黑云母二长
花岗岩；5—石英闪长岩；6—细粒花岗岩脉；7—伟晶岩脉；8—将军庙岩体印支期花岗岩；9—花岗
岩花纹；10—泥盆系；11—青白口系；12—地质界线；13—角度不整合界线；14—断裂。

图4-2　将军庙岩体区域地质构造位置和岩体地质简图
［据王先辉等（2017）修改］

大小不等,从直径(长轴)几十厘米到几米均有出现,围岩碎块原岩为灰岩,有一定程度的硅化和大理岩化(图 4-3)。

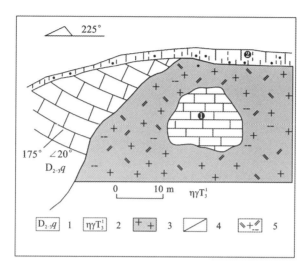

❶—花岗岩中的灰岩捕房体;❷—花岗岩顶部的第四纪覆盖层。
1—泥盆纪棋梓桥组;2—晚三叠世中粒斑状黑云母二长花岗岩(代号);
3—印支期花岗岩;4—地质界线;5—黑云母二长花岗岩。

图 4-3　将军庙花岗岩与围岩侵入接触特征素描图

　　将军庙岩体的产出受区域上北东—南西向断裂的控制明显,岩体南东与围岩呈断层接触,接触带上发育碎裂花岗岩,岩石硅化明显。该断裂为太坪圩至川口断裂,是双牌至川口区域深大断裂的一部分,为区内重要的一条北东向断裂(饶家荣等,2012)。在太坪圩至川口断裂北西侧,发育有北东南西向次级断裂,该断裂发育于将军庙岩体内部,且有一个大型萤石矿床,可能表明区内有多期的构造活动和岩浆热液活动。

　　根据将军庙岩体的剖面及野外地质填图资料,将军庙岩体的侵入次可划分为灰白色、肉红色粗中、细中粒斑状黑云母二长花岗岩,灰白色细—中细粒斑状黑云母二长花岗岩,灰白色、肉红色细粒(少斑状)黑(二)云母二长花岗岩,灰白色细粒、微细粒二云母二长花岗岩,细粒花岗岩脉等。将军庙岩体早期的侵入次与晚期的侵入次之间多为脉动接触,接触特征清楚,岩性呈截然变化,接触界线上常见伟晶岩团块、囊状石英脉等脉动接触标志(图 4-4),从接触特征上来看,将军庙岩体为多阶段岩浆侵入形成,同时岩体中常见细粒花岗岩脉、石英脉、花岗伟晶岩脉及萤石矿脉等,显示为岩体晚阶段侵位岩石的特征。

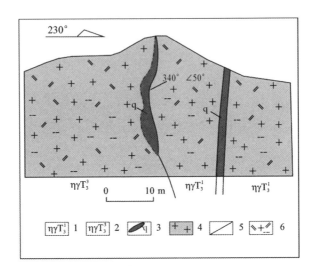

1—晚三叠世中粒斑状黑云母二长花岗岩(代号)；2—晚三叠世二云母二长花岗岩(代号)；3—石英脉；4—印支期花岗岩(花纹)；5—地质界线；6—黑云母二长花岗岩(花纹)。

图 4-4 将军庙花岗岩脉动接触特征素描图

　　灰白色、少部分为肉红色粗中、中粒斑状黑云母二长花岗岩，在岩体边部发育宽 1~4 m 不等的冷凝边，该侵入次花岗岩以中粒斑状黑云母二长花岗岩为主，呈块状构造，中粒结构，似斑状花岗结构，少部分为粗粒结构[图 4-5(a)]；岩石发育有 10%~18% 的钾长石、斜长石、石英斑晶[图 4-5(a)]，局部斑晶富集，含量为 25%~30%；长石斑晶呈半自形板状，钾长石具卡纳复合双晶，长石斑晶多

(a)中粒斑状黑云母二长花岗岩特征；(b)二长花岗岩的似斑状结构(正交光)。

图 4-5 将军庙花岗岩岩相学特征图像

有泥化、绢云母化[图4-5（b）]；石英斑晶呈粒状，斑晶大小一般为1~3 cm；基质矿物有微斜微纹长石、斜长石、石英、黑云母等，矿物粒径主要为3~4 mm。

岩石中的微斜微纹长石为它形—半自形板状，具卡氏双晶，格子状双晶呈不明显隐格状，有细小斜长石、石英嵌晶；斜长石为半自形板状，具钠氏双晶、卡钠复合双晶等，斜长石普遍被绢云母、细小鳞片状白云母不同程度地交代，粒度大小>3 mm，部分为2~4 mm。石英为它形粒状，多为连晶，粒度大小为3~4 mm，部分>5 mm。黑云母为它形—半自形板片状，多为聚晶，粒度多<4 mm，个别>5 mm。次生蚀变主要有叶钠长石化和糖粒状钠长石化、浅色云母化（锂云母—铁锂云母化）、绿泥石化、绿帘石化等。黑云母颜色较浅；锆石包体见放射晕圈，被白云母交代后有金红石析出物。

钾长石、斜长石巨斑晶：中粒斑状黑云母二长花岗岩中，局部富集斑晶为巨晶，巨斑晶呈半自形宽板状，大小不等，一般为3 cm×8 cm，个别更大，且分布不均匀。钾长石巨斑晶的弱风化面为肉红色，可见环带结构和卡氏双晶，巨斑晶中包裹有斜长石、石英、黑云母等细粒矿物，包裹矿物呈同心环状排列，显示环带特征；斑晶边缘凹凸不平，呈齿状轮廓，且有大量的石英、黑云母出现。中粒斑状黑云母二长花岗岩中含5%~8%的斜长石巨斑晶，呈长条状、自形板状，大小为2 cm×6 cm，大者为4 cm×12 cm，在岩石中呈不均匀分布；巨斑晶中环带结构发育，环带清晰；巨斑晶与基质的接触界线平直。

根据钾长石巨斑晶中出现简单双晶，环带结构，斜长石、黑云母包裹体，因而钾长石巨晶是岩浆成因的。钾长石巨晶的形成是岩体侵位后，首先结晶出斜长石、黑云母、石英等矿物，其后钾长石开始成核结晶，在钾长石结晶的过程中，环境振荡、早结晶的矿物不断地迁移，正在结晶的钾长石捕获了这些迁移的矿物，因而在晶体内形成斜长石、黑云母等矿物包裹体。

灰白色细—中细粒少斑状黑云母二长花岗岩：灰白色、肉红色细粒（含斑状）黑（二）云母二长花岗岩与中粒斑状黑云母二长花岗岩多呈涌动接触，局部为脉动接触。岩石为块状构造，细粒结构，少部分为中粒结构，呈少斑—含斑结构，斑晶含量为3%~8%。斑晶主要为自形的长石，大小为1 cm×3 cm。基质矿物主要由微纹长石（约31%）、斜长石（约29%）、石英（约35%）、黑云母（约2%）及白云母（约3%）组成，斜长石为半自形板状，见钠氏双晶、卡钠复合双晶等，普遍绢云母化，粒度大小为0.5~2 mm，部分为2~3.4 mm。微斜微纹长石呈它形板状，格子双晶呈隐格状，有时见卡氏双晶，钠长石微纹呈稀疏点状、显微脉状，有时见细小斜长石嵌晶，粒度大小为0.8~2 mm。石英为它形粒状，常为连晶，粒度大小为0.4~2 mm。黑云母为半自形板片状，部分已蚀变被绿泥石交代，粒度为0.4~1.1 mm。白云母晶出较晚呈它形板片状，大小为0.5~1.5 mm。岩石中有富含挥发分的萤石产出，呈细微不规则粒状，与白云母共生。二云母二长花岗岩中黑云母含量约 1%，白云母含量约 5%，且长石矿物多绿泥石化。

灰白色微细粒二云母二长花岗岩，呈岩株状产出，为块状构造，微细粒结构，组成矿物为石英(35%)，钾长石(28%)，斜长石(30%)，白云母(5%)，黑云母少许(1%~2%)，矿物粒径一般在 1 mm 左右，部分呈微粒，粒径在 0.1 mm 左右。

细粒花岗岩脉：灰白色，块状构造，细粒花岗结构，呈脉状出露，一般脉宽为 30~40 cm，组成矿物为石英、钾长石、斜长石、黑云母等。

花岗伟晶岩脉，在岩体边部、不同侵入次花岗岩的接触界线附近偶有花岗伟晶岩脉发育，岩脉规模较小，一般为 30~50 cm，主要由伟晶钾长石、石英组成。

将军庙花岗岩中重矿物共生组合主要有：锆石、独居石、磷钇矿、榍石、方铅矿、黄铜矿、黄铁矿、毒砂、电气石、帘石、褐帘石、钛铁矿、白钨矿等。其含量除锆石、磷灰石、电气石较高外，其余均较低，组合类型较简单，属锆石—磷灰石型。

4.1.2 川口花岗岩体群地质特征

湖南衡阳川口花岗岩及川口钨矿床位于衡阳市以东约 40 km，大地构造位于扬子与华夏两大古板块碰撞拼贴带上[图 4-6(a)]，研究区处于茶陵至郴州北北东向大断裂与安仁至常德北西向基底隐伏大断裂所组成的三角区域内，尤其是沿常德至安仁构造岩浆带发育有印支期的岩坝桥岩体、桃江岩体、沩山岩体、紫云山岩体、歇马岩体、南岳岩体、将军庙岩体、川口花岗岩群、五峰仙等岩体[图 4-6(b)]。

川口花岗岩位于北北西向蕉园背斜核部，北西面发育有印支期将军庙花岗岩体。蕉园背斜核部为冷家溪群黄浒洞组岩屑砂岩、板岩等，组成该褶皱基底；背斜两翼为泥盆—石炭系沉积盖层，盖层与基底间的角度不整合界面清晰。川口地区出露花岗岩体二十余个，略具南北向成群产出，本书讨论的川口花岗岩即指川口地区出露的花岗岩岩体群，花岗岩的分布特征见图 4-6(c)。对出露花岗岩体进行统计，花岗岩地表出露面积约 14 km²，而川口花岗岩体群由众多的小岩体组成，钻孔资料证明在小岩体之间的变质围岩之下有隐伏花岗岩存在，结合钻孔资料和岩体与围岩接触特征、川口岩体群南部的图切剖面[图 4-6(c)]可知，在 300 m 标高以下，小岩体的下部可能是连通的。

川口花岗岩体群侵入冷家溪群黄浒洞组岩屑砂岩、板岩之中，与围岩侵入接触界线呈波状分布，接触面多倾向围岩，所侵入的围岩均发生较强的角岩化、斑点板岩化等热接触变质现象。岩体中见有少量的角岩化砂岩捕虏体及围岩残留顶盖。岩体及围岩中发育较多的石英脉及少量的花岗伟晶岩脉，石英脉宽可达 10 m。石英脉与黑钨矿、白钨矿成矿关系密切，在川口花岗岩体群内、外接触带已发现多处钨矿产地。

川口花岗岩中黑云母二长花岗岩、含斑黑云母二长花岗岩与围岩的内接触带

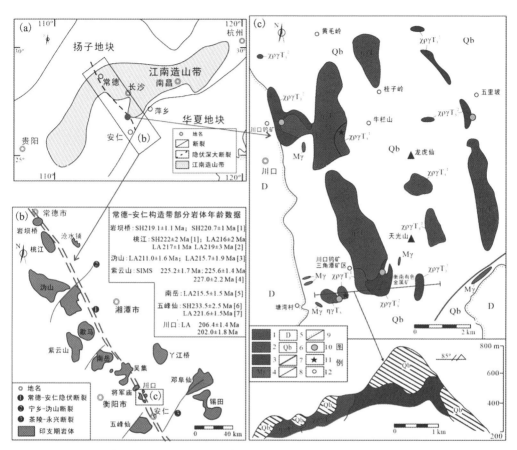

（a）江南造山带构造地质简图[据余心起等（2010）修改]；（b）常德至安仁构造带
岩体分布简图[据王先辉等（2017）修改]；（c）川口岩体群地质简图。

1—晚三叠世二长花岗岩；2—晚三叠世斑状碱长花岗岩；3—晚三叠世二云母碱长花岗岩；

4—岩脉类地质体；5—泥盆系；6—青白口系；7—断裂；8—地质界线；9—角度不整合界线；

10—重要矿产地；11—样品采集点；12—地名。

图4-6 川口岩体群区域地质构造位置和岩体地质简图

[图中年龄数据据续海金等（2004）；Wang 等（2012）；丁兴等（2012）；鲁玉龙等（2017）；
刘凯等（2014）；Wang 等（2015）；马铁球等（2013a）；陈迪等（2017b）；Wang 等（2007）；等修改]

多发育冷凝边，一般宽为 0.6~1 m，为浅白色的细粒花岗岩，组成矿物主要为长石、石英、云母，矿物粒径约为 0.8 mm，长石多高岭土化，呈半风化物产出，在新鲜露头上易于识别围岩与花岗岩的接触界线。

川口花岗岩中张性断裂、张性石英脉及节理常见，对岩体中出露的节理统计表明，产状为 345°∠75°的一组节理往往切穿岩体和围岩，节理面平直，在节理面上发育囊状石英脉，石英脉及节理面上见黄铁矿化、铜蓝矿化，黄铁矿晶体可达 1.5 cm×1.5 cm，铜蓝矿化呈带状分布，一般长为 30~50 cm。产状为 50°∠85°的一组节理切割上述节理、岩体和围岩，节理面平直，未见矿化，该组节理形成晚于具有矿化的节理。岩体中发育的张性断面，部分产状为 340°∠63°，这组断面上有明显的擦痕和阶步，阶步呈眉状，为正阶步。根据上述阶步特征，也显示为张性断裂。

川口花岗岩中黑云母二长花岗岩侵入到岩屑石英杂砂岩的特征明显，多见围岩呈顶盖压覆在花岗岩之上(图 4-7)，围岩热接触变质为斑点状石英角岩、斑点

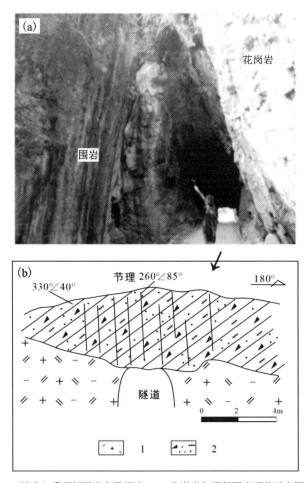

(a)隧道上看顶部围岩实景照片；(b)花岗岩与顶部围岩顶盖示意图。
1—晚三叠世斑状黑云母二长花岗岩；2—岩屑石英杂砂岩及残余顶盖。

图 4-7 川口花岗岩与顶部残余围岩顶盖示意图

板岩。在新鲜露头上，岩体的外接触带与岩体接触处可见宽为 5~20 cm 的片理化带(图 4-8)，片理化带产状与侵入接触界线一致，与变余层理呈一定角度相交，表明片理化带并非继承原岩层理发育而来，而是在岩体侵位的应力及温度的作用下，在岩体的外接触带形成与侵入接触面一致的片理化带。

衡阳川口花岗岩体群的各侵入次分布特征见图 4-6(c)，川口花岗岩分布于衡东县境内的上敏东、三角塘、老水车、赤水等地，共发现有小岩体二十余处，大小不一，形态各异，其岩体群整体的出露特征为沿川口隆起带呈近南北向展布。川口花岗岩体群主要有细中粒斑状黑云母二长花岗岩、细中粒(含斑)二云母二长

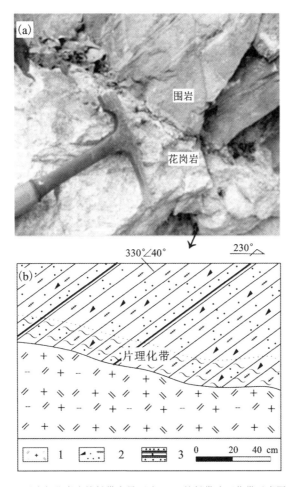

(a)围岩与花岗岩接触带实景照片；(b)接触带片理化带示意图。
1—晚三叠世斑状黑云母二长花岗岩；2—岩屑石英杂砂岩；3—砂质板岩。

图 4-8　川口花岗岩与围岩接触带的片理化带示意图

花岗岩、白云母花岗岩，岩体边部发育少量的碱长花岗岩。其中，斑状黑云母二长花岗岩在大岩体中出现，比如三角潭花岗岩，而众多的小岩株中岩性为细粒（含斑）二云母二长花岗岩、白云母花岗岩，尤其以白云母花岗岩最为常见。花岗岩的详细特征如下：

斑状黑云母二长花岗岩多为灰白色，少部分为肉红色，中粒结构，似斑状结构、块状构造。岩石中斑晶含量为 10%~15%［图 4-9（a）、图 4-9（b）］，斑晶成分为钾长石、斜长石、石英，长石斑晶呈半自形板状，钾长石具卡纳复合双晶，石英呈粒状，斑晶大小一般为（1.5~2）cm×（4~6）cm，大者达 2 cm×10 cm，部分长石斑晶风化后呈肉红色并发生了绢云母化和泥化蚀变［图 4-9（e）］；局部斑晶有富集特征，斑晶含量可达 25%，在岩体边部，长石斑晶具有弱定向性，其长轴走向约为 340°。基质矿物主要为钾长石、斜长石、石英、黑云母（含量为 2%~3%），长石自形程度较好，呈半自形板状，石英呈它形粒状，黑云母呈片状，矿物粒径主要为 2~4 mm。花岗岩中常见有钛铁矿、锆石、磷钇矿等副矿物。

中细粒（含斑）二云母二长花岗岩，浅灰色、灰白色，以细粒结构为主，部分为中粒结构，主体不发育斑晶，少部分含斑，斑晶为石英，偶见长石斑晶，斑晶含量一般<5%，斑晶粒径为 0.8~1 cm，局部有斑晶富集特征，但含量不超过 10%，富集处长石斑晶增加。基质主要由矿物钾长石（34%）、斜长石（28%）、石英（30%）、白云母（3%~6%）组成，暗色矿物较少，见黑云母、电气石等（含量为 2%~4%），常见有锆石、磷钇矿等副矿物。在二云母二长花岗岩中发育的节理面上，多见辉钼矿化，辉钼矿不均匀分布，呈片状，一般大小为 1~3 cm。该类花岗岩与斑状花岗岩接触处多见伟晶岩带、囊状石英脉团块。

白云母花岗岩呈灰白色、细粒结构、块状构造［图 4-9（c）］，组成矿物为石英（35%），钾长石（35%），斜长石（23%），白云母（5%），局部岩石中白云母、金云母含量较高［图 4-9（f）］，为 3%~5%，黑云母少许（1%~2%）；矿物粒径一般在 1 mm 左右，部分呈微粒，粒径在 0.1 mm 左右。白云母花岗岩多呈小岩株产出，岩体与围岩接触带多发育石英脉，石英脉与花岗岩的接触处多见云英岩化［图 4-9（d）］，石英脉中钨矿化明显。

川口隆起带近南北向背斜两翼及川口花岗岩体群的边部发育少量的碱长花岗岩，分布范围及位置见图 4-6（c），碱长花岗岩野外风化面成黄褐色，新鲜面呈浅肉红色、灰白色，岩性主要为含黑云母碱长花岗岩。川口碱长花岗岩呈中细粒结构，主要由石英（35%~40%）、碱性长石（36%~38%）、斜长石（15%~20%）、黑云母（2%~3%）组成，副矿物主要有锆石、萤石、独居石、金红石等。组成矿物石英呈半自形—它形粒状，粒径为 1~3 mm，与长石、黑云母等矿物镶嵌生长。碱性长石以条纹长石为主［图 4-9（g）］，呈自形—半自形板状，部分发育卡氏双晶［图 4-9（h）］，粒径多为 2~4 mm，部分为 4~6 mm。部分条纹长石被熔蚀呈眼球

(a)中粒斑状黑云母二长花岗岩(斑晶含量约为 10%);(b)斑状黑云母二长花岗岩
(斑晶风化呈肉红色);(c)细粒白云母花岗岩;(d)石英脉及云英岩化花岗岩(暗色
矿物电气石常见);(e)斑状黑云母二长花岗岩及已蚀变的斑晶(正交偏光);(f)细粒
白云母花岗岩中的原生白云母(正交偏光);(g)碱长花岗岩中的条纹长石;(h)碱长
花岗岩中钾长石的卡斯巴双晶和钾长石的泥化。

　　　Pl—斜长石;Kfs—钾长石;Ms—白云母;Q—石英。

图 4-9　川口花岗岩体群岩石特征图像

状、边部被石英、钠长石交代。黑云母呈它形填隙状，多已蚀变为绿泥石或白云母。萤石呈自形—半自形粒状，粒径为 0.2~0.8 mm，内部常包含微粒锆石、方解石等。利用碱长花岗岩中的主要阳离子含量计算 $R1$ 和 $R2$ 并投图，投点在钾长花岗岩和碱长花岗岩区域(图 4-10)，显示出花岗岩富碱的特征。

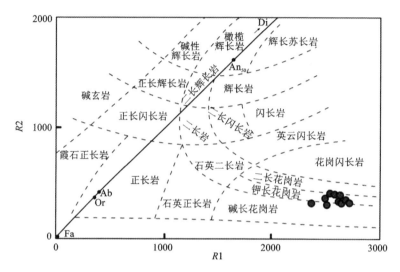

Fa—铁橄榄石；Or—钾长石；An—钠长石；An—钙长石；Di—透辉石。

图 4-10　川口碱长花岗岩 $R1-R2$ 分类图解

[底图据 De la Roche 等(1980)，参数按公式 $R1 = 4Si-11(Na+K) - 2(Fe+Ti)$；$R2 = Al+2Mg+6Ca$ 从干阳离子数计算获得]

岩体中近南北向石英脉发育，这类石英脉的产出与白云母花岗岩密切相关，规模较大的石英脉侧围岩往往是白云母花岗岩。石英脉宽为 1~1.5 m，部分达 10 m，石英脉碎块呈浅黄色，部分石英岩化。石英脉中的钨矿化明显，通常黑钨矿与石英脉、云英岩化花岗岩共生，石英脉中的黑钨矿石呈黑色，半金属光泽，黑钨矿石比重较大，黑钨矿多呈块状、团粒状、星点状产出。脉石矿物中，辉钼矿与黑钨矿、石英脉、云英岩化花岗岩伴生，辉钼矿呈片状集合体产出，一般粒径为 1~2 cm，辉钼矿呈浅灰色，强金属光泽，硬度较低。

川口花岗岩体群中花岗伟晶岩脉及花岗伟晶岩化带常见，但规模较小，一般发育在不同岩性花岗岩的接触界线附近、花岗岩与围岩的接触带及石英脉带中，伟晶岩脉一般宽为 35~50 cm，多呈灰白色、肉红色，组成矿物主要为钾长石、石英。

4.1.3　五峰仙岩体地质特征

五峰仙岩体位于湖南省耒阳市及安仁县境内，出露面积约 320 km²，呈椭圆形岩基产出[图 4-11(b)]，属南岭成矿带上中生代侵位的花岗岩体，五峰仙岩体

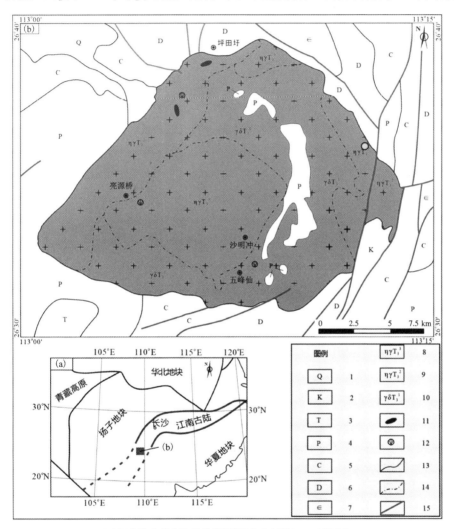

（a）江南造山带构造地质简图[据余心起等(2010)修改]；
（b）五峰仙岩体地质简图[据陈迪等(2017b)修改]。
1—第四系；2—白垩系；3—三叠系；4—二叠系；5—石炭系；6—泥盆系；7—寒武系；8—二云母二长花岗岩；9—含斑黑云母二长花岗岩；10—黑云母花岗闪长岩；11—暗色细粒岩石包体；12—同位素年龄采样点；13—地质界线；14—花岗岩脉动接触界线；15—断裂。

图 4-11　五峰仙岩体区域地质构造位置和岩体地质简图

钨锡多金属成矿效果不显著，也是华南不成铀矿的印支期花岗岩体。

大地构造位置上，该岩体位于扬子与华夏两大古板块碰撞拼贴带上［图 4-11（a）］。该岩体主要由粗中粒斑状黑云母花岗闪长岩、中粒斑状黑云母二长花岗岩、中细粒黑云母二长花岗岩组成，局部出露细粒二云母二长花岗岩，各类岩石之间的接触关系多为脉动接触，少数为涌动接触；花岗闪长岩、斑状二长花岗岩中发育暗色微粒闪长质包体，岩体中部局部残留二叠纪龙潭组变质砂岩顶盖(图4-12)。岩体与泥盆系、石炭系、二叠系呈侵入接触，与白垩系呈断层接触，所侵入的围岩均发生较强的角岩化、斑点板岩化、大理岩化等热接触变质。五峰仙岩体的岩性主要为中粒斑状黑云母二长花岗岩和二云母二长花岗岩。

图 4-12　五峰仙岩体顶部残留二叠纪龙潭组变质砂岩顶盖图像

粗中粒斑状黑云母花岗闪长岩［图 4-13(a)］，浅灰白色，似斑状结构，粗中粒花岗结构，块状构造；含有 10% 左右的微斜微纹长石斑晶和少量的斜长石斑晶，其大小一般为 8 mm×20 mm 左右，微斜微纹长石呈半自形板状，具卡氏双晶，隐格状格子双晶，斑晶中见细小的石英、斜长石、黑云母嵌晶。基质矿物以斜长石、钾长石及石英为主,斜长石呈半自形板状,具环带构造,An 为 26 左右,属中长石;微斜微纹长石与斜长石斑晶相似,与斜长石接触边缘有蠕英石析出。石英它形粒状,常呈连晶产出;黑云母它形—半自形板片状,呈聚晶出现,蚀变后呈绿泥石。矿物粒径多为 3~4 mm,部分在 6 mm 左右。岩石中副矿物常见褐帘石、锆石、磷灰石等。次生蚀变常见绢云母化、绿泥石化、白云母化、蠕英石化等。

中粒斑状黑云母二长花岗岩,似斑状结构,中粒花岗结构,块状构造。基质粒径多为 3~4 mm,仅少量粒径大于 5 mm。矿物组成主要为钾长石、斜长石、石英、黑云母等。斑晶含量为 25%~35%,有斜长石、钾长石、石英及黑云母斑晶,但主要为钾长石、斜长石斑晶;在流水冲刷面上长石斑晶呈肉红色,大小为 4 cm×8 cm~5 cm×12 cm,斑晶轮廓清楚,为板状自形晶[图 4-13(d)],部分斑晶显示环带结构,斑晶的分布不均匀,有局部富集的特征,富集处斑晶含量高于 50%[图 4-13(b)]。斑晶的长轴略显定向性,走向为 65°[图 4-13(c)]。岩石中副矿物常见褐帘石、锆石、磁铁矿、磷灰石等。

细粒二云母二长花岗岩呈岩株状产出,为细粒花岗结构,块状构造;基质矿物主要为微纹长石、斜长石、石英、黑云母、白云母等,矿物粒径主要为 0.4~2 mm,副矿物以含电气石为特征,另外还有锆石、磷灰石、磁铁矿、榍石等。次生蚀变有白云母化、绢云母化、绿泥石化、金红石化、蠕石英化,白云母为磷片状,外形不规则可交代微纹长石或斜长石,有时交代黑云母等。

花岗闪长岩、二长花岗岩中发育暗色微粒包体,包体含量为 1%~2%,但分布不均,多呈拉长的椭圆形[图 4-13(e)],显示塑性变形特征;包体大小为 3 cm×6 cm~4 cm×12 cm 不等,组成包体的成分主要为斜长石、钾长石、黑云母、石英等,矿物粒径为 1~2 mm,为细粒的闪长质包体。岩体中局部见富云包体,呈不规则的棱角状、条带状等,组成矿物主要为黑云母,黑云母含量大于 15%。闪长质包体多呈拉长扁圆状、椭圆状,在这类包体中可见长石斑晶具弱定向排列,显示了包体的流动特征。包体被不同程度地拉长,但没有固态变形成碎块状,显示闪长质包体和寄主花岗岩是同时结晶。闪长质包体中常见不平衡的矿物组合,尤其是长石斑晶,有的位于包体与寄主岩的边界上,有的则完全被包体捕获[图 4-13(f)],部分被捕获的长石边缘显示被溶蚀的特点,这些特征表明形成闪长质包体和花岗岩的岩浆是共存的。

五峰仙岩体中富含黑云母的花岗岩均发育暗色微粒包体(二云母花岗岩中未发育),这类包体具有岩浆混合成因的岩石学标志,如发育淬冷结构、长石捕获晶、矿物镶边及包体的塑性形变等特征,这就表明存在幔源岩浆参与印支期花岗岩的形成。

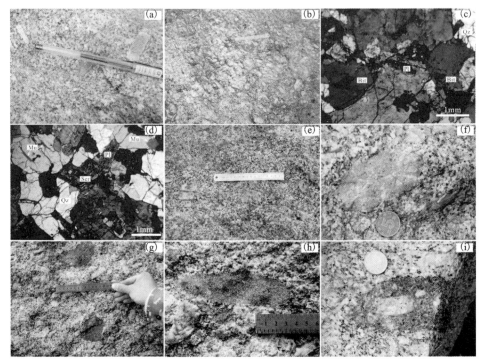

(a)中(粗)粒斑状黑云母花岗闪长岩;(b)粗中粒斑状黑云母二长花岗岩中长石斑晶局部聚集;(c)斑
状黑云母花岗闪长岩的镜下特征;(d)二云母二长花岗岩的镜下特征;(e)粗中粒斑状黑云母二长花岗
岩中长石斑晶定向性(走向)特征;(f)粗中粒斑状黑云母二长花岗岩中的钾长石巨斑晶;(g、h)粗中
粒斑状黑云母二长花岗岩中发育的暗色微粒包体(椭圆状);(i)暗色微粒包体中的钾长石斑晶。

图4-13　五峰仙岩体岩石学特征图像

4.1.4　川口花岗斑岩脉地质特征

　　衡阳盆地东缘地区各类花岗质脉体发育,多数产出在将军庙、五峰仙及川口
岩体内部及内、外接触带,该类岩脉以细粒花岗岩脉为主,规模不大,形成时代
推测为岩体侵位晚期。在川口隆起带的青白口纪小木坪组、衡阳盆地东缘的泥盆
纪的欧家冲组中发育少量凝灰岩及白云母花岗岩脉,该类岩脉呈近南北向顺层产
出,脉体规模不大,锆石U-Pb年龄显示,脉体的发育时间主体在晚三叠世,与衡
阳盆地东缘印支期花岗岩的侵位时限基本一致,因该类脉体特征与花岗岩体的侵
位密切相关,本章节不做单独论述。但是在川口隆起带川口花岗岩体群分布的外
侧,亦川口背斜两翼发现了花岗斑岩脉、斜长斑岩脉,该类岩脉的产状、岩石特
征及获得的高精度锆石U-Pb年龄与区内花岗岩有显著区别,尤其是侵位时限可

能指示不同于花岗岩侵位的大地构造演化过程，因此本章节对衡阳盆地东缘川口隆起带内的花岗斑岩单独进行介绍。

衡阳盆地东缘川口花岗斑岩发育于北北西向蕉园背斜东西两翼，背斜核部发育川口花岗岩体群，川口花岗岩体群形成于晚三叠世，年龄为（227.8±0.66）Ma（Li 等，2021）、（223.1±2.6）Ma（罗鹏等，2021），川口花岗岩北西发育有印支期将军庙花岗岩体，形成年龄为（229.1±2.8）Ma（李湘玉等，2020）。蕉园背斜核部为冷家溪群黄浒洞组岩屑砂岩、板岩等，组成该褶皱基底；背斜两翼为泥盆—石炭系沉积盖层，盖层与基底间的角度不整合界面清晰。

衡阳盆地东缘川口花岗斑岩侵入冷家溪群黄浒洞组岩屑砂岩、板岩之中，与围岩侵入接触界线呈波状曲面产出（图 4-14），通常花岗斑岩脉被第四纪残坡积覆盖，往往在新开挖公路侧见新鲜岩石。花岗斑岩在局部露头尺度上呈细脉状产出，细斑岩脉与节理发育相关，优势节理（产状为 105°∠58）°面中发育有花岗斑岩脉或花岗斑岩透镜体（图 4-15）。川口地区的花岗斑岩出露宽度一般在 30～40 m，走向总体为北东—南西向，花岗斑岩脉倾向围岩，倾角为 40°～50°，所侵入的围岩发生角岩化、斑点板岩化等热接触变质现象。

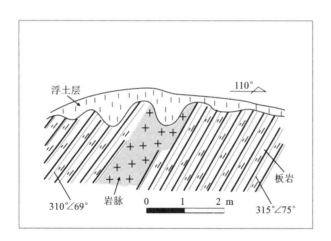

图 4-14　川口花岗斑岩侵入青白口纪板岩特征素描图

花岗斑岩为灰白色，斑状结构；斑晶由长石、石英及少量云母组成，长石斑晶一般多于石英斑晶，局部石英斑晶稍多于长石斑晶，斑晶直径为 1～3 cm，含量为 15%～25%（图 4-16）。基质矿物为钾长石（36%～52%）、斜长石（15%～28%）、石英（28%～35%）、黑云母和少量的白云母（2%～4%），为微细粒结构，基质矿物一般小于 1 mm；副矿物少见，见少量锆石，局部伴生有锡、钨等矿化。

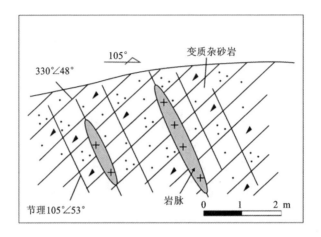

图 4-15　川口花岗斑岩沿优势节理发育特征素描图

图 4-16　川口花岗斑岩斑状结构露头特征图像

4.2　年代学

4.2.1　样品测试方法

本次岩体的成岩年龄测定方法为锆石 SHRIMP U-Pb 测年和锆石 LA-ICP-MS U-Pb 测年，成矿年龄的测试方法为辉钼矿 Re-Os 测年。

样品采集地多选择在新开公路侧或采石场，取样避开了断裂带、岩脉、石英脉等不具有代表性的地质体，样品均为风化程度较弱、无污染的新鲜岩石。

　　所采集样品的碎样及单颗粒锆石的人工挑选在湖南省地质调查院岩土岩矿测试中心完成。

　　锆石 LA-ICP-MS U-Pb 测年方法在第三章测试方法中已经叙述，本节不再重复。

　　锆石 SHRIMP U-Pb 测年样品制靶和测试在中国地质科学院北京离子探针中心 SHRIMP-Ⅱ仪器上完成。详细的分析流程和原理见 Williams（1987）、宋彪等（2002）。分析时，采用跳峰扫描，记录 Zr_2O^+、$^{204}Pb^+$、$^{207}Pb^+$、$^{206}Pb^+$、$^{208}Pb^+$、U^+、Th^+、ThO^+、UO^+ 9 个离子束峰，每 5 次扫描记录一次平均值；一次离子束约为 9 nA，O^{2-} 为 10 kV，靶径为 25～30 μm，质量分辨率约 5000（1% 峰高）。采集的数据应用锆石 TEMORA（417 Ma）进行校正，应用 SL13 标定样品的 U、Th 和 Pb 的质量分数，数据处理应用 Ludwig SQUIDI1.0 和 ISOPLOT 程序自动完成（赵葵东等，2006；魏道芳等，2007）。所采用的 $^{206}Pb/^{238}U$ 加权平均年龄具有 95% 的置信度。

　　辉钼矿的 Re-Os 同位素测试在国家地质实验测试中心 Re-Os 同位素实验室完成，辉钼矿的 Re-Os 同位素测年方法包括辉钼矿的 Re、Os 化学分离步骤和质谱测定，辉钼矿的 Re、Os 化学分离步骤又包括分解样品、蒸馏 Os、萃取 Re 三个步骤。具体的样品处理方法、实验原理和分析方法参见 Shirey 等（1995）、杜安道等（2001）、屈文俊等（2003），现简述如下。

　　准确称取待分析样品，通过细颈漏斗加入到 Carius 管底部，再将装好样品的 Carius 管放入装有半杯黏稠状乙醇（-50～80℃）的保温杯中，并用适量超纯浓 HCl 将准确称取的 ^{185}Re 和 ^{190}Os 混合稀释剂通过细颈漏斗加入到 Carius 管底部，然后加入适量的 HNO_3 和 30% H_2O_2，且是在 ^{185}Re 和 ^{190}Os 混合稀释剂冻结后再加入 HNO_3 和 30% H_2O_2 试剂。待加入的试剂全部冻实后，用液化石油气和氧气火焰加热封闭好 Carius 管的细颈部分，把封闭好的 Carius 管放入不锈钢套管内，再将套管放入鼓风烘箱内，待回到室温后，逐渐升温至 200℃，恒温 24 h，取出，冷却即完成样品的分解。

　　将 Carius 管中的溶液通过适量的水转入蒸馏瓶中，连接好装有超纯水的吸收装置，加热蒸馏瓶 30 min，蒸馏出的 OsO_4 被吸收装置中的超纯水吸收，所得 OsO_4 水吸收液可直接用于 ICPMS 测定 Os 同位素比值。样品中 Re 的萃取在 Teflon 烧杯中完成，将蒸馏残液转入 Teflon 烧杯中，置于电热板上加热使溶液近干，再加少量水，加热至近干，重复两次以降低溶液的酸度，再加入适量的 NaOH，稍微加热，使样品转为碱性介质。转入 Teflon 离心管中，加入适量的丙酮，振荡 1 min 萃取 Re。离心后，用滴管直接取上层丙酮相到 150 mL 已加有 2 mL 水的 Teflon 烧杯中，在电热板上以 50 ℃加热除去丙酮，然后电热板温度升至 120 ℃加热至干，加数滴浓硝酸和 30% H_2O_2，加热蒸干以除去残存的 Os。用数滴 HNO_3 溶解残渣，用水转移到小瓶中，稀释到适当体积，以备 ICP-MS 测定

Re 同位素比值(彭能立等, 2017)。

4.2.2 川口花岗斑岩脉测年结果

本次选择测年的锆石大部分呈柱状晶形, 粒径一般为 50~350 μm, 长宽比为 3∶1~6∶1, 晶形比较完整, 裂纹不发育, 仅个别锆石见裂纹, 阴极发光图像显示这些锆石发育典型的岩浆型震荡环带, 典型岩浆锆石阴极发光图像见图 4-17。

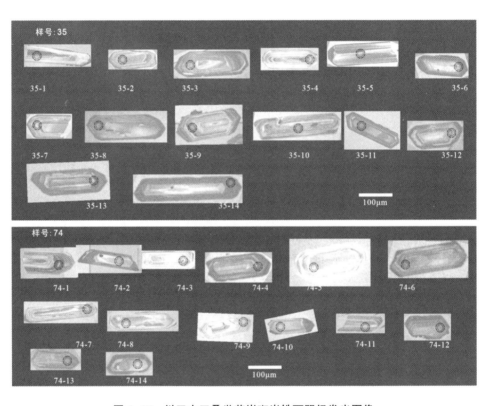

图 4-17　川口中三叠世花岗斑岩锆石阴极发光图像

花岗斑岩(样号 74): 同位素分析结果显示锆石 U 含量为 $266×10^{-6}~3036×10^{-6}$, 均值为 $916×10^{-6}$; Th 含量为 $145×10^{-6}~1045×10^{-6}$, 均值为 $416×10^{-6}$; Th/U 值为 0.2~1.45, 均值为 0.61。分析锆石具岩浆成因的震荡环带及高的 Th/U 值 [岩浆锆石 Th/U 含量一般>0.5, 多数为 0.5~1.5(李基宏等, 2004; 刘勇等, 2010)]特征表明, 样号 74 的锆石为典型的岩浆成因锆石, 所测的 U-Pb 同位素数据可靠; 在样号 74 的 14 个测点中, $^{206}Pb/^{238}U$ 年龄分布于 258.7~167.3 Ma, 剔除

Th、U 高异常值及裂纹发育的锆石单点年龄，余下 8 组年龄数据的谐和性较好（图 4-18 样号 74），对上述 8 组单点锆石年龄加权平均计算，得到花岗斑岩的结晶年龄为（246.6±2.3）Ma，MSWD=0.16。

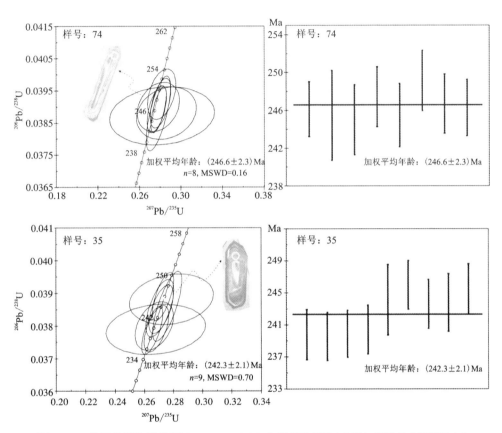

图 4-18　川口花岗斑岩锆石 SHRIMP U-Pb 年龄谐和图(左)及加权平均年龄图(右)

花岗斑岩(样号 35)：同位素分析结果显示锆石 U 含量为 $595 \times 10^{-6} \sim 2179 \times 10^{-6}$，均值为 1074×10^{-6}；Th 含量为 $178 \times 10^{-6} \sim 1400 \times 10^{-6}$，均值为 508×10^{-6}；Th/U 值为 0.2~2.17，均值为 0.56。分析锆石具岩浆成因的震荡环带及 Th/U 值高特征[岩浆锆石 Th/U 含量一般>0.5，多数为 0.5~1.5(李基宏等，2004；刘勇等，2010)]，样品 35 中的锆石为典型的岩浆成因锆石，所测的 U-Pb 同位素数据可靠；在样品 35 的 14 个测点中，$^{206}Pb/^{238}U$ 年龄为 246.0~203.9 Ma，剔除 Th、U 高异常值及裂纹发育的锆石单点年龄，余下 9 组年龄数据的谐和性较好（图 4-18，样号 35），对上述 9 组单点锆石年龄加权平均计算，得到花岗斑岩的结晶年龄为（242.3±2.1）Ma，MSWD=0.70。

4.2.3 将军庙岩体测年结果

将军庙岩体中粒斑状黑云母二长花岗岩为将军庙岩体中出露的主体岩石，对其进行锆石 SHRIMP U-Pb 测年，样号为 53-1。样品中锆石大部分呈柱状晶形，粒径一般为 100~400 μm，长宽比为 2：1~4：1，晶形比较完整，裂纹不发育（仅个别锆石见裂纹），阴极发光图像中见岩浆型震荡环带（图 4-19）。同位素分析结果中（数据见表 4-1），锆石 U 含量为 $374×10^{-6}$~$1662×10^{-6}$，Th 含量为 $177×10^{-6}$~$845×10^{-6}$，Th/U 值为 0.22~1.02（均值为 0.53）。高的 Th/U 值[岩浆锆石 Th/U 含量一般>0.5，多数在 0.5~1.5（李基宏等，2004；刘勇等，2010）]及锆石发育岩浆型震荡环带显示测年锆石为岩浆成因。样品 53-1 的 11 个测点中，8 个测点 $^{206}Pb/^{238}U$ 年龄集中于 236.8~221.7 Ma，且该 8 组年龄数据的谐和性较好[图 4-20（a）]，对上述 8 组单点锆石年龄加权平均计算，得到中粒斑状黑云母二长花岗岩的结晶年龄为（229.1±2.8）Ma，MSWD=1.7[图 4-20（b）]。

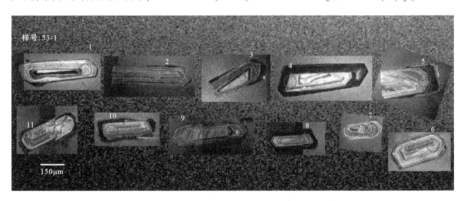

图 4-19　将军庙花岗岩锆石阴极发光图像及单点位置图

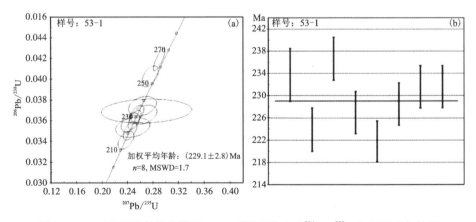

图 4-20　（a）将军庙花岗岩锆石 U-Pb 谐和图和（b）$^{206}Pb/^{238}U$ 加权平均年龄图

表 4-1　将军庙花岗岩锆石 SHRIMP U-Th-Pb 同位素分析数据表

将军庙岩体：中粒斑状黑云母二长花岗岩；样号 53

| 测试点 | 元素含量/($\mu g \cdot g^{-1}$) | | | | Th/U | 同位素比值 | | | | | | 年龄/Ma | | | | 误差/% |
	$^{206}Pb_c$/%	U	Th	$^{206}Pb^*$		$\frac{^{207}Pb^*}{^{206}Pb^*}$	±%	$\frac{^{207}Pb^*}{^{235}U}$	±%	$\frac{^{206}Pb^*}{^{238}U}$	±%	$\frac{^{206}Pb}{^{238}U}$	1σ	$\frac{^{208}Pb}{^{232}Th}$	1σ	
53-1	12.84	862	371	31.4	0.44	0.0530	17	0.270	17	0.03701	2.1	234.3	±4.8	213	±58	29
53-2	1.72	451	272	13.9	0.62	0.0510	6.9	0.248	7.1	0.03535	1.8	224.0	±3.9	218	±12	6
53-3	1.27	1339	462	43.6	0.36	0.0512	5.1	0.264	5.4	0.03740	1.7	236.7	±3.9	214	±12	4
53-4	0.24	1662	348	59.9	0.22	0.0502	1.2	0.2899	2.0	0.04186	1.7	264.4	±4.3	248.4	±6.8	-29
53-5	0.52	396	240	12.3	0.63	0.0496	3.5	0.2450	3.9	0.03584	1.7	227.0	±3.8	213.3	±7.2	-29
53-6	0.60	859	845	26.0	1.02	0.0507	2.4	0.2447	2.9	0.03501	1.7	221.8	±3.6	207.9	±4.4	2
53-7	0.13	876	375	30.3	0.44	0.0497	2.6	0.2756	3.1	0.04026	1.6	254.5	±4.1	252.0	±6.8	-42
53-8	0.22	374	185	11.6	0.51	0.0505	2.0	0.2515	2.6	0.03609	1.7	228.5	±3.8	212.8	±9.6	-4
53-9	0.40	590	342	17.4	0.60	0.0506	3.1	0.2380	3.5	0.03411	1.7	216.2	±3.5	202.8	±5.8	3
53-10	1.52	806	502	25.7	0.64	0.0528	4.8	0.266	5.0	0.03659	1.7	231.6	±3.8	233.9	±9.0	27
53-11	0.14	559	177	17.6	0.33	0.0505	2.3	0.2549	2.9	0.03658	1.7	231.6	±3.8	218.1	±7.5	-6

注：Pb_c 和 Pb^* 分别代表普通铅和放射成因铅；$^{206}Pb_c$/% 指普通铅中的 ^{206}Pb 占全铅 ^{206}Pb 的百分数。

测试点 53-4 的 U 含量为 1662，值较高，以及获得点 53-4 和点 53-7 的单点 $^{206}Pb/^{238}U$ 年龄为 264.4 Ma、254.5 Ma，未纳入加权平均年龄计算；测试点 53-9 的 $^{206}Pb/^{238}U$ 年龄为 216.2 Ma，偏小，可能是锆石受到后期热液的强烈交代作用影响，该点年龄也未纳入中粒斑状黑云母二长花岗岩的结晶年龄计算。

4.2.4　川口花岗岩体群测年结果

川口花岗岩体群中细粒含斑二云母二长花岗岩为在川口岩体群中出露较多的岩石，对其进行锆石 SHRIMP U-Pb 测年，样号为 1036。样品中锆石呈柱状晶形，粒径为 100~400 μm，长宽比为 2∶1~4∶1，晶形比较完整，无裂纹，发育典型的岩浆震荡环带(图 4-21，样号 1036)，选择锆石震荡环带清晰、裂纹不发育及锆石表面干净的位置进行分析，分析结果显示 14 个分析点 U、Th 含量分别为 $292×10^{-6}$~$2380×10^{-6}$、$148×10^{-6}$~$1464×10^{-6}$，Th/U 值为 0.25~1.47，均值为 0.5，具岩浆锆石特征[岩浆锆石 Th/U 含量一般>0.5，多数在 0.5~1.5(李基宏等，2004；刘勇等，2010)]。在样品 1036 中所选的 14 个测点中，9 个测点 $^{206}Pb/^{238}U$ 年龄集中于 229.1~217.2 Ma(单点年龄见图 4-21，样号 1036)，上述 9 个点的 $^{206}Pb/^{238}U$ 年龄加权平均值为 (223.1±2.6) Ma，MSWD=1.3，这个年龄代表中细粒含斑二云母二长花岗岩的结晶年龄(见图 4-22，样号 1036)。测试点 2.1、3.1、7.1 和 14.1 单点年龄分别为 418.5 Ma、424.1 Ma、441.5 Ma、247.5 Ma，为捕获锆石年龄；测试点 6.1 单点年龄 198.4 Ma 为混染锆石年龄，这 5 个测点年龄未参加加权平均值计算。

川口花岗岩体群中粒斑状黑云母二长花岗岩多出露在川口岩体边部，出露面积次于中细粒含斑二云母二长花岗岩，二者呈脉动接触，对其进行锆石 LA-ICP-MS 测年，样号为 1037。样品中锆石呈长柱状晶形，粒径为 80~500 μm，长宽比为 2∶1~5∶1，晶形比较完整，裂纹较少，锆石中岩浆震荡环带发育(图 4-21，样号 1037)，选择锆石震荡环带清晰、裂纹不发育及锆石表面干净的位置进行分析，分析结果显示 13 个分析点 U、Th 含量分别为 $198×10^{-6}$~$942×10^{-6}$、$105×10^{-6}$~$575×10^{-6}$，Th/U 值为 0.17~1.58，均值为 0.68，具有较高的 Th/U 值，为岩浆锆石[岩浆锆石 Th/U 含量一般>0.5，多数在 0.5~1.5(李基宏等，2004；刘勇等，2010)]。在样品 1037 中所选的 13 个测点中，$^{206}Pb/^{238}U$ 年龄集中于 209.8~202.5 Ma(单点年龄见图 4-21，样号 1037)，上述 13 个点的 $^{206}Pb/^{238}U$ 年龄加权平均值为 (206.4±1.4) Ma，MSWD=1.4，这个年龄代表中粒斑状黑云母二长花岗岩的结晶年龄(图 4-22，样号 1037)。

川口花岗岩体群细粒白云母花岗岩在川口岩体中呈岩株、岩脉产出，呈零星出露，对其进行锆石 LA-ICP-MS 测年，样号为 CK-7。样品 CK-7 中锆石呈柱状、短柱状晶形，粒径为 40~200 μm，长宽比为 1∶1~3∶1，锆石中发育岩浆震

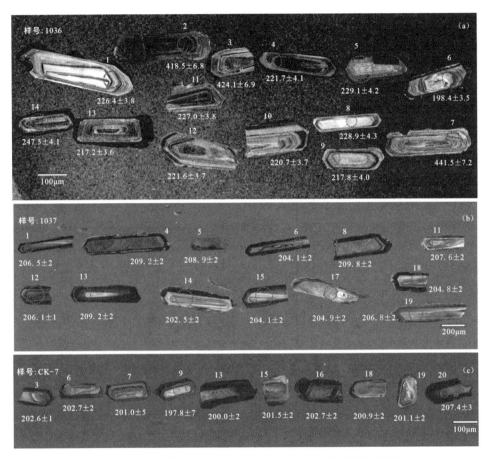

图 4-21　川口花岗岩锆石阴极发光图像、单点位置及年龄图

荡环带，但该样品锆石较样品 1036、样品 1037 中锆石小，部分震荡环带不甚清
楚。选择锆石晶形比较完整、裂纹较少、锆石中岩浆震荡环带发育者进行分析
（图 4-21，样号 CK-7），分析结果显示 10 个分析点 U、Th 含量分别为 $250×10^{-6}$ ~
$1053×10^{-6}$、$159×10^{-6}$ ~ $659×10^{-6}$，Th/U 值为 0.37 ~ 1.38，均值为 0.74，具有较高
的 Th/U 值，为岩浆锆石[岩浆锆石 Th/U 含量一般>0.5，多数在 0.5 ~ 1.5（李基
宏等，2004；刘勇等，2010）]。在样品 CK-7 中所选的 10 个测点中，$^{206}Pb/^{238}U$ 年
龄集中于 207.4 ~ 197.8 Ma（单点年龄见图 4-21，样号 CK-7），上述 10 个点
的 $^{206}Pb/^{238}U$ 年龄加权平均值为（202.0±1.8）Ma，MSWD=0.58，这个年龄代表细
粒白云母花岗岩的结晶年龄（见图 4-22，样号 CK-7）。

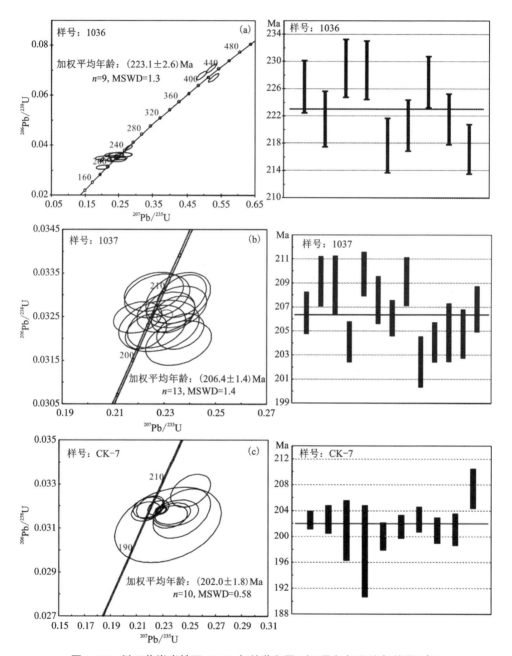

图 4-22　川口花岗岩锆石 U–Pb 年龄谐和图(左)及加权平均年龄图(右)

4.2.5 五峰仙岩体测年结果

五峰仙岩体中(粗)粒斑状黑云母二长花岗岩为五峰仙岩体中出露的主体岩石,对其进行锆石 SHRIMP U-Pb 测年,样号为 WF。样品中锆石呈柱状晶形,粒径宽为 80~120 μm、长为 200~400 μm,长宽比为 3∶1~4∶1,晶形完整,裂纹不发育,阴极发光图像具岩浆型震荡环带结构(图 4-23),少数见浑圆状的锆石核(图 4-23,样号 WF-1)。在斑状黑云母二长花岗岩样品中选择锆石震荡环带清晰、裂纹不发育及锆石表面干净的位置进行分析,共计分析点 13 个,同位素分析数据见表 4-2。

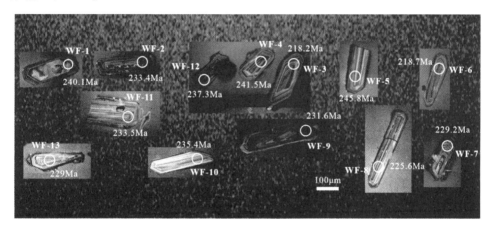

图 4-23 五峰仙岩体斑状黑云母花岗岩锆石阴极发光图像、单点位置及年龄图

分析点的锆石 U 含量为 $433 \times 10^{-6} \sim 3127 \times 10^{-6}$,Th 含量为 $335 \times 10^{-6} \sim 2161 \times 10^{-6}$,Th/U 值为 0.46~3.03(均值 0.86)。分析结果表明,锆石 Th 和 U 含量较高,Th/U 值均大于 0.46,显示为典型岩浆锆石,岩浆锆石 Th/U 值一般为 0.5~1.5(李基宏等,2004;刘勇等,2010)。

在分析的 13 个点中,锆石的 $^{206}Pb/^{238}U$ 年龄集中分布于 245.8~218.2 Ma,对分析的 13 个点年龄数据采用加权平均计算,获得锆石的 $^{206}Pb/^{238}U$ 加权平均年龄为(233.5±2.5)Ma(2σ,MSWD=1.6,95%置信度),数据协和性好(图 4-24),这个年龄代表斑状黑云母二长花岗岩的结晶年龄。

4.2.6 辉钼矿 Re-Os 测年结果

本次对川口钨矿床开展了辉钼矿的 Re-Os 测年工作。川口石英脉型钨矿体中一般伴生辉钼矿,辉钼矿的 Re-Os 同位素体系因具有高 Re 含量、几乎不含普通 Os、抗高温变质作用能力强等特点,被认为是当前热液矿床定年最准确的一种方法(蔡明海,2006;彭能立等,2017)。

表 4-2　五峰仙岩体黑云母二长花岗岩 SHRIMP 锆石 U-Pb 分析数据表

测试点	$^{206}Pb_c$ /%	U μg/g	Th μg/g	$^{206}Pb^*$ μg/g	^{232}Th /^{238}U	校正的同位素比值						校正的年龄值/Ma			
						$\frac{^{207}Pb^*}{^{206}Pb^*}$	±%	$\frac{^{207}Pb^*}{^{235}U}$	±%	$\frac{^{206}Pb^*}{^{238}U}$	±%	$\frac{^{206}Pb}{^{238}U}$	1σ	$\frac{^{208}Pb}{^{232}Th}$	1σ
WF-1	3.48	848	595	28.6	0.73	0.07648	1.0	0.254	7.3	0.03795	1.7	240.1	±4.1	229	±12
WF-2	2.35	840	502	27.3	0.62	0.07200	1.1	0.271	6.7	0.03687	1.7	233.4	±4.0	168	±12
WF-3	1.63	991	742	29.8	0.77	0.06043	1.0	0.225	6.2	0.03443	1.7	218.2	±3.7	160.9	±7.5
WF-4	0.65	1304	880	43.0	0.70	0.04899	1.0	0.230	5.3	0.03817	1.7	241.5	±4.0	212.4	±7.3
WF-5	0.27	732	2147	24.5	3.03	0.0547	2.9	0.281	3.9	0.03886	1.8	245.8	±4.3	171.8	±4.7
WF-6	2.11	870	392	26.3	0.47	0.06871	1.1	0.247	8.0	0.03451	1.8	218.7	±3.9	122	±16
WF-7	0.40	876	483	27.3	0.57	0.05177	1.6	0.2424	3.3	0.03620	1.7	229.2	±3.9	311.9	±7.4
WF-8	0.23	1109	822	34.0	0.77	0.05197	1.1	0.2461	2.5	0.03561	1.7	225.6	±3.8	220.9	±4.7
WF-9	0.69	1883	2161	59.6	1.19	0.05787	1.7	0.2642	3.4	0.03657	1.7	231.6	±3.9	235.3	±4.8
WF-10	0.53	433	335	13.9	0.80	0.0536	2.0	0.2532	2.9	0.03719	1.8	235.4	±4.2	238.7	±5.9
WF-11	0.08	798	354	25.3	0.46	0.0471	2.7	0.2362	3.2	0.03688	1.7	233.5	±3.9	226.2	±5.0
WF-12	0.44	3127	1805	101	0.60	0.04841	0.71	0.2318	3.3	0.03749	1.7	237.3	±3.9	236.0	±5.9
WF-13	4.76	795	404	25.9	0.53	0.08744	1.0	0.246	15	0.03616	1.9	229.0	±4.4	245	±33

注: Pb_c 和 Pb^* 分别代表普通铅和放射成因铅; $^{206}Pb_c$/% 指普通铅中的^{206}Pb 占全铅^{206}Pb 的百分数。

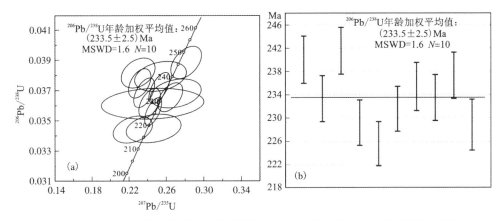

图 4-24　(a) 五峰仙岩体黑云母花岗岩锆石 U-Pb 谐和图和 (b) 加权平均年龄图

本次工作采取了 3 件川口钨矿床中与黑钨矿共生的辉钼矿样品，开展辉钼矿的 Re-Os 同位素测年。辉钼矿的 Re-Os 同位素分析结果列于表 4-3 中。从表中可以看出，辉钼矿中 Re 的含量为 4.49~6.115 $\mu g/g$，^{178}Re 含量为 2.822~3.843 $\mu g/g$，^{178}Os 含量为 10.67~14.45 $\mu g/g$，模式年龄 225.3±3.4~226.5±3.2 Ma，在误差范围内一致。对所测点模式年龄进行加权平均计算，获得加权平均年龄 (225.8±1.2) Ma，其等时线年龄见图 4-25，获得的模式年龄代表了川口钨矿的形成年龄。

表 4-3　川口钨矿区辉钼矿 Re-Os 同位素数据表

原样名	样重 /g	$w_{(Re)}$ / ($\mu g \cdot g^{-1}$)		$w_{(普Os)}$ / ($ng \cdot g^{-1}$)		$w_{(187Re)}$ / ($\mu g \cdot g^{-1}$)		$w_{(187Os)}$ / ($ng \cdot g^{-1}$)		模式年龄 /Ma	
		测定值	不确定度	测定值	不确定度	测定值	不确定度	测定值	不确定度	测定值	不确定度
NW-1	0.00551	6.115	0.051	0.1933	0.0394	3.843	0.032	14.45	0.11	225.3	3.4
CK-8	0.03139	5.323	0.037	0.0658	0.0058	3.346	0.023	12.60	0.08	225.6	3.1
CK-9	0.03138	4.490	0.031	0.0340	0.0049	2.822	0.020	10.67	0.08	226.5	3.2

4.2.7　测年结果小结

本次对湖南衡阳盆地东缘的将军庙粗中粒斑状黑云母二长花岗岩，五峰仙岩体中的中粒斑状黑云母二长花岗岩，川口花岗岩体群中的中粒斑状黑云母二长花岗岩、含斑黑(二)云母二长花岗岩及白云母花岗岩和川口岩体群外侧的花岗斑岩

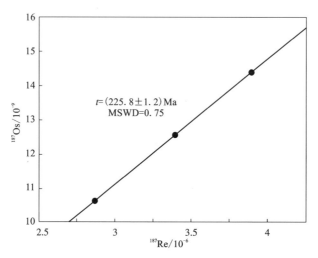

图 4-25　川口钨矿床辉钼矿 Re-Os 等时线图

开展了锆石 SHRIMP U-Pb 和 LA-ICP-MS U-Pb 测年,对获得的年龄结果小结如下:

(1)本次利用锆石 SHRIMP U-Pb 测年,分别获得湖南川口(样号74)花岗斑岩年龄为(246.6±2.3)Ma 和川口(样号35)花岗斑岩年龄为(242.3±2.1)Ma,时限为中三叠世。

(2)利用锆石 SHRIMP U-Pb 测年,获得将军庙岩体主体岩石粗中粒黑云母二长花岗岩的锆石 U-Pb 年龄为(229.1±2.8)Ma,时限为晚三叠世,该年龄的获得证实了将军庙岩体形成于印支期。

(3)利用锆石 SHRIMP U-Pb、LA-ICP-MS U-Pb 测年,获得川口主体岩石含斑二云母二长花岗岩年龄为(223.1±2.6)Ma、含斑黑云母二长花岗岩年龄为(206.4±1.4)Ma、白云母花岗岩年龄为(202.0±1.8)Ma,时限为晚三叠世,年代学数据表明川口花岗岩形成于印支期,并具多阶段成岩特征。

(4)利用锆石 SHRIMP U-Pb 测年,获得五峰仙岩体主体岩石粗中粒斑状黑云母二长花岗岩的年龄为(233.5±2.5)Ma,结合以往发表的 LA-ICP-MS U-Pb 年龄(236±6)Ma 和(221.6±1.5)Ma,表明岩体形成时限为晚三叠世,显示五峰仙岩体形成于印支期,具有多阶段岩浆活动特征。

(5)获得川口石英脉型钨矿中辉钼矿的模式年龄为(225.8±1.2)Ma,结合川口花岗岩成岩年龄数据,表明川口花岗岩及川口钨矿均形成于印支期,为晚三叠世形成的钨矿床。

4.3　岩石地球化学特征

4.3.1　样品测试方法

在岩石主量元素、稀土元素、微量元素分析中，先将样品破碎至 200 目后挑选 50 g 作为测试样，样品测试在国土资源部武汉矿产资源监督检查中心完成，其中主量元素采用四硼酸锂熔片 XRF 分析法（FeO 用硫酸–氢氟酸溶矿—重铬酸钾滴定法测定），在 X 荧光光谱仪上完成；微量元素采用四酸溶矿–ICP–MS 分析法，在质谱仪 Thermoelemental X7 完成；稀土元素采用过氧化钠融熔–ICP–MS 分析法，在 Thermoelemental X7 完成。

岩石 Sr–Nd 同位素分析在武汉地质调查中心同位素研究室检测完成，全岩样品采用 HF+HClO$_4$ 混合酸进行分解。全流程本底 Sr 为 1×10^{-9} g、Nd 为 2.13×10^{-10} g，质谱分析在 MAT261 多接收质谱计上完成，用 $^{88}Sr/^{86}Sr = 8.3752$ 和 $^{146}Nd/^{144}Nd = 0.7219$ 对 Sr 和 Nd 作质量分馏校正，采用国际标准样 NBS987（Sr）和本实验室标准 ZkbzNd（Nd）控制仪器工作状态，国家一级标准物质 GBW04411（Rb–Sr）和 UBW04419（Sm–Nd）监控分析流程。精度：$^{87}Rb/^{86}Sr$ 好于 1%，$^{147}Sm/^{144}Nd$ 好于 0.5%。

锆石 Lu–Hf 同位素原位分析在中国地质科学院矿产资源研究所成矿作用与资源评价重点实验室完成，采用仪器为 Newptune 多接收等离子质谱仪和 NewWave UP123 紫外激光剥蚀系统（LA–ICP–MS），实验中以 He 为剥蚀物质载气，GJ–1 为锆石国际标样，Plesovice 为参考物质。

4.3.2　将军庙岩体

4.3.2.1　主量元素特征

湖南衡阳盆地东缘的将军庙花岗岩的主量元素分析数据见表 4–4，部分主量元素的特征值及 CIPW 标准矿物值也列于表 4–4 中。

表 4–4　将军庙花岗岩体主量元素含量（%）、CIPW 标准矿物值及部分特征参数表

样号	1005	1011	53–1	JJM–1	4261	4261–11	4625	4626	J016–1	J016–2
SiO$_2$	76.7	75.73	68.32	70.58	75.08	74.58	75.56	72.66	75.38	74.68
TiO$_2$	0.07	0.04	0.41	0.43	0.06	0.05	0.04	0.23	0.05	0.05
Al$_2$O$_3$	12.7	12.8	14.7	14.2	14.1	14.4	13.6	13.5	13.5	14.2

续表4-4

样号		1005	1011	53-1	JJM-1	4261	4261-11	4625	4626	J016-1	J016-2
FeO		0.28	0.6	2.65	2.52	0.7	0.5	0.78	1.5	0.7	0.58
Fe_2O_3		0.45	0.38	0.36	0.27	0.36	0.53	0.46	1.11	0.53	0.56
MnO		0.01	0.02	0.07	0.082	0.02	0.04	0.29	0.05	0.11	0.07
MgO		0.15	0.31	1.1	1.15	0.09	0.12	0.04	0.64	0.12	0.1
CaO		0.1	0.21	1.8	1.38	0.35	0.27	0.25	0.89	0.33	0.28
Na_2O		2.61	2.57	3.2	3.08	3.36	3.48	3.75	2.87	3.47	3.35
K_2O		5.42	5.34	4.79	4.42	4.39	4.49	4.18	4.82	4.33	4.38
P_2O_5		0.01	0	0.11	0.14	0.12	0.07	0.04	0.07	0.08	0.11
LOI		1	1.34	1.71	1.09	0.94	1.02	0.62	0.9	0.62	0.93
ToTal		99.5	99.4	99.2	99.4	99.6	99.6	99.6	99.2	99.2	99.3
FeOT		0.69	0.94	2.97	2.76	1.02	0.98	1.19	2.5	1.18	1.08
A/CNK		1.23	1.23	1.07	1.15	1.29	1.3	1.22	1.17	1.23	1.32
A/NK		1.25	1.28	1.41	1.44	1.37	1.36	1.27	1.36	1.3	1.39
ALK		8.03	7.91	7.99	7.5	7.75	7.97	7.93	7.69	7.8	7.73
CIPW 标准 矿物	δ	1.91	1.91	2.52	2.04	1.87	2.01	1.93	1.99	1.88	1.89
	Q	40.8	39.9	25.0	30.2	38.3	36.8	37.0	34.7	38.1	38.3
	A	54.6	53.7	50.5	48.2	54.1	55.8	55.8	50.7	54.5	54.4
	P	0.74	1.77	14.66	10.95	2	1.87	2.21	7.03	2.37	1.41
	C	2.44	2.47	1.29	2.24	3.55	3.57	2.56	2.15	2.75	3.8
	Mt	0.49	0.56	0.54	0.4	0.53	0.68	0.67	1.64	0.78	0.75
	Ap	0.02	\	0.26	0.33	0.28	0.16	0.09	0.16	0.19	0.26
	DI	95.8	94.3	81.8	83.3	93.4	93.6	94.0	88.4	93.8	93.4

注：DI 为分异指数（CIPW 标准矿物，WB%），A/CNK 为铝饱和指数（Al/Ca-1.6P+Na+K 摩尔比），A/NK 为碱度指数（Al/Na+K 摩尔比），ALK 为全碱含量，δ 为里特曼钙碱指数，Q 为石英，A 为碱性长石，P 为斜长石，C 为刚玉分子，Mt 为磁铁矿，Ap 为磷灰石。

将军庙花岗岩的 SiO_2 含量较高，为 70.58%~76.7%，仅一个样品含量低于 70%，为 68.32%，均值为 73.9%，按 SiO_2 含量分类，将军庙岩体岩石属于酸性岩类，具有富硅的特点；K_2O 含量为 4.18%~5.42%，均值为 4.65；Na_2O 含量为 2.57%~3.75%，均值为 3.17；K_2O/Na_2O 值为 1.11~2.08，均值为 1.5，体现了将军庙花岗岩富钾的特征，在 K_2O—Na_2O 图解中[图 4-26(b)]，岩石投点落在钾质和高钾质岩石区域；岩石 Alk 含量为 7.5%～8.03%，均值为 7.83，全碱值含量较高，体现为富碱的特征，在 SiO_2—Na_2O+K_2O 图解中[图 4-26(a)]，投点均落在花岗岩、亚碱性岩石区域；岩石的 A/CNK 值含量大部分为 1.15～1.32，均值为 1.24，表现为强过铝的特征，仅一个样品为 1.07，体现为弱过铝，在 A/CNK—A/NK 图解中[图 4-26(c)]投点落在过铝质岩石区域。岩石的里特曼指数 δ 值为 1.87～2.52，均值为 1.99，按里特曼指数的划分方案将军庙花岗岩为钙碱性岩(钙碱性岩 δ<3.3)，对岩石的钙碱性进行判别，图解中[图 4-26(d)]投点落在碱钙性区域。

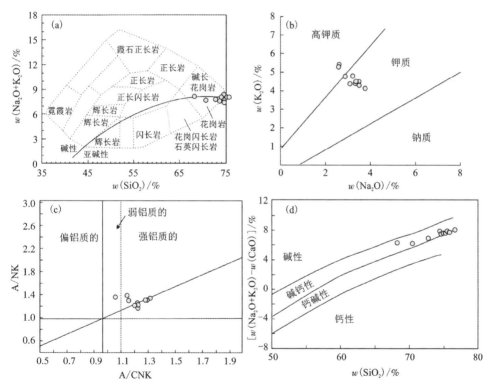

(a)TAS 分类图解[图式据 Cox 等(1979)；Wilson(1989)修改]；(b)$w(Na_2O)$—$w(K_2O)$
图解[图式据 Middlemost(1972)]；(c)A/CNK—A/NK 图解[图式据 Maniar 和 Piccoli(1989)]；
(d)$w(SiO_2)$—[$w(Na_2O+K_2O)-w(CaO)$]图解[图式据 Frost(2001)]。

图 4-26　将军庙花岗岩岩石化学判别图解

将军庙花岗岩的 CIPW 标准矿物体积百分含量计算表明，Q 含量中等，为 25.1%～40.8%，均值为 35.9%；碱性长石含量为 48.2%～55.8%，均值为 53.2%，标准矿物计算中碱性长石含量较高，与花岗岩的矿物组合特征一致；斜长石含量为 0.74%~14.66%, 均值为 4.5%。CIPW 标准矿物中 C 含量为 1.29%~3.8%, 均值为 2.68%, 标准矿物计算中出现标准刚玉分子 C, 体现岩石过铝值的特征, 这与 A/CNK 值>1.1 特征一致。副矿物 Mt 含量为 0.4%~1.64%, Ap 含量为 0.02%~0.33%, 标准矿物计算中副矿物出现较少。

根据标准矿物计算 DI 值为 81.8~95.8, 均值为 91.2, 分异指数 DI 较高, 表明将军庙花岗岩经历较高程度的分异演化。

4.3.2.2 微量元素特征

将军庙花岗岩的微量元素分析数据见表 4-5。

表 4-5 将军庙花岗岩体微量元素分析数据表(Au 为 10^{-9}; 其余为 10^{-6})

样号	1005	1011	53-1	JJM-1	4261	4261-1	4625	4626	J016-1	J016-2	维氏值
W	1.86	2.29	1.47	6.55	3.28	11.9	5.48	2.12	7.11	9.5	1.5
Sn	5.87	13.1	5.28	11.35	25.6	30.8	71.2	10.6	36.9	27.4	3
Mo	0.49	0.22	0.26	1.11	0.32	0.33	0.31	0.3	1.96	46.2	1
Bi	1.76	5.34	3.1	0.54	52.7	13.1	67.8	1.03	12.7	102	0.01
Cu	2.89	3.5	9.71	14.2	33.2	17.8	5.14	8.32	16.4	118	20
Pb	51.3	47.4	41	42.8	18.4	27.4	25.4	54.3	31.1	26.8	20
Zn	8.95	39.4	44.2	72.7	19.7	19.4	12.5	36.6	31.9	45	60
Sb	0.51	0.79	0.37	0.5	1.1	0.66	0.56	0.37	1.4	34.6	0.26
Cr	4.93	5.36	23.1	18.2	1.74	2.88	3.21	16.6	3.91	2.56	25
Ni	1.57	1.91	12	11.9	2.44	2.78	2.86	7.27	3.5	2.62	8
Co	1.37	1.09	7.18	7.15	0.67	0.76	0.7	3.64	0.93	0.65	5
Hg	0.02	0.02	0.01	0.01	0.02	0.01	0.01	0.01	0.02	0.36	0.08
V	10.5	11.6	49.1	50	3.67	2	4.01	20.5	3.03	1.86	40
Nb	10.6	15.1	15.5	16.6	18.2	23	45.9	13.5	23.9	42	20
Ta	2.12	3.96	1.85	1.99	4.43	7.04	17.8	3.05	7.03	14	3.5
Th	47.4	25.1	32.8	26.8	4.55	5.82	8.89	28.5	8.48	8.06	18
U	10.39	15.16	8.88	7.36	6.26	5.5	8.07	8.1	34.9	26.1	3.5
Zr	90	67	145	157	32	26	31	104	37	27	200
Hf	8.99	11.2	8.52	7.44	1	1	1	3	1	1	1
Rb	332	468	267	314	409	449	474	274	557	680	200

续表4-5

样号	1005	1011	53-1	JJM-1	4261	4261-1	4625	4626	J016-1	J016-2	维氏值
Cs	23.1	52.9	23.9	38.9	20.6	24.8	32.3	31.3	43.1	54	5
Sr	19	27.6	123.8	127.3	10.8	26.9	11.6	69.6	10.2	13.6	300
Ba	59.82	100	364	388	28	44	17.4	273	33.3	41.4	830
Li	15.4	52.2	88	116.3	69.2	47.3	64.2	164	124	220	40
Be	2.86	7.66	5.66	5.68	7.86	25.8	5.4	5.03	6.83	5.52	5.5
As	5.93	6.74	1.71	5.07	1.1	3.45	1.04	1.25	1.82	6.81	1.5
Ga	9.85	11.6	16.9	17.6	21.2	21.3	25.9	15.2	19.6	24.8	20
Sc	6.58	7.94	10.17	10.35	3.91	4.06	8.84	5.29	4.39	5.07	0.05
Au	1.29	1.03	3.05	0.54	3.72	0.73	3.12	0.92	0.73	0.96	1.5
Ag	0.07	0.12	0.08	0.06	0.23	0.09	0.08	0.05	0.08	0.38	0.05
F	432	472	832	1320	320	310	420	340	1120	980	800
Cl	21	18.5	24.2	28.2	37.9	25.1	24.4	24.1	25.8	25.7	240

将军庙花岗岩的大离子亲石元素 K 含量为 $3.47 \times 10^{-6} \sim 4.49 \times 10^{-6}$；Rb 含量为 $267 \times 10^{-6} \sim 680 \times 10^{-6}$；Th 含量为 $4.55 \times 10^{-6} \sim 47.4 \times 10^{-6}$；Ba 含量为 $17.4 \times 10^{-6} \sim 388 \times 10^{-6}$；Sr 含量为 $10.2 \times 10^{-6} \sim 127 \times 10^{-6}$，在微量元素原始地幔蛛网图中 [图 4-27(a)] 表现为 Rb、Th、U 富集，Ba、Sr、Ti 亏损特征，图解上显示为 Ba、Sr、Ti 低槽明显。高场强元素 Nb 含量为 $10.6 \times 10^{-6} \sim 45.9 \times 10^{-6}$；Ti 含量为 $240 \times 10^{-6} \sim 2580 \times 10^{-6}$，Nb 和 Ti 在微量元素原始地幔蛛网图中出现低槽(Nb 的亏

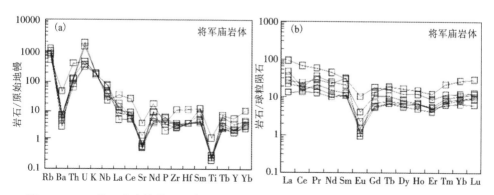

图 4-27　(a)将军庙岩体微量元素原始地幔蛛网图和(b)稀土元素球粒陨石配分模式图

[标准化数据引自 Sun 等(1989)]

损程度不及 Ti 明显)，表现为高场强元素亏损特征。Sr 含量为 $10.2 \times 10^{-6} \sim 127 \times 10^{-6}$，均值为 44.1×10^{-6}，Yb 含量为 $1.07 \times 10^{-6} \sim 4.4 \times 10^{-6}$，均值为 2.61×10^{-6}，Sr 的含量变化范围大，但总体表现为 Sr 含量低的特征，这种低 Sr 低 Yb 的花岗岩，指示其是地壳中等厚度(30~50 km)下熔融形成。

将军庙花岗岩的 Nb* 为 0.16~0.87，均值为 0.38，Nb* 均小于 1。Nb* 值小于 1，表明 Nb 具有负异常，但异常程度不大，表明岩石在形成的过程中混染了部分大陆壳物质或花岗质岩石。

将军庙岩体中微量元素丰度和维氏花岗岩平均值相比较，亲石元素及部分金属成矿元素、稀有元素偏高，表现出具有一定的成矿能力，其中 W 高于维氏值 1~8 倍，Sn 高出维氏值 2~8 倍，Bi 总体高于维氏值且变化较大，个别样品高出略 100 倍，Mo 与维氏值相当，还有 Sc、Cs 高于维氏值 5~80 倍；元素 Cu、Pb、Zn 与维氏值相当，总体未表现出富集特征；元素 Sr 低于维氏值 15~30 倍，Ba 低于维氏值 2~20 倍，元素 Zr 和 V 也相对较低；元素 Au 较低，甚至部分样品中未检测出 Au。

4.3.2.3 稀土元素特征

将军庙花岗岩的稀土元素分析数据及有关参数特征值见表 4-6。

表 4-6 将军庙花岗岩体稀土元素分析结果及相关特征值数据表($\times 10^{-6}$)

样号	1005	1011	53-1	JJM-1	4261	4261-1	4625	4626	J016-1	J016-2
La	6.3	4.94	44.5	36	10.7	7.94	6.16	20.7	5.06	2.96
Ce	11.6	5.53	88.1	72.8	10.1	8.66	13.8	38.8	10.9	8.02
Pr	1.43	1.74	10.2	8.53	3.21	1.96	2.62	5.29	1.49	1.18
Nd	5.2	7.68	36.5	21.24	11	6.97	10.4	20	5.2	4.42
Sm	1.57	2.8	6.75	5.94	3.04	1.86	4.61	4.47	1.56	1.66
Eu	0.14	0.14	0.9	0.95	0.22	0.12	0.05	0.58	0.08	0.06
Gd	1.41	2.17	5.93	5.14	2.12	1.36	2.71	3.58	1.12	1.04
Tb	0.35	0.59	1.02	0.91	0.38	0.28	0.68	0.57	0.25	0.24
Dy	2.43	4.27	5.54	5.35	1.95	1.66	4.09	2.93	1.55	1.35
Ho	0.58	0.98	1.2	1.17	0.37	0.36	0.81	0.65	0.34	0.26
Er	1.46	2.78	3.55	3.45	0.78	0.8	1.9	1.41	0.86	0.64
Tm	0.31	0.58	0.61	0.58	0.15	0.2	0.53	0.28	0.22	0.17
Yb	2.16	4.09	4.01	3.85	1.07	1.44	4.4	1.94	1.77	1.36
Lu	0.36	0.64	0.63	0.58	0.15	0.24	0.71	0.31	0.28	0.22

续表4-6

样号	1005	1011	53-1	JJM-1	4261	4261-1	4625	4626	J016-1	J016-2
Y	11.49	19.98	28.13	26.05	8.98	9.36	22.3	14.1	8.64	7.44
∑REE	46.8	58.9	237	193	54.2	43.2	75.8	116	39.3	31
δEu	0.28	0.17	0.43	0.51	0.25	0.22	0.04	0.43	0.18	0.13
L/H	1.28	0.63	3.69	3.09	2.4	1.75	0.99	3.49	1.62	1.44
$[La/Yb]_N$	2.09	0.87	7.96	6.7	7.17	3.96	1	7.65	2.05	1.56

注：L/H 为 LREE/HREE 的缩写。

从表中可知，将军庙花岗岩稀土总量 $\sum REE$ 为 $31\times10^{-6} \sim 237\times10^{-6}$，均值为 89.5×10^{-6}；LREE 含量为 $18.3\times10^{-6} \sim 186\times10^{-6}$，HREE 含量为 $12.7\times10^{-6} \sim 50.6\times10^{-6}$，稀土元素总量含量低。在稀土元素球粒陨石标准化配分模式图[图 4-27(b)]中，表现出微右倾模式和平坦"海鸥型"配分模式，该配分模式与 LREE/HREE 值为 $0.63 \sim 3.69$，均值为 2.04；$[La/Yb]_N$ 值为 $0.87 \sim 7.96$，均值为 4.1 较小表现出轻重稀土分异不明显的特征。

将军庙花岗岩 δEu 值为 $0.04 \sim 0.51$，δEu 均小于 1 且较低，其值表现出负异常，在配分模式图中呈"V"形分布，这种特征表明在岩浆分离结晶过程中，斜长石的大量晶出将导致残余熔体中形成明显负异常。值得注意的是，稀土配分模式图中的平坦分布表现出稀土元素的四分组效应。

4.3.2.4　Sr-Nd 同位素特征

将军庙岩体 Sr、Nd 同位素分析数据见表 4-7，其初始比值、$\varepsilon_{Nd}(t)$ 值以及 Nd 的模式年龄是根据样品对应的年龄（229.1±2.8）Ma 进行计算的，样品的 $^{87}Rb/^{86}Sr$ 值为 $6.23 \sim 49.38$，$^{87}Sr/^{86}Sr$ 值为 $0.7386 \sim 0.85886$，计算得到初始的 $^{87}Sr/^{86}Sr$ 值($^{87}Sr/^{86}Sr)_i$ 为 $0.702456 \sim 0.718867$。计算表明，初始 Sr 大于 0.7，未出现异常，其计算结果有意义，样品 1011 初始的 $^{87}Sr/^{86}Sr$ 值相对较低，其低的初始 $^{87}Sr/^{86}Sr$ 值是否为地幔物质加入所致需进一步分析；样品 53-1 初始的 $^{87}Sr/^{86}Sr$ 值 0.718867，较高，具有壳源重熔花岗岩的特征。样品 $^{147}Sm/^{144}Nd$ 值为 $0.1174 \sim 0.2547$，$^{143}Nd/^{144}Nd$ 值为 $0.512043 \sim 0.512261$，$\varepsilon_{Nd}(t)$ 为 $-9.36 \sim -9.01$，两阶段 Nd 模式年龄 t_{2DM} 为 $1.76 \sim 1.73$ Ga，Nd 同位素 $\varepsilon_{Nd}(t)$ 较低，显示花岗岩为壳源物质重熔的特征。

4.3.2.5　锆石 Lu-Hf 同位素特征

锆石 Lu-Hf 同位素相对于 Sr-Nd 同位素而言具有无法取代的优势，能够通过精确的微区原位分析技术来示踪锆石有关的物质来源(陈贤等，2014；邢晓婉和张玉芝，2016；邹明煜等，2018；王晓丹等，2019)。

表 4-7　将军庙花岗岩体岩石样品的 Rb-Sr、Sm-Nd 同位素组成数据表

样号	Rb	Sr	$^{87}Rb/^{86}Sr$	$^{87}Sr/^{86}Sr$	$(^{87}Sr/^{86}Sr)_i$
	$\times 10^{-6}$				
1011	499.5	29.6	49.38	0.85886±9	0.702456
53-1	280.4	130.1	6.23	0.7386±7	0.718867

样号	Sm	Nd	$^{147}Sm/^{144}Nd$	$^{143}Nd/^{144}Nd$	$\varepsilon_{Nd}(t)$	t_{2DM}/Ga
	$\times 10^{-6}$					
1011	3.116	7.403	0.2547	0.512261±6	-9.01	1.73
53-1	6.327	32.59	0.1174	0.512043±5	-9.36	1.76

　　本次对衡阳盆地东缘的将军庙岩体开展了锆石 SHRIMP U-Pb 定年，并对测年锆石进行了锆石 Lu-Hf 同位素分析。从 9 个点的 Lu-Hf 同位素的分析结果来看（表 4-8），锆石颗粒的 $^{176}Lu/^{177}Hf$ 值均小于 0.002，显示锆石在形成之后具有极低的放射性成因 Hf 的积累（吴福元等，2007b；易立文等，2014）。其中，用 229.1 Ma 计算的 $^{176}Hf/^{177}Hf$ 值为 0.282273～0.282396，Hf 同位素初始比值（Hf_i）为 0.282552～0.282629，$\varepsilon_{Hf}(t)$ 值为 -2.87～-0.23，加权平均值为 -1.45（图 4-28）。

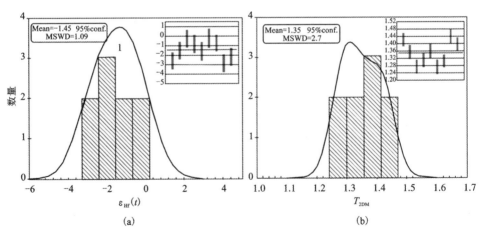

图 4-28　（a）将军庙花岗岩 $\varepsilon_{Hf}(t)$ 频数分布和（b）Hf 地壳模式年龄概率分布图

[底图据李湘玉等（2020）]

表 4-8 将军庙花岗岩锆石 Lu-Hf 分析结果数据表

测试点	^{176}Hf/^{177}Hf	$\pm2\sigma$	^{176}Lu/^{177}Hf	$\pm2\sigma$	^{176}Yb/^{177}Hf	$\pm2\sigma$	Hf(i)	$\varepsilon_{Hf}(229)$	$\pm2\sigma$	t_{2DM}/Ma	$\pm2\sigma$	$\varepsilon_{Nd}(t)$	t
Hf-53-1-1	0.28256	2.6×10^{-5}	0.000734	3.27E-06	0.021322	0.000202	0.282556	-2.59849	0.908867	1.422918	0.036288	-9.36	229.1
Hf-53-1-2	0.282592	2.64×10^{-5}	0.001288	1.4E-05	0.037307	0.000183	0.282586	-1.53443	0.92515	1.355455	0.037512	-9.36	229.1
Hf-53-1-3	0.282627	2.68×10^{-5}	0.001249	6.24E-05	0.040182	0.002882	0.282622	-0.2755	0.939197	1.275654	0.038078	-9.36	229.1
Hf-53-1-4	0.282611	2.76×10^{-5}	0.001128	1.92E-05	0.032382	0.000753	0.282606	-0.83043	0.965603	1.310853	0.039006	-9.36	229.1
Hf-53-1-5	0.282588	2.85×10^{-5}	0.000797	5.13E-06	0.023401	0.000342	0.282584	-1.61257	0.996853	1.36046	0.039894	-9.36	229.1
Hf-53-1-6	0.282629	2.86×10^{-5}	0.001306	2.87E-05	0.040606	0.000443	0.282623	-0.23265	1.001022	1.272932	0.040646	-9.36	229.1
Hf-53-1-7	0.282613	2.47×10^{-5}	0.000987	1.78E-05	0.031464	0.001086	0.282609	-0.74089	0.865594	1.30519	0.03484	-9.36	229.1
Hf-53-1-8	0.282552	2.67×10^{-5}	0.000837	1.08E-05	0.026048	0.000489	0.282549	-2.87241	0.934339	1.440247	0.037398	-9.36	229.1
Hf-53-1-9	0.282572	2.68×10^{-5}	0.000954	9.47E-06	0.029558	0.000724	0.282568	-2.18398	0.938957	1.396641	0.037718	-9.36	229.1

注：$\varepsilon_{Hf}(0) = \left((^{176}Hf/^{177}Hf)_s / (^{176}Hf/^{177}Hf)_{CHUT,0} - 1\right) \times 10000$；$\varepsilon_{Hf}(t) = \left(\left((^{176}Hf/^{177}Hf)_s - (^{176}Lu/^{177}Hf)_s \times (e^{\lambda t} - 1)\right) / \left((^{176}Hf/^{177}Hf)_{CHUT,0}\right.\right.$ $\left.\left. - (^{176}Lu/^{177}Hf)_{CHUT,0} \times (e^{\lambda t} - 1)\right) - 1\right) \times 10000$；$t_{DM} = (1/\lambda) \times Ln\left(1 + \left(\left((^{176}Hf/^{177}Hf)_s - (^{176}Hf/^{177}Hf)_{DM}\right) / \left((^{176}Lu/^{177}Hf)_s - (^{176}Lu/^{177}Hf)_{DM}\right)\right)\right)$；$t_{2DM} = t_{DM} - (t_{DM} - t) \times$ $(f_{cc} - f_s)/(f_{cc} - f_{DM})$；$f_{Lu/Hf} = (^{176}Lu/^{177}Hf)_s / (^{176}Lu/^{177}Hf)_{CHUR} - 1$。其中，$(^{176}Lu/^{177}Hf)_s$ 和 $(^{176}Hf/^{177}Hf)_s$ 为样品测定值，球粒陨石（CHUR）的 $(^{176}Lu/^{177}Hf)_{CHUR,0} = 0.0332$。

数据引自：$(^{176}Hf/^{177}Hf)_{CHUR,0} = 0.282772$（Blichert-Toft J 和 Albarede F，1997）。亏损地幔（DM）$(^{176}Lu/^{177}Hf)_{DM} = 0.0384$，$(^{176}Hf/^{177}Hf)_{DM} = 0.28325$（Vervoort 等，1999）。$t$ 为样品形成的时间，^{176}Lu 衰变常数 $\lambda = 1.867 \times 10^{-11}$/年（Soderlund 等，2004）。大陆平均地壳（CC）的 $^{176}Hf/^{177}Hf = 0.015^{[33]}$；$f_{cc}$、$f_s$、$f_{DM}$ 分别为大陆地壳、样品和亏损地幔的 $f_{Lu/Hf}$，其中 $f_{cc} = -0.55$，$f_{DM} = 0.16$（Griffin 等，2000）。

4.3.3　川口花岗岩岩体群

4.3.3.1　主量元素特征

湖南衡阳川口花岗岩岩体群主量元素分析数据及部分元素特征值见表4-9,根据川口花岗岩侵入次及岩石类型特征,本书将花岗岩划分为二长花岗岩和白云母花岗岩两类来对比讨论。

表4-9　川口花岗岩岩体群主量元素分析数据及部分元素特征值表

样号	CS-1	D1057	CK-1	1036	1037	1038	1039	CS-2	1041	CK-7	D1051
岩性	二长花岗岩							白云母花岗岩			
SiO_2	73.8	74.8	74.6	74.2	73.2	72.5	74.4	75.5	74.5	75.4	75.5
TiO_2	0.13	0.13	0.16	0.08	0.21	0.25	0.06	0.08	0.05	0.06	0.03
Al_2O_3	13.3	13.1	12.7	13.6	13.1	13.6	13.3	13.1	13.8	13.9	14.5
FeO	1.19	1.15	1.57	0.71	1.82	1.62	0.53	0.92	0.99	0.48	0.62
Fe_2O_3	0.59	0.41	0.23	0.83	0.25	0.47	0.67	0.23	0.51	0.32	0.52
MnO	0.09	0.08	0.09	0.18	0.09	0.08	0.11	0.13	0.05	0.13	0.11
MgO	0.28	0.28	0.49	0.16	0.49	0.58	0.18	0.11	0.2	0.09	0.08
CaO	0.76	0.63	0.96	0.33	0.98	0.91	0.48	0.42	0.32	0.27	0.18
Na_2O	3.51	3.42	3.48	3.97	3.28	3.16	3.54	3.33	3.55	4.29	4.56
K_2O	4.97	4.63	4.61	4.91	4.73	4.91	4.68	4.84	4.53	4.22	2.67
P_2O_5	0.06	0.06	0.05	0.07	0.06	0.07	0.08	0.07	0.05	0.09	0.08
LOI	0.81	0.8	0.47	0.57	1.01	1.19	1.36	0.65	0.82	0.42	0.97
ToTal	99.51	99.54	99.46	99.63	99.25	99.3	99.45	99.34	99.29	99.67	99.78
FeOT	1.72	1.52	1.78	1.45	2.05	2.04	1.13	1.13	1.44	0.77	1.07
A/CNK	1.06	1.12	1.02	1.09	1.07	1.12	1.13	1.14	1.21	1.15	1.35
A/NK	1.19	1.24	1.19	1.15	1.25	1.29	1.22	1.22	1.28	1.2	1.39
ALK	8.47	8.03	8.09	8.88	8.01	8.06	8.22	8.17	8.08	8.49	7.23
δ	2.32	2.03	2.06	2.52	2.11	2.19	2.14	2.05	2.06	2.23	1.6

续表4-9

样号		CS-1	D1057	CK-1	1036	1037	1038	1039	CS-2	1041	CK-7	D1051
CIPW 标准矿物	Q	32.16	35.27	33.24	31.39	32.6	32.25	35.15	36.47	35.55	33.74	38.5
	A	56.76	54.38	53.14	61.9	52.82	53.46	56.85	55.97	56.27	60.63	54.12
	P	6.52	5.43	8.64	2.51	8.45	7.47	3.83	3.19	2.65	1.83	1.25
	C	0.92	1.48	0.36	1.33	0.96	1.63	1.76	1.81	2.63	2.01	4.02
	Mt	0.87	0.6	0.34	1.07	0.37	0.69	0.81	0.34	0.75	0.47	0.73
	Ap	0.14	0.14	0.12	0.16	0.14	0.17	0.19	0.16	0.12	0.21	0.19
	DI	92.02	92.31	90.54	94.61	89.32	89.05	93.93	93.98	93.19	95.44	93.5

注：DI 为分异指数（CIPW 标准矿物，VB%），A/CNK 为铝饱和指数（Al/Ca-1.6P+Na+K 摩尔比），A/NK 为碱度指数（Al/Na+K 摩尔比），ALK 为全碱含量，δ 为里特曼钙碱指数，Q 为石英，A 为碱性长石，P 为斜长石，C 为刚玉分子，Mt 为磁铁矿，Ap 为磷灰石。

二长花岗岩的 SiO_2 含量（质量百分数，下同）为 72.5%～74.8%，K_2O 含量为 4.61%～4.97%，Na_2O 含量为 3.16%～3.97%，K_2O/Na_2O 值为 1.24～1.55，K_2O+Na_2O 含量为 8.01%～8.88%。白云母花岗岩 SiO_2 含量为 74.5%～75.5%，K_2O 含量为 2.67%～4.84%，Na_2O 含量为 3.33%～4.56%，K_2O/Na_2O 值为 0.59～1.45，K_2O+Na_2O 含量为 7.23%～8.49%。样品投点落在碱钙性及钙碱性岩区域，显示衡阳川口花岗岩总体偏碱性的特征［图 4-29（d）］。

衡阳川口花岗岩的 SiO_2 含量均较高，K_2O/Na_2O 均值为 1.27，Alk（K_2O+Na_2O）大于 7%，上述元素特征表明衡阳川口花岗岩富硅、富碱、富钾的特征。在 $w(K_2O+Na_2O)—w(SiO_2)$ 图解［图 4-29（a）］中衡阳川口花岗岩的投点主要落在亚碱性的花岗岩区域和碱性的碱长花岗岩区域；在 $w(K_2O)—w(Na_2O)$ 图解中显示为钾质岩石［图 4-29（b）］；其 A/CNK 值为 1.02～1.35，均值为 1.13，总体上表现为强过铝质，尤其是白云母花岗岩，A/CNK＞1.14，体现为强过铝的特征。在 A/CNK—A/NK 图解［图 4-29（c）］中也显示为过铝质、强过铝的特征；标准矿物 CIPW 计算结果显示，川口花岗岩富含 C 刚玉分子，含量为 0.36%～4.02，这与 A/CNK 显示为过铝质特征一致。计算获得里特曼指数(δ)值为 1.61～2.52，其 δ＜3.3，为钙碱性岩。

川口隆起带内局部发育碱长花岗岩，主要分布在二长花岗岩的边部，地球化学特征显示为高硅（SiO_2 含量为 72.5%～75.5%），富碱（Alk 含量为 7.97%～8.88%）特征。其他的主要氧化物：K_2O 含量为 4.2%～4.9%，Na_2O 含量为 3.07%～4.29%，A/CNK 值为 1.02～1.21。利用碱长花岗岩的主要氧化物投图，显示为弱过铝—强过铝的碱长花岗岩（图 4-30）。

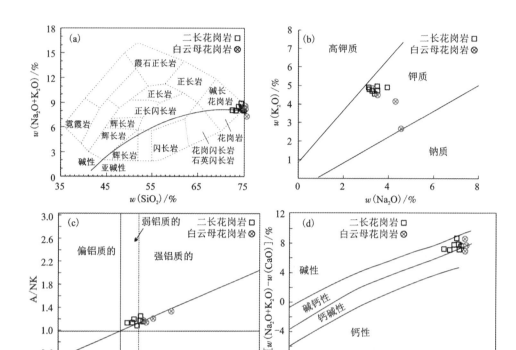

(a)TAS 分类图解[图式据 Cox 等(1979);Wilson(1989)修改];(b)$w(Na_2O)$—$w(K_2O)$图解[图式据 Middlemost (1972)];(c) A/CNK—A/NK 图解[图式据 Maniar 和 Piccoli (1989)];(d)$w(SiO_2)$—[$w(Na_2O+K_2O)-w(CaO)$]图解[图式据 Frost(2001)]

图4-29 川口花岗岩岩石化学判别图解

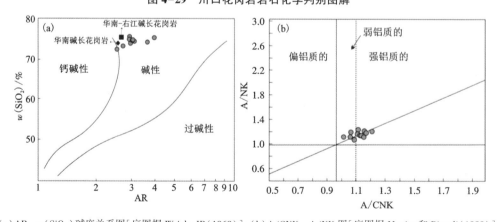

(a)AR—$w(SiO_2)$碱度关系图[底图据 Wright JB(1969)];(b)A/CNK—A/NK 图[底图据 Maniar 和 Piccoli(1989)]。

图4-30 川口碱长花岗岩岩石化学图解

川口花岗岩的 CIPW 标准矿物体积百分含量计算表明(表 4-9),Q 含量为 31.4%~38.5%,均值为 34.2%;碱性长石含量为 52.8%~61.9%,均值为 56.1%,斜长石含量为 1.25%~8.64%,均值为 4.7%。标准矿物计算中碱性长石含量高于斜长石,与花岗岩的矿物组合特征一致。副矿物 Mt 含量为 0.34%~1.07%,Ap 含量为 0.12%~21%,标准矿物计算中副矿物出现较少。

根据标准矿物计算 DI 值为 89.1~95.4,均值为 92.5,分异指数 DI 较高,尤其是白云母花岗岩的 DI 值为 93.2~95.4,均值为 94.1,表明川口花岗岩经历较高程度的分异演化,并且越往后阶段,岩浆分异演化程度越高。

川口花岗岩体群以岩株状产出,岩石以浅色的二长花岗岩、白云母花岗岩为主,表现为高硅(SiO_2 含量>72%),通过对川口浅色的花岗岩标准矿物 CIPW 计算获得花岗岩的分异指数(DI)为 89~95,明显大于花岗岩的分异指数 80(表 4-10),显示出川口花岗岩高度分异演化的特征。依据岩浆分异作用理论,硅酸盐岩浆分异作用向富集含碱铝硅酸盐方向演化。由戴里火成岩平均化学成分的分异指数表明(Ferla 和 Meli,2006),从超基性岩到酸性岩,DI 由小到大有规律地变化。对于某一原生岩浆演化形成的岩石,DI 越大,表明岩浆的分异演化越彻底,酸性程度越高;DI 越小,表明分异程度低,基性程度相对高。高分异花岗岩是自然界中一种重要的岩石类型,是大陆地壳成分成熟度的重要标志,且与 W、Sn、Nb、Ta、Li、Be、Rb、Cs 和 REE 等稀有金属成矿作用关系密切(吴福元等,2017)。一般而言,暗色矿物含量低的浅色花岗岩或白岗岩,大多曾经历过强烈的结晶分异作用,为高分异或强分异花岗岩;与正常类型花岗岩相比,高分异花岗岩中的钾长石多为微斜长石并趋于富 Rb;斜长石逐渐减少,并向富钠方向演化。

表 4-10 主要火成岩的分异指数表

侵入岩	分异指数(DI)
碱性花岗岩	93
花岗岩	80
花岗闪长岩	67
闪长岩	48
辉长岩	30
橄榄辉长岩	27
橄榄岩	6

数据据邱家骧和林景仟(1991)。

4.3.3.2 微量元素特征

湖南衡阳川口花岗岩微量元素分析数据及相关参数结果见表4-11，本节中按岩性划分为二长花岗岩和白云母花岗岩两类来对比讨论。

表4-11 川口花岗岩微量元素分析结果数据表(Au 为 10^{-9}；其余为 10^{-6})

样号	CS-1	1057	CK-1	1036	1037	1038	1039	CS-2	1041	CK-7	1051
岩性	二长花岗岩							白云母花岗岩			
W	32.7	4.6	7.71	4.95	2.4	1.39	37.1	4.96	19.8	61.8	5.34
Sn	7.95	14	6.14	11.2	6.86	5.64	11.5	12.1	15.9	25.4	13.6
Mo	0.7	0.23	0.4	15	0.23	0.05	3.53	80.7	0.15	2.61	1.42
Bi	1.17	1.05	1.05	30.5	1.72	2.43	1.76	167	23.5	12.5	1.17
Cu	4.66	6.45	9.17	43.7	5.98	7.02	37.7	217	4.62	92.4	5.88
Pb	40.8	48.7	41.3	22.7	41.4	41.9	32.9	35.5	25.3	34.1	13.8
Zn	38.1	44	36.1	37.7	34.3	32.3	25.1	21.2	10.8	38.2	46.8
Sb	0.86	0.43	0.35	1.01	0.32	0.39	0.71	5.45	2.68	5.4	0.7
Cr	9.2	7.67	12.4	6.79	10.9	11.2	5.34	6.26	6.81	4.25	3.58
Ni	4.17	4.1	9.16	2.46	5.59	6.35	2.89	2.58	3.11	3.01	3.4
Co	2.19	1.95	3.21	1.21	3.46	4.58	0.9	0.89	1.18	1.39	0.91
Hg	0.01	0.01	0.01	0.01	0.01	0.01	0.01	0.03	0.04	0.02	0.04
V	16.6	10.8	22.1	9.34	23.1	28.6	15.6	11.7	13.8	7.18	2.13
Nb	18.6	21.2	17.2	54.7	20.8	17.6	19.2	20.3	25.4	21.6	75.8
Ta	4.15	5.8	3.78	21.7	3.27	3.53	4.72	4.34	5.79	3.97	38.8
Th	15.1	18.4	14.1	8.93	19.5	21.2	7.28	7	9.72	8.57	6.32
U	24.3	6.28	18.7	26.3	12.1	6.84	24.1	26.1	3.66	30.7	10.6
Zr	70	59	62	27	89	95	34	41	37	36	23
Hf	5.82	2.01	6.17	5.88	7.06	6.55	4.11	5.39	5.71	2.01	1.01
Rb	422	484	431	585	415	331	515	478	476	414	758
Cs	47.4	51.8	51.5	37.1	66.4	59.9	49.2	37.6	42.6	36.1	32.1
Sr	31.3	37.5	39.8	12.8	47.2	63.9	16.4	10.9	14.2	19.8	15.3
Ba	104	121	93	10.9	154	209	52	45.9	36.8	34.5	152
Li	139	139	145	120	250	171	175	96.4	92.1	58.7	40.4

续表4-11

样号	CS-1	1057	CK-1	1036	1037	1038	1039	CS-2	1041	CK-7	1051
Be	5.89	4.22	9.89	3.72	10.3	6.14	8.25	3.46	8.01	15.2	3.3
As	3.93	1.81	1.16	1.74	1.58	1.1	19.9	7.08	2.23	3.63	1.89
Ga	11.9	18.3	11.2	13.7	12.9	13.7	12.1	12.1	12.1	20.7	29.1
Sc	8.67	4.83	8.7	9.18	8.89	9.26	8.3	7.77	10.5	2.88	0.39
Au	4.76	—	2.44	0.88	0.77	0.71	0.56	75.9	0.72	0.72	0.96
Ag	0.04	0.04	0.01	0.41	0.04	0.05	0.11	0.58	0.07	0.28	0.04
F	920	1240	472	800	1480	640	1420	720	640	640	660
Cl	37.8	27.7	24.1	20.3	45.9	27.1	27.2	20.1	22.6	29.5	24.1
Cd	0.20	0.06	0.09	0.96	0.13	0.10	0.27	1.48	0.04	0.48	0.2
B	25	9.92	28	18	39	36	38	62	17	54.5	42.8

二长花岗岩大离子亲石元素 Rb 含量为 $332×10^{-6} \sim 585×10^{-6}$，Th 含量为 $7.28×10^{-6} \sim 21.2×10^{-6}$，Ba 含量为 $10.9×10^{-6} \sim 1041×10^{-6}$，Sr 含量为 $12.8×10^{-6} \sim 63.9×10^{-6}$；高场强元素 Nb 含量为 $17.2×10^{-6} \sim 54.7×10^{-6}$，Nb 平均含量为 $24.2×10^{-6}$。白云母花岗岩大离子亲石元素 Rb 含量为 $476×10^{-6} \sim 758×10^{-6}$；Th 含量为 $6.32×10^{-6} \sim 9.72×10^{-6}$；Ba 含量为 $17.9×10^{-6} \sim 152×10^{-6}$；Sr 含量为 $10.9×10^{-6} \sim 15.3×10^{-6}$；高场强元素 Nb 含量为 $20.3×10^{-6} \sim 75.8×10^{-6}$，Nb 平均含量为 $40.8×10^{-6}$。在微量元素原始地幔蛛网图中（图4-31）二长花岗岩、白云母花岗岩均表现为大离子亲石元素 Rb、Th、U 富集，Ba、Sr 亏损；高场强元素 Ti 亏损的特征。

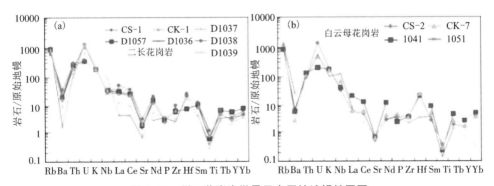

图 4-31　川口花岗岩微量元素原始地幔蛛网图

[标准化数据引自 Sun 等(1989)]

对高场强元素 Nb^*[$Nb^* = 2 * Nb_N/(K_N + La_N)$]值进行计算，二长花岗岩的 Nb^* 值为 0.24~0.92，均值为 0.38；白云母花岗岩的 Nb^* 值为 0.34~2.22，均值 为 0.95，二长花岗岩、白云母花岗岩的 Nb^* 均小于 1，表明 Nb 具有负异常，但在 微量元素蛛网图上 Nb 相对 K、La 亏损特征不明显(图 4-31)，尤其是白云母花岗 岩，表现出一定的富集 Nb 的特征，这表明岩石在形成的过程中混染了部分大陆 壳物质或花岗质岩石。

川口碱长花岗岩与华南碱长花岗岩的微量元素分布曲线基本一致[图 4-32 (a)]，表现出大离子亲石元素 Rb、Th、U、K 富集，高场强元素 Nb、Ta、Ti、P 亏 损的特征，细粒碱长花岗岩与川口二长花岗岩分布曲线基本吻合，显示碱长花岗 岩和二长花岗岩为同一岩浆房不同演化阶段的产物。

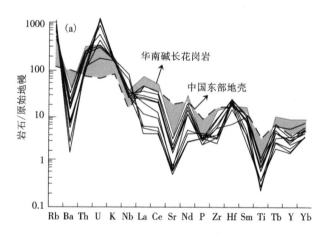

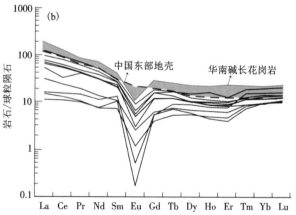

图 4-32　(a)川口碱长花岗岩微量元素蛛网图和(b)稀土元素球粒陨石配分模式图
[标准化数据引自 Sun 等(1989)；华南碱长花岗岩和中国东部地壳数据引自迟清华和鄢明才(2007)]

　　川口花岗岩各侵入次中微量元素丰度和维氏花岗岩平均值相比较，川口花岗岩中的 Ba、Sr、Cl、Zr、Zn、V、Cr 元素总体较维氏花岗岩平均含量低，各元素含量对比悬殊大小不等，相差几倍至数十倍不等，元素 Th、Ga、Ni、Co、Hg、Ag、Cd、Sb、Be、As、Hf、Ta、Sc 和维氏花岗岩平均值基本相当；元素 Nb、Mo、Sn、U、Pb、W、B、Cu、Bi、Cs、F、Li、Rb 较富集，尤其是 Pb、W、Bi、Li 富集程度非常明显，一般在 1~100 倍，元素的富集特征，与川口花岗岩分布的地区 Pb、W、Bi 水系沉积物异常及川口地区产 W、Sn、Mo、Bi 矿产特征一致。

4.3.3.3　稀土元素特征

　　湖南衡阳川口花岗岩稀土元素分析数据及相关参数结果见表 4-12，本节中按岩性划分为二长花岗岩和白云母花岗岩两类来对比讨论。

表 4-12　川口花岗岩体群稀土元素分析结果及相关特征值表（×10^{-6}）

样号	CS-1	D1057	CK-1	1036	1037	1038	1039	CS-2	1041	CK-7	D1051
岩性	二长花岗岩							白云母花岗岩			
La	16.7	18.3	15.5	2.73	23.1	29.6	7.44	3.63	12.9	3.94	4.89
Ce	34.4	38.3	33.3	6.91	49.5	56.5	15.1	8.05	20.2	9.61	3.85
Pr	4.13	4.61	4.02	0.97	5.85	6.76	1.84	1.01	3.93	1.43	1.01
Nd	14.7	17.8	14.3	3.58	20.7	24.1	6.52	3.55	14.3	5.31	3.79
Sm	3.27	4.09	3.21	1.64	4.24	4.69	1.68	1.13	3.62	2.05	1.53
Eu	0.29	0.33	0.29	0.01	0.39	0.53	0.15	0.07	0.18	0.03	0.18
Gd	2.53	3.33	2.51	1.11	3.33	3.82	1.29	0.82	2.46	1.14	0.92
Tb	0.46	0.63	0.46	0.34	0.52	0.65	0.28	0.21	0.46	0.27	0.15
Dy	2.59	3.87	2.68	2.31	2.66	3.22	1.76	1.41	2.64	1.49	0.54
Ho	0.56	0.94	0.58	0.45	0.49	0.65	0.37	0.28	0.51	0.26	0.08
Er	1.52	2.14	1.69	1.28	1.39	1.74	1.03	0.79	1.45	0.67	0.21
Tm	0.31	0.49	0.33	0.42	0.23	0.31	0.23	0.21	0.3	0.19	0.03
Yb	2.04	3.36	2.46	2.73	1.59	2.04	1.68	1.71	2.31	1.66	0.18
Lu	0.32	0.53	0.36	0.42	0.28	0.33	0.28	0.27	0.36	0.26	0.02
Y	12.6	23.1	13.1	15.1	10.3	14.9	8.61	6.89	11.5	7.32	3.13
ΣREE	96.3	122	94.7	40.1	125	149	48.2	30.2	77.1	35.6	20.5
$(La/Yb)_N$	5.86	3.91	4.51	0.72	10.4	10.4	3.18	1.53	4.01	1.71	19.5

续表4-12

样号	CS-1	D1057	CK-1	1036	1037	1038	1039	CS-2	1041	CK-7	D1051
δEu	0.31	0.27	0.32	0.02	0.31	0.37	0.31	0.21	0.17	0.05	0.43
LREE	73.4	83.4	70.6	15.8	104	122	32.7	17.4	55.2	22.4	15.2
HREE	22.9	38.4	24.1	24.2	20.8	27.6	15.5	12.6	21.9	13.2	5.25
LREE /HREE	3.21	2.17	2.93	0.66	4.98	4.42	2.11	1.39	2.51	1.69	2.91

　　二长花岗岩稀土总量 ∑REE 为 $40.1×10^{-6} ~ 149×10^{-6}$，均值为 $96.5×10^{-6}$；LREE 含量为 $15.8×10^{-6} ~ 122×10^{-6}$，HREE 含量为 $15.5×10^{-6} ~ 38.4×10^{-6}$，LREE/HREE 值为 $0.06 ~ 4.98$，均值为 2.93；白云母花岗岩稀土总量 ∑REE 为 $20.5×10^{-6} ~ 77.1×10^{-6}$，均值为 $40.9×10^{-6}$；LREE 含量为 $15.2×10^{-6} ~ 55.2×10^{-6}$，HREE 含量为 $5.25×10^{-6} ~ 21.9×10^{-6}$，LREE/HREE 值为 $1.39 ~ 2.91$，均值为 1.39。

　　川口花岗岩的稀土总量较低、LREE/HREE 的均值为 2.63，表现为弱的轻稀土富集，在稀土元素球粒陨石配分模式图中部分呈右倾，部分呈平坦的海鸥型分布(图 4-33)，而样品 1036 的 LREE/HREE 值为 0.66，表现为重稀土富集，配分模式图上呈左倾特征。二长花岗岩 $[La/Yb]_N$ 值为 $0.72 ~ 10.4$，均值为 5.57，白云母花岗岩的 $[La/Yb]_N$ 值为 $1.53 ~ 19.5$，均值为 6.68，川口花岗岩 $[La/Yb]_N$ 均值为 5.97，表明其轻重稀土的分异不明显。二长花岗岩的 δEu 值为 $0.02 ~ 0.37$，均值为 0.27；白云母花岗岩的 δEu 值为 $0.05 ~ 0.43$，均值为 0.22，其 δEu

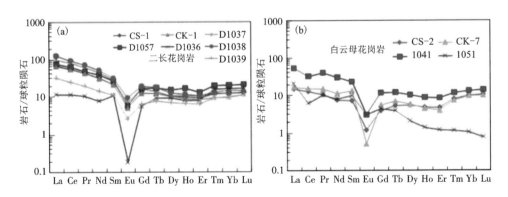

图 4-33　川口花岗岩稀土元素球粒陨石配分模式图

[标准化数据引自 Sun 等(1989)]

值异常特征明显，表现为较强的 Eu 异常，在稀土元素配分模式图中呈"V"形分布模式(图 4-33)。

本书讨论的川口花岗岩稀土元素部分具四分组效应，如样品 1036、CK-7，其表现为重稀土富集(样品 1036)或轻重稀土的分异不明显(样品 CK-7)，在稀土元素配分模式图上表现为平坦的海鸥型，Eu 负异常特征明显，且样品中稀有金属 Li、Nb、Ta 含量较其他样品高，赵振华等(1992)认为稀土元素四分组效应可作为识别矿化花岗岩的重要标志之一，其稀土元素具四分组效应指示花岗岩中富集稀有金属元素。

川口碱长花岗岩与华南碱长花岗岩的稀土元素球粒陨石配分模式曲线基本一致[图 4-32(b)]，都表现为轻稀土富集重稀土亏损的右倾模式，其中轻重稀土、轻稀土元素之间分馏较小，在配分模式图上表现为微弱的右倾。川口碱长花岗岩 δEu 异常较大，成明显的"V"形负异常，其特征与川口二长花岗岩基本一致，表现出岩浆源区的同源性。

4.3.3.4　Sr-Nd 同位素特征

川口花岗岩 Sr、Nd 同位素分析数据见表 4-13，其初始 Sr 比值、$\varepsilon_{Nd}(t)$ 值以及 Nd 的模式年龄是根据样品对应的年龄(223.1±2.6) Ma、(206.4±1.4) Ma 和(202.0±1.8) Ma 进行计算，样品的 $^{87}Rb/^{86}Sr$ 值为 25.3~766，$^{87}Sr/^{86}Sr$ 值为 0.79779~3.23373，计算得到初始的 $^{87}Sr/^{86}Sr$ 值 $(^{87}Sr/^{86}Sr)_i$ 为 0.723186~0.802227。初始 Sr 大于 0.7，未出现异常，其计算结果有意义。样品 $^{147}Sm/^{144}Nd$ 值为 0.126~0.268，$^{143}Nd/^{144}Nd$ 值为 0.512057~0.51225，$\varepsilon_{Nd}(t)$ 为 -9.6~-8.38，两阶段 Nd 模式年龄 t_{2DM} 为 1.78~1.67 Ga。

表 4-13　川口花岗岩岩体群代表性岩石样品 Rb-Sr、Sm-Nd 同位素组成数据表

样号	Rb	Sr	$^{87}Rb/^{86}Sr$	$^{87}Sr/^{86}Sr$	$(^{87}Sr/^{86}Sr)_i$
	×10⁻⁶				
CS-1	477	35.06	39.74	0.83983±4	0.723186
1036	738.6	3.478	766.3	3.23373±9	0.802227
1037	447.3	51.52	25.25	0.79779±4	0.723677
1039	541.5	18.38	87.4	1.00060±8	0.744065
1041	5.8	15.17	101.9	1.03220±9	0.739490
CK-2	832.4	6.227	435.8	2.04031±11	0.767880

续表4-13

样号	Sm	Nd	$^{147}Sm/^{144}Nd$	$^{143}Nd/^{144}Nd$	$\varepsilon_{Nd}(t)$	t_{2DM} /Ga
	$\times 10^{-6}$					
CS-1	3.412	15.03	0.1374	0.512121±9	-8.53	1.68
1036	1.613	3.642	0.268	0.512250±10	-9.60	1.78
1037	4.215	20.24	0.126	0.512057±9	-9.48	1.76
1039	1.748	6.739	0.1569	0.512134±7	-8.79	1.70
1041	3.404	13.25	0.1555	0.512153±7	-8.38	1.67
CK-2	1.687	4.343	0.2349	0.512232±6	-8.91	1.71

4.3.3.5　Lu-Hf 同位素特征

锆石 Hf 同位素分析以 GJ 为标样,获得标样的 $^{176}Lu/^{177}Hf$ 值为 0.000238 ~ 0.000240,均值为 0.000239; $^{176}Hf/^{177}Hf$ 值为 0.282014 ~ 0.282028,均值为 0.282022,与侯可军等(2011)报道的标准样品 GJ1 $^{176}Lu/^{177}Hf$ 和 $^{176}Hf/^{177}Hf$ 分析数据 0.00028±2、0.282008±25 基本一致。

川口斑状二长花岗岩(样号1036)分析 10 颗锆石[其加权平均年龄为(223.1± 2.6) Ma], $^{176}Yb/^{177}Hf$ 和 $^{176}Lu/^{177}Hf$ 值分别为 0.018468 ~ 0.063128 和 0.000633 ~ 0.001851(表 4-14),其 $^{176}Lu/^{177}Hf$ 值小于 0.002,表明这些锆石在形成以后,仅具有较少的放射性成因 Hf 积累,因而可以用初始的 $^{176}Hf/^{177}Hf$ 值代表锆石形成时的 $^{176}Hf/^{177}Hf$ 值。锆石 Lu、Hf 同位素组成方面, $f_{Lu/Hf}$ 值为 -0.98 ~ -0.94,低于平均地壳 $f_{Lu/Hf}$ 值 -0.55(Griffin 等,2002),趋于上地壳 $f_{Lu/Hf}$ 值 -0.72(Amelin 等,1999)。计算获得 10 颗锆石的 $\varepsilon_{Hf}(t)$ 值为 -5.8 ~ 3.7,均值为 -1.43,模式年龄 t_{DM} 值为 1265 ~ 738 Ma,均值为 966 Ma; t_{2DM} 值为 1773 ~ 1021 Ma,均值 1374 Ma。

川口白云母花岗岩(CK7)分析 10 颗锆石[其加权平均年龄为(202.0± 1.8) Ma] $^{176}Yb/^{177}Hf$ 和 $^{176}Lu/^{177}Hf$ 值分别为 0.022205 ~ 0.099165 和 0.000713 ~ 0.003143(表 4-14),其 $^{176}Lu/^{177}Hf$ 值较小,表明这些锆石在形成以后,仅具有较少的放射性成因 Hf 积累,因而可以用初始的 $^{176}Hf/^{177}Hf$ 值代表锆石形成时的 $^{176}Hf/^{177}Hf$ 值。锆石 Lu、Hf 同位素组成方面, $f_{Lu/Hf}$ 值为 -0.98 ~ -0.91,低于平均地壳 $f_{Lu/Hf}$ 值 -0.55(Griffin 等,2002),趋于上地壳 $f_{Lu/Hf}$ 值 -0.72(Amelin 等,1999)。计算获得 10 颗锆石的 $\varepsilon_{Hf}(t)$ 值为 -16.0 ~ 4.0,均值为 -1.93,模式年龄 t_{DM} 值为 1498 ~ 724 Ma,均值为 934 Ma; t_{2DM} 值为 2243 ~ 984 Ma,均值 1356 Ma。

表 4-14　川口二长花岗岩锆石 Hf 同位素分析数据表

点号	年龄 /Ma	^{176}Yb $/^{177}Hf$	^{176}Lu $/^{177}Hf$	^{176}Hf $/^{177}Hf$	$\pm 2\sigma$	$(^{176}Hf$ $/^{177}Hf)_i$	ε_{Hf} (0)	ε_{Hf} (t)	1σ	t_{DM} /Ma	t_{2DM} /Ma	$f_{Lu/Hf}$
样品 1036：斑状二长花岗岩												
D1036-1	226.4	0.043165	0.001471	0.282629	0.000024	0.28262	-5.0	-0.3	0.8	893	1273	-0.96
D1036-2	418.5	0.018468	0.000633	0.282373	0.000023	0.28237	-14.1	-5.1	0.8	1230	1723	-0.98
D1036-3	424.1	0.020883	0.000723	0.282349	0.000022	0.28234	-14.9	-5.8	0.8	1265	1773	-0.98
D1036-4	221.7	0.053986	0.001684	0.282682	0.000027	0.28268	-3.2	1.5	1.0	822	1159	-0.95
D1036-5	229.1	0.027712	0.000932	0.282569	0.000024	0.28256	-7.2	-2.3	0.8	965	1403	-0.97
D1036-8	228.9	0.045281	0.001384	0.282579	0.000027	0.28257	-6.8	-2.0	1.0	963	1384	-0.96
D1036-9	217.8	0.041941	0.001302	0.282622	0.000029	0.28262	-5.3	-0.7	1.0	900	1294	-0.96
D1036-10	220.7	0.049649	0.001587	0.282589	0.000027	0.28258	-6.5	-1.8	0.9	953	1368	-0.95
D1036-11	227	0.063128	0.001851	0.282743	0.000031	0.28274	-1.0	3.7	1.1	738	1021	-0.94
D1036-12	221.6	0.040562	0.001278	0.282598	0.000023	0.28259	-6.2	-1.5	0.8	933	1345	-0.96
样品 CK7：白云母花岗岩												
CK7-01	202.6	0.099165	0.003143	0.282771	0.000032	0.28276	-0.1	4.0	1.1	724	984	-0.91
CK7-02	202.7	0.040996	0.001383	0.282200	0.000029	0.28219	-20.2	-16.0	1.0	1498	2243	-0.96

续表4-14

点号	年龄/Ma	$^{176}Yb/^{177}Hf$	$^{176}Lu/^{177}Hf$	$^{176}Hf/^{177}Hf$	$\pm 2\sigma$	$(^{176}Hf/^{177}Hf)_t$	$\varepsilon_{Hf}(0)$	$\varepsilon_{Hf}(t)$	1σ	t_{DM}/Ma	t_{2DM}/Ma	$f_{Lu/Hf}$
CK7-03	201	0.038984	0.001234	0.282650	0.000018	0.28265	-4.3	-0.1	0.6	858	1240	-0.96
CK7-04	197.8	0.022205	0.000713	0.282552	0.000019	0.28255	-7.8	-3.5	0.7	983	1457	-0.98
CK7-05	200	0.040776	0.001232	0.282639	0.000018	0.28263	-4.7	-0.5	0.6	873	1264	-0.96
CK7-06	201.5	0.041124	0.001259	0.282680	0.000023	0.28268	-3.3	1.0	0.8	816	1173	-0.96
CK7-07	202.7	0.029320	0.000922	0.282589	0.000022	0.28259	-6.5	-2.2	0.8	937	1374	-0.97
CK7-08	200.9	0.039671	0.001267	0.282622	0.000020	0.28262	-5.3	-1.1	0.7	898	1303	-0.96
CK7-09	201.1	0.038275	0.001220	0.282588	0.000022	0.28258	-6.5	-2.3	0.8	946	1379	-0.96
CK7-10	207.4	0.050040	0.001586	0.282690	0.000018	0.28268	-2.9	1.4	0.6	809	1150	-0.95

备注：$\varepsilon_{Hf}(0)=((^{176}Hf/^{177}Hf)_s/(^{176}Hf/^{177}Hf)_{CHUT,0}-1)\times10000$；$\varepsilon_{Hf}(t)=((((^{176}Hf/^{177}Hf)_s-(^{176}Lu/^{177}Hf)_s\times(e^{\lambda t}-1))/((^{176}Hf/^{177}Hf)_{CHUT}-(^{176}Lu/^{177}Hf)_{CHUT}\times(e^{\lambda t}-1))-1)\times10000$；$t_{DM}=(1/\lambda)\times Ln(1+((^{176}Hf/^{177}Hf)_s-(^{176}Hf/^{177}Hf)_{DM})/((^{176}Lu/^{177}Hf)_s-(^{176}Lu/^{177}Hf)_{DM}))$；$t_{2DM}=t_{DM}-(t_{DM}-t)\times(f_{cc}-f_s)/(f_{cc}-f_{DM})$；$f_{Lu/Hf}=(^{176}Lu/^{177}Hf)_s/(^{176}Lu/^{177}Hf)_{CHUT}-1$。其中，$(^{176}Hf/^{177}Hf)_s$ 和 $(^{176}Lu/^{177}Hf)_s$ 为样品测定值，球粒陨石（CHUR）的 $(^{176}Lu/^{177}Hf)_{DM}=0.0332$。数据引自：$(^{176}Hf/^{177}Hf)_{CHUR,0}=0.282772$（Blichert-Toft J 和 Albarede F，1997）。亏损地幔（DM）的 $(^{176}Lu/^{177}Hf)_{DM}=0.0384$，$(^{176}Hf/^{177}Hf)_{DM}=0.28325$（Vervoort，1999）。$t$ 为样品形成的时间。^{176}Lu 衰变常数 $\lambda=1.867\times10^{-11}/$年（Soderlund 等，2004）。大陆平均地壳（CC）的 $^{176}Hf/^{177}Hf=0.015^{[33]}$；$f_s$、$f_s$、$f_{DM}$ 分别为大陆地壳、样品和亏损地幔的 $f_{Lu/Hf}$，其中 $f_{cc}=-0.55$，$f_{DM}=0.16$（Griffin 等，2000）。

4.3.4　五峰仙岩体

4.3.4.1　主量元素特征

五峰仙花岗岩的主量元素数据测试方法与 4.3.3 节所述一样, 其中样品 WF-1~WF-9 和部分投图数据来源于湖南省地质调查院(2005)和王凯兴(2012)文献, 分析数据及部分参数值见表 4-15。

表 4-15　五峰仙花岗岩岩体群主量元素分析数据及部分元素特征值表

样号	WF-1	WF-2	WF-3	WF-4	WF-5	WF-6	WF-7	WF-8	WF-9
SiO_2	67.12	72.22	75.72	72.64	75.5	68.85	75.32	65.68	75.17
TiO_2	0.69	0.25	0.14	0.25	0.11	0.55	0.1	0.47	0.09
Al_2O_3	15.04	14.13	13.33	14.09	13.61	14.53	13.5	16.21	13.7
FeO	2.57	1.15	0.82	1.75	0.97	2.78	0.85	1.99	0.65
Fe_2O_3	1.3	0.7	0.08	0.36	0.1	0.97	0.04	0.73	0.05
MnO	0.08	0.04	0.04	0.05	0.04	0.08	0.04	0.06	0.03
MgO	1.46	0.4	0.41	0.53	0.34	1.24	0.36	1.27	0.33
CaO	2.49	0.41	0.72	1.15	0.78	2.52	0.82	3.14	0.85
Na_2O	3.01	2.22	3.39	2.74	3.32	3.03	3.13	3.62	3.31
K_2O	4.77	5.63	3.9	5.32	4.1	4.55	4.55	4.17	4.7
P_2O_5	0.18	0.2	0.18	0.13	0.17	0.14	0.16	0.14	0.16
LOI	0.64	2.51	1.0	0.59	0.91	0.18	0.98	1.52	0.82
ToTal	99.35	99.86	99.73	99.6	99.95	99.42	99.85	99	99.86
TFeO	3.74	1.78	0.892	2.074	1.06	3.653	0.886	2.647	0.695
A/CNK	1.02	1.34	1.19	1.14	1.2	1.0	1.17	1.0	1.13
A/NK	1.49	1.45	1.36	1.37	1.37	1.46	1.34	1.55	1.29
ALK	7.78	7.85	7.29	8.06	7.42	7.58	7.68	7.79	8.01

五峰仙花岗岩 SiO_2 含量(质量百分数, 后同)为 65.68%~75.72%, K_2O 含量为 3.9%~5.63%, Na_2O 含量为 2.22%~3.62%, K_2O/Na_2O 值为 1.15~2.54, 利用 $w(K_2O)$—$w(Na_2O)$ 图解判别, 显示五峰仙岩体为钾质、高钾质岩特征[图4-34(b)], K_2O+Na_2O 含量为 7.29%~8.06%, 五峰仙花岗岩的 SiO_2 含量较高,

K_2O/Na_2O 比值大于 1，Alk（K_2O+Na_2O）大于 7%，上述元素特征显示五峰仙花岗岩富硅、富碱、富钾，在 $w(K_2O+Na_2O)$—$w(SiO_2)$ 中投点主要在亚碱性的花岗岩区域 [图 4-34（a）]；A/CNK = [$w(Al_2O_3)/w(CaO+K_2O+Na_2O)$] 值为 1~1.34，A/NK = [$w(Al_2O_3)/w(K_2O+Na_2O)$] 值为 1.29~1.55，A/CNK 含量较高，均值为 1.13，大于 1，在 [$w(Al_2O_3)/w(K_2O+Na_2O)$]—[$w(Al_2O_3)/w(CaO+K_2O+Na_2O)$] 图解中显示为过铝质和强过铝质特征 [图 4-34（c）]；对里特曼指数（δ）进行计算，其值为 1.62~2.68，显示为钙碱性岩，钙碱性岩 δ 值<3.3。对岩石的钙碱进行判别，图解中 [图 4-34（d）] 投点主要落在碱钙性区域。

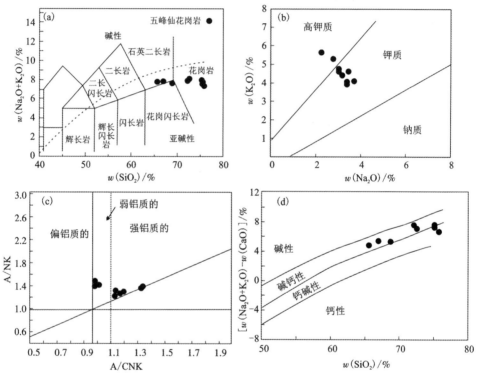

（a）TAS 分类图解 [图式据 Cox 等（1979）；Wilson（1989）修改]；（b）$w(Na_2O)$—$w(K_2O)$ 图解 [图式据 Middlemost（1972）]；（c）A/CNK-A/NK 图解 [图式据 Maniar 和 Piccoli（1989）]；（d）$w(SiO_2)$—[$w(Na_2O+K_2O)$-CaO] 图解 [图式据 Frost（2001）]。

图 4-34　五峰仙岩体主量元素岩石化学图解

五峰仙花岗岩的 CIPW 标准矿物体积百分含量计算表明（数据见表 4-16），Q 含量中等，为 19.7%~39.6%，均值为 32.3%；碱性长石含量为 24.3%~35.9%，均值为 29.1%，标准矿物计算中碱性长石含量中等，与花岗岩的矿物组合特征一致；斜长石含量为 20.5%~47.1%，均值为 33.1%。CIPW 标准矿物中 C 含量为

0.25%~2.8%，均值为1.31%，标准矿物计算中出现标准刚玉分子C，体现岩石过铝值的特征，这与A/CNK值>1.1特征一致。副矿物Mt含量为0.06%~0.32%，Ap含量为0.25%~0.41%，标准矿物计算中副矿物出现较少。

表4-16 五峰仙岩体CIPW标准矿物值含量表

样品	WF-1	WF-2	WF-3	WF-4	WF-5	WF-6	WF-7	WF-8	WF-9
Q	23.07	37.28	39.65	32.81	38.76	25.53	37.84	19.7	36.01
A	30.41	35.95	24.33	33.23	25.52	28.75	28.26	26.68	29.1
P	37.98	20.5	31.93	28.74	31.6	38.22	30.21	47.18	31.73
C	0.58	2.87	1.8	1.39	1.82	0.26	1.56	0.25	1.34
Hy	6.52	2.57	1.72	3.14	1.76	6.06	1.63	5.16	1.35
Mt	0.32	0.15	0.07	0.17	0.09	0.31	0.07	0.23	0.06
Ap	0.35	0.41	0.35	0.25	0.33	0.28	0.31	0.27	0.31
Di	—	—	—	—	—	—	—	—	—

注：Q为石英，A为碱性长石，P为斜长石，Di为透辉石，Hy为紫苏辉石，Mt为磁铁矿，Ap为磷灰石，—表示CIPW计算不出现此矿物。

4.3.4.2 微量、稀土元素特征

五峰仙花岗岩微量元素、稀土元素分析数据见表4-17。五峰仙花岗岩大离子亲石元素Rb含量为135×10^{-6}~397×10^{-6}，Th含量为15.6×10^{-6}~32.6×10^{-6}，Ba含量为126×10^{-6}~762×10^{-6}，Sr含量为48.3×10^{-6}~260×10^{-6}，在微量元素原始地幔蛛网图中，总体表现为右倾的特征[图4-35(a)]，其大离子亲石元素Rb、Ce富集，Ba、Sr亏损；高场强元素Th、Zr、Hf富集，Nb、P亏损，出现明显的Ba、Nb、Sr、Ti低槽。Nb*值 [$Nb^* = Nb_N/0.5(K_N+La_N)$] 为0.14~0.31，均值为0.21，Nb*均小于1，表明Nb具有较强的负异常特征。

表4-17 五峰仙岩体微量元素、稀土元素分析结果及相关特征值数据表

样号	WF-1	WF-2	WF-3	WF-4	WF-5	WF-6	WF-7	WF-8	WF-9
Rb	228	397	305	214	318	289	274	135	264
Zr	212	128	58.8	165	66.4	113	65.4	193	63.5
Nb	20.3	23.3	15.4	13.3	14.8	17.3	12.4	10.8	11.1
Hf	4.45	6.64	2.1	5.5	2.32	5.1	2.21	4.53	2.12
Ta	1.96	3.06	3.12	1.1	3.21	2.9	2.68	1.21	2.35

续表4-17

样号	WF-1	WF-2	WF-3	WF-4	WF-5	WF-6	WF-7	WF-8	WF-9
Th	32.6	32.4	16.2	30.4	17.7	32.2	18.1	20.3	15.6
U	5.97	9.67	6.58	4.01	6.57	5.5	5.94	3.02	3.87
Ba	750	299	126	762	144	453	196	678	191
Sr	198	48.3	51.2	201	56.4	96	61.3	260	58.8
Rb/Sr	1.15	8.23	5.96	1.06	5.64	3.01	4.47	0.52	4.49
La/Nb	2.24	1.57	1.37	3.51	1.51	2.76	1.71	3.64	1.79
Ba/Nb	36.9	12.8	8.17	57.3	9.74	26.2	15.8	62.8	17.2
Y	28.4	9.22	10.5	23.1	11.1	21.3	11.1	17.5	9.59
La	45.5	36.7	21.1	46.6	22.3	47.8	21.2	39.3	19.9
Ce	101	78.3	40.7	82.6	43.1	93.1	42.6	73.9	39.6
Pr	11.6	9.32	4.79	9.65	5.01	10.7	4.78	8.66	4.45
Nd	43.2	34.1	16.4	34.8	17.6	38.9	16.2	29.4	15.7
Sm	7.72	6.04	3.26	6.41	3.36	6.57	3.26	4.87	3.11
Eu	1.56	0.61	0.34	0.74	0.35	1.25	0.36	0.95	0.37
Gd	6.57	4.65	2.77	5.24	2.84	5.32	2.74	3.8	2.45
Tb	1.09	0.62	0.41	0.75	0.39	0.78	0.4	0.55	0.36
Dy	6.02	2.45	1.9	4.31	1.98	4.14	2.04	2.82	1.79
Ho	1.35	0.42	0.33	0.85	0.37	0.86	0.35	0.54	0.32
Er	3.9	1.12	0.86	2.31	0.93	2.33	0.94	1.68	0.81
Tm	0.63	0.16	0.14	0.35	0.14	0.37	0.15	0.25	0.13
Yb	4.02	1.04	0.79	2.07	0.89	2.22	0.9	1.78	0.76
Lu	0.6	0.16	0.12	0.29	0.13	0.34	0.14	0.27	0.11
$\sum REE$	264	185	104	220	110	236	107	186	99
$[La/Yb]_N$	8.12	25.3	19.2	16.2	17.9	15.4	16.9	15.8	18.8
δEu	0.65	0.34	0.34	0.38	0.34	0.63	0.36	0.65	0.4
LREE	211	165	86.6	181	91.6	198	88.4	157	83.1
HREE	52.5	19.8	17.9	39.29	18.79	37.7	18.7	29.2	16.3
LREE/HREE	4.02	8.32	4.85	4.61	4.89	5.26	4.73	5.38	5.09

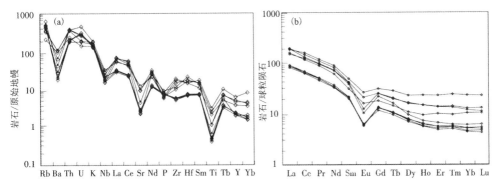

图 4-35　(a)五峰仙岩体微量元素原始地幔蛛网图和(b)稀土元素球粒陨石配分模式图
[标准化数据引自 Sun 等(1989)]

五峰仙花岗岩稀土总量 $\sum REE$ 为 $99\times10^{-6}\sim264\times10^{-6}$，均值为 167×10^{-6}；LREE 含量为 $62\times10^{-6}\sim175\times10^{-6}$，HREE 含量为 $8.41\times10^{-6}\sim20.4\times10^{-6}$，LREE/HREE 值为 $4.02\sim8.32$，均值为 5.24，表现出岩石稀土总量较低，但富集 LREE 特征。在稀土元素球粒陨石配分模式图中表现为右倾模式[图 4-35(b)]，并出现一定程度的 Eu 低槽，δEu 值为 $0.34\sim0.65$，δEu 值小于 1，其值表现出负异常，指示在岩浆源区或岩浆房内，岩浆的分离结晶过程中，有斜长石晶出；$[La/Yb]_N$ 值为 $8.12\sim25.3$，均值为 17.1，表明五峰仙花岗岩经历过中等程度分异。

4.3.4.3　锆石 Lu-Hf 同位素特征

锆石 Hf 同位素分析以 GJ 为标样，获得标样的 $^{176}Lu/^{177}Hf$ 值为 $0.000238\sim0.000240$，均值为 0.000238；$^{176}Hf/^{177}Hf$ 值为 $0.282014\sim0.282028$，均值为 0.282022 与侯可军等(2011)报道的标准样品 GJ1 $^{176}Lu/^{177}Hf$ 和 $^{176}Hf/^{177}Hf$ 分析数据 0.00028 ± 2、0.282008 ± 25 基本一致。本次分析 10 颗锆石[其加权平均年龄为 (233.5 ± 2.5) Ma] $^{176}Yb/^{177}Hf$ 和 $^{176}Lu/^{177}Hf$ 值分别为 $0.018386\sim0.059976$ 和 $0.000733\sim0.001999$(表 4-18)。

表 4-18　五峰仙岩体锆石 Hf 同位素分析数据表

点号	$^{176}Yb/^{177}Hf$	$^{176}Lu/^{177}Hf$	$^{176}Hf/^{177}Hf$	$(^{176}Hf/^{177}Hf)_t$	$\varepsilon_{Hf}(0)$	$\varepsilon_{Hf}(t)$	t_{DM}/Ma	t_{2DM}/Ma
WF-1	0.043388	0.001495	0.282627	0.282621	-5.1	-0.1	896	1270
WF-2	0.018386	0.000733	0.282569	0.282566	-7.2	-2.2	959	1397
WF-4	0.033339	0.001276	0.282576	0.282570	-6.9	-1.8	964	1382

续表4-18

点号	^{176}Yb $/^{177}Hf$	^{176}Lu $/^{177}Hf$	^{176}Hf $/^{177}Hf$	$(^{176}Hf$ $/^{177}Hf)_t$	ε_{Hf} (0)	ε_{Hf} (t)	t_{DM} $/Ma$	t_{2DM} $/Ma$
WF-7	0.020147	0.000796	0.282535	0.282531	-8.4	-3.5	1009	1478
WF-8	0.033582	0.001283	0.282578	0.282573	-6.8	-2.1	961	1386
WF-9	0.037487	0.001336	0.282511	0.282505	-9.2	-4.4	1058	1534
WF-10	0.059976	0.001999	0.282655	0.282646	-4.1	0.7	868	1216
WF-11	0.025145	0.000993	0.282515	0.282511	-9.1	-4.1	1042	1520
WF-12	0.034892	0.001286	0.282576	0.282571	-6.9	-1.9	964	1384
WF-13	0.030625	0.001103	0.282541	0.282537	-8.2	-3.3	1008	1465

注：$\varepsilon_{Hf}(0) = ((^{176}Hf/^{177}Hf)_s/(^{176}Hf/^{177}Hf)_{CHUT,0}-1)\times 10000$；$\varepsilon_{Hf}(t) = (((^{176}Hf/^{177}Hf)_s\times(e^{\lambda t}-1))/((^{176}Hf/^{177}Hf)_{CHUT,0}-(^{176}Lu/^{177}Hf)_{CHUT}\times(e^{\lambda t}-1))-1)\times 10000$；$t_{DM} = (1/\lambda)\times Ln(1+((^{176}Hf/^{177}Hf)_s-(^{176}Hf/^{177}Hf)_{DM})/((^{176}Lu/^{177}Hf)_s-(^{176}Lu/^{177}Hf)_{DM}))$；$t_{2DM} = t_{DM}-(t_{DM}-t)\times(f_{cc}-f_s)/(f_{cc}-f_{DM})$；$f_{Lu/Hf} = (^{176}Lu/^{177}Hf)_s/(^{176}Lu/^{177}Hf)_{CHUT}-1$。其中，$(^{176}Lu/^{177}Hf)_s$ 和 $(^{176}Hf/^{177}Hf)_s$ 为样品测定值，球粒陨石（CHUR）的 $(^{176}Lu/^{177}Hf)_{CHUR} = 0.0332$。

数据引自：$(^{176}Hf/^{177}Hf)_{CHUR,0} = 0.282772$（Blichert-Toft J 和 Albarede F，1997）。亏损地幔（DM）$(^{176}Lu/^{177}Hf)_{DM} = 0.0384$，$(^{176}Hf/^{177}Hf)_{DM} = 0.28325$（Vervoort 等，1999）。$t$ 为样品形成的时间，^{176}Lu 衰变常数 $\lambda = 1.867\times10^{-11}$/年（Soderlund 等，2004）。大陆平均地壳（CC）的 $^{176}Hf/^{177}Hf = 0.015$[33]；$f_{cc}$、$f_s$、$f_{DM}$ 分别为大陆地壳、样品和亏损地幔的 $f_{Lu/Hf}$，其中 $f_{cc} = -0.55$，$f_{DM} = 0.16$（Griffin 等，2000）。

分析数据显示五峰仙岩体锆石 $^{176}Lu/^{177}Hf$ 值小于 0.002，表明这些锆石在形成以后，仅具有较少的放射性成因 Hf 积累，因而可以用初始的 $^{176}Hf/^{177}Hf$ 值代表锆石形成时间的 $^{176}Hf/^{177}Hf$ 值。锆石 Lu、Hf 同位素组成方面，$f_{Lu/Hf}$ 值为 $-0.98 \sim -0.94$，低于平均地壳 $f_{Lu/Hf}$ 值 -0.55（Griffin 等，2002），趋于上地壳 $f_{Lu/Hf}$ 值 -0.72（Amelin 等，1999）。

计算获得五峰仙岩体黑云母花岗岩 10 颗锆石的 $\varepsilon_{Hf}(t)$ 值为 $-4.4 \sim 0.7$，均值为 -2.27，模式年龄 t_{DM} 值为 $1058 \sim 868$ Ma，均值为 973 Ma；t_{2DM} 值为 $1534 \sim 1216$ Ma，均值为 1403 Ma。

4.3.5 中三叠世花岗斑岩脉

本节主要讨论衡阳盆地东缘发育于川口隆起带两翼的中三叠世花岗斑岩。

4.3.5.1 主量元素特征

衡阳盆地东缘的川口花岗斑岩主量元素分析结果及部分特征值见表 4-19。斑岩的 SiO_2 含量较高，为 72.2% ~ 72.6%，按 SiO_2 含量分类，花岗斑岩岩石属于酸性岩类，具有富硅的特点；K_2O 含量为 5.16%~5.49%，均值为 5.3%；Na_2O 含量为 2.98%~3.12%，均值为 3.07%；K_2O/Na_2O 值为 1.66~1.78，均值为 1.73，体现了花岗斑岩富钾的特征；岩石 Alk 含量为 8.26%~8.61%，均值为 8.63%，全碱值含量较高，体现为富碱的特征；在 $w(SiO_2)$—Alk 图解中[图 4-36(a)]，投点落在花岗岩、亚碱性岩石区域；岩石的 A/CNK 值含量大部分为 1.08~1.12，均值为 1.11，表现为强过铝的特征，在 A/CNK—A/NK 图解中[图 4-36(b)]投点也落在过铝质岩石区域。岩石的里特曼指数 δ 值为 2.29~2.57，均值为 2.37，按里特曼指数的划分方案花岗斑岩为钙碱性岩（钙碱性岩 $\delta<3.3$）。

表 4-19　川口花岗斑岩脉主量元素分析结果、CIPW 计算标准矿物及部分特征参数表

样号	SiO_2	TiO_2	Al_2O_3	FeO	Fe_2O_3	MnO	MgO	CaO	Na_2O	K_2O	P_2O_5	LOI	ToTal
BY-1	72.64	0.34	13.38	1.61	0.48	0.052	0.51	0.72	2.98	5.29	0.18	1.11	99.3
BY-2	72.44	0.34	13.46	1.4	0.78	0.054	0.54	0.76	3.07	5.24	0.19	1.08	99.4
BY-3	72.26	0.36	13.49	1.27	0.86	0.059	0.54	0.74	3.12	5.24	0.17	1.17	99.6
BY-4	72.16	0.35	13.58	1.24	0.95	0.054	0.56	0.84	3.1	5.16	0.18	1.35	99.5

样号	ALK	FeO^T	A/CNK	A/NK	δ	CIPW 标准矿物计算							
						Q	A	P	C	Il	Mt	Ap	DI
BY-1	8.27	2.04	1.12	1.26	2.29	32.9	55.7	4.27	1.91	0.66	0.71	0.42	90.4
BY-2	8.31	2.10	1.11	1.25	2.33	32.5	56.0	4.56	1.84	0.66	1.15	0.45	90.5
BY-3	8.61	2.04	1.08	1.22	2.52	31.3	58.0	4.22	1.57	0.69	1.27	0.47	91.1
BY-4	8.26	2.10	1.11	1.27	2.32	32.4	55.4	5.44	1.83	0.68	1.4	0.42	90.2

注：DI 为分异指数（CIPW 标准矿物，WB%），A/CNK 为铝饱和指数（Al/Ca—1.6P+Na+K 摩尔比），A/NK 为碱度指数（Al/Na+K 摩尔比），ALK 为全碱含量，δ 为里特曼钙碱指数，Q 为石英，A 为碱性长石，P 为斜长石，Di 为透辉石，Hy 为紫苏辉石，Mt 为磁铁矿，Ap 为磷灰石。

花岗斑岩的 CIPW 标准矿物体积百分含量计算表明，Q 含量中等，为 31.3%~32.9%，均值为 32.3%；碱性长石含量为 55.4%~57.9%，均值为 56.3%，标准矿物计算中碱性长石含量较高，与花岗岩的矿物组合特征一致；斜长石含量为 4.22%~5.44%，均值为 4.62%。CIPW 标准矿物中 C 含量为 1.57%~1.91%，标准矿物计算中出现标准刚玉分子 C，体现岩石过铝值的特征，这与 A/CNK 值>1.1 特征一致。副矿物 Mt 含量为 0.71%~1.4%，Ap 含量为 0.42%~0.47%，标准矿物计算中副矿物出现较少。根据标准矿物计算 DI 值为 90.2~91.1，均值为

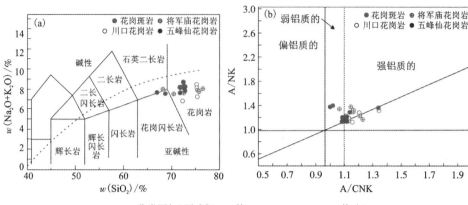

（a）TAS 分类图解［图式据 Cox 等（1979）；Wilson（1989）修改］；

（b）A/CNK—A/NK 图解［图式据 Maniar 和 Piccoli（1989）］。

灰色部分投点为衡阳盆地东缘晚三叠世花岗岩数据。

图 4-36　川口花岗斑岩主量元素岩石系列及铝质判别图解

90.5，分异指数 DI 值较高，表明花岗斑岩经历较高程度的分异演化。

4.3.5.2　微量、稀土元素特征

湖南衡阳川口隆起带花岗斑岩微量元素、稀土元素分析数据及相关参数结果见表 4-20、表 4-21。

表 4-20　川口地区花岗斑岩微量元素分析数据表（Au 为 10^{-9}；其余为 10^{-6}）

样号	Sc	V	Cr	Ni	Cu	Zn	W	Sr	Co	Rb	Zr	Nb	Ta	Pb	Th	U	Ga
BY-1	4.2	16.6	8.77	3.13	9.57	61.8	3.26	92	3.47	346	168	22.9	3.16	40.9	32.8	10.9	19.3
BY-2	4.14	17.2	10.6	3.43	8.31	63	3.32	93.2	3.82	338	167	23.4	3.06	40	33.8	10.8	20
BY-3	4.07	18.1	8.6	3.09	8.27	64.7	3.60	101	4.27	380	172	26.1	3.72	38.70	35.6	14.9	20
BY-4	4	17.3	8.36	2.65	8.98	59.1	3.33	98.9	3.72	370	166	24.3	3.38	36.90	33.9	10.9	19.3
维氏值	0.05	40	25	8	20	60	1.5	300	5	200	200	20	3.5	20	18	3.5	20

样号	Li	Be	Cd	Cs	B	Sn	Ag	As	Sb	Bi	Hg	Mo	F	Hf	Cl	Ba	Au
BY-1	127	11.9	0.14	26.3	19.3	11.1	0.093	5.19	1.48	2.22	0.016	0.99	1300	4.7	32.2	365	0.78
BY-2	128	11.2	0.14	26.9	22.5	11.1	0.093	5.86	3.69	2.16	0.01	1.09	1320	4.65	39.8	354	1.14
BY-3	134	10.3	0.21	28.1	20.8	10.8	0.072	6.74	1.39	1.26	0.014	0.77	1600	4.8	42.2	380	0.72
BY-4	131	9.57	0.14	28.4	22.4	14.1	0.083	4.77	1.13	1.71	0.009	0.82	1720	4.7	39.2	353	0.88
维氏值	40	5.5	0.1	5	15	3	0.05	1.5	0.26	0.01	0.08	1	800	1	240	830	4.5

表 4-21　川口地区花岗斑岩稀土元素分析结果及相关特征值数据表（×10⁻⁶）

样号	La	Ce	Pr	Nd	Sm	Eu	Gd	Tb	Dy	Ho	Er	Tm	Yb	Lu	Y	Σ	δEu	L/H
BY-1	46	95.4	11.7	43.1	8.02	0.69	5.04	0.92	5.29	0.85	2.3	0.35	2.05	0.31	25.5	248	0.31	4.81
BY-2	43	88.8	11	41.4	7.92	0.68	4.94	0.93	5.39	0.88	2.38	0.37	2.12	0.32	27.2	237	0.31	4.33
BY-3	48.7	99.8	12.4	46.6	9.06	0.83	5.79	1.1	6.41	1.01	2.75	0.43	2.5	0.37	28.7	266	0.33	4.43
BY-4	45.2	93.1	11.5	42.7	8.07	0.68	4.96	0.93	5.38	0.86	2.38	0.38	2.12	0.32	25.9	244	0.30	4.66

注：L/H 为 LREE/HREE 的简写。

　　花岗斑岩大离子亲石元素 Rb 含量为 338×10⁻⁶~380×10⁻⁶，Th 含量为 32.8×10⁻⁶~35.6×10⁻⁶，Ba 含量为 353×10⁻⁶~380×10⁻⁶，Sr 含量为 92×10⁻⁶~101×10⁻⁶；在微量元素原始地幔蛛网图中[图 4-37(a)]表现为 Rb、Th、U 富集，Ba、Sr、Ti 亏损特征，图解上显示明显的 Ba、Sr、Ti 低槽。高场强元素 Nb 含量为 22.9×10⁻⁶~26.1×10⁻⁶，Nb 平均含量为 24.2×10⁻⁶。Nb* 值为 0.26~0.29，明显小于 1，Nb 具有负异常，表明岩石在形成的过程中混染了部分大陆壳物质或花岗质岩石。

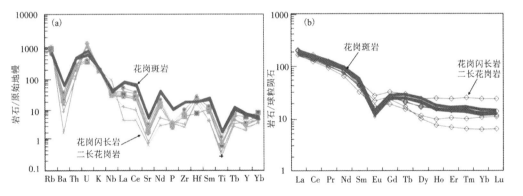

图 4-37　(a) 川口花岗斑岩微量元素原始地幔蛛网图和 (b) 稀土元素球粒陨石配分模式图
[图中浅色部分为川口花岗岩分布曲线，标准化数据引自 Sun 等 (1989)]

　　花岗斑岩微量元素丰度和维氏花岗岩平均值相比较，花岗斑岩中的 Hg、Cl、Sr、Cr、Ni、V、Ba、Cu、Co、Zr、Mo、Ta、Ga 元素总体较维氏平均含量低，各元素含量对比悬殊大小不等，相差几倍至数十倍不等，其中 Ba、Sr、Cl、Zr、V、Cr、Cu 相对维氏平均值含量较低；元素 Zn、Nb、B、Cd、Ag、Rb、F、Th、Be、Pb 和维氏平均值基本相当；元素 W、Li、U、As、Sn、Hf、Cs、Sb、Sc、Bi 较富集，相差几倍至数十倍不等，元素 W、Li、U、As、Sn、Hf、Cs、Sb 较维氏平均值高出 1~10 倍，而 Sc、Bi 高出维氏平均值上百倍。花岗斑岩微量元素的富集特征与川口地区的

Pb、W、Bi 水系沉积物异常及川口地区 W、Sn、Mo、Bi 矿产富集特征基本一致。

花岗斑岩稀土总量 $\sum$ REE 为 $237\times10^{-6}\sim266\times10^{-6}$，均值为 248×10^{-6}；LREE 含量为 $192\times10^{-6}\sim217\times10^{-6}$，HREE 含量为 $42.6\times10^{-6}\sim49.1\times10^{-6}$，LREE/HREE 值为 $4.33\sim4.81$，均值为 4.56；在稀土元素球粒陨石标准化配分模式图中 [图 4-37(b)]，表现出右倾配分模式，该配分模式与 LREE/HREE 均值为 1.56 的轻稀土富集特征一致。δEu 值为 $0.30\sim0.33$，δEu 值小于 1，呈负异常特征。

花岗斑岩的微量元素特征与川口隆起带上晚三叠世花岗岩特征基本一致，花岗斑岩的 Ba、Sr、Ti 亏损程度不及川口花岗岩，斑岩中大部分微量元素的含量高于川口花岗岩。花岗斑岩稀土元素特征与川口花岗岩基本一致，Eu 异常特征比川口花岗岩明显。

4.3.5.3 锆石 Lu-Hf 同位素特征

湖南衡阳川口隆起带花岗斑岩锆石 Hf 同位素分析数据表明，锆石 Hf 同位素分析以 GJ 为标样，获得标样的 ^{176}Lu/^{177}Hf 值为 $0.000238\sim0.000240$，均值为 0.000239；^{176}Hf/^{177}Hf 值为 $0.282014\sim0.282028$，均值为 0.282022 与侯可军等（2011）报道的标准样品 GJ1 ^{176}Lu/^{177}Hf 和 ^{176}Hf/^{177}Hf 分析数据 0.00028 ± 2、0.282008 ± 25 基本一致。

花岗斑岩（样号 35）分析 14 颗锆石（其加权平均年龄为 242.3 Ma）的 ^{176}Yb/^{177}Hf 和 ^{176}Lu/^{177}Hf 值分别为 $0.027453\sim0.062502$ 和 $0.000986\sim0.002268$，其 ^{176}Lu/^{177}Hf 值小于 0.002，表明这些锆石在形成以后，仅具有较少的放射性成因 Hf 积累，因而可以用初始的 ^{176}Hf/^{177}Hf 值代表锆石形成时的 ^{176}Hf/^{177}Hf 值 [图 4-38(a)，据吴福元等（2007b）]。锆石 Lu、Hf 同位素组成方面，$f_{Lu/Hf}$ 值为 $-0.97\sim-0.93$，低于平均地壳 $f_{Lu/Hf}$ 值-0.55（吴福元等，2007b），趋于上地壳 $f_{Lu/Hf}$ 值-0.72（Griffin，2002）。计算获得 14 颗锆石的 $\varepsilon_{Hf}(t)$ 值为 $-8.78\sim-2.59$，均值为-4.62，模式年龄 t_{DM} 值为 $1002\sim1263$ Ma，均值为 1084 Ma；t_{2DM} 值为 $1821\sim1431$ Ma，均值为 1558 Ma。

锆石具有极强的稳定性，其 Hf 同位素体系封闭温度很高，较少受到后期地质事件的影响。同时，锆石又具有极低的 Lu/Hf 值，因此可以较准确地获得锆石形成时的 Hf 同位素组成。因此锆石是目前探讨地壳演化和示踪岩浆岩源区的重要工具（于津海等，2005；吴福元等，2007）。若锆石初始 $\varepsilon_{Hf}(0)$ 为正值，说明岩体在形成时有较多幔源或是新生地壳物质的参与；若锆石初始 $\varepsilon_{Hf}(0)$ 为负值，则说明岩体形成时壳源物质占主导（张承帅等，2012；陈贤等，2014）。川口花岗斑岩锆石 $\varepsilon_{Hf}(t)$ 值变化不大，且全为负值（$-8.78\sim-2.59$），在 Hf 同位素相关参数图 [图 4-38(b)] 上，全部样品点都落在下地壳与球粒陨石演化线之间。

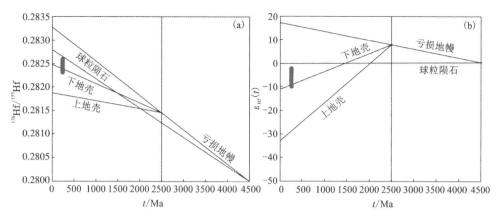

图 4-38　川口花岗斑岩锆石 Hf 同位素相关参数岩浆源区判别图
[底图据吴福元等（2007）；Amelin 等（1999）；
Blichert-ToftandAlbarède（1997）；Griffin 等（2000，2002）]

4.4　花岗斑岩脉成因及地质意义

4.4.1　岩石成因类型

川口花岗斑岩 SiO_2 含量较高，属于酸性岩类，且富硅、富钾，A/CNK 值为 1.08～1.12，显示为过铝质特征，在 CIPW 标准矿物计算中，富含刚玉分子 C 含量为 1.57%～1.91%，也体现为过铝值特征。在微量元素方面，大离子元素 Rb、Th、U 富集，Ba、Sr、Ti 亏损明显；在稀土元素方面，轻稀土富集，配分模式呈右倾型，Eu 亏损明显。在 SiO_2—TFeO/MgO 图解中，川口花岗斑岩全部投点落入 I、S 型花岗岩区域（图 4-39），在 10000×Ga/Al—TFeO/MgO 图解中，投点落在分异长英质花岗岩区域但靠近 A 型花岗岩，又不具有 A 型花岗岩高 TFeO/MgO（>10%）（Whalen，1987）、高 Zr 含量特征（A 型花岗岩 Zr 含量大于 $200×10^{-6}$）（King，1997）。上述特征表明川口花岗斑岩具地壳重熔花岗岩特征。

关于岩浆源区地壳成分特征，Sylvester（1998）提出用 CaO/Na_2O 值进行判别：$CaO/Na_2O>0.3$，表示源区物质属于贫黏土质岩石；$CaO/Na_2O<0.3$，表示源区物质属于富黏土质岩石。川口花岗斑岩的 CaO/Na_2O 值为 0.24～0.27，均值为 0.25，源区为富黏土质岩石熔融形成。利用 Sylvester（1998）提出用 Rb/Sr—Rb/Ba 图解对岩浆源区地壳成分进行判别，其投点落在靠近泥岩的富黏土区域（图 4-40），判别结果与 CaO/Na_2O 值判别特征一致。川口花岗斑岩锆石 $\varepsilon_{Hf}(t)$ 值

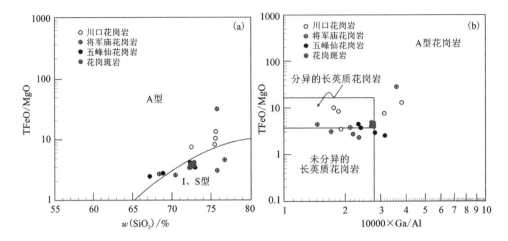

（a）SiO_2—TFeO/MgO 岩石类型判别图解［底图据 Frost 和 Frost（2001）］；

（b）10000×Ga/Al—TFeO/MgO 岩石类型判别图解［底图据 Whalen 等（1987）］。

图 4-39　川口花岗斑岩岩石类型判别图解

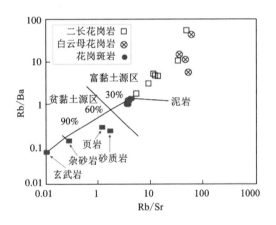

图 4-40　川口花岗斑岩 Rb/Sr—Rb/Ba 源区判别图

［图式据 Sylvester（1998）］

为-8.78~-2.59 及相关的 Hf 同位素相关参数图（图 4-38）显示花岗斑岩岩浆不具幔源岩浆特征，岩浆源区具下地壳与球粒陨石演化线之间岩石特征，应属地壳物质重熔成因。

4.4.2　构造意义

本次获得的川口花岗斑岩锆石 SHRIMP 年龄为（246.6±2.3）Ma、（242.3±2.1）Ma，花岗斑岩形成于中三叠世，与区域上形成于晚三叠世的花岗岩有显著区别，一方面川口花岗斑岩呈脉体产出，分布范围小；另一方面川口花岗斑岩与区域上发育于晚三叠世的似斑状花岗岩结构特征不同。因此探讨发育于华南内陆的花岗斑岩成因及产出的构造背景具有重要意义。

利用 Rb/30—Hf—3*Ta 三角图解对花岗斑岩的环境进行判别，投点主要在同碰撞花岗岩一侧但临界于同碰撞花岗岩与碰撞后花岗岩区分线（图 4-41），利用 Pearce（1996）提出的 Y—Nb 及（Yb+Ta）—Rb 环境判别图解，在 Y—Nb 图解中，投点集中在 VAG+ syn-COLG 和 A-ORG 临界区域[图 4-42（a）]，在（Yb+Ta）—Rb 图解中，投点主要在 syn-COLG 和 post-COLG 临界区域[图 4-42（b）]。通过 Rb/30—Hf—3*Ta、Y—Nb 和（Yb+Ta）—Rb 环境判别图解，显示川口花岗斑岩具有同碰撞向碰撞后转换的特点。川口花岗斑岩具有不高的 Y（25.5~28.7）、Nb（22.9~26.1）、Yb（2.05~2.5）含量（大陆上地壳 Y = 22、Nb = 12、Yb = 2.2）（Taylor 和 McLennan，1995），高的 Rb（338~380）含量（大陆上地壳 Rb = 220）（Taylor 和 McLennan，1995）和高的 A/CNK 值（1.08~1.12），显示出花岗斑岩与火山弧花岗岩或同碰撞花岗岩相类似的特性（同碰撞花岗岩 A/CNK > 1.15）（Maniar 和 Piccoli，1989）。

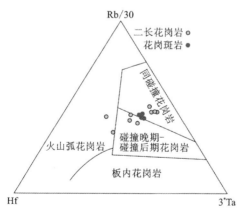

图 4-41　川口花岗斑岩三角构造环境判别图解

[图式据 Hairs（1986）]

华南印之期（晚三叠世）的花岗岩类分布非常广泛，规模宏大，多形成于碰撞挤压之后的应力松弛阶段（陈迪等，2017a，2017b）。本书发现形成于中三叠世的

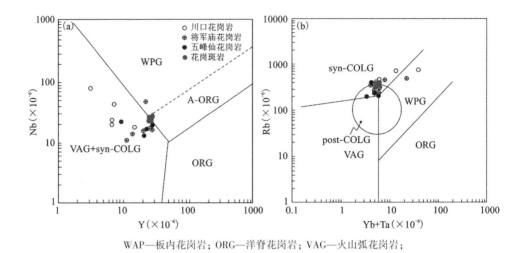

WAP—板内花岗岩；ORG—洋脊花岗岩；VAG—火山弧花岗岩；
syn-COLG—同碰撞花岗岩；post-COLG—后碰撞花岗岩。

图4-42 (a)衡阳盆地东缘花岗岩 Y—Nb 及(b)Yb+Ta—Rb 环境判别图解
[据 Pearce(1996)]

川口花岗斑岩[锆石 U—Pb 年龄(246.6±2.3) Ma、(242.3±2.1) Ma]具有同碰撞
向碰撞后转换的构造属性。海西—印支期华南发生了强烈的陆内造山活动，并伴
随陆内强烈挤压(李坤等，2017)，Chung(1997)认为印支板块对华南板块的主碰
撞时间为 254~242 Ma，碰撞后的伸展背景下发育有大量的印支期花岗岩。但印
支板块对华南板块碰撞在越南北部构造热事件形成的时间、构造线走向、运动学
方向与华南均存在一定的差异。越南北部构造热事件多集中在早—中三叠世
(250~240 Ma)，而华南地区仅广西和浙江有这一时期的构造热事件发育，其他地
区构造热事件多形成于中—晚三叠世；越南北部三叠纪构造线走向多为 NW 向，
而华南除西南地区构造线走向与其相似外，其他地区三叠纪构造线走向多为 NE
向或 NNE 向；越南北部三叠纪构造运动学方向除西南地区发育有右旋韧性走滑
剪切外，其他地区多为左旋韧性走滑剪切。因而从构造作用角度而言，发育在越
南的印支造山作用对华南的影响有限(刘园园，2013)。王文宝等(2018)报道的
十万大山 S 型花岗岩[(243±3) Ma]为地壳减压松弛的构造背景下形成，其成因
可能与古太平洋板块俯冲作用相关；刘园园(2013)在朝鲜半岛、日本、菲律宾等
地发现的晚二叠世—早三叠世弧岩浆岩，进一步证实了三叠纪古太平洋板块俯冲
作用的存在。因而，华南三叠纪构造—岩浆作用主要与古太平洋板块俯冲作用有
关(刘园园，2013)。

　　结合区域上研究成果，川口花岗斑岩发育于茶陵至郴州北北东向大断裂与安

仁至常德北西向基底隐伏大断裂交汇部位(柏道远等, 2005a)的川口北北西向蕉园背斜东西两翼(花岗斑岩为零星出露), 斑岩的发育受古太平洋板块俯冲作用远程效应影响, 属于挤压应力背景下形成的地质体, 其产出背景具碰撞向碰撞后转换的属性。

4.5　花岗岩锆石 U–Pb 年代学格架

本书对衡阳盆地东缘的将军庙、川口、五峰仙岩体开展了锆石 SHRIMP U–Pb、LA–ICP MS U–Pb 测年, 获得将军庙岩体的锆石 U–Pb 年龄为(229.1±2.8) Ma, 川口花岗斑岩的锆石 U–Pb 年龄为(246.6±2.3) Ma 和(242.3±2.1) Ma, 川口黑云母二长花岗岩的锆石 U–Pb 年龄为(237.3±0.78) Ma(Li 等, 2021)、(223.1±2.6) Ma、(227.8±0.66)(Li 等, 2021), 川口白云母花岗岩的锆石 U–Pb 年龄为(206.4±1.4) Ma、(202.0±1.8) Ma, 五峰仙黑云母二长花岗岩的锆石 U–Pb 年龄为 236 Ma(Wang 等, 2007)、(233.5±2.5) Ma、(221.6±1.5) Ma(王凯兴等, 2012)。根据本书获得的衡阳盆地东缘印支期花岗岩高精度年龄数据和以往发表的年龄, 结合将军庙、川口、五峰仙岩体的岩石特征, 以及各侵入体之间的接触关系, 将衡阳盆地东缘印支期岩浆活动划分为三个阶段岩浆活动, 厘定的锆石 U–Pb 年代学格架见表 4–22。

表 4–22　衡阳盆地东缘印支期花岗岩锆石 U–Pb 年代学格架划分方案表

成岩期	成岩阶段	年龄/Ma	岩体	数据来源
印支期	第三阶段	202.0±1.8	川口岩体	陈迪等, 2022
		206.4±1.4	川口岩体	陈迪等, 2022
	第二阶段	221.6±1.5	五峰仙岩体	王凯兴等, 2012
		227.8±0.66	川口岩体	Li 等, 2021
		223.1±2.6	川口岩体	陈迪等, 2022
		233.5±2.5	五峰仙岩体	陈迪等, 2022
		229.1±2.8	将军庙岩体	陈迪等, 2022
	第一阶段	236	五峰仙岩体	Wang 等, 2007
		237.3±0.78	川口岩体	Li 等, 2021
		242.3±2.1	川口花岗斑岩脉	陈迪等, 2022
		246.6±2.3	川口花岗斑岩脉	陈迪等, 2022

　　印支期第一阶段：该阶段以川口花岗斑岩的年龄为主，时限为(246.6±2.3)~(242.3±2.1) Ma，五峰仙岩体、川口花岗岩中部分年龄为(237.3±0.78) Ma，236 Ma也属该阶段岩浆活动产物，该阶段的花岗岩侵位可能是在华南板块南缘与古特提斯洋俯冲碰撞的背景下形成。

　　印支期第二阶段：该阶段是衡阳盆地东缘岩浆活动的主要阶段，花岗岩的形成年龄为(233.5±2.5)~(221.6±1.5) Ma，时限为晚三叠世，形成于碰撞挤压之后的应力松弛阶段。

　　印支期第三阶段：该阶段花岗岩的侵位主要在川口隆起带上，岩石以细粒花岗岩、白云母花岗岩为主，呈岩株产出，年龄为(202.0±1.8)~(206.4±1.4) Ma，显示该地区岩活动晚期的特征。

　　华南印支期花岗岩的侵位年龄变化范围相对较大，花岗岩出露主要呈面状分布。湖南省地质调查院(2017)、郭春丽等(2012)先后对湖南境内和华南印支期花岗岩成岩年龄统计，结果显示湖南省印支期花岗岩成岩峰期为225~210 Ma，华南印支期花岗岩成岩年龄为278~202 Ma，主要集中于220 Ma左右。近年的研究显示，琼、桂、粤等地分布着一些印支早期的花岗岩类，如海南五指山花岗岩(267~262 Ma)(王超等，2019)、尖峰岭花岗岩(236~232 Ma)(舒斌等，2004)、三亚正长岩类(252~237 Ma)(谢才富等，2005)、桂东南十万大山—大容山堇青石花岗岩和紫苏辉石斑岩(236~230 Ma)(邓希光等，2004)、云开大山片麻状花岗岩(255~229 Ma)(汪绍年，1991)、赣南五里亭花岗岩(243~233 Ma)(邱检生等，2004；张文兰等，2004)、粤北贵东花岗岩(239~236 Ma)(徐夕生等，2003)、闽北铁山和洋坊正长岩(254~242 Ma)(陈世忠等，2018)等。而印支期岩浆活动在湖南境内，主要以广泛的印支晚期岩浆活动为特征，岩石的年龄峰期出现于225~210 Ma，年龄大于240 Ma者较少(丁兴等，2005)。衡阳盆地东缘岩浆活动的主要阶段形成年龄为(233.5±2.5)~(221.6±1.5) Ma，形成时限为晚三叠世，与区域上岩浆活动时限一致。

　　值得强调的是，川口花岗岩岩体群的成岩时代以往一直没有高精度年代学的支持，在成岩年龄方面存在不同认识，较多的观点认为其形成于中侏罗世，并获得黑云母钾氩法年龄164 Ma(湖南省地质调查院，2005)；柏道远等(2007)将川口过铝花岗岩归为燕山早期并对其成因等展开了讨论，该认识与区域成岩成矿地质背景基本吻合，华仁民和毛景文(1999)认为160~150 Ma是南岭地区的成岩成矿大爆发时期，该时期华南板块伸展减薄，大规模的燕山期花岗岩侵位，形成了众多的与花岗岩密切相关的大型W、Sn矿床。然而贵阳地化所测定成岩年龄数据为258~214 Ma(邓湘伟，2009)，表明其形成于印支期而非燕山期，孙涛(2006)、蔡杨等(2012)也认为川口花岗岩形成于印支期。

　　本书获得川口花岗岩岩体群中二长花岗岩及白云母花岗岩年龄分别为(223.1±

2.6）Ma、（206.4±1.4）Ma、（202.0±1.8）Ma，且在获得锆石单点 $^{206}Pb/^{238}U$ 年龄
中普遍出现加里东期的捕获锆石却少见燕山期的混染锆石，因此获得的锆石
SHRIMP、LA-ICP-MS U-Pb 数据表明川口花岗岩岩体群形成于印支期。川口花
岗岩多呈岩株状产出，已有钻探资料表明川口隆起带有隐伏岩体（邓湘伟，2009；
柳智，2012；王银茹，2012）。钻探资料及岩体与围岩在地形切割较深之处的接触
特征表明，川口花岗岩众多的小岩株在底部可能相连，川口花岗岩出露的岩性单
一不复杂，是川口花岗岩岩体群有别于南岭地区中生代出露面积大、岩石类型多
样的复式岩体，如陈迪等（2013，2015）报道的湖南锡田岩体两期（岩体年龄
230~215 Ma 和 160~141 Ma）多阶段侵位的中生代复式花岗岩体，表现出岩石组
合和形成年龄的复杂性。因此川口花岗岩岩体群不存在多期侵入，而是在晚三叠
世形成。本次获得的川口花岗岩锆石 U-Pb 年龄数据可明显分为两组，一组为
（223.1±2.6）Ma，另一组为（206.4±1.4）~（202.0±1.8）Ma，两组年龄之间相差
近 20 Ma，而花岗岩基从开始侵位到冷凝结晶完成所需时间一般不超过 10 Ma（秦
江锋，2010），因而川口花岗岩不可能是由单一的岩浆房经过缓慢的冷却作用和
结晶分异作用形成的，其年龄具有两组特征反映了川口地区印支期多阶段的岩浆
活动特征（表 4-22）。

衡阳盆地东缘的将军庙、川口、五峰仙花岗岩中锆石具有震荡环带生长边，
结合锆石微量元素特征，说明它们是岩浆结晶成因的锆石，对它们所进行的锆石
U-Pb 定年结果代表了岩浆的结晶年龄，上述年龄数据的获得（表 4-22）进一步佐
证了湖南境内的常德至安仁构造岩浆带上花岗岩主要形成于印支晚期，形成年龄
晚于琼、桂、粤地区印支期花岗岩的年龄。因此，华南印支期花岗岩显示由南向
北成岩年龄变轻的趋势，这可能与印支板块、华南板块和华北板块的依次碰撞有
关（丁兴等，2005；陈卫锋等，2007）。

4.6　花岗岩成因类型

4.6.1　将军庙岩体成因类型

将军庙印支期花岗岩均含过铝质花岗岩的特征矿物白云母、堇青石，具有高
的 SiO_2 含量（70.6%~76.7%），高的 A/CNK 值（1.15~1.32），为强过铝质的特
征，在 CIPW 标准矿物计算中，富含刚玉分子 C，含量为 1.3~3.8，也体现为过铝
值特征；在微量元素方面，大离子元素 Rb、Th、U 富集，Nb、Ba、Sr、Ti 亏损明
显；在稀土元素方面，轻稀土富集明显，配分模式图呈右倾型，Eu 亏损相对明
显，上述特征表明，将军庙印支期花岗岩应属于 S 型花岗岩范畴。

Sr、Nd 同位素示踪显示，衡阳盆地东缘将军庙花岗岩的 $\varepsilon_{Nd}(t)$ 为负值，且

$\varepsilon_{Nd}(t)$ 为 $-10.3 \sim -9.1$ 较低,两阶段 Nd 模式年龄 t_{2DM} 为 $1.92 \sim 1.67$ Ga,表明它们起源于元古宙地壳基底重熔,显示为壳源成因特点。区内花岗岩初始锶 $(^{87}Sr/^{86}Sr)_i$ 值为 $0.702456 \sim 0.802227$,均值为 0.736121;花岗岩的初始锶含量较高并大于壳源地质体的初始锶 $(^{87}Sr/^{86}Sr)_i = 0.712$,韩吟文等(2003)认为花岗岩的 $(^{87}Sr/^{86}Sr)_i$ 大于 0.707 为 S 型花岗岩。联合 Sr-Nd 同位素特征对花岗岩岩石类型进行判别,利用 $\varepsilon_{Nd}(t)$、$(^{87}Sr/^{86}Sr)_i$ 作图,并参照拉克伦褶皱带上花岗岩类型分布特点(Healy 等,2004),衡阳盆地东缘将军庙花岗岩投点较分散,总体显示为 S 型花岗岩及沉积岩重熔形成的特征[图 4-43(a)]。利用 $t—\varepsilon_{Nd}(t)$ 演化图解对岩浆源区进行判别,投点总体显示为 1800 Ma 地壳重熔的特点[图 4-43 (b)],显示为元古代地壳基底重熔特征,与 Nd 两阶段模式年龄 t_{2DM} 为 $1.92 \sim 1.67$ Ga 的结果吻合。在微量元素蛛网图上,将军庙花岗岩明显富集大离子亲石元素。与相邻岩体微量元素相比,Ba、Nb、Sr 表现为强烈亏损,而 Rb、Th+U、La+Ce、Nd、Zr+Hf+Sm、Y+Yb+Lu 等则相对富集,显示出壳源花岗岩特征。Nb 相对 Ta 明显亏损,说明二者存在分馏,也暗示花岗岩具有壳源花岗岩特征(陈小明等,2002;钟响等,2015)。

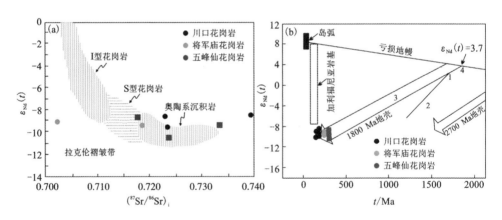

(a) $\varepsilon_{Nd}(t)-(^{87}sr/^{86}Sr)_i$ 图解;(b) $\varepsilon_{Nd}(t)-t$ 图解。

1—1670 Ma 博尔德溪花岗岩体;2—1400 Ma 银羽等花岗岩体;

3—1015 Ma 派克峰花岗岩体;4—1.8 亿年地壳。

图 4-43 衡阳盆地东缘花岗岩 Sr-Nd 同位素判别图解

[(a)据 Healy 等(2004);(b)据 Depaolo(1981)]

锆石具有极强的稳定性,其 Hf 同位素体系封闭温度很高,较少受到后期地质事件的影响(吴福元等,2007b)。同时,锆石又具有极低的 Lu/Hf 值,因此可以较准确地获得锆石形成时的 Hf 同位素组成。这些特征使锆石成为目前探讨地壳演化和示踪岩浆岩源区的重要工具[图4-44(a)](于津海等，2005；吴福元等，2007b)。若锆石初始ε_{Hf}为正值，说明岩体在形成时有较多幔源或新生地壳物质的参与；若锆石初始ε_{Hf}值为负值，则说明岩体形成时壳源物质占主导(张承帅等，2012；陈贤等，2014；吴福元，2007b)。将军庙岩体二长花岗岩锆石$\varepsilon_{Hf}(t)$值变化不大，且全为负值(-2.87~-0.23)，如图4-44(b)所示，全部样品点落入下地壳与球粒陨石演化线之间。在图4-45(a)中，所测样品分布在全球沉积物区域。地球化学特征表明将军庙二长花岗岩属壳地物质重熔S型成因类型。Sr-Nd同位素二阶段模式年龄为1.8~1.7 Ga，与Hf二阶段模式年龄T_{DM2}范围1.4~1.3 Ga较为接近，t—$\varepsilon_{Nd}(t)$图解[图4-45(b)]上，样品点均落在华南元古宙地壳演化区域(沈渭洲等，1993)，这些特征指示将军庙岩体来源于华南中元古代结晶基底地壳物质重熔。

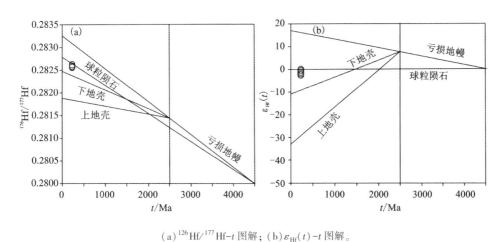

(a) $^{126}Hf/^{177}Hf$-t图解；(b) $\varepsilon_{Hf}(t)$-t图解。

图4-44 将军庙花岗岩锆石Hf同位素相关参数投影图

[据吴福元等(2007)；Amelin等(1999)；Blichert-ToftandAlbarède (1997)；Griffin等(2000, 2002)]

4.6.2 川口岩体群成因类型

衡阳川口二长花岗岩、白云母花岗岩均含过铝质花岗岩的特征矿物白云母、堇青石等，具有高的SiO_2含量，均值分别为73.9%和75.2%；具有高的A/CNK值，均值分别为1.08和1.21，尤其是白云母花岗岩的A/CNK值>1.1，显示为强过铝质的特征；在微量元素方面，大离子元素Rb、Th、U富集，Ba、Sr、Ti亏损明显；在稀土元素方面，轻稀土有一定程度的富集，配分模式图呈右倾、平坦型，Eu亏损相对明显，上述特征表明衡阳川口二长花岗岩、白云母花岗岩具壳源重熔S型花岗岩特征。

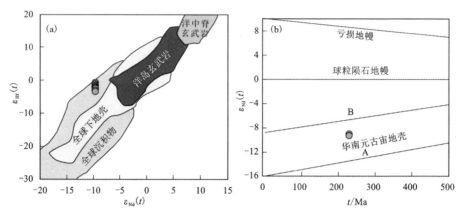

洋中脊玄武岩、洋岛玄武岩和全球沉积物数据区域引自 Vervoort and Blichert-Toft(1999)；
全球下地壳数据区域引自 Vervoort 等(2000)。

图 4-45　(a)将军庙花岗岩 $\varepsilon_{Nd}(t)$—$\varepsilon_{Hf}(t)$ 关系图和(b)t—$\varepsilon_{Nd}(t)$ 图解

[底图据沈渭洲等(1993)]

　　川口花岗岩($^{87}Sr/^{86}Sr$)$_i$ 值为 0.7232~0.8022，初始锶含量较高并大于壳源的地质体初始锶[($^{87}Sr/^{86}Sr$)$_i$ = 0.712]，韩吟文等(2003)认为花岗岩的($^{87}Sr/^{86}Sr$)$_i$ 大于 0.707 为 S 型花岗岩，而且初始锶大于大陆地壳($^{87}Sr/^{86}Sr$)$_i$ 平均值为 0.719(Faure，1986)，$\varepsilon_{Nd}(t)$ 为 -9.60~-8.38，符合壳源 S 型花岗岩的 Sr-Nd 同位素特征。它们的两阶段 Nd 模式年龄 t_{2DM} 为 1.78~1.67 Ga，表明其主要起源于中元古代地壳基底重熔；在($^{87}Sr/^{86}Sr$)$_i$—$\varepsilon_{Nd}(t)$ 图解(图 4-46)中，样品投点大部分落入 S 型花岗岩范围，以上均显示川口花岗岩为壳源成因的 S 型花岗岩。

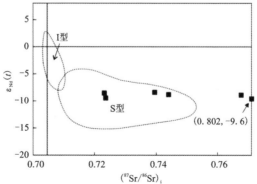

图 4-46　川口花岗岩($^{87}Sr/^{86}Sr$)$_i$—$\varepsilon_{Nd}(t)$ 图解

[底图据 Ling 等(2001)]

　　锆石是最早结晶的副矿物之一，对温度极为敏感且不易遭受后期流体的蚀变，其结晶温度可近似代表花岗质岩浆的近液相线温度。采用 Watson 和 Harrison（1983）从高温实验得到的 Zr 饱和温度计计算模型，估算得到二长花岗岩结晶时的温度为 655.7~749.5℃，白云母花岗岩结晶时的温度为 660.3~689.8℃，表明川口花岗岩岩体群的结晶温度较低，这与地壳重熔 S 型花岗岩特征一致。

　　川口花岗岩经历了强烈的分异演化，从黑云母花岗岩到白云母花岗岩，岩石的分异程度越来越高。在自然界，岩浆在冷却过程中，通常橄榄石、辉石等镁铁质矿物熔点较高，易率先晶出，而石英、云母等矿物熔点较低，从岩浆中晶出较晚，从川口花岗岩的矿物组成来看，该地区的花岗岩经历了强烈的分异演化，在岩浆分异演化的晚阶段形成。

　　Bowen（1922）认为，岩浆反应进行程度的差异，是岩浆分异作用最为本质的特征，该认识即鲍文反应原理。鲍文反应系列分为两支进行，一为浅色的斜长石连续系列，矿物的结晶格架不发生大的改变，在成分上有连续渐变关系；二为深色的铁镁矿物不连续系列，相邻矿物之间结晶格架发生显著变化。鲍文反应系列主要受温度影响，在岩浆冷却过程中，同时会析出一种斜长石和一种铁镁矿物，它们的成分随结晶过程而变，两系列为互相独立的结晶作用而继续进行，晚期合并形成单一不连续系列，以石英为最后产物。川口花岗岩分异指数 *DI* 为 89~95，明显大于花岗岩的分异指数 80（邱家骧和林景仟，1991），显示出川口花岗岩高度分异演化的特征，从鲍文反应系列矿物组成特征来看（图 4-47），川口黑云母二长花岗岩、二云母二长花岗岩是该地区岩浆演化的晚阶段形成的，接近岩浆演化尾声。

图 4-47　鲍文反应系列矿物结晶顺序示意图
［底图据 Bowen（1922）］

4.6.3 五峰仙岩体成因类型

五峰仙岩体 SiO_2 含量可以分为两组，一组 SiO_2 含量<70%，另一组 SiO_2 含量 >70%，并分别为弱过铝质和强过铝质的花岗岩，该分组与五峰仙岩体中富含黑云母、暗色微粒包体的花岗闪长岩、二长花岗岩和二云母二长花岗岩相对应。岩石地球化学特征方面：$K_2O + Na_2O$ 含量为 7.29% ~ 8.06%，K_2O/Na_2O 值为 1.15~2.54，里特曼指数(δ)值为 1.62~2.68，FeO^T/MgO 值为 2.08% ~ 4.45%，Zr 含量为 58×10^{-6} ~ 212×10^{-6}，Sr 含量为 48×10^{-6} ~ 260×10^{-6}。尽管五峰仙岩体富钾，体现出一定程度的高 FeO^T/MgO、高 Zr 含量，并在图 4-48(b) 中显示为 A 型花岗岩，但一般 A 型花岗岩的 FeO^T/MgO>10%(Whalen，1987)甚至大于 16%(Bonin，2007)，Zr 含量大于 200×10^{-6}(King，1997)，Sr 含量低，可低于 10×10^{-6}(张旗，2012)，五峰仙岩体黑云母二长花岗岩地球化学特征并未表现出 A 型花岗岩的一般特征(Whalen，1987；Bonin，2007；King，1997；张旗，2012)。因此，总体看来五峰仙岩体不具 A 型花岗岩特征，图 4-48(a) 投点也显示为 S、I 型向 A 型过度的特点，判别图解并不能很好地识别出五峰仙岩体的岩石类型。另外，A 型花岗岩最本质的特征在于它是一种高温花岗岩，其形成温度高于 I 型和 S 型花岗岩(Collins，1982)，锆石饱和温度计获得的铝质 A 型花岗岩平均结晶温度通常可以为 800℃以上(King，1997；刘昌实，2003)。实验岩石学证据表明 A 型花岗岩的形成温度超过 900℃(Clemens，1986；Skjerlie，1992；Patiňo，1997)。根据 Watson

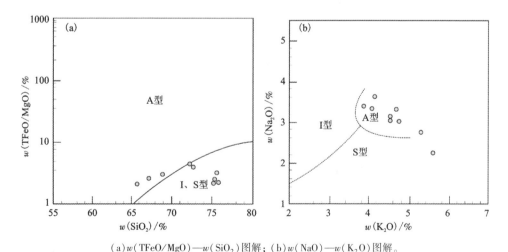

(a) $w(TFeO/MgO)$—$w(SiO_2)$ 图解；(b) $w(NaO)$—$w(K_2O)$ 图解。

图 4-48　五峰仙岩体花岗岩岩石类型判别图解

[图式据文献 Collins (1982)]

和 Harrison(1983)锆石饱和温度计算公式，获得五峰仙岩体的 t_{Zr} 值为 720～801℃，均值为 758℃，该值低于 A 型花岗岩的锆石饱和温度值。

Wang 等(2007)对湖南印支期的花岗岩研究认为，其 A/CNK 为 1～1.1，弱于铝质花岗岩，为 I 型花岗岩。王强等(2000)认为 I 型花岗岩 FeO^T/MgO 值小于 1%，Rb 含量大于 $270×10^{-6}$。五峰仙岩体 Rb 含量为 $135×10^{-6}$～$397×10^{-6}$，相对较高，但也未具 I 型花岗岩的典型特征，岩石中普遍不含 I 型花岗岩的典型矿物角闪石(王涛等，2005)。然而，五峰仙岩体 P_2O_5 含量较高(0.13%～0.2%，均值为 0.16%)，Na_2O 均值为 3% 及富含刚玉分子 C(0.38～4.23)显示具 S 型花岗岩特征，S 型花岗岩 P_2O_5 均值为 1.4% 及 Na_2O 均值在 2.8% 左右(King，1997)。Dostal 等(2000)认为分异花岗岩的 Nb/Ta 值为 2.3～9.9，五峰仙岩体黑云母二长花岗岩 Nb/Ta 值为 4.61～12.1，较高，分异指数 DI 值为 76～92 及相对高的 Rb 含量表现为分异、甚至高分异的花岗岩。King 等(2001)研究认为这种经历过高度分异演化的花岗岩，难以利用岩石地球化学指标区分 I 型、A 型和 S 型花岗岩，正如本书讨论的五峰仙岩体在某些方面表现出 A 型、I 型花岗岩特征却不典型。但是，五峰仙岩体黑云母二长花岗岩总体有较高的 SiO_2 含量(>65%)，A/CNK 值>1，大离子元素 Rb、Th、U 富集，Ba、Sr、Ti 亏损明显；轻稀土富集，配分模式图呈右倾，Eu 呈负异常等特征，可认为五峰仙岩体为 S 型花岗岩。另外，五峰仙岩体黑云母二长花岗岩 Rb/Sr 值为 0.52～8.23，高于地壳平均值 0.32(Taylor，1995)，表现为成熟度较高的陆壳物质重熔形成的特征。

锆石 Hf 同位素方面，本书分析的黑云母花岗岩 $\varepsilon_{Hf}(t)$ 值为 -4.4～0.7，王凯兴等(2012)报道五峰仙岩体二云母花岗岩 $\varepsilon_{Hf}(t)$ 值为 -8.72～-2.21[图 4-49(a)]，锆石 $\varepsilon_{Hf}(t)$ 值较高，尤其是黑云母花岗岩。Wang 等(2007)和王凯兴等

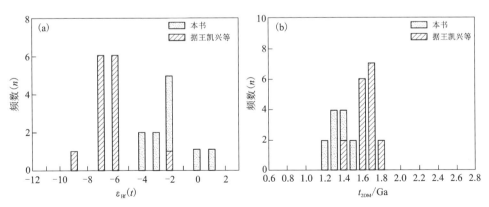

图 4-49　五峰仙岩体锆石 $\varepsilon_{Hf}(t)$ 直方图(a)和 t_{2DM} 频数分布直方图(b)

[据陈迪等(2017b)修改]

（2012）通过岩石学、岩石地球化学的研究认为五峰仙岩体及湘东南地区印支期的黑云母花岗岩（弱过铝型）为Ⅰ型花岗岩，但本书著者却不这样认为。本书著者通过野外地质调查发现，五峰仙岩体中富含黑云母的花岗岩均发育暗色微粒包体（二云母花岗岩中未发育），这类包体具有岩浆混合成因的岩石学标志，如发育淬冷结构、长石捕获晶、矿物镶边及包体的塑性形变等特征。近年来，陶继华等（2015）对华南印支期花岗岩中矿物化学研究认为存在岩浆混合成因的岩石包体，本书著者调查发现湖南岩坝桥岩体中的岩石包体［U-Pb 年龄为（220.7±1） Ma］也是岩浆混合成因，这就表明在区域上，存在幔源岩浆参与印支期花岗岩的形成。因此，五峰仙黑云母二长花岗岩中锆石 $\varepsilon_{Hf}(t)$ 值高可能是幔源岩浆与壳源岩浆混合所致。而锆石 Hf 的两阶段模式年龄二云母花岗岩 t_{2DM} 值 1815~1400 Ma大于黑云母花岗岩 t_{2DM} 值 1534~1216 Ma［图 4-49（b）］，表明黑云母花岗岩中可能有新生地壳物质加入。五峰仙岩体黑云母花岗岩中发育的暗色包体呈不均匀分布，按所占体积分数其含量总体小于1%，这就说明地幔物质的加入所占比例有限，而岩体中黑云母花岗岩、二云母花岗岩锆石 Hf 同位素组成的异同可能还受不同的源区物质重熔的影响。

4.7 晚三叠世花岗岩物质来源

关于岩浆源区地壳成分特征，Sylvester（1998）提出可用 CaO/Na2O 值进行判别：CaO/Na2O>0.3，表示源区物质属于贫黏土质岩石；CaO/Na2O<0.3，表示源区物质属于富黏土质岩石。

将军庙印支期花岗岩的 CaO/Na2O 值为 0.04~0.56，均值为 0.19，而 CaO/Na2O 值大于 0.3 的样品只有两个，其值分别为 0.45 和 0.56。总体来看，将军庙印支期花岗岩的 CaO/Na2O 值较低，显示为富黏土质岩石重熔形成的特征。利用 Sylvester（1998）提出的 Rb/Sr—Rb/Ba 图解对岩浆源区地壳成分进行判别，其源区特征（图 4-50）与 CaO/Na2O 值判别特征一致，投点分布在富黏土质岩石区域，且部分显示源岩为泥岩的特点。本书研究了印支期将军庙花岗岩的 Nd 同位素的两阶段模式年龄（t_{DM}^C）为 1.76~1.73 Ga，利用 $t—\varepsilon_{Nd}(t)$ 演化图解对岩浆源区进行判别，投点总体显示为 1800 Ma 地壳重熔的特点（图 4-51），Nd 两阶段模式年龄特征表明将军庙印支期花岗岩为古元古代晚期地壳物质的部分熔融形成。

川口二长花岗岩的 CaO/Na2O 值为 0.08~0.3，均值为 0.21，按 Sylvester（1998）提出 CaO/Na2O 值进行判别，CaO/Na2O<0.3，表示源区物质属于富黏土质岩石。川口白云母花岗岩的 CaO/Na2O 值为 0.04~0.13，均值为 0.08，表明白云母花岗岩 CaO/Na2O 值更低，也显示为富黏土质岩石重熔形成的特点。利用 Sylvester（1998）提出 Rb/Sr—Rb/Ba 图解对岩浆源区地壳成分进行判别，其源区

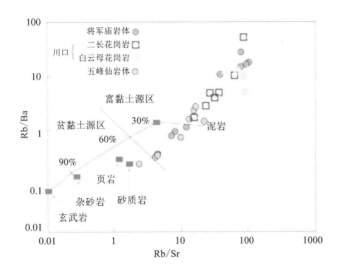

图 4-50　川口、将军庙、五峰仙花岗岩 Rb/Sr—Rb/Ba 源区判别图解

［底图据 Sylvester（1998）］

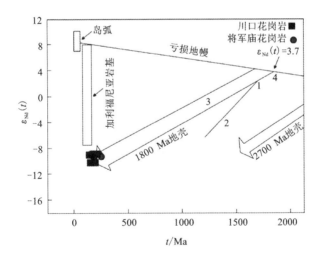

1—1670 Ma Boulder Creek 花岗岩体；2—1400 Ma Silver plume 等花岗岩体；
3—1015 Ma Pikes peak 花岗岩体；4—1.8 亿年地壳。

图 4-51　川口、将军庙、五峰仙花岗岩 t—$\varepsilon_{Nd}(t)$ 演化图

［底图据 Depaolo（1981）］

特征(图 4-50)与 CaO/Na_2O 值判别特征一致,投点主要落在富黏土质岩石区域。利用 $t-\varepsilon_{Nd}(t)$ 演化图解对岩浆源区进行判别,投点总体显示为 1800 Ma 地壳重熔的特点(图 4-51)。

五峰仙花岗岩的 CaO/Na_2O 值可以分为两组,一组值为 0.18~0.42,均值为 0.26,按 Sylvester(1998)提出 CaO/Na_2O 值进行判别,$CaO/Na_2O<0.3$,表示源区物质属于富黏土质岩石;另一组有三个样品,CaO/Na_2O 值为 0.83~0.87,均值为 0.84,按 Sylvester(1998)提出的划分方案 $CaO/Na_2O>0.3$,这类岩石显示为贫黏土物质重熔的特征,在图解中,其投点较分散,显示源区物质较为复杂的特点(图 4-50)。

在五峰仙岩体锆石 Hf 同位素方面,本书分析的黑云母花岗岩 $\varepsilon_{Hf}(t)$ 值为 -4.4~0.7,王凯兴等报道五峰仙岩体二云母花岗岩 $\varepsilon_{Hf}(t)$ 值为 -8.72~-2.21,锆石 $\varepsilon_{Hf}(t)$ 值较高,尤其是黑云母花岗岩。Wang 等(2007)和王凯兴等(2012)通过岩石学、岩石地球化学的研究认为五峰仙岩体及湘东南地区印支期的黑云母花岗岩有类似 I 型花岗岩的地球化学特征。本书著者通过野外地质调查发现,五峰仙岩体中富含黑云母的花岗岩中均发育暗色微粒包体,为岩浆混合成因,黑云母花岗岩中高的锆石 $\varepsilon_{Hf}(t)$ 值可能是幔源岩浆与壳源岩浆混合所致,显示五峰仙花岗岩在形成过程中有幔源岩浆参与的特征。

衡阳盆地东缘的川口、将军庙、五峰仙花岗岩分布在北西—南东向的常德至安仁构造岩浆带上,它们的空间位置分布呈线性展布,均形成于晚三叠世,岩石地球化学特征总体相似,均为钾质、亚碱性、过铝质的碱钙性岩石。从岩体产出位置的围岩来看,川口、将军庙、五峰仙花岗岩所接触的围岩有所不同,川口、将军庙所侵入的围岩主要为青白口系,五峰仙岩体所侵入的围岩主要为早古生代、晚古生代地层。川口、将军庙、五峰仙花岗岩 Hf 同位素、Sr、Nd 同位素均显示为下地壳重熔型花岗岩特征。为了解川口、将军庙、五峰仙花岗岩成分变化和岩石间的成因联系,以 SiO_2 为横坐标、其他主要氧化物为纵坐标对岩石的相关性和演化趋势进行分析。在川口、将军庙、五峰仙花岗岩主体岩石的主量元素 Harker 图解中,SiO_2 与 Al_2O_3、CaO、MgO、P_2O_5、TiO_2、FeO、$TFeO$ 及 K_2O 投点呈良好的线性关系(图 4-52),在分离结晶作用中,由于受固溶体矿物晶出的影响,其演化线多为曲线,而不是直线,因此图解中直线分布特征反映该地区花岗岩具有同源区岩浆演化的特征(路凤香和桑隆康,2002)。

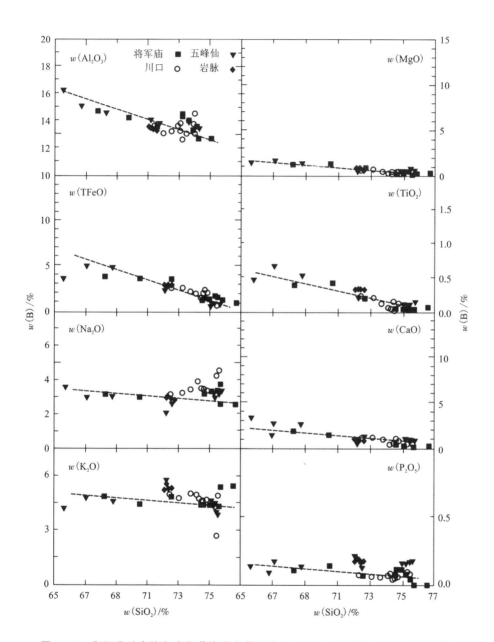

图 4-52 衡阳盆地东缘印支期花岗岩主量元素 $w(SiO_2)$—氧化物 $w(B)$ 变异图解

[底图据李瑞保等（2018）]

4.8 晚三叠世花岗岩形成的温压条件

花岗岩研究中一个较难获取的资料是岩浆形成时的温压条件,我们目前对花岗岩浆起源的温度、压力的认识主要是基于实验岩石学资料(吴福元等,2007a),而温度和压力这两个物理化学参数既是岩浆在地壳深部(甚至上地幔)形成的条件,又是岩浆发生结晶和固结的条件,不同成因的花岗岩可能具有不同的温度和压力条件。为了深入地了解衡阳盆地东缘印支期将军庙、川口及五峰仙岩体形成的温度和压力条件,利用 Watson 和 Harrison(1983)提出的锆石饱和温度计和Johannes 和 Holtz(1996)提出的 CIPW 标准矿物相图对将军庙、川口及五峰仙岩体的温度和压力进行估算。

根据锆石饱和温度计计算得到将军庙、川口及五峰仙岩体的锆石饱和温度数据见表 4-23。

表 4-23　衡阳盆地东缘印支期花岗岩锆石饱和温度计计算结果数据表

岩体	岩性	样号	Zr/($\times 10^{-6}$)	M	t_{Zr}/℃	t_{Zr} 变化区间/℃
将军庙岩体	二长花岗岩	1005	90	1.11	757.9	666.2~792.3
		1011	67	1.12	733.8	
		19360	145	1.42	775.6	
		JJM-1	157	1.29	792.3	
		4261	32	1.09	680.7	
		862340	26	1.09	666.2	
		4625	31	1.15	674.9	
		4626	104	1.23	761.5	
		J016-1	37	1.14	687.9	
		J016-2	27	1.06	670.0	
川口岩体群	二长花岗岩	CS-1	70	1.35	722.0	656.1~749.6
		D1057	59	1.26	714.2	
		CK-1	62	1.39	710.1	
		1036	27	1.31	656.0	
		1037	89	1.34	741.1	
		1038	95	1.29	749.8	
		1039	34	1.24	675.4	
	白云母花岗岩	CS-2	41	1.22	690.1	660.6~690.1
		1041	37	1.16	686.5	
		CK-7	36	1.23	680.2	
		D1051	23	1.04	660.6	

续表4-23

岩体	岩性	样号	Zr/($\times 10^{-6}$)	M	t_{Zr}/℃	t_{Zr} 变化区间/℃
五峰仙岩体	二长花岗岩	WF-1	212	1.52	801.5	
		WF-2	128	1.06	791.5	
		WF-3	165	1.27	798.2	
		WF-4	113	1.53	747.6	
		WF-5	193	1.59	787.9	720.8～801.5
		WF-6	58.8	1.16	720.8	
		WF-7	66.4	1.16	729.9	
		WF-8	65.4	1.20	726.4	
		WF-9	63.5	1.24	721.3	

印支期将军庙花岗岩的锆石饱和温度 t_{Zr} 为 666.2～792.3 ℃，平均温度为720.8 ℃。从表4-23中数据可知，将军庙花岗岩的锆石饱和温度为 750 ℃左右；川口二长花岗岩的锆石饱和温度 t_{Zr} 在 666.1～749.8 ℃，平均温度为 709.8 ℃，川口白云母花岗岩的锆石饱和温度 t_{Zr} 为 660.6～690.1 ℃，平均温度为 679.3 ℃，川口花岗岩的锆石饱和温度计算表明，其结晶温度较低，图解(图4-53)上显示，川口花岗岩岩体群的锆石饱和温度为 700 ℃左右。印支期五峰仙花岗岩的锆石饱和温度 t_{Zr} 在 720.8～801.5 ℃，平均温度为 758.4 ℃。从图解(图4-53)上看，五峰仙花岗岩的锆石饱和温度变化范围较将军庙、川口花岗岩体锆石饱和温度变化范围大，部分结晶温度在 800 ℃左右。

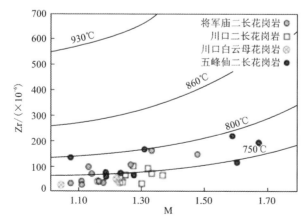

图4-53 衡阳盆地东缘印支期花岗岩锆石饱和温度计图解

对将军庙、川口及五峰仙岩体进行 CIPW 标准矿物计算，将军庙花岗岩的 Q 含量为 24.9%～40.8%，均值为 35.9%；Ab(钠长石)含量为 22.2%～32.1%，均值 27.3%；Or(正长石)含量为 24.9%～32.5%，均值为 27.9%。

川口花岗岩中二长花岗岩的 CIPW 计算中 Q 的含量为 31.4%～35.3%，均值为 33.2%；Ab(钠长石)含量为 27.2%～33.9%，均值为 29.9%；Or(正长石)含量为 27.5%～29.8%，均值为 28.7%。白云母花岗岩的 CIPW 计算中的 Q 含量为 33.7%～38.5%，均值为 36.1%；Ab(钠长石)含量为 28.5%～39.1%，均值为 33.7%；Or(正长石)含量为 15.9%～28.9%，均值为 24.3%。

五峰仙花岗岩的 CIPW 计算中 Q 的含量为 19.9%～39.4%，均值为 32.2%；Ab(钠长石)含量为 19.3%～31.4%，均值为 26.5%，Or(正长石)含量为 23.3%～34.2%，均值为 27.8%。

利用 Johannes 和 Holtz(1996)的 CIPW Q—Ab—Or 相图，将军庙、川口及五峰仙岩体投影点集中在水饱和的 1×10^8～5×10^8 Pa 的共结线附近。五峰仙岩体的侵位深度变化较大，从 CIPW Q—Ab—Or 相图分析，其深度的变化范围主要为 3.7～37 km(图 4-54)，个别点变化范围甚至更大；五峰仙岩体中发育岩浆混合成因的暗色包体，反映五峰仙岩体的压力及侵位深度估算值的变化区间较大，尤其是暗色微粒包体可能来自 40 km 以下或者更深。本书研究认为，五峰仙岩体中发育的暗色微粒包体为岩浆混合成因，其来源可能是软流软地幔或者下地壳，因此压力及深度的估算与岩浆混合成因的特征一致，其暗色微粒包体形成于高温环境也与来自深部地幔的岩浆特征相吻合。

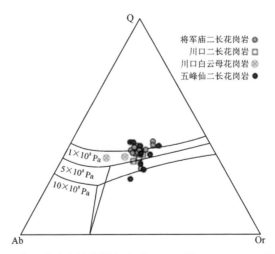

图 4-54　衡阳盆地东缘花岗岩全岩 CIPW 的 Q—Ab—Or 压力相图

4.9　花岗岩侵位构造背景与机制

4.9.1　将军庙花岗岩侵位构造背景

目前研究认为可以产生高钾钙碱性岩浆的构造环境主要分为两种：一种是类似于安第斯山的大陆弧背景（岩浆作用可侵位和喷出高钾岩石），另一种是类似于喀里多尼亚（Caledonia）的后碰撞构造背景（Pitcher，1987；赵增霞等，2015）。在（Y+Nb）—Rb 构造环境判别图［图 4-55（a）］上，将军庙花岗岩样品（李湘玉等，2020）与湖南典型印支期花岗岩关帝庙（柏道远等，2014b；赵增霞等，2015）和白马山岩体（陈卫锋，2007；罗志高等，2010）样品均落入同碰撞构造和后碰撞构造背景范围内，而大量在 Pearce 图解中落入同碰撞区域的花岗岩，实际上也很有可能是在地壳加厚达到最高值以后才侵位的，多属于后碰撞花岗岩类型（肖庆辉，2002）。

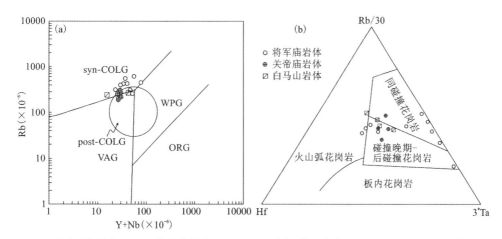

VAG—火山弧花岗岩；WPG—板内花岗岩；syn-COLG—同碰撞花岗岩；post-COLG—后碰撞花岗岩；ORG—洋中脊花岗岩。

图 4-55　将军庙岩体（Y+Nb）—Rb 构造环境判别图（a）和 Hf—Rb—Ta 构造判别图（b）
［（a）据 Pearce（1996）修改；（b）据 Harris 等（1986）。图中关帝庙岩体数据来源据柏道远等（2014b）；白马山岩体数据来源据徐腾达（2019）］

如 Nb、Ta 等高场强元素在成岩过程及低级变质过程中通常被认为是不活泼的，因而他们对成岩过程分析非常有用。然而，近年来研究表明，在化学风化过程中，这些以往被认为是不活跃的元素也出现了一定的活动性（Nesbitt 等，2008；Nesbitt 和 Markovics，1997；Ma 等，2007），这也是导致 Pearce 图解可能出现误差的原因。解决这个问题的一个非常好的方法是运用三角图解进行构造判别(易立文等,2014),Harris提出的Hf—Rb—Ta判别图中[图4-55(b)],将军庙花岗岩样品与关帝庙和白马山岩体样品同样均落在了同碰撞和后碰撞岩浆岩区(柏道远等,2014b;赵增霞等,2015;陈卫锋,2007;罗志高等,2010)。因此,将军庙花岗岩与湖南典型印支期花岗岩具有类似的形成环境,皆形成于造山阶段的后碰撞构造环境,是挤压高峰期之后伸展环境之下的产物。

在印支期(250 Ma左右),华南发生了较大规模的造山活动,而湘东南这些印支期岩体大多为壳源强过铝花岗岩(马铁球等,2005;丁兴等,2005;陈卫锋等,2007;付建明等,2009;罗志高等,2010;张龙升等,2012;郑佳浩和郭春丽,2012;赵增霞等,2015),与将军庙岩体具有类似成因,形成于后碰撞构造环境(柏道远等,2006c,2007,2014a,2014b)。显然,晚三叠世如此广泛的后碰撞花岗岩的发育,更充分反映出先期(中三叠世后期)印支运动的陆内强变形特征(柏道远等,2014a)。印支—华南板块与Sibumasu板块的碰撞以及华北板块与华南板块沿苏鲁至大别造山带的碰撞使得华南地区处于强烈的陆内挤压环境之下,造成地壳叠置加厚,温度升高。随着地壳继续加厚,在10~20 Ma会发生热-应力松弛作用(Douce等,1990;Sylvester,1998;赵增霞等,2015),挤压作用降低,进入伸展环境,深部压力减弱,并且地壳的减薄拉伸使地幔逐渐隆起,镁铁质深部岩浆底侵到古元古界下地壳之下,从而诱发了地壳部分熔融(郭锋等,1997)形成花岗质岩浆,并沿着深大断裂运移侵位形成将军庙花岗岩体(赵增霞等,2015)。

华南印支期花岗岩形成的构造背景与印支板块向华南板块俯冲碰撞(变质基底的$^{40}Ar-^{39}Ar$年龄为258~243 Ma(Carter等,2001)及华南板块与华北板块碰撞形成秦岭—大别超高压碰撞造山带(超高压变质峰期在238~218 Ma;高万里等,2014)的构造事件密切相关;周岱等(2021)认为在二叠纪与三叠纪之间(260~240 Ma),华南板块南缘可能受到古特提斯洋俯冲-碰撞机制转换、峨眉山地幔柱活动和古太平洋俯冲等多个构造体制启动的影响。Küster和Harms(1998)研究发现微量元素Ba在俯冲带流体中富集,一般Ba/Th值>300,书中讨论的将军庙粗中粒斑状黑云母二长花岗岩Ba/Th值为1.26~14.47,均值为6.51,其Ba/Th值很低,低于地壳Ba/Th值46.11,更远低于俯冲流体中的Ba/Th值(Küster和Harms,1998),显示将军庙岩体不受俯冲流体的影响(刘建朝等,2013)。李响等(2021)结合云开地块变形的片麻状花岗岩(233~230 Ma)和未变形正常花岗岩(232~229 Ma)(Chen等,2017)的形成年龄认为,华南印支期从同碰撞造山到后造山阶段的转变发生在230 Ma左右。Qing等(2020)最新的研究也认为,华南在258~231 Ma处于同碰撞造山阶段,231 Ma之后转变为后造山环境。

近年来华南地区报道的印支期A型花岗岩主要形成于230 Ma以后(李响等,2021),将军庙粗中粒斑状黑云母二长花岗岩形成于(229.1±2.8)Ma(李湘玉等,

2020)，部分元素的地球化学特征与 A 型花岗岩相似，并且与区域上 A 型花岗岩的形成时限基本一致，均滞后于印支板块向华南板块俯冲碰撞的主碰撞期（即258~231 Ma 的同碰撞造山阶段）（李响等，2021），与后造山阶段时限吻合，显示将军庙岩体主体岩石粗中粒斑状黑云母二长花岗岩是在华南板块与印支板块后碰撞阶段地壳减压熔融背景下形成。华南地区印支期发育有大量的 A 型花岗岩，如都庞岭印支铝质 A 型花岗岩（徐德明等，2017）及局部的中粒环斑黑云母二长花岗岩（陈迪等，2022）、湖南锡田、浙江靖居和大爽的 A 型花岗岩（李万友等，2012；高万里等，2014；柏道远等，2014a；陈迪等，2015），同时区域上还发育有印支期的碱性玄武岩（湘南地区）以及湖南紫云山岩体、丫江桥岩体中发育岩浆混合成因的暗色微粒包体（姚远等，2013；刘园园，2013；李万友等，2012；杨立志等，2018；陈迪等，2015），显示华南印支期构造属性从同碰撞造山转为后造山阶段，区域上处于伸展构造背景，幔源玄武质岩浆的大范围底侵形成该时期多类型岩浆岩。

4.9.2　川口花岗岩侵位构造背景

锆石 U-Pb 年龄表明，衡阳川口花岗岩的侵位时间为（223.1±2.6）Ma 和（206.4±1.4）~（202.0±1.8）Ma，具有多阶段岩浆活动的特点，但其侵位时限均滞后于印支运动的变质峰期（258~243 Ma）（Carter 等，2001），印支期花岗岩的岩石学特征不具有挤压变形特征，通过 Maniar 和 Piccoli（1989）花岗岩的主量元素构造环境判别图解，川口花岗岩的投点分布具有 POG 型花岗岩的特点（图 4-56）。利用 Pearce（1996）提出的 Y—Nb 及（Yb+Ta）—Rb 环境判别图解，在 Y—Nb 图解中，投点在 VAG+syn-COLG 区域［图 4-57（a）］，在（Yb+Ta）—Rb 图解中，投点主要在 syn-COLG 区域［图 4-57（b）］，而 VAG 为火山弧花岗岩，川口印支期花岗岩不具火山弧花岗岩特征，应为 syn-COLG 花岗岩，但是川口花岗岩并非碰撞造山阶段产出，其侵位于印支运动的主碰撞阶段之后，在图解中（图 4-56）显示为后造山花岗岩（POG 型），这就表明川口花岗岩形成于碰撞挤压之后的应力松弛阶段。

与川口花岗岩时空密切相关的川口钨矿的成岩年龄为［（223.1±2.6）Ma；成矿年龄为（225.8±1.2）Ma］，其控矿断裂、导矿构造节理具有张性特征。川口钨矿床矿体呈大脉状产出，具有逆向分带的特点（郑平，2008），宋宏邦等（2002）认为这种特征是矿液自接触带向下倒灌，矿液致裂使含矿断裂规模进一步加大，形成较好的容矿构造，上述特征表明川口钨矿床形成于伸展构造背景，其川口钨矿中大脉状产出的矿体以及与钨矿呈伴生产出的大规模的石英脉带是在区域地质背景处于伸展环境下形成的，其岩浆结晶过程中的冷凝收缩也为矿体的形成提供了有利的导矿构造。

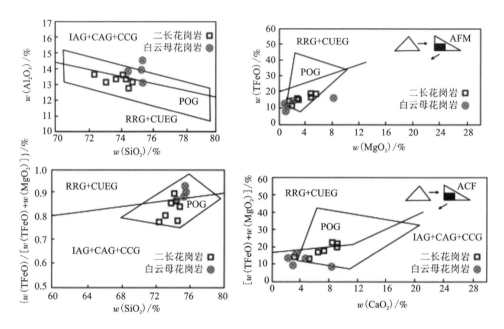

IAG—岛弧花岗岩；RRG—与裂谷有关的花岗岩；CAG—大陆弧花岗岩类；
CEUG—大陆的造陆抬升花岗岩类；CCG—大陆碰撞花岗岩类；POG—后造山花岗岩类。

图 4-56 川口花岗岩构造环境判别图解

［底图据 Maniar 和 Piccoli（1989）］

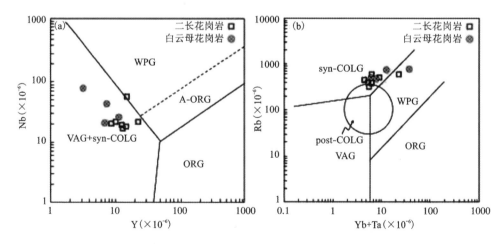

VAG—火山弧花岗岩；WPG—板内花岗岩；S-COLG—同碰撞花岗岩；
post-COLG—后碰撞花岗岩；ORG—洋中脊花岗岩；A-ORG—异常洋中脊花岗岩。

图 4-57 川口花岗岩 Y—Nb（a）及（Yb+Ta）—Rb（b）环境判别图解

［底图据 Pearce 等（1996）］

　　华南板块在中生代时期先后经历了两次大的构造运动，即早中生代印支运动（T）和晚中生代燕山运动（J-K）的影响，但长期以来对两期构造活动过程的转换时限一直存在很大争议。

　　周新民等（2005）通过长期对南岭地区的研究，提出华南的印支运动受特提斯构造域制约，燕山运动受古太平洋构造域制约。陆-陆碰撞造山作用形成了早中生代印支期花岗岩，洋对陆消减过程中的伸展造山作用形成了晚中生代燕山期花岗岩和火山岩。高万里（2014）认为三叠纪早期印支板块向华南板块俯冲碰撞，稍后华南板块与华北板块发生碰撞，华南板块在南北板块的夹持下，地壳加厚，同时大陆圈层之间发生了拆离作用，使得幔源岩浆发生了底侵，底侵的幔源岩浆为地壳重熔花岗岩的形成提供了所需的热源。然而，就华南印支期花岗岩形成的构造背景而言，与印支板块向华南板块俯冲碰撞（越南中北部安南山脉带和松济地块等的变质基底的 ^{40}Ar-^{39}Ar 年龄为 258～243 Ma）（Carter, 2001）及华南板块与华北板块的碰撞形成的秦岭至大别超高压碰撞造山带（其超高压变质峰期在 238～218 Ma）（Zhang, 1997）构造事件密切相关。

　　近年来华南地区陆续报道了形成于印支期的 A 型花岗岩（李万友等，2012；高万里等，2014；柏道远等，2014a；陈迪等，2015），该类花岗岩形成于伸展的构造背景，且形成时限均滞后于印支板块向华南板块俯冲碰撞主碰撞期。尽管该时期部分花岗岩形成时限在华南板块与华北板块的碰撞时限内，但在华南内陆地区晚三叠世大陆圈层之间发生了拆离作用，挤压开始向伸展转换（高万里等，2014）。因此，华南印支期呈面状分布的花岗岩（一般侵位年龄<230 Ma）形成于区域上处于伸展的构造背景。本书讨论的川口花岗岩［成岩年龄为（223.1±2.6）Ma、（206.4±1.4）～（202.0±1.8）Ma］及川口钨矿［成矿年龄为（225.8±1.2）Ma］成岩成矿物质来源具有明显的地壳印迹，产出的花岗岩不具有碰撞挤压变形的特征，其矿体受同期张性构造的控制明显，表明川口花岗岩及川口钨矿床是在区域伸展背景下，形成的具壳源成因的川口花岗岩及钨矿床。

4.9.3　五峰仙花岗岩侵位构造背景

　　本次获得黑云母花岗岩的锆石 SHRIMP 年龄为（233.5±2.5）Ma、LA-ICP-MS 年龄为（236±6）Ma（Wang 等，2007），二云母花岗岩的锆石 LA-ICP-MS 年龄为（221.6±1.5）Ma（王凯兴等，2012），表明五峰仙岩体侵位于印支期，但黑云母花岗岩与二云母花岗岩的锆石 U-Pb 年龄之差有 7 Ma，反映多阶段岩浆活动的特点。五峰仙岩体侵位时限均滞后于印支运动的变质峰期［（258～243）Ma］（Carter 等，2001），花岗岩的岩石学特征未具有挤压变形特征，表明花岗岩并非侵位于挤压的构造背景。在 Rb/30—Hf—3 * Ta 三角图解（图 4-58）、R1—R2 环境判别图解（图 4-59）中投点显示为同碰撞及后碰撞花岗岩；利用 Pearce（1984）提出的

Y—Nb 及 Yb+Ta)—Rb 环境判别图解,在 Y—Nb 图解中,投点在 VAG+syn-COLG 区域[图 4-60(a)],在(Yb+Ta)—Rb 图解中,投点主要在 syn-COLG 区域[图 4-60(b)],而 VAG 为火山弧花岗岩,五峰仙花岗岩不具火山弧花岗岩特征,应为 syn-COLG 花岗岩,但五峰仙岩体并非碰撞造山阶段产出,其侵位于印支运动的主碰撞阶段之后,这就表明五峰仙花岗岩形成于碰撞挤压之后的应力松弛阶段。

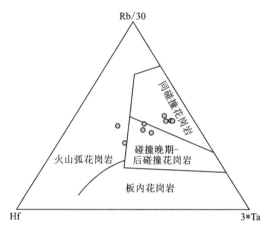

图 4-58 五峰仙岩体三角构造环境判别图解

(Hairs,1986)

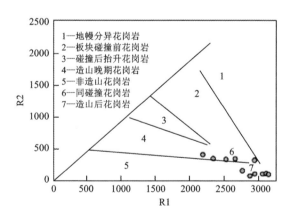

图 4-59 五峰仙岩体 R1—R2 环境判别图解

(Batchelor,1985)

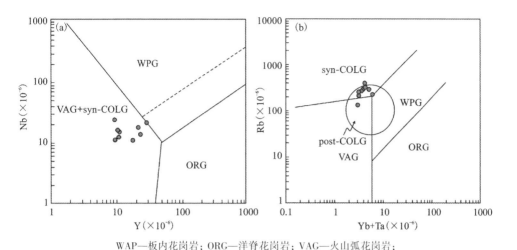

WAP—板内花岗岩；ORG—洋脊花岗岩；VAG—火山弧花岗岩；
syn-COLG—同碰撞花岗岩；post-COLG—后碰撞花岗岩。

图 4-60　五峰仙岩体 Y—Nb(a) 及 (Yb+Ta) —Rb(b) 环境判别图解

[底图据 Pearce 等 (1996)]

本书讨论的五峰仙岩体为多阶段岩浆侵位(成岩年龄 233 Ma 和 221 Ma) , 形成于印支期的花岗岩岩基, 其产出的花岗岩不具有碰撞挤压背景下的变形特征, 认为形成于区域伸展的构造背景之下。

4.9.4　区域构造背景浅析

衡阳盆地东缘的五峰仙岩体中发育岩浆混合成因的岩石包体(陈迪等, 2017b) , 区域上报道的道县虎子岩基性岩石包体年龄为 233 ~ 220 Ma (Dai 等, 2008) , 湘南宁远保安圩碱性玄武岩的年龄为 212 ~ 206 Ma (刘勇等, 2010) 、宜章长城岭辉绿岩的年龄为 227 Ma (刘勇等, 2012) 、富川鲁洞辉绿玢岩的年龄为 207.8 Ma (时毓等, 2019) , 桃江 I 型花岗岩 (Xu 等, 2014) 及华南地区呈面状零星分布的 A 型花岗岩 (杨立志, 2018) 和紫云山、丫江桥、桃江岩体中发育的岩浆混合成因的岩石包体 (杨立志, 2018; 李响, 2021) 反映在华南板块内晚三叠世时期存在幔源物质的底侵活动。衡阳盆地东缘地区岩浆岩总体呈北西—南东向的带状分布, 吴集、将军庙、川口、五峰仙岩体展布方向与隐伏岩石圈常德至安仁深大断裂走向基本一致, 且区内北东—南西向深大断裂构造发育, 衡阳盆地东缘印支期花岗岩具下地壳物质重熔特征、其较高的 $\varepsilon_{Nd}(t)$ 、$\varepsilon_{Hf}(t)$ 值和较年轻的 Nd 模式年龄等同位素特征, 表明区内该时期软流圈地幔上涌诱发的幔源岩浆沿区域性构造—岩浆带底侵导致地壳物质重熔形成过铝—强过铝花岗岩。

近年来华南地区报道的印支期 A 型、S 型花岗岩主要形成于 230 Ma 以后（李响等，2021），衡阳盆地东缘印支期的将军庙岩体形成时限为（229.1±2.8） Ma，川口花岗岩形成时限为（223.1±2.6） Ma、（206.4±1.4） Ma、（202.0±1.8） Ma 和五峰仙岩体形成时限为（233.5±2.5） Ma 和（221.6±1.5） Ma，总体与区域上花岗岩的形成时限一致，且均滞后于印支板块向华南板块俯冲碰撞的主碰撞期（即231~258 Ma 同碰撞造山阶段；李响等，2021），与后造山阶段时限吻合，显示衡阳盆地东缘印支期花岗岩是在华南板块与印支板块在后碰撞阶段地壳减压熔融背景下形成。本书著者结合华南广泛发育的中—晚三叠世地层之间的区域不整合认为华南在印支期和燕山期经历了不同的地球动力学过程，其不同的构造属性可能源于华南古特提斯构造域向古太平洋构造域的转换，其转换时限可能开始于晚三叠世（233 Ma，李响等，2021）。衡阳盆地东缘印支期花岗岩侵位时限总体小于233 Ma，以及区域上印支期的 I 型和 S 型花岗岩，湖南锡田、浙江的靖居和大爽 A 型花岗岩，湘南地区的碱性玄武岩，湖南紫云山岩体、丫江桥岩体中发育岩浆混合成因的暗色微粒包体（姚远等，2013；刘园园，2013；李万友等，2012；杨立志，2018），为华南印支期构造属性从同碰撞造山转为后造山阶段，区域上处于伸展构造背景，幔源玄武质岩浆的大范围底侵提供了岩石学方面的证据。

4.9.5 花岗岩侵位机制

将军庙岩体地表出露呈近椭圆状，长轴为北东—南西向，岩体东、西两侧与围岩的侵入接触界线与近南北向隆起的构造形迹基本一致。岩体南侧主要岩体与泥盆系呈断层接触，受区域性北东—南西向断裂大坪圩至川口断裂的影响，接触界线清楚，呈截然变化，岩浆热液蚀变在南侧围岩中不明显。将军庙岩体的岩性单一，主要为黑云母二长花岗岩，在岩体中，有呈岩株状出露的二云母二长花岗岩株、呈北东向和近南北向展布的岩脉等（图 4-2）。

结合川口地区的钻探成果及地形切割岩体的出露情况，模拟了川口花岗岩中岩株的侵位示意图（图 4-61）。川口花岗岩岩株 320 m、340 m、360 m、380 m 处的立体展布模拟图显示，岩体自上而下在平面上的分布逐渐增大，川口地区出露有众多的小岩株且成群出现，形态为近圆状、椭圆状等（图 4-61），岩性以黑云母二长花岗岩、二云母二长花岗岩为主，结合地球物理的相关资料，推测底部川口花岗岩是相连的。据岩体西侧青白口系和泥盆系角度不整合界线的走向、川口隆起带近南北向展布的构造线特征和众多川口花岗岩体出露情况，认为川口花岗岩底部相连的岩体总体为近南北向的呈椭圆状展布的岩体，岩体长轴的方向跟近南北向的隆起带构造形迹基本一致。

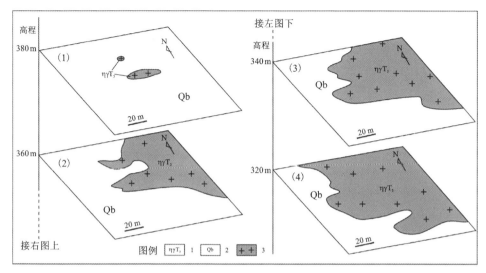

图 4-61　川口花岗岩岩株 320 m、340 m、360 m、380 m 立体展布模拟图

［底图据王银茹（2012）；柳智（2012）修改］

将军庙岩体和川口花岗岩相邻，其总体的构造形迹基本一致，空间上基本出露在北西—南东向的常德至安仁隐伏断裂带上（图 4-62）。

五峰仙岩体为近圆状，岩体与泥盆系、石炭系、二叠系呈侵入接触，围岩热液蚀变明显，岩体边部发育规模不大的断裂，断裂分布有受岩体侵入接触界线及北东—南西向构造形迹影响的双重特征（图 4-11）。岩体顶部见有残留的围岩碎块（图 4-12），残留围岩产状平缓，具有随岩体侵位抬升的特点。五峰仙岩体以黑云母二长花岗岩为主，岩体中见同心环状的二云母二长花岗岩，岩体中还发育有岩浆成因的暗色微粒包体。

本书研究的将军庙岩体呈近椭圆状、川口花岗岩呈近南北向的椭圆状、五峰仙岩体为近圆状出露，各岩体中各侵入次的分布形态呈近圆状、椭圆状、同心环状、岩株状；其航片、卫片图像显示岩体具清晰的环状构造，环状构造线与岩体的边界基本吻合，岩体内各侵入次的界线与航片、卫片显示的环状构造也基本一致；将军庙、川口、五峰仙岩体与围岩主要呈侵入接触关系，其侵入接触界线与围岩主要构造线一致。综合将军庙、川口、五峰仙岩体的基本特征、围岩构造（褶皱、断层、劈理、接触带构造）、内部构造（片理、包体、节理、古地磁组构）及岩体形成的时代，显示本次研究的岩体主要以气球膨胀方式侵位并对围岩产生了横向的挤压作用，尤其是五峰仙岩体顶部残留围岩碎块的特征，显示出岩体主动侵位上升的特点。

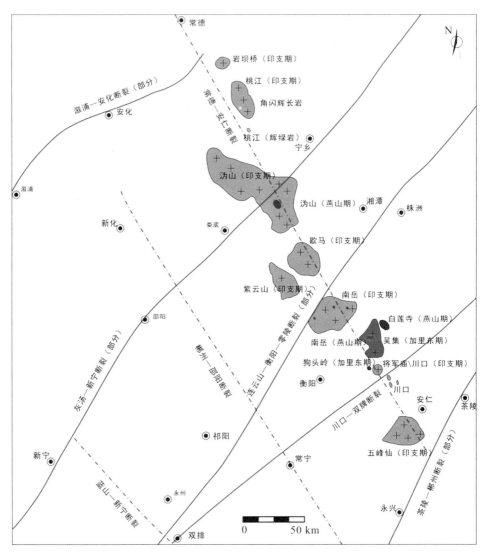

图 4-62 湖南常德—安仁断裂带上岩体及区域性断裂分布简图

[据柏道远等(2021)修改]

在将军庙、五峰仙岩体的内接触带及其附近,捕虏体发育,捕虏体多为围岩碎块,没有显著熔融现象,多呈难溶残余物,表现为岩浆并未将围岩碎块完全"消化",有的甚至可见变余层理,如将军庙岩体中的灰岩捕虏体(图4-3);捕虏体多分布于岩体边缘,捕虏体的大小与距岩体的边界距离呈负相关关系,在岩体中部,未见捕虏体。捕虏体的发育,表明岩浆以底辟上升的方式侵位,而花岗岩中的围岩捕虏体表现出的"消化不良"的现象,说明岩体在底辟上升的过程中,岩浆房上方盖层脱落掉入岩浆中发生部分熔融,此时岩浆的温度在迅速地降低,不足以将盖层完全熔融。在岩体的内接触带发育冷凝边,冷凝边在岩体的不同部位宽窄不一,从几厘米至十几厘米不等,呈细粒花岗结构(岩体边部的主体岩性为中粗粒花岗结构),冷凝边的发育也说明了岩浆快速冷凝降温的特点。岩体边缘流面产状与侵入接触界线趋于一致,因而斜长石斑晶、扁平捕虏体、岩体边部的暗色岩浆微粒包体的长轴方向指示岩浆底辟侵位时岩浆的流动方向。

　　研究区最主要的构造形迹之一为常德至安仁隐伏岩浆构造带,该带上印支期花岗岩体呈线状排列,岩体总体展布的长轴方向与该断裂带基本一致。就单个岩体的出露特征而言,常德至安仁构造岩浆带上印支期花岗岩体多呈近圆状(岩坝桥岩体、歇马岩体、南岳岩体、五峰仙岩体)、椭圆状(桃江岩体、伪山岩体、紫云山岩体、川口花岗岩体群)展布,在岩体中岩石分布具同心环状特征,岩坝桥岩体、歇马岩体、紫云山岩体及五峰仙岩体中发育的流面构造产状平行于岩体与围岩接触界线,其流面、流线构造及暗色微粒包体发育程度由边缘向中心逐渐减弱(倪永进,2016)。该带上的印支期花岗岩形成于碰撞挤压之后的应力松弛阶段,同时期发育有伸展背景下源自地幔的辉长岩(年龄为 222 Ma)、辉绿岩(年龄为 229 Ma)及岩浆混合成因的岩石包体(陈迪等,2017b;金鑫镖,2017;曾认宇等,2016),显示该时期湖南省处于区域伸展构造背景。

　　李金冬(2005)认为湘东南地区印支期花岗岩体在区域挤压应力减弱或挤压作用松弛的情况下就位。在地球动力学背景下,花岗质岩浆在就位过程中,通常沿断裂(带)上侵,因此华南地区中生代花岗岩体大多受到规模不一的主干断裂控制,尤其是断裂交会处或其附近更易成为岩体就位场所。常德至安仁隐伏岩浆构造带上的岩坝桥岩体、歇马岩体、南岳岩体、五峰仙岩体、桃江岩体、伪山岩体、紫云山岩体、川口花岗岩体群产出位置在 NE—SW 向的茶陵—郴州断裂和溆浦至安化断裂之间,沿常德至安仁断裂带展布(图 4-62),且具有沿常德至安仁断裂与一系列 NE—SW 向断裂交会处发育大岩体或成矿的特征,如常德至安仁断裂与灰汤至新宁断裂交会处的伪山岩体,常德至安仁断裂与连云山至零陵断裂交会处的南岳岩体、歇马岩体、紫云山岩体,常德至安仁断裂与川口至双牌断裂交会处的将军庙岩体、川口花岗岩体群及大型川口钨矿(彭能立等,2017),常德至安仁断裂与茶陵至郴州断裂交会处的五峰仙岩体(图 4-62)。上述现象显示出断裂控岩、控矿的特征。

　　将军庙、川口、五峰仙岩体出露在常德至安仁隐伏岩浆构造带的南东部分,花岗岩早期的侵位可能受区域 SN 向挤压、EW 向拉张的影响。常德至安仁断裂带破裂处形成侵位空间,该断裂起着导岩作用(倪永进,2016),岩浆首先在断裂带或次生断裂上侵位,形成展布与该断裂带基本一致的岩体。

　　岩浆早期的侵位空间扩张速度大于岩浆上涌速度,岩浆流速度相对较小,岩浆侵位主要受断裂控制,为被动就位;尔后,侵位空间扩张速度减缓,岩浆供给量增大,此时岩浆上涌速度逐渐占据主导位置,并且有深部幔源岩浆沿着断裂注入到酸性岩浆中,形成高温、高流速的岩浆。该时期有大量的岩浆侵入,表现出主动就位的特征,在此背景下还形成了岩浆混合成因的暗色微粒包体(如五峰仙岩体中发育岩浆混合成因的岩石包体)。主动就位期岩浆的侵入造就了宏观上岩体沿断裂大规模分布,显示断裂导岩的特点,同时大量的岩浆主动侵位使得研究区的岩体呈近圆状、同心环状等主动就位特征。晚期由于区域挤压作用的影响,岩浆侵位空间扩张速度和岩浆供给量同时大幅度减小,岩浆以被动就位为主,多沿着裂隙形成小岩株或岩脉。

　　岩浆上涌速度和产生侵位空间的扩张速度的相对大小决定了岩浆侵位的机制,当主导速度从空间扩张改变为岩浆上涌时,岩浆侵位机制由被动转变为主动(Hutton,1988)。本次研究的印支期将军庙、川口、五峰仙岩体侵位过程表现出被动、主动、被动的侵位机制,与该带上花岗岩总体沿该构造带分布,单个岩体呈近圆状、椭圆状,岩体内部各侵入体呈环带展布,且岩体边部发育流线构造,晚期岩体中发育岩株、岩脉的特征相一致。

　　华南地区中三叠世晚期为印支运动陆内俯冲造山作用的主要时期,在区域NWW—SEE向挤压构造体制下发生强烈的陆内俯冲汇聚,主俯冲断裂衡阳至双牌、株洲至萍乡大断裂在区内通过,形成大量NNE向为主的逆冲断裂与褶皱,造就了区内主体构造格架,使泥盆纪—中三叠世早期地层褶皱回返,海洋盆地封闭,以及晚三叠世—侏罗纪陆相盆地沉积与中三叠世早期地层的角度不整合。区内强烈的构造—岩浆活动形成印支期花岗岩。衡阳盆地东缘的将军庙、五峰仙岩体部分边界显示出受区域性断裂控制的特点,岩体边界线与围岩地层走向斜交或直交,局部岩层产状与岩体边界强迫一致的趋势,以及将军庙、川口、五峰仙岩体航片、卫片图像中线性构造发育,其线性构造可清晰分为两组,一组为北北东向,这组线性构造的产状与区域上的断裂一致,且部分线性构造与岩体中小侵入体的边界吻合,这些侵入体多分布在断裂附近,表现出受断裂控制的特征;另一组为近南北向,这一组线性构造多与岩体中发育的大型节理、负地形地貌及常德至安仁隐伏构造岩浆带相对应,显示出将军庙、川口、五峰仙岩体侵位过程中被动(受主要断裂控制)、主动(高温、高流速、大量岩浆侵位)、被动(低流速、少量岩浆侵位)的侵位机制。

第 5 章
燕山期岩浆作用

华南燕山期花岗岩出露面积大,以粤、闽、湘、赣为主要的分布区域,主体上呈北东—南西向分布,在南岭地区则呈东西向分布。与燕山早期花岗岩共生的是一套双峰式火山岩,且形成时间主要集中在 180~170 Ma(李献华等,2007;文施华,2012),呈北东向分布在广东省北部、福建省西南部以及湖南、江西省的南部。燕山早期花岗岩往往是由多期多阶段岩浆活动构成的复式岩体,反映了华南地区燕山早期构造岩浆活动呈脉动的特征。华南燕山期花岗岩岩性上以黑云母花岗岩和黑云母二长花岗岩为主,少数为花岗闪长岩。燕山早期花岗岩总体上具有较高的全岩初始 Sr 值、Nd 模式年龄和较低的 $\varepsilon_{Nd}(t)$ 值,表明其主要由地壳物质的熔融形成(周新民,2005)。陈培荣等(2002)发现华南东部北东向白垩纪花岗岩和火山盆地叠加于东西向侏罗纪花岗岩上,认为侏罗纪与白垩纪之交为动力体制调整阶段。李献华等(2009)提出华南在 164~87 Ma 经历了 5 次岩石圈伸展和花岗岩侵入事件,谢桂青(2003)通过基性岩墙研究,提出华南在 180~75 Ma 经历了 3 阶段岩石圈伸展作用,表明早侏罗世开始进入古太平洋板块多期挤压伸展的动力体制。燕山期是华南地区最重要的成矿时期,成矿作用与花岗质侵入岩密切相关,且具有明显的阶段性。已有的研究大多认为中-晚侏罗世和早白垩世是该区成矿作用最重要的两个阶段(毛景文等 2011;李晓峰等,2008)。

衡阳盆地东缘燕山期花岗岩不甚发育,尤其是在北西—南东向常德至安仁构造岩浆带一线,燕山期花岗岩出露较少,与燕山期岩浆作用相关的矿床报道也较少,表明该地区燕山期岩浆作用不强烈。衡阳盆地东缘燕山期的花岗岩以单独岩体出露的仅有白莲寺岩体,其他花岗岩以小型岩体或岩株、岩脉产出,目前还未获得高精度同位素年龄的约束,因此在本节中不做重点讨论。

5.1 侵入岩

5.1.1 岩体地质特征

衡阳盆地东缘燕山期白莲寺岩体分布于衡东县吴集岩体的北东侧，呈北西—南东向纺锤垂体状产出，出露面积约 35 km²。白莲寺岩体大地构造位于扬子与华夏两大古板块碰撞拼贴带上[图 5-1(a)]，该地区的岩体受湖南北西—南东向常

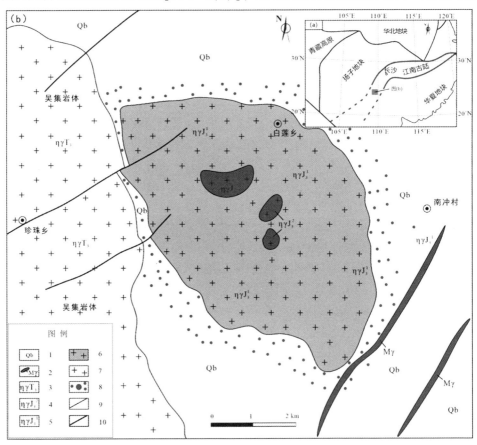

（a)江南造山带构造地质简图[据余心起等(2010)修改]；(b)白莲寺岩体地质简图。

1—青白口纪地层；2—细粒花岗岩岩脉；3—印支期粗中粒斑状二长花岗岩；

4—燕山期二长花岗岩；5—燕山期细粒二长花岗岩；6—燕山期白莲寺岩体出露范围；

7—将军庙岩体及花纹图例；8—蚀变岩石—角岩化；9—地质界线；10—断裂。

图 5-1　白莲寺岩体区域地质构造位置和岩体地质简图

[底图据马铁球等(2013a)修改]

德至安仁隐伏岩石圈断裂的影响，呈南北向展布［图 5-1（b）］，岩体主要侵入新元古代青白口纪地层中，围岩产生了 500~2000 m 宽的接触变质带，蚀变以角岩化为主，岩体外接触带多为角岩，往外为斑点状板岩。岩体内蚀变多为绿泥石化、绢云母化、云英岩化等。

白莲寺岩体的主体岩性为中粒斑状黑云母二长花岗岩，似斑状结构，中粒花岗结构，块状构造。岩石中斑晶为微斜微纹长石，呈半自形板状，见卡氏双晶、格子状双晶，有时见黑云母、石英细小嵌晶，钠长石微纹呈点状，粒度大小为 5~7.5 mm，含量在 20% 左右。基质以斜长石、钾长石、石英、云母为主，斜长石呈半自形板状，见钠氏双晶、卡钠复合双晶等，偶见环带状构造，有轻度绢云化，有交代微斜微纹长石现象，受应力作用双晶纹有扭折等变形亚颗粒产生，钾长石呈半自形板状，石英呈它形粒状，矿物粒度大小为 2~5 mm。副矿物有褐帘石、锆石、磷灰石、磁铁矿等。白莲寺岩体花岗岩中重矿物共生组合主要有锆石、萤石、锡石、毒砂、黄铁矿、黄铜矿、方铅矿、闪锌矿、白钨矿、黑钨矿、金红石、磷灰石、电气石、磁黄铁矿等。

白莲寺岩体发育少量的中细粒二云母二长花岗岩，呈中细粒花岗结构，块状构造；主要由微斜微纹长石、斜长石、石英、黑云母、白云母等组成。微斜微纹长石为它形—半自形板状，见格子状双晶，部分有卡氏双晶，粒度大小为 1~3 mm，以 1 mm 为主；斜长石为半自形板状，具钠氏双晶、卡钠复合双晶等；石英它形粒状，多为连晶，大小为 0.6~1 mm，少部分大于 3 mm；黑云母为半自形板片状，粒度大小 1~2 mm。白云母常与黑云母共生。

白莲寺岩体中的花岗岩少量呈细粒花岗结构，块状构造。岩石主要由微斜微纹长石、斜长石、石英、黑云母、白云母等矿物组成。

5.1.2　花岗岩年代学

以往对该地区燕山期的花岗岩取得过一些同位素年龄值，如白莲寺岩体取得有全岩铷—锶等时线年龄 175 Ma 和黑云母钾—氩法年龄 180 Ma（湖南省地质调查院，2013）。考虑到其年龄测试方法及测试精度等因素，本次工作对白莲寺岩体早期侵入体中粒斑状黑云母二长花岗岩重新取样，测试方法为锆石 LA-ICP-MS U-Pb 定年法，测试方法本书第 3 章已经介绍，本节不再重复。

分析锆石为中粒斑状黑云母二长花岗岩（B1），多数为透明的自形长柱状晶体，锆石颗粒透射光下大部分无色透明，阴极发光图像均显示出岩浆结晶震荡环带［图 5-2（a）］。相对应的阴极发光（CL）图像显示振荡环带和均质结构。在对锆石 CL 图像分析研究的基础上，选择了不同形貌、不同发光强度、核—边结构发育锆石的不同部位，进行了 20 个点的锆石 U-Pb 年龄测试，测试结果见表 5-1。

表 5-1 白莲寺岩体花岗岩锆石 LA-ICP-MS U-Th-Pb 同位素分析数据表

测点	Pb	Th	U	$\frac{^{207}Pb}{^{206}Pb}$	1σ	$\frac{^{207}Pb}{^{235}U}$	1σ	$\frac{^{206}Pb}{^{238}U}$	1σ	$\frac{^{208}Pb}{^{232}Th}$	1σ	$\frac{^{207}Pb}{^{206}Pb}$	1σ	$\frac{^{207}Pb}{^{235}U}$	1σ	$\frac{^{206}Pb}{^{238}U}$	1σ	$\frac{^{208}Pb}{^{232}Th}$	1σ
B1-1	708.1	455.9	150.7	0.09914	0.00234	0.31724	0.00776	0.02320	0.00014	0.00108	0.00021	1609.3	43.4	279.8	6.0	147.9	0.9	21.8	4.3
B1-2	154.7	125.8	525.8	0.05119	0.00052	0.18169	0.00230	0.02575	0.00025	0.00154	0.00037	250.1	19.4	169.5	2.0	163.9	1.5	31.1	7.6
B1-3	142.5	79.2	84.4	0.05009	0.00168	0.15806	0.00608	0.02273	0.00015	0.00315	0.00057	198.2	77.8	149.0	5.3	144.9	1.0	63.6	11.5
B1-4	445.1	207.8	809.2	0.06964	0.00072	0.23377	0.00238	0.02436	0.00017	0.00179	0.00031	917.6	20.4	213.3	2.0	155.1	1.0	36.1	6.3
B1-5	198.5	129.2	2212.2	0.05076	0.00033	0.16930	0.00131	0.02419	0.00011	0.00204	0.00032	231.6	21.3	158.8	1.1	154.1	0.7	41.3	6.5
B1-6	926.0	566.0	1580.8	0.07272	0.00050	0.22674	0.00212	0.02258	0.00011	0.00168	0.00020	1005.6	14.0	207.5	1.8	144.0	0.7	34.0	4.0
B1-7	179.9	149.6	3822.2	0.05590	0.00031	0.17090	0.00169	0.02217	0.00017	0.00183	0.00035	455.6	13.0	160.2	1.5	141.3	1.1	36.9	7.1
B1-8	223.4	136.5	1636.6	0.05633	0.00037	0.19362	0.00161	0.02493	0.00019	0.00217	0.00035	464.9	14.8	179.7	1.4	158.8	1.2	43.8	7.1
B1-9	203.8	206.9	2013.3	0.05170	0.00035	0.17488	0.00183	0.02453	0.00021	0.00179	0.00031	272.3	14.8	163.6	1.6	156.2	1.3	36.2	6.3
B1-10	124.7	107.6	1292.5	0.05124	0.00025	0.17897	0.00137	0.02532	0.00015	0.00271	0.00038	250.1	11.1	167.2	1.2	161.2	1.0	54.8	7.6
B1-11	712.1	255.5	517.1	0.05416	0.00063	0.18833	0.00283	0.02521	0.00023	0.00210	0.00032	376.0	58.3	175.2	2.4	160.5	1.4	42.3	6.4
B1-13	232.4	101.6	235.6	0.04840	0.00046	0.15786	0.00160	0.02367	0.00014	0.00241	0.00035	120.5	24.1	148.8	1.4	150.8	0.9	48.6	7.0
B1-14	190.5	52.0	65.9	0.04954	0.00225	0.15547	0.00730	0.02275	0.00025	0.00440	0.00097	172.3	105.5	146.7	6.4	145.0	1.6	88.7	19.5
B1-15	403.3	173.0	98.0	0.04772	0.00081	0.15080	0.00251	0.02295	0.00019	0.00153	0.00024	87.1	34.3	142.6	2.2	146.3	1.2	30.9	4.8
B1-16	894.5	186.2	2071.8	0.04924	0.00015	0.17293	0.00107	0.02547	0.00014	0.00162	0.00021	166.8	5.6	162.0	0.9	162.1	0.9	32.7	4.2
B1-17	613.4	80.4	384.5	0.04903	0.00031	0.15612	0.00148	0.02308	0.00016	0.00347	0.00051	150.1	-17.6	147.3	1.3	147.1	1.0	70.0	10.3
B1-18	1061.3	171.0	359.9	0.04906	0.00048	0.16428	0.00260	0.02431	0.00034	0.00166	0.00029	150.1	22.2	154.4	2.3	154.8	2.2	33.4	5.8

备注：数据据马铁球等（2013a）。

这些分析点的锆石 U 含量为 $65.9 \times 10^{-6} \sim 3822.2 \times 10^{-6}$，平均含量为 1050.6×10^{-6}；Th 含量为 $52.0 \times 10^{-6} \sim 566 \times 10^{-6}$，平均含量为 187.3×10^{-6}；Th/U 值为 $0.04 \sim 3.03$，平均值为 0.56。白莲寺岩体样品 B1 的 Th 和 U 含量较高，Th/U 值均大于 0.5，但部分测点 Th/U 值较低，如测点 B1-5、B1-7、B1-8、B1-9、B1-10、B1-16 的 Th/U 值小于 0.1，据李基宏等（2004）和刘勇等（2010）的报道，岩浆锆石 Th/U 值一般为 $0.5 \sim 1.5$，Th/U 值低的锆石测点显示白莲寺中粒斑状黑云母二长花岗岩中的部分锆石受流体影响特点，所获得测点的年龄代表性有限。

锆石的谐和图见图 5-2（a）。18 个测点的 $^{206}Pb/^{238}U$ 年龄值变化于 $163.9 \sim 141.3$ Ma，但由于锆石中 U、Th、Pb 含量变化较大，可能是受后期脉体或成矿热液的影响，从图 5-2（a）可以看出，其总体谐和性较差，给出了三组加权平均年龄，一组的锆石 U-Pb 年龄为（162.0 ± 1.2）Ma（2σ），MSWD = 1.09；第二组的锆石 U-Pb 年龄为（145.9 ± 1.1）Ma（2σ），MSWD = 0.99；第三组的锆石 U-Pb 年龄为（154.6 ± 1.2）Ma（2σ），MSWD = 1.05。结合前人工作及区域上花岗岩的形成年龄对比，将第三组年龄（154.6 ± 1.2）Ma 作为白莲寺中粒斑状黑云母二长花岗岩的成岩年龄，厘定白莲寺岩体花岗岩侵位时限为晚侏罗世。

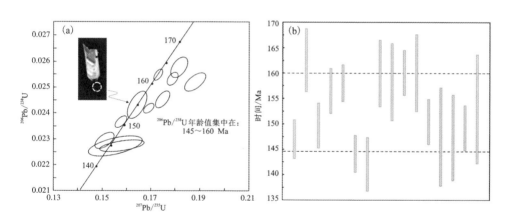

图 5-2　（a）白莲寺花岗岩锆石 LA-ICP-MS 阴极发光图像和（b）U-Pb 年龄图
［图件据马铁球（2013a）修改］

5.1.3　岩石地球化学

5.1.3.1　主量元素特征

衡阳盆地东缘燕山期花岗岩主量元素分析结果见表 5-2。从分析结果来看，岩石酸性程度较高，SiO_2 含量均大于 70%（$70.27\% \sim 76.53\%$），平均为 73.87%；全碱较高，$Na_2O + K_2O$ 含量为 $7.20\% \sim 8.62\%$，平均为 8.05%，且 K_2O 和 Na_2O 相当，K_2O/Na_2O 值为 1.26~2.33，岩石表现为富钾的特征；白莲寺花岗岩中铁、镁、钙等含量较低。在 TAS 分类图解[图 5-3(a)]中，投点落在亚碱性花岗岩区域；白莲寺花岗岩 A/CNK 值均大于 1，为 1.04~1.41，平均值为 1.17，属微过铝质—强过铝质岩石[图 5-3(b)]；对岩石的钙碱进行判别，里特曼指数 δ 值为 1.62~2.52，均值为 2.22，按里特曼指数的划分方案白莲寺花岗岩为钙碱性岩（钙碱性岩 $\delta<3.3$），在钙碱指数图解中[图 5-3(c)]，岩石投点落在碱钙性区域；在 $w(SiO_2)$—$w(K_2O)$ 图解中，白莲寺花岗岩显示为高钾质特征[图 5-3(d)]。

表 5-2 白莲寺岩体主量元素分析结果(%)、CIPW 计算标准矿物及部分特征参数表

样号	SiO₂	TiO₂	Al₂O₃	FeO	Fe₂O₃	MnO	MgO	CaO	Na₂O	K₂O	P₂O₅	LOI	ToTal
B1	72.04	0.28	14.8	0.42	2.01	0.05	0.59	1.45	2.89	5.35	0.11	0.02	99.98
B2	74.96	0.33	14.11	1.11	0.99	0.01	0.53	0.62	2.16	5.04	0.13	0.01	99.99
B32	70.27	0.28	14.85	1.14	2.12	0.03	0.82	1.65	3.43	5.19	0.21	0.01	99.99

样号	ALK	FeOᵀ	A/CNK	A/NK	δ	CIPW 标准矿物计算						
						Q	A	P	C	Hy	Mt	Ap	DI
B1	8.24	2.38	1.12	1.4	2.34	30.06	33.2	31.42	1.27	3.35	0.19	0.21	—
B2	7.2	1.99	1.39	1.56	1.62	41.01	31.41	21.01	2.91	2.89	0.17	0.25	—
B32	8.62	3.15	1.04	1.32	2.72	24.73	32.32	36.56	0.74	4.69	0.26	0.41	—

注：DI 为分异指数(CIPW 标准矿物，$w(B)$%)，A/CNK 为铝饱和指数(Al/Ca-1.6P+Na+K 摩尔比)，A/NK 为碱度指数(Al/Na+K 摩尔比)、ALK 为全碱含量，δ 为里特曼钙碱指数，Q 为石英，A 为碱性长石，P 为斜长石，Di 为透辉石，Hy 为紫苏辉石，Mt 为磁铁矿，Ap 为磷灰石。

白莲寺花岗岩的 CIPW 标准矿物体积百分含量计算表明(表 5-2)，Q 含量为 24.7%~41.1%，均值为 31.9%；碱性长石含量为 31.4%~33.2%，均值为 32.3%，斜长石含量为 21.1%~36.5%，均值 29.6%。标准矿物计算中碱性长石含量高于斜长石，与花岗岩的矿物组合特征一致。副矿物 Mt 含量为 0.17%~0.26%，Ap 含量为 0.21%~0.41%，标准矿物计算中副矿物出现较少。CIPW 标准矿物体积百分含量计算结果显示白莲寺花岗岩分异程度较高。

5.1.3.2 微量、稀土元素特征

白莲寺花岗岩的大离子亲石元素 Rb 含量为 373×10^{-6}~461×10^{-6}，Th 含量为 28.3×10^{-6}~31.8×10^{-6}，Sr 含量为 34.0×10^{-6}~98.4×10^{-6}，高场强元素 Nb 含量为

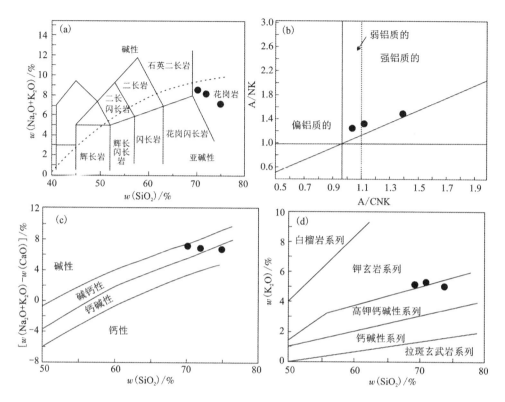

（a）TAS 分类图解［图式据 Cox 等（1979）；Wilson（1989）修改］；（b）A/CNK—A/NK 图解［图式据 Maniar 和 Piccoli（1989）］；（c）$w(SiO_2)$—［$w(Na_2O+K_2O)-w(CaO)$］图解［图式据 Frost（2001）］；（d）$w(SiO_2)$—$w(K_2O)$图解［图式据 Peccerillo 等（1976）］。

图 5-3　白莲寺花岗岩岩石化学判别图解

$12.8\times10^{-6}\sim24.1\times10^{-6}$，Ta 含量为 $4.67\times10^{-6}\sim5.49\times10^{-6}$。花岗岩 Rb/Sr（4.68~10.97）、K/Rb（96.32~117.39）、Ba/Y（2.06~50.77）、Zr/Hf（16.65~35.22）等值较大；Nb/Ta（2.12~4.71）、Sr／Ba（0.11~1.06）等值较小。K^*值均大于1（1.83~4.15），为钾富集型，Sr^*（0.03~0.36）、Nb^*（0.16~0.32）值均小于1，为锶和铌亏损型，表明花岗岩主要物质来源与地壳物质有关，并有下地壳或幔源物质的加入。在微量元素比值蛛网图上［图 5-4（a）］，花岗岩各侵入次曲线基本相似，总体具 Ba、Nb、Sr、P、Ti 等元素弱的负异常，与 S 型花岗岩曲线相似，同时 Th 相对较富集，反映其花岗岩物质可能有地幔或下地壳物质加入。

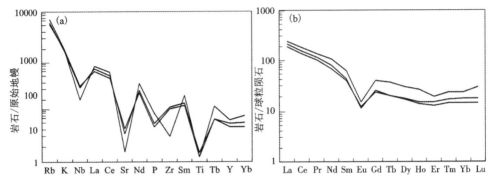

图5-4 （a）白莲寺花岗岩微量元素原始地幔蛛网图和（b）稀土元素球粒陨石配分模式图
[标准化数据引自 Sun 等（1989）]

白莲寺花岗岩微量元素分析结果见表（表5-3）。岩石微量元素丰度相对其他同时代花岗岩比较，基性元素偏高，和维氏花岗岩平均值相比较，除 Sc 高出25～111倍外，Cu、Zn、W、Rb、Nb、Ta、Pb、U、Th、Ga、Li、Be、Cd、Cs、B、Sn、Ag、As、Sb、Bi、Mo、F、Hf 等多数成矿金属元素和亲石元素均偏高，一般高出1～3倍；V、Cr、Ni、Sr、Co、Zr、Hg、Cl、Ba、Au 等基性元素偏低，一般低1～5倍，与地壳重熔成因花岗岩特征一致。

花岗岩体稀土元素丰度及部分特征见表5-4。从表中可以看出，稀土元素总量相对较高，普遍高于晚三叠世花岗岩（迟清华和鄢明才，2007），为79.42×10^{-6}～303.92×10^{-6}，平均为198.38×10^{-6}；轻重稀土值（$\sum Ce/\sum Y$）较大，均大于0.84（0.84～5.19），为轻稀土富集型；（Ce/Yb）$_N$ 比值较大，为1.21～12.08；δEu 值较小，为0.24～0.42，为铕中度亏损。在稀土元素配分型式图中[图5-4（b）]，各侵入体曲线形态基本相似，总体为铕谷较大呈右倾的海鸥型曲线。

5.1.3.3 同位素特征

岩石 Sr-Nd 同位素组成分析结果见表5-5。其初始 Sr 比值、$\varepsilon_{Nd}(t)$ 值以及 Nd 的模式年龄是根据样品对应的年龄（154.6±1.2）Ma 进行计算的。样品的 $^{87}Rb/^{86}Sr$ 值为17.1～17.5，$^{87}Sr/^{86}Sr$ 值为0.743669～0.746620，计算得到初始的 $^{87}Sr/^{86}Sr$ 值（$^{87}Sr/^{86}Sr$）$_i$ 为0.70477～0.70858。初始 Sr 大于0.7，未出现异常，其计算结果有意义。从分析结果来看，白莲寺岩体铷、锶初始值（$^{87}Sr/^{86}Sr$）$_i$ 较小，为0.70477～0.70858，可能反映出物质来源于下地壳或受深部地幔流体影响的特征。

表 5-3 白莲寺岩体微量元素分析数据表 (Au 为 10^{-9} ; 其余为 10^{-6})

样号	Sc	V	Cr	Ni	Cu	Zn	W	Sr	Co	Rb	Zr	Nb	Ta	Pb	Th	U	Ga
B1	5.29	22.9	16.5	4.85	13.6	33.9	—	98.4	4.99	461	132	24.1	5.49	54.5	28.3	—	—
B2	5.55	28.1	10.7	3.58	149	33.6	—	79.1	2.7	402	141	22	4.67	48.9	31.8	—	—
B32	1.2	11	3	4	22	25	8.7	34	4	373	37	12.8	—	41	18	3.5	—
维氏值	0.05	40	25	8	20	60	1.5	300	5	200	200	20	3.5	20	18	3.5	20

备注：数据据马铁球等 (2013a)。"—"表示检测中未检出。

表 5-4 白莲寺岩体稀土元素分析结果及相关特征值数据表 ($\times 10^{-6}$)

样号	La	Ce	Pr	Nd	Sm	Eu	Gd	Tb	Dy	Ho	Er	Tm	Yb	Lu	Y	Σ	δEu	L/H
B1	46.2	85.8	9.96	32.8	6.13	0.72	4.89	0.77	4.55	0.88	2.51	0.43	3.05	0.47	26.5	225.66	0.39	4.12
B2	51.9	96.8	11.2	37.6	6.77	0.68	5.41	0.77	4.34	0.79	2.16	0.37	2.55	0.39	23.1	244.82	0.33	5.14
B32	58.49	111.77	13.08	50.88	9.84	0.9	8.24	1.42	7.76	1.51	3.26	0.62	4.14	0.77	31.24	303.92	0.3	4.15

备注：数据据马铁球等 (2013a)。

表 5-5 白莲寺岩体花岗岩 Sr-Nd 同位素组成分析数据表

岩体	样号	年龄	Rb(10^{-6})	Sr(10^{-6})	$^{87}Rb/^{86}Sr$	$^{87}Sr/^{86}Sr$	±2σ	ε_{Sr}	ISr
白莲寺	B1	155	423.2	70.04	17.542	0.743669	5	3.78835	0.70477
	B2	155	258.3	43.73	17.154	0.746620	5	57.88985	0.70858

岩体	Sm(10^{-6})	Nd(10^{-6})	$^{147}Sm/^{144}Nd$	$^{143}Nd/^{144}Nd$	±2σ	$^{143}Nd/^{144}Nd/T$	$\varepsilon_{Nd}(t)$	±2σ	t_{DM}/Ga	t_{2DM}/Ga
白莲寺 B1	5.849	31.374	0.1128	0.512076	5	0.51196	-9.30	15	1619	1.70
白莲寺 B2	5.260	28.345	0.1123	0.512052	5	0.51194	-9.75	14	1647	1.74

备注：数据据马铁球等 (2013a)。

样品^{147}Sm/^{144}Nd 值为 0.1123～0.1128，^{143}Nd/^{144}Nd 值为 0.512052～0.512076，$\varepsilon_{Nd}(t)$ 为-9.75～-9.3，两阶段 Nd 模式年龄 t_{2DM} 为 1.74～1.70 Ga。Nd 同位素具有较小的 $\varepsilon_{Nd}(t)$ 值(-9.75～-9.30)和较大的 t_{2DM} 年龄(1.74～1.70 Ga)，低于中国东南部前中生代花岗岩的 Nd 同位素模式年龄(2.2～1.8 Ga)(陈江峰等，1999)，其区间在中国东南部基底岩石的 Nd 同位素模式年龄值范围内(3.3～1.1 Ga)(陈江峰等，1999)。

5.1.4 地质构造背景

对于华南中生代花岗岩的产出构造背景，长期以来在挤压环境到伸展转换的时限上一直存在很大争议。周新民等(2005)通过长期对南岭地区的研究，提出华南的印支运动受特提斯构造域制约，燕山运动受古太平洋构造域制约。陆-陆碰撞造山作用形成了早中生代印支期花岗岩，洋对陆消减过程中的伸展造山作用形成了晚中生代燕山期花岗岩——火山岩。两个构造域的转换发生在华南中生代岩浆活动相对平静的早侏罗世(周新民，2005)。陈培荣等(2002)认为，印支期以后中国东南部进入持续拉张，在中侏罗世早期可能进入一个新的威尔逊旋回的开始。邢光福(2008)认为从晚三叠世晚期开始并延续到中侏罗世初期的伸展作用，与白垩纪的伸展拉张并非同一拉张地质事件的不同发展阶段，而是两个互不关联的地质事件，前者可能是印支期主造山后的伸展，而后者是燕山期主碰撞造山后的伸展。范蔚茗(2003)、王岳军等(2004，2005)则认为中生代以来华南至少存在着4 期强烈的岩石圈减薄作用，时限依次为 220 Ma、175 Ma、150～120 Ma、90～80 Ma，软流圈物质上涌和岩石圈伸展—减薄是华南中生代岩浆作用形成的主要机制。

衡阳盆地东缘的白莲寺岩体以岩石组成单一，岩性以黑(二)云母二长花岗岩为主，发育规模不大，空间产出上与加里东期的吴集岩体相邻等特征显示该地区的燕山期岩浆作用不及华南其他地区分布面积大、发育广泛的燕山期(高钾)钙碱性花岗岩的岩浆活动强烈。利用 Pearce(1984)提出的微量元素判别图解，并以相邻吴集岩体、狗头岭岩体的投点作为参考，在 Y—Nb 图解[图 5-5(a)]中显示白莲寺岩体为 VAG(火山弧花岗岩)+syn-COLG(同碰撞花岗岩)；在进一步判别中，利用(Y+Nb)—Rb 图解[图 5-5(b)]，白莲寺花岗岩构造环境显示为 Post-COLG(后碰撞花岗岩)。肖庆辉等(2002)的研究认为大量在 Pearce(1984)图解中的同碰撞花岗岩其实是后碰撞的，判别图解中具有火山弧花岗岩特征的印迹，暗示花岗岩形成过程中有幔源物质加入。在 Pearce 等(1984)的微量元素构造环境判别图解中，大多明确显示为碰撞(后)造山环境而不是大陆裂谷环境，与蔡明海等(2004)对桂西北丹池成矿带花岗岩的研究结论相一致，显示 Pearce(1984)图解中的同碰撞花岗岩其实是后碰撞或后造山的(肖庆辉等，2002)。区域上，华南普遍存在上三叠统或侏罗系与中三叠统间的角度不整合，显示印支期陆内造山运动的存在，并发育造山挤压环境下侵位的花岗岩。已有研究（王岳军等，2002）表明湖南印支期花岗岩应形成于陆壳挤压汇聚加厚作用，燕山早期构造体制是紧随印支期的陆壳增厚作用之后而发生的伸展减薄，从造山演化的规律来看，衡阳盆地东缘的白莲寺岩体为伸展减薄的后造山背景下形成的岩体。

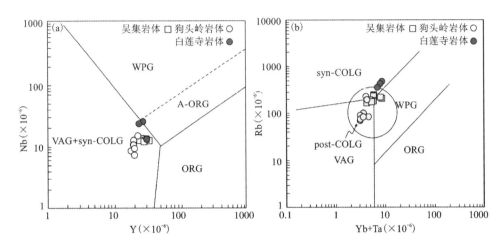

WAP—板内花岗岩；ORG—洋脊花岗岩；VAG—火山弧花岗岩；
syn-COLG—同碰撞花岗岩；post-COLG—后碰撞花岗岩。

图 5-5　白莲寺岩体 Y—Nb(a)及 Yb+Ta—Rb(b)环境判别图解
［底图据 Pearce（1996）］

前人通常将玄武岩浆的喷发作为整个燕山早期具强拉张环境的主要依据之一（湖南省地质调查院，2005）。对湘东南及湘、粤、赣地区的玄武岩研究表明，区域上燕山期玄武岩喷发多发育于白垩纪红层盆地中，且与大规模花岗岩浆侵位并不同时，如衡阳盆地中玄武岩形成年龄为（71.32±0.81）Ma、（71.04±0.87）Ma（孟立丰，2012），攸县盆地中玄武岩的形成年龄为 132.7 Ma，明显晚于花岗岩的侵位时限（马铁球等，2012），玄武岩形成晚于花岗岩表明燕山期花岗岩为后造山环境而不是大陆裂谷环境，为本书研究的白莲寺岩体形成于伸展减薄的后造山背景提供了间接证据。

近年来，众多有关华南中生代构造—岩浆与沉积作用响应及大地构造演化的研究表明，华南在燕山晚期已处于陆内岩石圈伸展减薄构造背景，但对伸展背景是何时启动的问题一直争论不休。随着湘南道县、宁远地区早中生代发现具 OIB 型地幔属性碱性玄武岩，形成年龄为 178 Ma、郴州至临武断裂 EMI、EMⅡ型岩石圈地幔镁铁质岩石，桂东南发育 165 Ma 左右的钾玄岩和正长岩、赣中早中生代发育的 OIB 型碱性玄武岩（形成年龄为 168 Ma）（王岳军等，2005），不少学者已倾向于认为在早中侏罗世华南板块内部已经转为伸展背景（范蔚茗等，2003；王岳军等，2005；陈培荣等，2002）。但邢光福等（2008）认为不能单纯从个别、局部的火成岩特征来判定中晚侏罗世的伸展背景，这种张性断裂可能是区域挤压下的局部拉张。结合华南各省均有报道认为华南中侏罗—晚侏罗世处于挤压隆升状态，伴有变质变形和推覆构造等（舒良树，2012，2006；邢光福等，2008；王岳军等，2005），综合华南中生代区域地层系统、构造特征及大地构造背景，提出华南中生代构造体制转折最终结束时限在中侏罗—晚侏罗世之交。

5.2 火山岩

衡阳盆地东缘的火山岩活动总体不强，仅在衡阳白垩纪红层盆地南东侧的衡南县冠市街附近，醴陵至攸县白垩纪红层盆地新市附近呈北东—南西向带状展布。衡阳盆地东缘的火山岩体为玄武岩，呈狭长带状分布，未见明显的火山口特征，应为裂隙式喷发。本节对衡阳盆地东缘新市玄武岩、冠市街玄武岩进行简要论述。

5.2.1 火山岩地质特征

5.2.1.1 新市玄武岩地质特征

衡阳盆地东缘的新市玄武岩在醴陵至攸县盆地中出露。分布于攸县新市北西侧一带（图5-6），出露宽50~200 m不等，延伸25 km以上。在攸县新市张家陂一带的玄武岩露头良好，新市玄武岩顶底齐全。通过野外地质调查，玄武岩厚约为35 m，由不完整的喷发阶段、溢流阶段的玄武质熔岩组成。岩体呈狭长带状分布，未见明显的火山口特征，显示为裂隙式喷发，玄武岩的展布长轴方向与醴陵至攸县控盆断裂边缘基本一致（图5-6）。新市玄武岩中节理面发育，优势节理面明显，在采石场附近见新鲜出露的玄武岩中节理面，平整且延伸较远[图5-7(a)]，局部还可见柱状节理，玄武岩中的柱状节理是呈五边形或六边形的完整柱状，显示其玄武岩熔岩组分均一，结构、构造相对稳定，在冷却过程中易产生等间距的冷却中心，形成五边形或六边形柱状节理。

喷发相阶段，该阶段喷发时间较短，厚度较薄，为2.3 m。岩性为深褐色气孔杏仁状熔岩。杏仁体以沸石、绿泥石、蛋白石充填为主，少量石英，玄武岩呈灰白色，风化淋滤后多呈黄绿色胶泥状，最大者7 cm，一般为0.5 cm左右；气孔大者为10 mm×4 mm。气孔、杏仁体呈压扁拉长状，具很强的定向排列特征，长轴方向平行于熔岩与灰白色砂岩的接触面。

溢流相阶段，该阶段形成的为深灰绿色、致密块状玄武岩，可见长石斑晶，厚约30 m。玄武岩为杂色厚—中层状，极富沸石、绿泥石、蛋白石杏仁体[图5-7

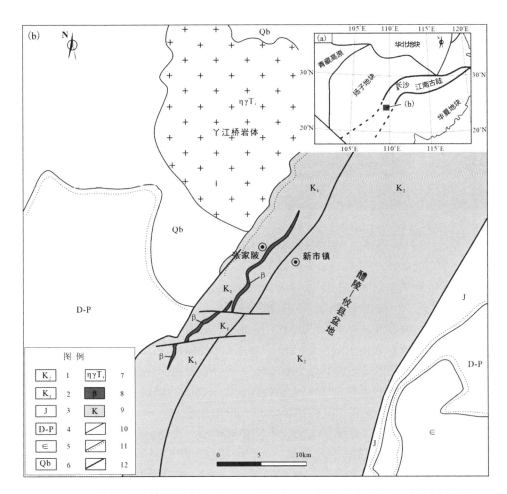

（a）江南造山带构造地质简图［据余心起等（2010）修改］；（b）醴陵—攸县盆地中玄武岩分布简图。
1—盆地中上白垩系地层；2—盆地中下白垩系地层；3—侏罗系；4—泥盆系—二叠系；5—寒武
系；6—青白口系；7—晚三叠世二长花岗岩；8—玄武岩；9—白垩系红层盆地；10—地质界线；
11—角度不整合界线；12—断裂。

图 5-6　新市玄武岩区域地质构造位置和岩脉地质简图
［据马铁球等（2012）修改］

（b）］。杏仁体大小不一，最大的大于 20 cm，气孔较大，呈狭长状，长轴平行熔
岩与红色砂岩的接触界面。

　　玄武岩中岩体流动构造较清楚，熔岩流在流动过程中使下部的早期喷发而成
的气孔、杏仁体破碎，在下部与砂岩接触处，有厚约 20 cm 熔岩层非常碎裂，一般
是熔岩底部（边部）快速冷凝边在熔岩持续流动作用下形成的边缘破碎熔岩。

(a)玄武岩中发育的柱状节理;(b)玄武岩中发育的杏仁体

图 5-7　新市玄武岩中发育的节理和杏仁构造图像

　　岩体接触关系清楚,与下伏砂岩呈侵入接触,砂岩具较强的热接触变质现象,形成宽约 20 cm 的烘烤边,砂岩颜色呈灰白色,砂岩顶层面与熔岩接触面略呈起伏不平,局部可见向下尖凹细小的侵蚀槽,应为熔岩流动过程中下伏弱固结的砂岩侵蚀造成。岩体上部与紫红色砂岩呈沉积接触,有 20 cm 厚的古风化壳,熔岩中发育有似层状、透镜状红色砂岩体,应为熔岩在未完全固结的软体环境下沉积形成。砂岩中底部有约 1.3 m 厚的富含火山物质的砾岩、砂砾岩。这些砾屑成分和大小混杂,分选差,说明物源区为火山岩熔岩区,未经长距离搬运,为近距离快速沉积的特征,也说明水动力条件相对较弱。上覆沉积岩未见明显的其他沉积构造,为一套砾、砂、泥沉积岩,沉积环境应为湖相。

　　于显微镜下观察,玄武岩中可见斜长石(3%)、橄榄石(2%)、斜方辉石(不足 1%)斑晶。斜长石斑晶为自形晶,高岭土化较明显,钠氏双晶等时隐时现,粒度大小为 1~2 mm。橄榄石斑晶为自形晶,被蛇纹石及铁质交代呈假像轮廓,粒度大小为 0.4~1.3 mm。斜方辉石斑晶为自形,粒度大小在 1 mm 左右。基质主要由斜长石(58%)、单斜辉石(35%)、石英(不足 1%)等组成,斜长石板条状微晶杂乱分布,在其构成的多角形空隙内充填有数粒细小辉石、磁铁矿、石英。其中斜长石被高岭石交代。玄武岩中含有 1% 左右的杏仁体,形态不规则,充填物为绿泥石、蛋白石,大小在 0.3~0.8 mm。副矿物主要有磁铁矿。杏仁状玄武岩矿物组成与玄武岩大致相似,基质中含有 15% 左右的玻璃质,杏仁体较多,占25% 左右。

5.2.1.2　冠市街玄武岩地质特征

　　衡阳盆地冠市街附近的白垩纪红层中有较多的似层状玄武岩产出。玄武岩喷发于白垩系中,下伏岩层有烘烤现象,上覆岩层近玄武岩处,局部有玄武岩砾石,接触面产状与围岩大体一致，局部呈微角度相交。岩性以蚀变橄榄玄武岩(或伊丁玄武岩)为主，下部夹一层蚀变杏仁橄榄玄武岩，上部和顶部有两层气孔状伊丁玄武岩(或蚀变气孔状橄榄玄武岩)，具多次喷发的特征。岩体在冠市街附近呈近南北向分布，从南转向北东向，受北东向断裂破坏，使部分地段产生褶皱、重复、错开等现象，玄武岩延伸约 20 km 以上。在各地的宽度不一，冠市街附近最宽，一般为 100~300 m，褶皱处有近 1000 m。

冠市街玄武岩底部为深褐色气孔杏仁状熔岩(图 5-8)，厚度较薄，一般为 2~3 m。杏仁体以沸石、绿泥石、蛋白石充填为主，少量石英，呈灰白色，风化淋滤后多呈黄绿色胶泥状，最大者 1~2 cm，一般为 0.5 cm。气孔、杏仁体呈压扁拉长状，具很强的定向性排列特征，长轴方向平行于熔岩与灰白色砂岩的接触面。上部溢流相岩性为深灰绿色、致密块状玄武岩，可见长石斑晶，厚约 50 m，局部厚度可达 100 m。

图 5-8　冠市街玄武岩中发育的杏仁体构造图像

冠市街玄武岩可见斜长石(3%)、橄榄石(2%)、斜方辉石(偶见)斑晶。斜长石斑晶为自形晶，高岭土化较明显，钠氏双晶偶见，粒度大小为 1~2 mm。橄榄石斑晶为自形晶，被蛇纹石及铁质交代呈假像轮廓，粒度大小为 0.4~1.3 mm。斜方辉石斑晶为自形，粒度大小在 1 mm 左右。基质主要由斜长石(58%)、单斜辉石(35%)(图 5-9)、微量石英等组成，斜长石呈板条状微晶杂乱分布，在其构成的多角形空隙内充填有数粒细小辉石、磁铁矿、石英。其中，部分斜长石被高岭石交代。玄武岩含有 1% 左右的杏仁体，形态不规则，充填物为绿泥石、蛋白石，大小为 0.2~0.6 mm。副矿物主要有磁铁矿。杏仁状玄武岩矿物组成与玄武岩大致相似，基质中含有 20% 左右的玻璃质，杏仁体较多，占 12% 左右。

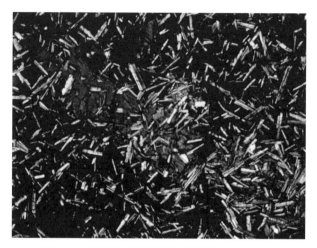

图 5-9 冠市街玻基橄榄玄武岩镜下特征图像

玄武岩与下伏砂岩接触处具较强的热接触变质现象,形成宽为 10~20 cm 的烘烤边,砂岩颜色呈灰白色,砂岩顶层面与熔岩接触面略呈起伏不平,局部可见向下尖凹细小的侵蚀槽;玄武岩上部与紫红色砂岩呈沉积接触,熔岩中发育有似层状、透镜状红色砂岩体,应为熔岩在未完全固结的软体环境下沉积形成。

5.2.2 火山岩年代学

5.2.2.1 新市玄武岩

同位素年龄测试样品采自攸县新市镇北西侧约 3 km 处的张家陂采石场,岩性为玄武岩、杏仁状玄武岩,测年方法采用锆石 LA-ICP-MS U-Pb 测年,具体操作流程见本书第 3 章测年方法简介,本节不再叙述。

新市玄武岩中分析的多数锆石为透明的自形晶体,锆石颗粒在透射光下大部分无色透明,少部分为黄褐色或玫瑰色,呈柱状和圆柱状,阴极发光图像均显示出锆石具岩浆结晶震荡环带特征(图 5-10),锆石呈柱状晶形,粒径一般为 100~250 μm,长宽比在 2:1 左右,晶形比较完整,裂纹不发育,相对应的阴极发光(CL)图像显示振荡环带和均质结构。锆石 CL 图像色律强弱不等,部分呈黑色,这种差异可能反映了不同锆石颗粒之间 Th、U 等元素含量不同。在对锆石 CL 图像分析研究的基础上,选择了不同形貌、不同发光强度、锆石核-边发育的不同部位,进行了 33 个点的锆石 U-Pb 年龄测试,有效点为 25 个,测试结果见表 5-6。这些分析点的锆石 U 含量为 $115.8 \times 10^{-6} \sim 1808.1 \times 10^{-6}$,平均含量为 442.5×10^{-6};Th 含量为 $26.9 \times 10^{-6} \sim 1161.2 \times 10^{-6}$,平均含量为 260.2×10^{-6};Th/U

表 5-6　新市玄武岩锆石 LA-ICP-MS U-Th-Pb 同位素分析数据表

测点	Pb	Th	U	$\frac{207Pb}{206Pb}$	1σ	$\frac{207Pb}{235U}$	1σ	$\frac{206Pb}{238U}$	1σ	$\frac{208Pb}{232Th}$	1σ	$\frac{238U}{232Th}$	1σ	$\frac{207Pb}{206Pb}$	1σ	$\frac{207Pb}{235U}$	1σ	$\frac{206Pb}{238U}$	1σ	$\frac{208Pb}{232Th}$	1σ
14-03	9.2	277.5	379.4	0.04868	0.00116	0.13916	0.00345	0.02073	0.00028	0.00688	0.00009	1.37	0.01	132	34	132	3	132	2	139	2
14-04	11.6	191	252.8	0.05125	0.00117	0.27879	0.00665	0.03944	0.00054	0.01244	0.00016	1.32	0.01	252	31	250	5	249	3	250	3
14-06	6.3	230.7	250	0.04856	0.00132	0.13949	0.00387	0.02083	0.00029	0.00663	0.00009	1.08	0.01	127	39	133	3	133	2	134	2
14-08	15.3	436.7	643.0	0.05379	0.00106	0.15432	0.00322	0.0208	0.00028	0.00652	0.00008	1.47	0.01	362	24	146	3	133	2	131	2
14-09	96	764.5	1206.4	0.05692	0.00077	0.57314	0.00892	0.07301	0.00095	0.0164	0.00017	1.58	0.02	488	15	460	6	454	6	329	3
14-10	6.6	149.7	236.9	0.04991	0.00142	0.17027	0.00495	0.02474	0.00034	0.00794	0.00012	1.58	0.02	191	42	160	5	158	2	160	2
14-11	4.4	182.1	155.2	0.04874	0.00182	0.14859	0.0056	0.02211	0.00032	0.00695	0.0001	0.85	0.01	135	61	141	4	141	2	140	2
14-12	47.8	337.4	1808.1	0.04974	0.00144	0.16947	0.00437	0.02471	0.00033	0.00781	0.00011	5.36	0.05	183	69	159	4	157	2	157	2
14-13	53.7	1161.2	1122.5	0.05127	0.00073	0.27874	0.00447	0.03942	0.00052	0.01125	0.00011	0.97	0.01	253	17	250	4	249	3	226	2
14-14	6.1	251.3	234.1	0.04872	0.00158	0.13957	0.00461	0.02077	0.00029	0.00677	0.00009	0.93	0.01	134	51	133	4	133	2	136	2
14-16	44.9	26.9	785.0	0.05474	0.00112	0.4417	0.00707	0.05852	0.00075	0.01827	0.00024	29.23	0.29	402	47	371	5	367	5	366	5
14-17	5.8	200.9	235.2	0.04862	0.00153	0.13893	0.00445	0.02072	0.00029	0.00673	0.00009	1.17	0.01	130	49	132	4	132	2	136	2
14-18	5.4	215.8	212.2	0.04863	0.00194	0.13893	0.00559	0.02071	0.0003	0.00655	0.0001	0.98	0.01	130	67	132	5	132	5	132	2

续表5-6

测点	Pb	Th	U	$\frac{^{207}Pb}{^{206}Pb}$	1σ	$\frac{^{207}Pb}{^{235}U}$	1σ	$\frac{^{206}Pb}{^{238}U}$	1σ	$\frac{^{208}Pb}{^{232}Th}$	1σ	$\frac{^{238}U}{^{232}Th}$	1σ	$\frac{^{207}Pb}{^{206}Pb}$	1σ	$\frac{^{207}Pb}{^{235}U}$	1σ	$\frac{^{206}Pb}{^{238}U}$	1σ	$\frac{^{208}Pb}{^{232}Th}$	1σ
14-19	14.5	216.5	385.3	0.05038	0.00103	0.23493	0.00508	0.03381	0.00045	0.01106	0.00014	1.78	0.02	213	27	214	4	214	3	222	3
14-21	3.3	124.8	131.1	0.04869	0.00177	0.1398	0.00511	0.02082	0.0003	0.00678	0.00011	1.05	0.01	133	59	133	5	133	2	137	2
14-22	2.9	101.8	115.8	0.04851	0.00213	0.13932	0.00612	0.02082	0.00031	0.00663	0.00013	1.14	0.01	124	73	132	5	133	2	134	3
14-23	9.4	90.2	225	0.05572	0.00129	0.30334	0.00729	0.03947	0.00054	0.01111	0.00018	2.49	0.02	441	30	269	6	250	3	223	4
14-24	77.8	69	674.1	0.06862	0.00091	1.09961	0.01677	0.11619	0.00151	0.0239	0.00034	9.78	0.1	887	14	753	8	709	9	477	7
14-25	34	383.6	438.6	0.05813	0.00327	0.44562	0.02415	0.0556	0.00083	0.01723	0.00021	1.14	0.01	535	126	374	17	349	5	345	4
14-26	23.4	147.6	179.4	0.06282	0.00107	0.99712	0.01836	0.11509	0.00152	0.02707	0.00032	1.22	0.01	702	19	702	9	702	9	540	6
14-27	42.9	415	579.1	0.05702	0.00085	0.49559	0.00824	0.06302	0.00083	0.02181	0.00023	1.4	0.01	492	17	409	6	394	5	436	5
14-28	4.3	147.9	175.4	0.04862	0.00192	0.13951	0.00553	0.0208	0.0003	0.00658	0.00011	1.19	0.01	130	66	133	5	133	2	133	2
14-30	11.4	104.7	222.7	0.05317	0.00117	0.34233	0.00786	0.04668	0.00063	0.01626	0.00023	2.13	0.02	336	29	299	6	294	4	326	5
14-32	22.8	63.7	192.1	0.06246	0.00101	0.97738	0.01728	0.11345	0.00149	0.03091	0.00041	3.02	0.03	690	18	692	9	693	9	615	8
14-33	5.7	214.4	224.9	0.04867	0.00137	0.13975	0.00401	0.02082	0.00029	0.00675	0.00009	1.05	0.01	132	42	133	4	133	2	136	2

备注：数据据马铁球等（2012）。

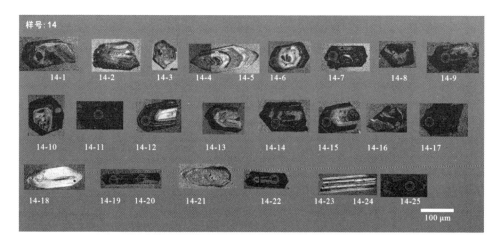

图 5-10　新市玄武岩锆石阴极发光图像、单点位置及年龄图

值为 0.03～1.17，平均值为 0.71。新市玄武岩中锆石 Th 和 U 含量变化较大，
Th/U 均值大于 0.5，据李基宏等（2004）和刘勇等（2010）的报道，岩浆锆石 Th/U
值一般为 0.5～1.5，结合锆石阴极发光图像有岩浆型震荡环带及较高的 Th/U 值
特征表明，本次测试分析中的锆石大部分为岩浆锆石，仅个别锆石显示为受流体
影响或来源于捕获锆石的特征。

有效的 25 个锆石测点的 $^{206}Pb/^{238}U$ 年龄值为 709～132 Ma，但 MSWD 值较大，
说明有些数据为离群值［图 5-11（a）］。其中，10 个点年龄较接近（14-03、
14-06、14-08、14-14、14-17、14-18、14-21、14-22、14-28、14-33），它们
的 $^{206}Pb/^{238}U$ 年龄给出的加权平均年龄为（132.7±1.2）Ma（2σ），MSWD = 0.058，
分析认为是玄武岩的成岩年龄［图 5-11（c）、图 5-11（d）］，上述 10 个测年
的 $^{206}Pb/^{238}U$ 年龄呈正态曲线分布［图 5-11（b）］，反映本次获得的玄武岩锆石
LA-ICP-MS U-Pb 年龄可靠。

从测试结果来看（表 5-6），除上述 10 个点年龄为 133～132 Ma 外，还有集中
分布于 709～693 Ma、454～349 Ma、294～214 Ma、158～141 Ma 等四个区间内的年
龄值，其代表上述四个区间年龄测点的锆石明显颜色较深，呈黄褐色或玫瑰色，
滚圆或次棱角状（14-26、14-32、14-09、14-25、14-27、14-13、14-30、14-10、
14-11、14-12、14-19），或位于核部的包裹体部位（14-24、14-16、14-04、
14-23），在阴极发光图上，锆石的发光性较弱，韵律环带较窄或不明显，与玄武
岩结晶年龄为（132.7±1.2）Ma 的锆石特征不同，显示不是同一时期、同一构造
环境下形成的岩浆锆石，极有可能为继承性锆石或捕房锆石。据前人研究资料，

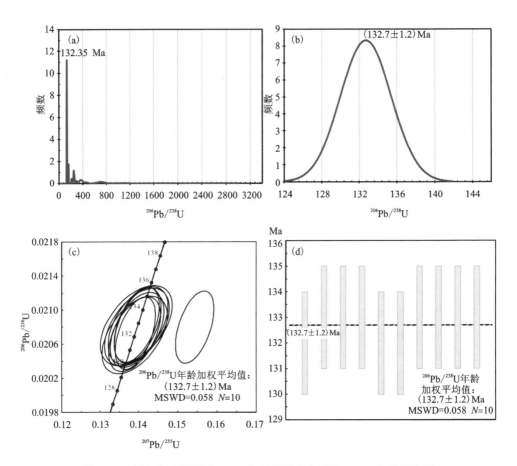

图5-11 新市玄武岩锆石U-Pb年龄频数分布图及U-Pb年龄谐和图

[图件据马铁球等(2012)]

在湖南乃至本次研究区周边范围,存在大量与上述年龄相近的岩浆活动,如820~680 Ma期间湘西、桂北等地的基性岩浆活动和湘东北地区大量中酸性岩浆活动;460~340 Ma期间湘东北地区的板杉铺、宏夏桥、吴集等岩体的中酸性岩浆活动;同时大量的印支、燕山期基性—酸性岩浆活动,充分说明研究样品锆石的来源较复杂,部分获得的测年锆石可能是从围岩中捕获的,反映出区域上多次岩浆—热力作用事件的特点。

5.2.2.2 冠市街玄武岩

衡阳盆地冠市街玄武岩的年龄数据引自孟立丰(2012),样品在中国地质科学院地质所同位素实验室分析,采用常规$^{40}Ar/^{39}Ar$阶段升温测年法。其流程为:选纯的矿物(纯度>99%)用超声波清洗;清洗后的样品被封进石英瓶中送核反应堆中接受中子照射。照射工作是在中国原子能科学研究院完成，同期接受中子照射的还有用做监控样的标准样：ZBH-25 黑云母标样，其标准年龄为(132.7±1.2) Ma，K 含量为 7.6%。

样品的阶段升温加热使用石墨炉，每一个阶段加热 30 分钟、净化 30 分钟。质谱分析是在多接收稀有气体质谱仪 Helix MC 上进行的，每个峰值均采集 20 组数据。所有的数据在回归到时间零点值后再进行质量歧视校正、大气氩校正、空白校正和干扰元素同位素校正。中子照射过程中所产生的干扰同位素校正系数通过分析照射过的 K_2SO_4 和 CaF_2 来获得，其值为：$(^{36}Ar/^{37}Ar_o)_{Ca} = 0.0002389$，$(^{40}Ar/^{39}Ar)_K = 0.004782$，$(^{39}Ar/^{37}Ar_o)_{Ca} = 0.000806$。$^{37}Ar$ 经过放射性衰变校正；^{40}K 衰变常数 $\lambda = 5.543 \times 10^{-10}$ 年$^{-1}$；测年数据用 ISOPLOT 程序计算坪年龄及正、反等时线年龄(Ludwig, 2001)。坪年龄误差以 2σ 给出(孟立丰, 2012)。

衡阳盆地冠市街玄武岩用于测年的样品具有斑状结构，斑晶主要为自形—半自形的斜长石、单斜辉石及橄榄石，基质以细粒斜长石为主，伴以少量辉石，橄榄石和暗色矿物。橄榄石已普遍绿泥石化。

冠市街玄武岩(样号 07SC35)的 $^{40}Ar/^{39}Ar$ 年龄测试结果列于表 5-7 中，视年龄谱线和 $^{40}Ar/^{36}Ar - ^{39}Ar/^{36}Ar$ 坪年龄见图 5-12(b)。其测年结果坪年龄为(71.32±0.81) Ma，加热温度为 800~1450℃。冠市街玄武岩(样号 07SC32-1)的 $^{40}Ar/^{39}Ar$ 年龄测试结果也列于表 5-7 中，视年龄谱线和 $^{40}Ar/^{36}Ar - ^{39}Ar/^{36}Ar$ 坪年龄见图 5-12(a)。其测年结果坪年龄为(71.04±0.87) Ma，加热温度为 800~1450℃。

表 5-7　冠市街玄武岩全岩 $^{40}Ar/^{39}Ar$ 逐步加热分析数据表

温度/℃	^{39}Ar/%	$^{40}Ar/^{39}Ar$	$^{37}Ar/^{39}Ar$	$^{36}Ar/^{39}Ar$	$^{40}Ar^*/^{39}Ar_k$	$^{40}Ar^*$/%	年龄/Ma	±σ
		样号 07SC35；标样＝Bem4M；平均年龄(71.32±0.81) Ma						
800	0.19	834.80031	0.37119	3.12082	12.633239	1.35	133.1	±232.5
890	1.90	417.91592	0.30608	1.37818	10.691668	2.56	113.3	±100.5
930	4.82	22.69292	0.37124	0.05541	6.349013	27.97	68.1	±4.4
960	11.71	15.67099	0.72581	0.03058	6.696128	42.70	71.8	±2.4
990	12.78	12.34473	1.32461	0.01941	6.721061	54.38	72.0	±1.6
1020	11.71	9.27654	1.56749	0.00925	6.677170	71.88	71.6	±1.0
1050	14.58	8.61138	1.44694	0.00707	6.646424	77.09	71.3	±0.9
1080	9.00	9.05370	1.18934	0.00846	6.654204	73.42	71.3	±0.9

续表5-7

温度/℃	$^{39}Ar/\%$	$^{40}Ar/^{39}Ar$	$^{37}Ar/^{39}Ar$	$^{36}Ar/^{39}Ar$	$^{40}Ar^*/^{39}Ar_k$	$^{40}Ar^*/\%$	年龄/Ma	$\pm\sigma$
1110	3.57	10.12128	0.96608	0.01184	6.705387	66.20	71.9	±1.4
1140	5.03	9.99934	0.78055	0.01175	6.592424	65.88	70.7	±1.3
1180	8.57	9.09703	0.60777	0.00839	6.670641	73.29	71.5	±1.0
1230	5.65	9.31061	0.91772	0.00947	6.588911	70.71	70.7	±1.2
1300	4.78	9.75533	2.78278	0.01183	6.496412	66.44	69.2	±1.5
1450	5.70	10.43326	7.48654	0.01453	6.779378	64.56	72.7	±1.3
样号07SC32-1；标样=Bem4M；平均年龄(71.04±0.87)Ma								
800	0.23	2355.60886	0.45705	7.89691	22.117263	0.94	237.4	564.5
860	1.25	1556.55613	0.44184	5.17458	27.511654	1.77	290.8	358.1
900	2.15	143.08661	0.52873	0.46505	5.708245	3.99	64.3	36.7
940	6.95	42.74344	0.54075	0.12374	6.225150	14.56	70.0	9.8
970	5.32	27.51921	0.71499	0.07259	6.128500	22.26	69.0	5.8
1000	21.9	19.73632	1.45220	0.04529	6.475149	32.77	72.8	3.6
1020	12.17	10.13923	1.36239	0.01324	6.342080	62.48	71.3	1.3
1050	11.72	9.56007	1.46262	0.01116	6.386155	66.72	71.8	1.2
1080	9.27	9.86994	1.61.32	0.01225	6.387784	64.63	71.8	1.3
1120	8.43	10.50810	1.52260	0.01465	6.307082	59.94	70.9	1.4
1160	7.02	10.57524	1.17215	0.01475	6.317495	59.68	71.0	1.4
1210	5.01	13.82366	2.00263	0.02632	6.216981	44.90	69.9	2.3
1270	0.84	17.94473	4.53341	0.04151	6.063920	33.66	68.2	4.7
1350	5.66	9.78413	10.69948	0.01528	6.175281	62.54	69.5	1.6
1450	2.09	11.70459	16.36928	0.02333	6.198061	52.22	69.7	2.6

备注：数据据孟立丰(2012)。

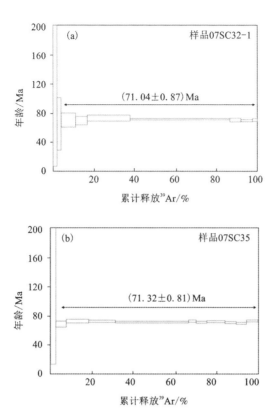

图 5-12　冠市街玄武岩$^{40}Ar/^{36}Ar$—$^{39}Ar/^{36}Ar$ 视年龄谱线和坪年龄图

[图件据孟立丰(2012)]

值得注意的是,赵振华等(1998)在采样点的南部地区(同为衡阳盆地),利用 K-Ar 测年技术获得玄武岩的年龄为 81 Ma。从采样的地层和产出特征来看,两者有很大可能属于同期岩浆作用的产物。

5.2.3　岩石地球化学

5.2.3.1　主量元素特征

衡阳盆地东缘的新市玄武岩岩石主量元素、微量元素分析结果见表 5-8;新市玄武岩标准矿物 CIPW 计算结果见表 5-9;冠市街玄武岩主量元素及部分特征值分析结果见表 5-10。

表 5-8 新市玄武岩岩石主量元素(%)、微量元素(10^{-6})分析数据表

项目	Z11-1*	YX-12	YX-13	Z16-2	YX-14	Z19*	YX-4	YX-5	Z11-2	YX-6	YX-7	YX-8	YX-9	YX-10	YX-11
SiO_2	52.23	51.3	52.02	54.06	52.11	53.88	53.08	52.92	53.86	53.15	53.66	52.87	53.16	53.87	51.41
TiO_2	1.61	1.65	1.55	1.55	1.54	1.53	1.53	1.49	1.56	1.5	1.47	1.57	1.49	1.52	1.62
Al_2O_3	17.77	17.07	16.66	15.68	16.7	17.05	17.01	16.4	15.78	16.09	16.34	16.23	16.47	16	17.12
FeO	0.71	2.61	2.34	4.89	2.27	1.21	2.09	3.91	5.5	3.88	4.63	4.01	3.51	3.88	2.53
Fe_2O_3	9.13	7.5	7.6	4.88	7.5	8.52	7.79	5.63	4.29	5.72	4.55	5.54	5.97	5.69	7.2
MnO	0.09	0.14	0.12	0.15	0.13	0.11	0.14	0.13	0.14	0.14	0.13	0.13	0.13	0.12	0.13
MgO	7.65	6.26	6.64	6.54	6.68	5.1	5.55	6.56	6.63	6.59	6.43	6.6	6.37	6.14	6.57
CaO	5.89	8.71	8.31	7.46	8.33	5.91	6.66	7.7	5.42	7.92	7.75	7.99	7.53	7.52	8.81
Na_2O	3.62	3.04	3	3.56	3.02	4.49	4.04	3.5	5.39	3.31	3.36	3.34	3.57	3.48	3
K_2O	0.99	1.35	1.41	1.03	1.37	1.87	1.79	1.45	1.21	1.39	1.38	1.41	1.49	1.47	1.25
P_2O_5	0.31	0.37	0.35	0.21	0.35	0.32	0.32	0.31	0.22	0.31	0.3	0.31	0.31	0.31	0.36
ToTal	100	100	100	100.01	100	99.99	100	100	100	100	100	100	100	100	100
FeOT	8.93	9.36	9.18	9.28	9.02	8.88	9.1	8.98	9.36	9.03	8.73	9	8.88	9	9.01
A/CNK	1	0.76	0.77	0.76	0.77	0.84	0.82	0.77	0.79	0.75	0.77	0.75	0.78	0.76	0.77
A/NK	2.53	2.64	2.58	2.25	2.59	1.81	1.98	2.24	1.55	2.31	2.33	2.31	2.2	2.19	2.72
ALK	4.61	4.39	4.41	4.59	4.39	6.36	5.83	4.95	6.6	4.7	4.74	4.75	5.06	4.95	4.25

续表5-8

项目	Z11-1*	YX-12	YX-13	Z16-2	YX-14	Z19*	YX-4	YX-5	Z11-2	YX-6	YX-7	YX-8	YX-9	YX-10	YX-11
Rb	22.6	44.4	41.7	24.6	40	39.9	47.1	37.6	27.7	41.2	36.7	39	41	38	49.7
Sr	334	458	437	293	470	363	371	350	591	398	356	380	379	364	458
Zr	206	203	154	116	168	160	184	162	113	218	177	178	185	145	175
Hf	4.64	4.7	4.34	3.28	4.66	4.43	4.7	4.38	3.37	4.55	4.48	4.64	4.77	4.18	4.76
Th	3.33	3.23	2.93	1.87	3.26	3.2	3.57	3.11	1.93	3.21	3.06	3.35	3.34	2.99	3.23
U	0.61	0.75	0.57	0.61	0.64	1.98	1.18	0.73	0.53	0.68	0.6	0.73	0.8	0.73	1.26
Nb	20.6	23.4	21.3	11.3	22.1	20.3	20.9	20.5	11.8	22	20.7	21.3	21.4	20.1	23.5
Ta	1.24	1.39	1.27	0.7	1.31	1.21	1.25	1.2	0.74	1.31	1.2	1.31	1.29	1.19	1.36
Y	21.7	22.5	21.2	26.7	22.6	23	22.3	21.7	19.4	23.2	21.4	22.6	22.5	21.2	22.7
La	22.7	26.2	22.3	14.6	26.1	24.9	24.4	23.4	12.9	24.5	23.3	25	25.1	22.3	26.6
Ce	46.9	54.5	47.1	28.8	54	49.2	50.9	49	29.2	51.7	48	51.6	52.1	46.3	55.6
Pr	5.48	6.12	5.22	3.9	6.07	5.54	5.81	5.44	3.58	5.93	5.55	5.93	6.02	5.27	6.25
Nd	21.4	23.9	20.1	16.4	23.1	21.7	22.8	21.4	15.1	21.8	21.3	22.6	23	20.5	24.1
Sm	4.5	4.89	4.27	4.3	4.81	4.86	5.03	4.52	3.86	4.69	4.57	5	5	4.28	5.12
Eu	1.52	1.64	1.42	1.46	1.58	1.52	1.64	1.55	1.36	1.6	1.51	1.65	1.67	1.47	1.68
Gd	4.58	5.05	4.6	4.92	4.78	4.77	5.25	4.73	4.07	4.95	4.63	5.16	5.11	4.63	5.1

续表5-8

项目	Z11-1*	YX-12	YX-13	Z16-2	YX-14	Z19*	YX-4	YX-5	Z11-2	YX-6	YX-7	YX-8	YX-9	YX-10	YX-11
Tb	0.72	0.72	0.66	0.77	0.74	0.74	0.75	0.7	0.61	0.75	0.7	0.75	0.77	0.67	0.78
Dy	4.18	4.09	3.78	4.38	4.25	4.14	4.4	4.17	3.72	4.18	4.01	4.27	4.34	3.82	4.32
Ho	0.81	0.81	0.75	0.84	0.77	0.79	0.82	0.75	0.69	0.76	0.76	0.8	0.87	0.73	0.84
Er	2.29	2.32	2.1	2.51	2.21	2.25	2.36	2.31	1.89	2.34	2.15	2.33	2.29	2.07	2.34
Tm	0.27	0.29	0.25	0.29	0.28	0.31	0.31	0.28	0.24	0.28	0.27	0.28	0.29	0.26	0.3
Yb	1.81	1.86	1.69	1.79	1.83	1.83	1.94	1.74	1.52	1.83	1.79	1.89	1.81	1.67	1.93
Lu	0.27	0.27	0.26	0.25	0.26	0.27	0.27	0.26	0.21	0.26	0.26	0.28	0.26	0.24	0.27
$\sum$REE	139.1	155.1	135.7	111.9	153.4	145.8	148.9	141.9	98.4	148.8	140.2	150.1	151.1	135.4	157.9
LREE	102.5	117.3	100.4	69.5	115.7	107.7	110.6	105.3	66.1	110.2	104.2	111.8	112.9	100.1	119.4
HREE	36.6	37.9	35.3	42.5	37.7	38.1	38.4	36.6	32.4	38.6	35.9	38.4	38.2	35.3	38.6
L/H	2.8	3.09	2.85	1.64	3.07	2.83	2.88	2.87	2.04	2.86	2.9	2.91	2.95	2.84	3.09
$(La/Yb)_N$	9	10.1	9.46	5.85	10.23	9.76	9.02	9.65	6.09	9.6	9.34	9.49	9.95	9.58	9.89
δEu	1.01	1	0.97	0.97	1	0.95	0.97	1.02	1.04	1.01	0.99	0.98	1	1	0.99
Nb*	0.88	0.79	0.75	0.57	0.74	0.58	0.62	0.7	0.56	0.75	0.73	0.72	0.7	0.69	0.82
tZr/°C	759.8	714.5	697.5	680.9	704.3	719.5	723.6	702.4	680.9	722.5	712.5	706.1	715.0	696.3	703.9

注：L/H 为 LREE/HREE 的缩写；数据马铁球等（2012）。

表 5-9　新市玄武岩 CIPW 计算标准矿物表

样号	Ol	A	P	C	Hy	Mt	Ap	Di	Q
Z11-1*	2.19	6.79	63.94	0.57	23.12	0.82	0.66	0	—
YX-12	3.3	9.27	60.34	—	14.81	0.86	0.79	8.66	
YX-13	1.35	9.68	58.77	—	18.63	0.85	0.75	8.13	
Z16-2	—	7.02	59.59	—	20.17	0.86	0.45	8.62	1.47
YX-14	1.08	9.4	59.09	—	18.96	0.83	0.75	8.06	
Z19*	5.67	12.54	64.18	—	9.8	0.8	0.67	4.57	
YX-4	5.81	12.08	62.6	—	10.48	0.83	0.67	5.74	
YX-5	2.93	9.9	59.85	—	15.79	0.82	0.66	8.29	
Z11-2	13.91	8.11	66.83	—	0.76	0.84	0.46	7.27	
YX-6	0.27	9.53	58.47	—	19.48	0.83	0.66	8.98	
YX-7	—	9.36	59.18	—	19.53	0.79	0.64	7.99	0.78
YX-8	1.55	9.66	58.88	—	17.46	0.82	0.66	9.11	—
YX-9	2.29	10.16	60.16	—	16.32	0.81	0.66	7.85	
YX-10	—	10.04	58.54	—	18.94	0.82	0.66	8.42	0.79
YX-11	2.77	8.59	60.59	—	15.91	0.83	0.77	8.62	—

　　注：Q 为石英，A 为碱性长石，P 为斜长石，Di 为透辉石，Hy 为紫苏辉石，Mt 为磁铁矿，Ap 为磷灰石，Ol 为橄榄石，—表示 CIPW 计算不出现此矿物。

表 5-10　冠市街玄武岩主量元素分析结果(%)、CIPW 计算标准矿物及部分特征参数表

样号	SiO_2	TiO_2	Al_2O_3	FeO	Fe_2O_3	MnO	MgO	CaO	Na_2O	K_2O	P_2O_5	LOI	ToTal
G-2	50.65	1.46	16.50	6.42	2.46	0.14	6.95	7.57	3.25	1.78	0.26	1.87	99.3
G-X-4	51.94	1.55	16.57	4.49	3.57	0.11	5.92	7.34	3.14	1.89	0.29	2.59	99.4
G-X-5	50.33	1.59	16.60	3.88	3.89	0.10	6.31	6.96	3.10	1.80	0.30	4.83	99.7
D4842	46.96	1.28	16.14	1.02	8.15	0.12	5.45	8.88	3.20	1.18	0.28	6.80	99.5
D4778	51.02	1.24	15.82	2.64	5.65	0.11	6.32	7.31	2.96	0.98	0.26	4.93	99.2

续表5-10

样号	ALK	FeO^T	A/CNK	A/NK	δ	CIPW 标准矿物计算							
						Q	A	P	Di	Hy	Mt	Ap	DI
G-2	5.03	8.63	0.78	2.27	2.97	0	19.12	45.74	8.84	13.64	3.66	0.62	39.02
G-X-4	5.03	7.70	0.80	2.30	2.53	2.98	19.89	45.49	7.4	15.71	4.79	0.69	41.97
G-X-5	4.9	7.38	0.84	2.35	2.65	1.74	19.24	47.16	5.46	17.9	4.57	0.73	40.64
D4842	4.38	8.36	0.71	2.47	2.84	0	13.75	51.62	14.02	7.71	4.96	0.7	36.95
D4778	3.94	7.73	0.82	2.67	1.56	5.4	10.87	50.61	6.45	18.93	4.59	0.64	38.19

注：DI 为分异指数[CIPW 标准矿物，$w(B)$%]，A/CNK 为铝饱和指数(Al/Ca-1.6P+Na+K 摩尔比)、A/NK 为碱度指数(Al/Na+K 摩尔比)、ALK 为全碱含量，δ 为里特曼钙碱指数，Q 为石英，A 为碱性长石，P 为斜长石，Di 为透辉石，Hy 为紫苏辉石，Mt 为磁铁矿，Ap 为磷灰石。

新市玄武岩的岩石化学成分与国内外玄武岩的平均化学成分相比，具有富碱的特点，在 CIPW 标准矿物中未出现 Ne 分子。岩石 SiO_2 含量较高，变化为 51.10%~53.88%；$w(K_2O+Na_2O)$ 为 4.25%~6.6%，所有样品均有 $w(Na_2O)>w(K_2O)$。在 $w(SiO_2)$—$w(K_2O+Na_2O)$ 图解中投点在玄武岩、玄武质安山岩区域[图 5-13(a)]，在 $w(SiO_2$—$w(TFeO)/w(MgO))$ 图解中，其投点主要显示新市玄武岩为钙碱性系列[图 5-13(b)]。新市玄武岩的地球化学特征显示为亚碱玄武安山岩、玄武岩，部分为碱性玄武质粗面安山岩，属于拉斑玄武岩系列。

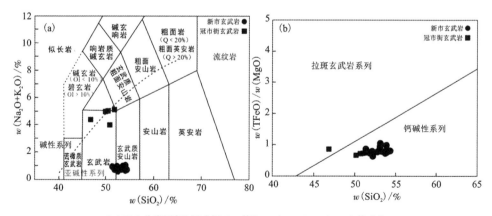

(a)TAS 分类图解[图式据 Cox 等(1979)；Wilson (1989)修改]；
(b)$w(SiO_2)$—$w(TFeO)/w(MgO)$图解[图式据 Floyd 等(1975)修改]。

图 5-13　衡阳盆地东缘玄武岩 $w(SiO_2)$—$w(Na_2O+K_2O)$ 分类图解及玄武岩系列判别图解

新市玄武岩的 CIPW 标准矿物体积百分含量计算表明（表 5-9），Q 含量较少，基本不出现；橄榄石（Ol）含量为 0.27% ~ 13.9%，均值为 3.59%，部分样品未见橄榄石，总体显示为基性岩特征。碱性长石含量为 6.8% ~ 12.5%，均值为 9.5%，标准矿物计算中碱性长石含量低；斜长石含量为 58.5% ~ 66.8%，均值为 60.7%，CIPW 标准矿物计算中以斜长石矿物为主。不含刚玉分子（C），体现岩石不富铝值的特征。副矿物 Mt 含量为 0.79% ~ 0.86%，Ap 含量为 0.45% ~ 0.79%，标准矿物计算中副矿物出现较少。

冠市街玄武岩的岩石化学成分总体具有富碱的特点，$w(K_2O+Na_2O)$ 为 3.94% ~ 5.03%，所有样品均有 $w(Na_2O)>w(K_2O)$，在图解中部分投点显示为碱性系列的玄武岩，但图解对玄武岩的碱性和亚碱性系列识别效果不理想，其投点在碱性和亚碱性系列附近［图 5-13（a）］。冠市街玄武岩的 SiO_2 含量为 46.9% ~ 51.9%，按 SiO_2 含量分类为基性岩，在 $w(SiO_2)$—$w(K_2O+Na_2O)$ 图解中投点在玄武岩区域［图 5-13（a）］，岩石地球化学分类命名与岩石薄片野外特征一致。在 $w(SiO_2)$—$w(TFeO)/w(MgO)$ 图解中，其投点主要显示冠市街玄武岩为钙碱性系列［图 5-13（b）］。

冠市街玄武岩的 CIPW 标准矿物计算表明，Q 含量较低，甚至不含石英；碱性长石含量为 10.8% ~ 19.9%，斜长石含量为 45.5% ~ 51.6%。CIPW 标准矿物中 DI 含量为 5.46% ~ 14.1%，Hy 含量为 7.79% ~ 18.9%，透辉石、紫苏辉石含量较高，显示基性岩特征。副矿物 Mt 含量为 3.66% ~ 4.96%，Ap 含量为 0.62% ~ 0.73%，表现为副矿物含量较丰富的特征。根据标准矿物计算 DI 为 36.9% ~ 41.9%，分异指数 DI 较低，表明冠市街玄武岩经历较低程度的分异演化。

5.2.3.2　微量元素特征

新市玄武岩的微量元素富集反映了源区受到地壳物质的混染，而性质相似的高场强元素含量变化不明显。高场强元素与不相容元素比值特征一定程度上显示出岩浆来自原始地幔，新市玄武岩 Nb/ Ta 值为 15.95 ~ 17.28，与原始地幔值 17.5±2.0 相似（迟清华和鄢明才，2007）；Zr/ Hf 值为 33.53 ~ 47.91，略高于原始地幔值 36.27，但远高于大陆壳值 11（迟清华和鄢明才，2007），表明本区岩石受地壳混染的程度有限。在微量元素原始地幔蛛网图中［图 5-14（a）］，相对富集 Zr、Hf、Ta、Sr、Th、U、Rb 而贫 K 和稀土元素含量低的特征与湘南地区中生代玄武岩相似。新市玄武岩样品的 Th/Yb 值都高（Weaver，1991），分布在 WPB 演化趋势范围与大陆边缘弧玄武岩界线附近，表明玄武岩浆的地幔源区可能受过富 Th 的俯冲带流体的交代。

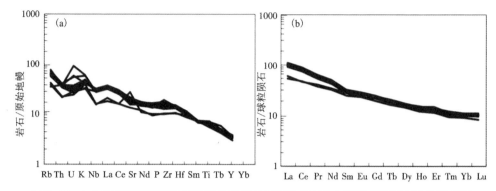

图 5-14 (a)新市玄武岩微量元素原始地幔蛛网图和(b)稀土元素球粒陨石配分模式图

〔标准化数据引自 Sun 等(1989)〕

冠市街玄武岩微量元素分析数据表明(表 5-11),大离子亲石元素 Rb 含量为 $20.2\times10^{-6}\sim60.8\times10^{-6}$;Th 含量为 $4.12\times10^{-6}\sim5\times10^{-6}$;Ba 含量为 $372\times10^{-6}\sim572\times10^{-6}$;Sr 含量为 $361\times10^{-6}\sim700\times10^{-6}$;在微量元素原始地幔蛛网图中[图 5-15(a)],总体表现为右倾的曲线,除 U 和 Hf 富集外,其余元素的亏损和富集不明显。冠市街玄武岩的 Nb^* 为 $0.88\sim1.31$,均值为 1.06,Nb^* 均值大于 1,表明 Nb 具有正异常,Nb 相对于 K 和 La 富集,指示玄武岩岩浆来源于深部地幔的特征;而部分 Nb^* 小于 1,表明玄武岩在喷出的过程中混染了部分地壳物质。

冠市街玄武岩的 34 个微量元素分析结果中,玄武岩微量元素丰度和维氏值闪长岩平均值相比较,Hg、Rb、Th、Be、Cl、Sn、Cs、Ta、Ba、B、U、F、Zr 较维氏值偏低,一般低 $1\sim10$ 倍;Pb、Ga、Li、Cd、Sb、Zn、Mo、Nb、W 与维氏值相当;Sr、Ag、Cu、As、V、Cr、Co、Hf 较维氏值富集,富集程度一般在 $1\sim10$ 倍,Ni、Bi、Sc 明显较维氏值富集,高出维氏值数十倍(Weaver,1991)。

5.2.3.3 稀土元素特征

新市玄武岩的稀土元素分析结果见表 5-12,表中稀土总量较高,ΣREE 总量为 $281.79\times10^{-6}\sim295.79\times10^{-6}$。LREE/HREE 值较大,为 $1.63\sim3.099$,$w(La)_N/w(Yb)_N$ 为 $8.74\sim22.47$,反映岩浆相对富集 LREE 而 HREE 较贫乏(Weaver,1991),不出现铈负异常,δEu 较大,变化于 $1.05\sim1.15$,Eu 为正异常,稀土配分曲线表现为较陡的右倾型[图 5-15(b)]。

表 5-11　冠市街玄武岩微量元素分析数据表（Au 为 10^{-9}；其余为 10^{-6}）

样号	Sc	V	Cr	Ni	Cu	Zn	W	Sr	Co	Rb	Zr	Nb	Ta	Pb	Th	U	Ga
G-2	19.9	162	142	124	53.6	86.5	2.42	407	36.0	54.3	143	27.1	1.48	20.5	4.12	0.87	17.9
GX-4	19.1	149	127	123	48.3	80.9	1.66	540	35.6	60.8	160	30.8	1.63	22.0	4.77	0.96	20.3
GX-5	20.3	156	140	117	64.4	70.0	1.69	529	32.8	57.6	160	32.2	1.84	21.6	4.67	0.94	18.0
4842	21.8	163	153	97.2	27.7	93.8	2.1	700	39.6	20.2	132	32.1	1.78	21.0	5.00	6.77	19.5
4778	20.2	124	118	109	49.2	83.4	3.51	361	36.2	22.4	131	26.6	1.74	8.32	4.24	2.16	20.7
维氏值	0.05	40	25	8	20	60	1.5	300	5	200	200	20	3.5	20	18	3.5	20

样号	Li	Be	Cd	Cs	B	Sn	Ag	As	Sb	Bi	Hg	Mo	F	Hf	Cl	Ba	Au
G-2	21.7	1.31	0.11	3.41	11.0	1.28	0.06	2.17	0.76	0.39	0.01	1.60	472	10.2	118	459	0.58
GX-4	27.7	1.53	0.09	2.62	10.0	0.71	0.05	12.7	0.32	0.25	0.01	2.20	452	11.3	80.7	572	0.92
GX-5	31.8	1.56	0.20	2.01	10.0	1.09	0.03	1.78	0.22	0.28	0.01	2.09	432	11.3	88.4	443	0.67
4842	123	1.27	0.16	1.11	7.44	1.42	0.23	3.23	0.16	0.064	0.01	0.75	960	5.00	68.8	484	0.96
4778	51.5	1.39	0.08	1.46	4.23	1.83	0.16	2.61	0.28	0.28	0.02	0.72	580	4.00	52.8	372	0.72
维氏值	40	5.5	0.1	5	15	3	0.05	1.5	0.26	0.01	0.08	1	800	1	240	830	4.5

表 5-12　冠市街玄武岩稀土元素分析结果及相关特征值表（×10^{-6}）

样号	La	Ce	Pr	Nd	Sm	Eu	Gd	Tb	Dy	Ho	Er	Tm	Yb	Lu	Y	Σ	δEu	L/H
G-2	19.1	36.2	4.38	17.7	3.68	1.33	3.56	0.68	4.19	0.93	2.52	0.4	2.5	0.38	19.3	117	1.11	2.39
GX-4	22.8	43.1	5.19	20.7	4.27	1.49	3.94	0.74	4.44	0.99	2.64	0.42	2.59	0.4	20.7	134	1.09	2.65
GX-5	23.4	42.9	5.18	20.9	4.19	1.42	3.93	0.74	4.4	0.97	2.54	0.41	2.51	0.4	21.0	135	1.05	2.66
4842	20.3	36.5	4.61	18.6	4.15	1.45	4.03	0.69	4.01	0.95	1.94	0.38	2.29	0.36	20.2	120	1.07	2.46
4778	18.4	34.2	4.19	18.2	3.87	1.28	3.74	0.66	3.82	0.9	1.8	0.34	2.05	0.32	19.6	113	1.01	2.41

注：L/H 为 LREE/HREE。

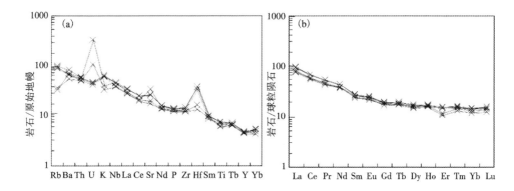

图5-15 （a）冠市街玄武岩微量元素原始地幔蛛网图和（b）稀土元素球粒陨石配分模式图

［标准化数据引自 Sun 等（1989）］

冠市街玄武岩的稀土元素分析数据见表5-12。从表中可知，稀土总量 $\sum REE$ 为 $113\times10^{-6}\sim135\times10^{-6}$，均值为 123×10^{-6}，表现为稀土元素总量含量较低；LREE 含量为 $80.1\times10^{-6}\sim98.1\times10^{-6}$，HREE 含量为 $33.2\times10^{-6}\sim36.8\times10^{-6}$，岩石具有富集 LREE 特征，在稀土元素球粒陨石标准化配分模式图中［图 5-15（b）］，表现出右倾模式。而 LREE/HREE 值为 $2.39\sim2.66$，均值为 2.51；$(La/Yb)_N$ 值为 $5.47\sim6.71$，均值为 6.25，LREE/HREE 值及 $(La/Yb)_N$ 较低，表明轻重稀土的分异程度不明显（Weaver，1991），从图 5-15（b）中可以看出配分模式图右倾的斜率小。

稀土元素 δEu 值为 $1.01\sim1.11$，δEu 大于 1 但趋近 1，表明在岩浆分离结晶过程中斜长石的分离结晶作用不明显，在稀土元素球粒陨石标准化配分模式图中［图 5-15（b）］，Eu 未见明显的正异常，上凸特征不明显（Sun 等，1989）。

5.2.4 地质构造背景

攸县新市、衡阳冠市街玄武岩具有贫硅、低钾、富 Ti，轻稀土富集并不强烈，铕显正异常（δEu 值为 $1.01\sim1.11$），Rb、Sr、LILE 弱富集，K、HREE 有一定程度的亏损等特点，总体上反映为具有 WPB 特征。在 Zr—Zr/Y 图解中，投点主要在 WPB 区域［图 5-16（a）］，在 Ta/Yb—Th/Yb 图解中投点在大陆边缘弧和板内玄武岩的临界区域［图 5-16（b）］，图解的判别特征与攸县新市、衡阳冠市街玄武岩产出于华南内陆中生代盆地中的特征吻合。

利用元素的丰度比值可以区分在不同构造环境下形成的玄武岩，尤其可以利用相容性相差较大的两个不活泼元素的比值来判断岩浆的源区和地壳混染程度。攸县新市玄武岩 Zr/Nb 为 $7.21\sim10.3$，均值为 8.54；La/Nb 为 $1.05\sim1.29$，均值为 1.15；Rb/Nb 为 1.10~2.35，均值为 1.92；Th/Nb 为 0.14~0.17，均值为 0.15；Th/La 为 0.12~0.15，均值为 0.13。冠市街玄武岩 Zr/Nb 为 4.11~5.28，均值为 4.90；La/Nb 为 0.63~0.74，均值为 0.70；Rb/Nb 为 0.63~2.00，均值为 1.45；Th/Nb 为 0.15~0.16，均值为 0.15；Th/La 为 0.20~0.25，均值为 0.22。将攸县新市、衡阳冠市街玄武岩 Zr/Nb、La/Nb、Rb/Nb、Th/Nb、Th/La 值与不同储库的不相容元素比值进行比较（表 5-13），显示本次讨论的玄武岩介于大陆地壳和原始地幔之间（Weaver，1991；Plank 和 langmuia，1998），也显示了在此陆内拉张构造条件下，先前被俯冲带流体、熔体交代的地幔混入陆壳物质，经部分熔融混染后形成玄武岩的特征。

表 5-13　不同储库不相容元素含量比值表

项目	PM	N-MORB	大陆壳	远洋沉积物平均	HIMU	EM-I OIB	EM-II OIB
Zr/Nb	14.8	30	16.2		3.2~5.0	4.2~11.5	4.5~7.3
La/Nb	0.94	1.07	2.2.	3.2	0.66~0.77	0.78~1.32	0.78~1.19
Ba/Nb	9	4.3	54		4.9~6.5	11.4~17.8	7.3~11.0
Ba/Th	77	60	124		63~77	103~154	67~84
Rb/Nb	0.91	0.36	4.7	6.4	0.35~0.38	0.69~1.41	0.58~0.87
K/Nb	323	296	1341		77~179	213~432	248~378
Th/Nb	0.117	0.071	0.44	0.77	0.078~0.101	0.094~0.130	0.105~0.168
Th/La	0.125	0.067	0.204	0.24	0.107~0.133	0.089~0.147	0.108~0.183
Ba/La	9.6	4	25	26.9	6.8~8.7	11.2~19.1	7.3~13.5
文献来源	Weaver，1991			Plank 和 langmuia，1998	Weaver，1991		

备注：数据表参考徐夕声和邱检生（2016）。

攸县新市玄武岩的 Sr、Nd 同位素特征表现为 $^{87}Sr/^{86}Sr$ 初始值较小，平均值为 0.70692，变化于 0.70576~0.70920；$\varepsilon_{Sr}(t)$ 平均值为 34.3975，变化于 17.90~66.66。$\varepsilon_{Sr}(t)$ 平均值为 2.25；t_{2DM} 平均值为 0.743 Ga，反映其时代较新，岩浆来源于下地幔，为地幔原生岩浆（湖南省地质调查院，2013）。冠市街玄武岩及攸县盆地中的玄武岩在环境判别图中显示为陆内裂谷玄武岩特征 [图 5-16（a）]，反映冠市街、新市玄武岩形成于变薄的大陆岩石圈上的陆内拉张环境。

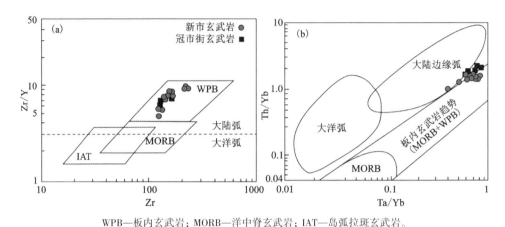

WPB—板内玄武岩；MORB—洋中脊玄武岩；IAT—岛弧拉斑玄武岩。

图 5-16　衡阳盆地东缘玄武岩(a) Zr—Zr/Y 和(b) Ta/Yb—Th/Yb 构造背景图

[底图据 Pearce 和 Norry（1979）；Pearce（1982）]

　　攸县新市玄武岩锆石 LA-ICP-MS U-Pb 年龄为 132.7 Ma(马铁球等，2012)，衡阳冠市街玄武岩全岩钾氩法同位素年龄为(71.32±0.81) Ma 和(71.04±0.87) Ma(孟立丰，2012)，显示其形成时限为晚白垩世，但攸县新市和衡阳冠市街玄武岩年龄相差近 50 Ma，表明该区可能存在多期次的基性岩浆活动。

　　与衡阳冠市街玄武岩近于同期的永泰玄武岩(约 85 Ma)显示为岛弧玄武岩，而赣西北禾埠玄武岩(约 63 Ma)则为板内玄武岩(杨帆等，2018)。火山岩的这种时空分布和长城岭斜斑玄武岩的板内玄武岩特征表明，该时期先前俯冲的太平洋板块已经后撤，具岛弧特征的玄武岩主要出现在沿海地区(杨帆等，2018)，如福建永泰地区(约 85 Ma)玄武岩的全岩微量元素蛛网图显示 Nb-Ta-Ti 负异常和 Pb 正异常(孟立丰，2012)；而内陆地区为板内伸展构造环境，形成的玄武岩具有板内玄武岩特征，如赣西北禾埠(约 63 Ma)均显示 Nb-Ta-Ti 正异常和 Pb 负异常(杨帆等，2018)。从岩石的发育程度来看，晚白垩世时期区域上岩浆活动至白垩纪时已接近尾声，仅有少量的过铝质花岗岩、拉斑玄武岩及辉绿岩、煌斑岩脉等分布，显示该时期构造活动减弱的特点。

第 6 章
岩浆作用及成矿效应

华南燕山期大规模构造—岩浆成矿作用是湖南地史发展演化时期最强烈的一次岩浆构造事件，是岩石圈进行的最强烈的一次改造，也是最强烈的一次大规模岩浆成矿作用（湖南地质调查院，2017），然而近年的研究表明华南地区存在区域性的、强烈的印支期成岩、成矿作用（刘善宝等，2008；杨锋等，2009；蔡明海等，2006；伍静等，2012），研究显示湖南主要内生金属矿床成矿基本上都与燕山期、印支期成矿作用有关（陈迪等，2021），因此构造—岩浆作用与成矿作用是密切相关、不可分割的。另外，深部地球物理信息也能反映成矿、控矿的重要地质环境条件的反映，深大断裂提供壳-幔物质交流运移的通道、壳内韧性剪切带和基底推覆断裂带是诱发花岗岩岩浆形成的先决条件，不同方向的基底断裂的交汇部位是岩浆就位的空间，合适的盖层、容矿地层和赋矿构造是聚矿的有利场所，壳-幔结构性质和形态特征决定了矿床的种类和类型（湖南地质调查院，2017）。

衡阳盆地及其周缘重力资料显示地幔隆起的特征，表明衡阳盆地的形成与华南地区中生代地幔柱活动之间具有密切的成因联系（秦锦华等，2019）。该地区是常德至安仁构造岩浆带的南东部分（展布方向为北西—南东），北东—南西向的深大断裂茶陵至郴州断裂、川口至双排断裂（饶家荣等，2012）与常德至安仁构造岩浆带交汇，形成了一系列印支期花岗岩体及矿床，为后续寻找大型—超大型矿床、了解大型—超大型矿床形成的深部地质构造背景的条件，本书以地壳—上地幔结构构造研究岩浆作用与成矿为切入点，充分利用深部地球物理资料，研究岩石圈特征，大尺度构造块体拼接缝合带及深断裂带边界特征，总结衡阳盆地东缘地区宏观成岩、成矿规律，为成矿预测提供思路。

6.1　区域成矿规律

扬子板块与华夏板块碰撞拼接缝合带属长期活动的深断裂带，饶家荣等（2012）的研究认为该结合带从研究区经过，是地壳、上地幔的脆弱带，有利于壳-幔岩浆成矿物质的运移、集聚成矿。沿碰撞拼接带分布有锡矿山锑矿、水口山铅锌金银多金属矿、七宝山铜多金属矿、德兴铜金多金属矿（湖南省地质调查院,2013)。锡矿山超大型锑矿是世界上迄今为止发现的最大的与古板块俯冲带仰冲板片继承性逆冲断裂作用有关的中—低温岩浆热液矿床,是幔-壳构造成矿的典型代表(湖南省地质调查院,2017)。大尺度构造块体,特别是结晶基底构造块体间花岗岩"焊接"缝合带的确定,突显了深部构造格架。基底断块或断隆的边缘成矿作用在湘南地区表现特别明显和典型。从地震测深和重力资料确定的地壳等厚图可知,在常德至安仁至汝城和邵阳至大义山至郴州两条北西向构造岩浆岩带之间(图4-62),是湖南地壳产状变化最剧烈的地区,在上地幔隆凹接合部位,次级地块边缘断裂发育,于地壳厚度突变处,分布有沃溪至渣滓溪、板溪至廖家坪、锡矿山至龙山、水口山、柿竹园至坪宝矿田等五处大致等距呈北西向展布的多金属矿床矿化集中区(湖南地质调查院,2017)。

衡阳盆地及其东缘地处扬子板块与华夏板块两大地质单元的结合部位,饶家荣等(2012)利用深部地球物理资料对湖南的研究认为,扬子、华夏古板块的 NE 向结合带南东边界为川口、双排一线,与 NW 向的常德至安仁深大断裂在研究区交汇,在交汇部位发育有 W、Pb、Zn 矿床。该地区地史发展演化漫长,地层发育齐全,构造复杂,岩浆活动强烈,具有成矿、甚至成大矿的构造条件(湖南地质调查院,2017)。

深、浅层构造岩浆岩带与浅表层构造的交叉复合部位,是多期次岩浆活动的中心,反映了成矿作用的多阶段性,是接触交代作用、热液蚀变作用和成矿作用反复发生、不断叠加的结果,含铁磁性矿物较周围明显增高,形成隐伏磁性块体引起的区域局部磁异常,成为矿化局部富集的聚矿中心。衡阳盆地周缘及南岭地区磁场跃变,变化梯度、异常强度较大,方向各异,总体上可以分为茶陵至五峰仙北东向磁异常带、水口山至耒阳磁异常带、上堡磁异常带、香花岭至汝城磁异常带等,反映了在加里东运动近南北向挤压下形成的前泥盆纪地层及东西向构造隆起带和构造岩浆热变质带的分布。上述磁异常大多与岩体热蚀变作用相关,并在一定程度上反映出花岗岩体与金属成矿的相关性(湖南地质调查院,2017)。

深断裂是控制各类矿床成矿地质环境条件的主要因素之一(柏道远等,2021),浅表含矿控矿断裂往往是深断裂带的延伸和发展。深断裂提供了壳-幔物质交流运移的通道,壳内韧性剪切带是诱发花岗岩岩浆形成的先决条件,一般而言超大型矿田(床)与岩石圈断裂或板块碰撞边界断裂有关,其地壳断裂和结晶基底断裂控制了与岩浆—热液作用有关的矿床的分布,同时深断裂的交汇处是岩浆—热液矿床、矿田的聚矿中心。深部北西向构造为导岩、导矿构造,是控制矿田分布的主要构造,湖南大型—超大型矿床多分布在常德至安仁至诸广山至兴宁转换断裂带南西侧,大义山至大宝山北西向断裂带与北东向深断裂带的交汇区一带为锡矿山至大义山至大宝山海西—印支期北西向碳酸盐相的古沉积中心,沉积总厚度为 3~4 km,明显受北西向构造控制。其北西向矿田构造岩浆成矿带(如常德至安仁),是湘南找矿工作的新发现,改变了某些传统认识,为潜在隐伏矿田找矿预测指明了方向(湖南地质调查院,2017)。

隐伏、半隐伏大型岩浆岩带控制区域成矿带,大岩体、大岩基控制矿田的产出,大岩体上方的小岩体控制矿床的分布,若地表"无根小岩体"的下方无提供矿源的后续大岩体(基、群)存在,那么这种小岩体对成矿不利。查明隐伏岩体形态、产状和规模,有助于掌握深部构造岩浆多层次控矿规律。有局部重力低反映的半隐伏—隐伏岩体(带)分布区,是主要矿化集中区;浅层隐伏岩体分布区,是锡铅锌多金属系列矿床成矿有利区带。

不同岩浆成矿系列的矿床和矿田,其重磁场特征不同。与成矿有关的花岗岩类岩体一般具磁性,大多为弱磁性,而非成矿岩体一般不具磁性。重力低磁力高异常与隐伏、半隐伏花岗岩基控制的钨锡多金属矿田相吻合,重力低磁力高或重磁变异带与隐伏中酸性花岗闪长岩体控制的铅锌多金属矿田相吻合。隐伏岩体重力低磁力高异常或重磁变异带,间接指示了已知的和潜在的内生多金属矿田的空间位置和形态范围。衡阳盆地周缘及南岭地区重力场以北西高、南东低,以及大量规模不一的重力低与少量重力高等重力场圈闭为特征(图 2-5)。北西高、南东低的重力场反映出上部低密度层在北西部较薄、南东部较厚,与区内西部拗陷且花岗岩体不发育、东部隆起且花岗岩体极为发育的构造特征相吻合(李金冬,2005)。

与 W、Sn、Pb、Zn、Ag 等矿床有关的花岗岩类岩体为壳源型岩浆成因,有少量幔源物质的掺入,但比以 Cu、Pb、Zn、Au、Ag 等成矿为主的花岗岩类岩体的幔源物质要少,大多是来自壳源物质,具多期多次成矿特征。以 W、Sn、Pb、Zn、Ag 等多金属矿种为主的代表性矿床有川口、瑶岗仙、香花岭、小桓等,上述矿床多为大—中型矿床。成矿花岗岩的岩石特征如下:岩性以黑云母或二云母二长花岗岩为主,岩石化学成分反映岩石的酸性程度中等,镁铁质成分较低,总体属铁质、微过铝—准铝质、高钾钙碱性系列。岩石稀土元素总量除个别较低外,大多数样品 $\sum REE$ 均较高,平均为 293.24×10^{-6},岩石微量元素含量中,相容元素和不相容元素与其他成矿系列的花岗岩类相比其微量元素富集程度中等,但 W、Sn、Pb、Zn、Ag 等成矿元素丰度较高,Li、Rb 含量高而贫 Sr、Ba、Zr。表 6-1 特征值显示长石铅同位素比值($^{206}Pb/^{204}Pb$)相对稍低,平均为 18.634(18.103 ~ 19.049),高于华南中生代花岗岩长石铅 $^{206}Pb/^{204}Pb$ 平均值(18.601),而低于现代铅 $^{206}Pb/^{204}Pb$ 值(18.93)。$^{207}Pb/^{204}Pb$ 值较小,平均为 15.674(15.522 ~ 16.036),稍低于华南中生代花岗岩长石铅 $^{207}Pb/^{204}Pb$ 平均值(15.696);也低于现代铅 $^{207}Pb/^{204}Pb$ 值(15.72)。W、Sn、Pb、Zn、Ag 的成矿花岗岩的 $^{208}Pb/^{204}Pb$ 值较小,平均为 38.779(38.272 ~ 38.346),低于华南中生代花岗岩长石铅 $^{208}Pb/^{204}Pb$ 平均值(38.825),也略小于现代铅 $^{208}Pb/^{204}Pb$ 平均值 38.8(湖南地质调查院，2017）。

表 6-1   成矿花岗岩长石铅同位素比值对比数据表

成床类型	$^{206}Pb/^{204}Pb$	$^{207}Pb/^{204}Pb$	$^{208}Pb/^{204}Pb$
以 Cu、Pb、Zn、Au、Ag 等矿床为主的花岗岩类岩体	平均 18.44 （18.1～18.559）	平均 15.64 （15.32～15.85）	平均 38.9 （38.484～39.35）
以 Pb、Zn、Sn、W 等矿床为主的花岗岩类岩体	平均 18.776 （18.519～19.305）	平均 15.692 （15.6～15.905）	平均 38.568 （38.438～38.807）
与 W、Sn、Pb、Zn、Ag 等矿床有关的花岗岩	平均 18.634 （18.103～19.049）	平均 15.674 （15.522～16.036）	平均 38.779 （38.272～38.346）
与 Sn、W、Mo、Be、Pb、Zn、Ag、Nb、Ta、等矿床有关的花岗岩	平均 18.693 （18.16～18.97）	平均 15.702 （15.53～15.81）	平均 39.029 （38.635～39.39）
中国东部南岭亚省中生代花岗岩 Pb 同位素平均值(据张理刚)	18.601	15.696	38.825
原始铅(据《地质辞典》)	9.307	10.29	29.49
现代铅(据《地质辞典》)	18.93	15.72	38.8

备注：数据据湖南省地质调查院(2017)。

6.2   成矿条件

衡阳盆地东缘地区位于扬子、华夏板块的结合带，主要有衡阳盆地、川口隆起带及攸县盆地三个构造单元。区内经历了武陵运动、加里东运动、海西—印支运动、燕山运动、喜马拉雅运动等不同时期的构造运动，断裂、褶皱等构造发育。区内北东向、北东东向、南北向及北西向断裂相互切割，不同方向的断裂交汇处多为成矿提供了良好的运移通道和容矿空间，具有较好的成矿效果。区内有多时代的岩浆岩发育，出露加里东期、印支期、燕山期花岗岩、火山岩，但规模大小不一。该地区矿产资源较为丰富，有钨、铅、锌、铌钽、铜、铁、锑金属矿产以及煤、萤石、石膏等非金属矿产，衡阳盆地东缘地区金属矿产多集中在川口岩体、将军庙岩体及其附近区域。在川口岩体和将军庙岩体及其附近的重砂异常、金属量异常、分散流异常都较为准确地显示该地区具有较好的钨、铅、锌成矿潜力。

衡阳盆地东缘地区地处南岭成矿带上，多金属矿产成矿地质条件优越，具备良好的找矿前景。通过对区内已知矿产成矿特征的分析，区内矿产的时空分布主要受地层、构造、岩浆岩三大因素的制约。

6.2.1 地层与成矿关系

在长期地质历史发展过程中,湖南地区形成了多时代、多类型的沉积型矿产,相关矿床的分布主要受沉积岩相古地理的控制,而沉积岩相古地理格局可受区域海平面升降、区域构造体制(挤压或伸展)、深部幔-壳物质热状态和运动、不同深度和规模断裂活动特征、地表风化剥蚀和沉积充填过程等众多地质因素不同程度的控制(柏道远等,2021)。沉积地层的含矿性是指能提供成矿物质来源的一套地层或地层组合中所含同生沉积的丰度较高的成矿元素,它需具备如下条件:

(1)富含成矿物质(金属物质、硫化物、水汽等),一般应比克拉克值富集若干倍;

(2)有一定的厚度;

(3)有利于使成矿物质活化的条件。

只有同时满足上述三个条件的地层或地层组合,才能够在成矿过程中起较大的作用。

新元古代武陵运动之前,衡阳盆地东缘地区的川口隆起带属古华南洋,沉积了巨厚的冷家溪群(武陵期)陆源碎屑浊积物,在区内主要出露的地层有青白口纪冷家溪群小木坪组绢云母板岩、粉砂质板岩和黄浒洞组浅变质岩屑石英杂砂岩等,构成区内最老结晶基底,属华南洋在扬子板块前缘的增生楔与盆地沉积,即覆于洋壳之上的表层陆源碎屑沉积。大约在 800 Ma,研究区川口隆起带整体进入武陵期裂谷盆地演化阶段,主要物质记录有青白口系高涧群架枧田组、岩门寨组、南华系长安组,总体为一套由砂岩、板岩组成的复理石、类复理石为主,夹少量硅质岩、碳酸盐岩的裂陷海盆沉积。

衡阳盆地东缘有色金属矿产主要分布在川口隆起带上(图 2-4),该带以变质板岩、粉砂质板岩、粉砂岩为主,岩石中富含有色金属成矿元素,其青白口纪、南华纪、寒武纪地层中元素 Cu-Pb-Zn、W-Mo、Li-Rb-Nb-Ta 含量见表 6-2。

表中数据显示(表 6-2),青白口纪、南华纪地层中元素 Cu、Pb、Zn 的含量总体上高于或相当于大陆地壳值,寒武纪地层中 Cu、Pb、Zn 含量普遍低于大陆地壳值(迟清华和鄢明才,2007),青白口纪的架枧田组、岩门寨组中个别样品出现 Pb、Zn 含量高值点,高 5~6 倍,显示一定程度的富集 Pb、Zn 的特征。总体而言,川口隆起带地层中的 Cu、Pb、Zn 富集不明显。元素 W 含量在川口隆起带上的地层中呈富集的特征,尤其是在寒武系地层中特别明显,地层中元素 W 含量和大陆地壳值对比,富集 1~35 倍不等,而 Mo 的含量总体低于大陆地壳值,显示地层中不富集 Mo 元素。青白口纪、南华纪、寒武纪地层中 Li-Rb-Nb-Ta 含量总体高于大陆地壳值,具有普遍富集稀有元素的特征,在架枧田组中出现稀有元素的高值点，显示有成矿潜力的特征。川口隆起带青白口纪、南华纪、寒武纪地层中元素含量分析表明，元素 Cu-Pb-Zn、W-Mo、Li-Rb-Nb-Ta 的丰度总体高于大陆地壳值，地层中富含成矿元素，反映了本区沉积源区中 Pb、Zn、W、Li 富集的地球化学特征，具备矿源层特点，而局部 W、Pb、Zn、Li 矿化富集，为本区成矿奠定了良好的成矿物质基础（刘悟辉，2007）。

表 6-2　川口隆起带青白口纪—寒武纪地层中岩石成矿元素含量表（10^{-6}）

时代	组名	样号	Cu	Pb	Zn	Li	Rb	W	Mo	Nb	Ta
青白口纪	黄浒洞组	D01	36.9	13.2	93.7	83.4	112	1.77	0.32	15.1	1.07
		D02	10	21.2	74.5	53.2	104	1.8	0.28	16.2	1.28
		D03	31.2	24	104	32.7	64.4	1.96	0.27	13.4	1.05
		D04	23.2	23.6	73.4	22.2	86.6	1.16	0.34	11.2	0.68
		均值	25.33	20.50	86.40	47.88	91.75	1.67	0.30	13.98	1.02
	架枧田组	D05	28.7	20.7	91.8	60.5	71	2.49	1.01	22.1	3.25
		D06	15.8	28	84.4	96.4	59.2	0.74	0.48	9.86	0.64
		D07	2.66	66	417	214	41.2	1.22	0.54	15.8	1.06
		D08	3.88	8.91	90.4	74.2	103	2.46	0.2	14.2	0.9
		均值	12.76	30.90	170.90	111.28	68.60	1.73	0.56	15.49	1.46
	岩门寨组	D09	22.1	19.7	80	63.5	117	1.41	0.29	15.2	0.91
		D10	44.8	9.84	76.1	130	221	9.52	0.18	13	0.86
		D11	57.3	12.1	197	26.2	120	4.59	0.69	11.9	0.83
		D12	71.8	6.79	134	43.6	81.6	5.6	0.76	4	0.34
		均值	49.00	12.11	121.78	65.83	134.90	5.28	0.48	11.03	0.74
	小木坪组	D13	35.3	14.2	91.4	42.1	68.9	1.86	0.21	9.83	0.76
		D14	6.38	48.2	153	45	70.5	1.99	0.21	11.3	0.86
		D15	36.5	29.2	100	40.5	80.4	2.92	0.19	9.94	0.59
		D16	36.8	28.8	103	39.9	79	2.88	0.19	9.94	0.75
		均值	28.75	30.10	111.85	41.88	74.70	2.41	0.20	10.25	0.74

续表6-2

时代	组名	样号	Cu	Pb	Zn	Li	Rb	W	Mo	Nb	Ta
南华纪	富禄组	D17	10.6	22.8	126	50.3	92.5	1.53	0.45	7.77	0.53
		D18	11.1	13.8	66.2	25.5	137	1.11	0.32	13	0.73
		D19	35	10.2	77.5	39.1	119	1.19	0.23	10.4	0.47
		D20	20.2	22	65.4	25.4	92.5	1.94	0.2	12.5	0.74
		均值	19.23	17.20	83.78	35.08	110.25	1.44	0.30	10.92	0.62
寒武纪	茶园头组	D21	19.8	27.8	83.3	60	94.4	3.45	0.25	20.7	1.69
		D22	16.5	26.9	83.6	61.9	93.4	3.61	0.23	19.6	1.57
		D23	15	11.2	59.4	52.7	75.7	2.48	0.21	16.4	1.32
		D24	13.2	13.6	86	55.3	95.4	1.68	0.24	17.4	1.42
		均值	16.13	19.88	78.08	57.38	89.73	2.81	0.23	18.53	1.50
	小紫荆组	D25	16.6	24.2	178	87.4	84.5	4.03	0.88	12.4	0.92
		D26	8.93	13.6	61.2	60.6	104	4.18	0.29	12.6	0.96
		D27	20.8	10.1	70.9	55.7	85.2	32.1	0.39	12.3	0.95
		D28	22.8	8.65	70.4	55.8	85.7	31.4	0.52	15.5	1.64
		均值	17.28	14.14	95.13	64.88	89.85	17.93	0.52	13.20	1.12
	爵山沟组	D29	6.29	4.15	23.1	19.2	177	22.6	0.17	8.64	0.54
		D30	6.48	7.58	33.7	21.7	144	11	0.3	6.82	0.58
		D31	11.3	4.94	35.7	28	137	9.42	0.19	6.36	0.52
		D32	3.67	11.5	23.2	16.6	120	12.3	0.23	6.74	0.52
		均值	6.94	7.04	28.93	21.38	144.50	13.83	0.22	7.14	0.54
	大陆地壳		27	11	72	16	49	1	0.8	8	0.7

从地层、构造、岩浆岩几方面来看，衡阳盆地东缘多金属矿床成矿一定程度上受青白口纪—寒武纪地层控制，该时期沉积岩厚度较大，且其岩性主要为砂质板岩、板岩、杂砂岩，再加上构造裂隙等条件，有利于成矿物质的活化，为区内的W、Pb、Zn矿化提供了物质基础。加里东造山运动之后，地壳表层发生造山期后的松弛，同时又受到钦防海槽张开的影响，衡阳盆地东缘地区转入相对稳定的大地构造环境，并处于总体弱拉张的应力场中，于中泥盆世开始区内发生海侵，在相对稳定的陆表海环境下，沉积了中泥盆世—二叠纪以碳酸盐岩为主、陆源碎屑

岩为次并夹少量硅质岩的沉积岩系,受上述构造古地理格局控制,衡阳盆地、川口隆起带及攸县盆地三个构造单元内加里东造山运动之后形成的地层中富含有色金属元素的特征不明显,地层提供成矿元素的效应不显著。

6.2.2　构造与成矿关系

6.2.2.1　构造与成矿

衡阳盆地东缘位于扬子板块与华夏板块结合处,主要经历了武陵运动、加里东运动、印支运动、燕山运动及喜山运动等 5 次大的构造运动,区内断裂、褶皱等构造形态发育(图 2-1)。区内矿产的分布受区域构造活动影响较明显,特别是内生矿产钨钼、铜、铅锌、金、铌钽、铁、萤石等矿产受北东—北东东向构造控制特别明显。

衡阳盆地东缘是南岭成矿带和钦—杭成矿带重叠区域,区内岩体的产出受深大断裂的控制特征明显(如 NE 向双排至长沙断裂,NW 向的常德至安仁隐伏断裂),该区岩浆活动强烈,并发育了一系列与岩浆密切相关的 W、Pb、Sn、Mo 矿及稀有金属矿化,如川口岩体中发育的石英脉型、云英岩型钨矿,将军庙岩体中的萤石矿、铅锌矿,五峰仙岩体外接触带的石英脉型钼矿以及川口浅色花岗岩中的稀有金属矿化。

衡阳盆地东缘川口隆起带上的矿床分布与褶皱密切相关,钨矿床主要分布在蕉园背斜的核部,部分在岩鹰咀倒转向斜与双元倒转向斜核部。铅锌矿、辉锑矿主要分布在茶岭背斜的核部,长山冲金矿主要分布在长山冲倒转背斜核部,金紫仙背斜核部还发现了叶家湾金矿点。研究认为,在褶皱形成时,褶曲两翼的岩层所受水平挤压力最大,以致卷入岩层或矿层,特别是可塑性较大的岩层或矿层及其中离子半径较大的元素被迫从两翼挤出,朝背斜鞍部或向斜槽部转移,引起元素的迁移和富集,形成增厚的岩层、矿层或矿柱,最终在褶皱核部富集成矿。关于褶皱控矿,因其在变形过程中给成矿热液的运移提供了通道,褶皱核部由于应力比较强,层间破碎、裂隙、节理及小断层较发育,是有利的容矿空间,显示出控矿的特征。一般情况下,在背斜构造轴部,主要出现压缩性较小的亲氧元素(如 W、Sn、Nb、Ta 等),易形成氧化物矿床。在向斜构造槽部及其两翼的挤压断裂中,为压缩性大的亲硫元素 Pb、Zn 集中区,形成硫化物矿床。

衡阳盆地东缘规模较大的断裂以北东—北东东向断裂为主,次为近南北向、北西断裂。北东—北东东向断裂构造不仅提供了矿产赋存的空间与环境,还为岩浆、矿液的运移贯入提供了动力,使成矿元素在一定的构造环境积聚、冷凝而形成矿产,表现出明显的断裂控矿特征。

区内双江口萤石矿位于将军庙岩体内,产出于枫林至将军庙硅化破碎带的西南段,受双江口北东向压扭性断裂的控制,矿体赋存于双江口断裂和似帚状分布的次级裂隙中。矿体形态较为简单,多呈透镜状、似层状、脉状,沿断裂延伸方向有膨大收缩、分叉尖灭再现等特征。矿物以石英和萤石为主,还有少量的金属硫化物方铅矿、闪锌矿等。成矿时,氟来源于岩浆期后气成热液,钙主要来源于围岩,含氟热液沿断裂构造运移,与灰岩交代,形成萤石,当介质条件发生变化时,在断裂破碎带中沉淀而形成萤石矿体。枫林至将军庙断裂破碎带既是双江口萤石矿的导矿构造,又是容矿空间,表现出明显的断裂控矿特征。

衡阳盆地东缘有色金属矿产主要赋存于断裂带的碎裂岩—角砾岩或两侧的次级裂隙中,川口钨钼矿主要分布在北东向太平圩至川口断裂与马鞍山断裂所夹持的夹块中,矿体以脉状为主,主要呈北东—北东东向充填于岩体与围岩的内接触带、断裂带或次级裂隙中。将军庙铅锌矿、辉锑矿主要分布在德圳北东向断裂附近,矿体成脉状产于倾向北西的断裂硅化破碎带中或沿裂隙充填于围岩中。断裂在形成的过程中,因受挤压或拉张的作用,岩石或矿物颗粒被压扁形成透镜体和发生差异滑动,同时产生变质矿物,而呈现定向排列,形成挤压带、压性劈理带和片理带。断裂形成作用过程中形成的裂隙、劈理增加了岩石渗透性,为矿液的上升和沉淀形成了通道和空间(刘迅等,1996)。

6.2.2.2　构造控矿特征

结合区域构造演化背景,对川口钨矿田、将军庙岩体中的萤石矿、铅锌矿、五峰仙岩体外接触带的石英脉型钼矿,川口隆起带长山冲叶家湾金矿点的成因机制及北西—南东向常德至安仁断裂,北东—南西向的连云山至衡阳至零陵断裂、川口至双牌断裂对这些矿床的控制作用进行分析。衡阳盆地东缘主要断裂对内生热液型矿床的控制作用主要为以下几个方面。

(1)常德至安仁断裂导致深部地壳增温,为花岗质岩浆及与岩浆相关的热液矿床的形成提供了基本条件。衡阳盆地东缘以印支期花岗岩为主,花岗岩的侵位受常德至安仁断裂南东段控制。增温作用主要通过两种途径:一是中三叠世印支运动主幕中的断裂活动使中深部地壳因剪切生热和壳体加厚而升温,导致晚三叠世后碰撞环境下中深部地壳减压熔融而形成花岗质岩浆,如与三角潭钨矿、杨林坳钨矿相关的川口花岗岩体群,与双江口萤石矿相关的将军庙岩体;二是常德至安仁断裂深切地幔,幔源热量通过断裂向上传递而促使深部地壳熔融,致使成矿元素富集形成矿床(柏道远等,2021)。

(2)北西—南东向常德至安仁断裂,北东—南西向的连云山至衡阳至零陵断裂、川口至双牌断裂为花岗质岩浆提供运移通道和就位空间,从而控制与岩浆相关的热液矿床的空间分布。如常德—安仁断裂在中三叠世末的左行走滑兼逆冲形成了近 SN 向川口隆起(柏道远等,2021),岩浆沿隆起轴部就位而形成近 SN 向川口花岗岩体群,三角潭钨矿主要含矿裂隙即发育在 SN 向花岗岩体的东西两侧,与双江口萤石矿相关的将军庙岩体等位于常德至安仁断裂带东侧,上述岩体及矿床均在北东—南西向的连云山至衡阳至零陵断裂、川口至双牌断裂之间(图 4-62)。此外,岩体中同时侵位的断裂或节理裂隙构造为矿体、矿脉充填提供了空间。

(3)衡阳盆地东缘北西—南东向、北东—南西向发育的断裂及其派生的断裂和节理裂隙等作为导矿和容矿构造,控制了矿体的空间定位。如常德至安仁断裂在中三叠世晚期发生左行走滑兼逆冲,于川口复背斜西侧形成走向 NNW、倾向 NE 的浅表发散断裂和节理裂隙以及沿跳马涧组与板溪群之间的角度不整合面的顺层滑脱断裂,从而为川口钨矿提供了导矿和容矿构造(柏道远等,2021)。

6.2.3 岩浆与成矿关系

衡阳盆地东缘与岩浆密切相关的典型矿床有杨林坳钨矿床和三角潭黑钨矿床。杨林坳钨矿床在川口花岗岩体外接触带中泥盆统跳马涧组砂岩及元古界板溪群板岩中,矿床与花岗岩有密切的成因联系。矿体主要受北北西向构造裂隙控制,主要为石英细脉带型矿床。三角潭黑钨矿床为川口钨矿中规模较大的矿床,位于川口岩体南部,矿体一般呈脉状成群成组分布于岩体与围岩内接触带的上隆部位,规模大小不一。衡阳盆地东缘的川口隆起带上发育高分异花岗岩,该类花岗岩分异指数高,矿物以浅色的碱性长石、石英、白云母为主。一般而言,高分异花岗岩中的钾长石多为微斜长石并趋于富 Rb,并与 W、Sn、Nb、Ta、Li、Be、Rb、Cs 和 REE 等稀有金属成矿作用关系密切(吴福元等,2017)。

花岗岩是否能够成为钨成矿的母岩,取决于花岗质岩浆的含矿性、岩浆分异导致成矿元素富集的演化作用及有利于成矿元素迁移富集的流体环境等三个方面的因素,而岩石化学、矿物化学研究可以成为花岗岩成矿示踪的重要手段(王汝成等,2008)。以往研究表明,川口花岗质岩浆在形成过程中经历了强烈的分离结晶作用及分异演化。岩石化学研究显示,Nb 与 Ta、Zr 与 Hf 是两对地球化学"孪生"元素,在岩浆演化过程中,它们相似的半径和电价使得它们在熔体与晶体之间的分配系数也近似。因此,Nb/Ta、Zr/Hf 在岩浆演化过程中几乎不发生变化,只有当岩浆高度演化并产生富挥发分流体时才会偏离大陆地壳的平均值(Bau 等,1996;Dostal 等,2000;Wolfgang 等,1999)。在 $w(SiO_2)$—(Zr/Hf)、$w(SiO_2)$—Nb/Ta 图解中(图 6-1),川口花岗岩体样品投点均不同程度偏离大陆地壳平均值,表明其岩浆经历了高度演化并产生了富挥发分流体。

稀土元素中 Y 和 Ho 具有相近的离子半径与化合价,表现出相似的地球化学特征,在相同来源的流体中两者的比值(Y/Ho)会保持相对稳定,因而对流体混合作用具有良好的指示作用,可用于热液源区的判别(Bhatia,1983)。在 La/Lu—Y/Ho 图解[图 6-2(a)]中,川口钨矿的 Y/Ho 值与花岗岩的 Y/Ho 值相近,且在 Ho—Y 图解[图 6-2(b)]中显示出良好的线性关系,表明川口钨矿与川口花岗岩之间存在密切的成因关系。

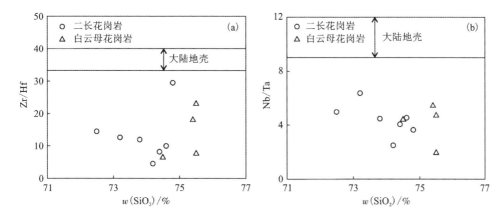

图 6-1　（a）川口花岗岩 Zr/Hf—w（SiO₂）图解和（b）w（SiO₂）—Nb/Ta 图解

［底图据 Bhatia（1983）］

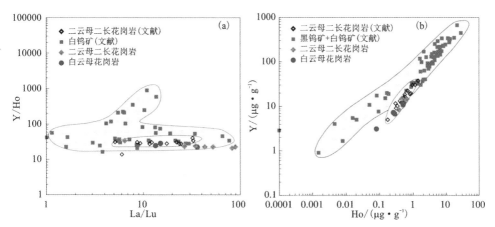

图 6-2　（a）La/Lu—Y/Ho 图解和（b）川口钨矿及花岗岩 Ho—Y 图解

［图式据 Qin 等（2020）］

衡阳盆地东缘花岗岩产出于加里东期、印支期和燕山期。其中，印支期晚三叠世花岗岩与区内金属、非金属成矿最为密切，如川口花岗岩与有色金属钨、锡、钼、铋、铜等矿产密切相关；将军庙花岗岩中发育有萤石矿床、铅锌矿、铌钽矿等。前人认为五峰仙岩体为不成矿岩体，但本次工作在该岩体北部与泥盆纪长龙界组的内接触带上发现了周家屋钼矿，显示印支期岩浆作用成矿的特点。区内岩浆活动集中于印支期，成矿条件十分有利，与印支期花岗岩有关的有色金属矿产（W、Sn、Mo、Bi、Pb、Zn、Au、Cu 等）较为丰富，它们的形成几乎全部与岩浆作用有关，显示区内岩浆岩成矿占主导地位的特征。

区内花岗岩成矿与花岗岩成因类型紧密相关，一般来说，与独立钨矿及非金属萤石矿成矿有关的花岗岩成因类型以壳源重熔成因为主，其岩浆物质主要来源于地壳，衡阳盆地东缘的将军庙、川口花岗岩均为壳源重熔成因的 S 型花岗岩（李湘玉等，2020；柏道远等，2007）；然而铅、锌、金、银、锡、钨、铜、铌、钽等矿产的形成以壳-幔岩浆混合为主，岩浆物质来源或多或少都有下地壳或幔源物质的加入，壳、幔物质混入的多少和混合程度不同影响成矿元素种类及元素的富集程度；本次讨论的五峰仙岩体中发育岩浆混合成因的暗色微粒包体，岩浆作用过程中有少量的幔源物质加入，局部显示弱矿化或成矿的特征。而以钨、锡、钼、铋、铜、铅、锌为主的内生矿产，则与频繁的岩浆侵入及其后期的气液活动有着密切的关系，在岩浆期后的气成期（表 6-3），在流体和挥发分的影响下，岩石的钾长石化、钠长石化、云英岩化、绢云母化等气液交代作用有利于岩浆矿床的形成。

表 6-3　岩浆岩矿物生成顺序表

矿物	岩浆期	气成期	热液期	表生期
角闪石	—			
黑云母	—			
斜长石	—	—		
钾长石	—	—		
石英	—	—		
绢云母		—	—	—
高岭土				—
绿帘石			—	
绿泥石			—	

注：表中数据引自邱家骧（1985）。

一个完整的岩浆岩矿物的生成顺序，可以用图表的形式来表示（表 6-3），根据邱家骧（1985）总结的岩浆矿物生成阶段，吴集岩体、川口花岗岩、五峰仙、将军庙岩体中矿物形成于岩浆期和气成期，该时期的矿物主要为岩浆阶段结晶形成。而成矿显著的川口花岗岩矿物组成中云英岩化、绢云母化、绿泥石化普遍存在，显示蚀变矿物主要形成于气成期和热液期（表 6-3），该时期岩浆岩内挥发成分 F、Cl、H 含量高，具有促使岩浆分异和矿化集中的重要作用。初步研究表明，这些挥发成分的含量与有关矿产规模具有正相关关系。川口花岗岩在 $w(SiO_2)$ —

Zr/Hf、$w(SiO_2)$—Nb/Ta 图解(图 6–1)中显示经历了高度演化并产生了富挥发分流体,体现了富挥发分流体成大矿的特点。

6.3 成矿物质来源

成矿物质来源是矿床成因研究的核心问题,也是长期以来矿床学研究的焦点之一。衡阳盆地东缘典型的矿床为钨矿,成矿物质来源是钨矿床研究的重要内容,也是存在较多争议的问题(刘英俊,1982;陈骏,2008)。多数研究认为钨的富集大多经历长期的地质作用,是含钨地层经过长期改造和不断富集的结果(刘英俊,1982,1987;康永孚,1994;徐克勤和程海1987;)。华南地区元古代、早古生代甚至中生代地层均为钨的矿源层,马振东和单光祥(1997)认为基底富集 W 等亲氧元素在成矿作用中的优势明显。然而刘家远(2005)、华仁民等(2005)和陈骏(2008)对华南地区钨矿的研究认为,钨主要来源于成矿的花岗岩,钨成矿作用主要与 S 型花岗岩相关,钨在花岗岩演化过程中逐步富集成矿(陈骏等,2008),尤其是源于元古代地壳重熔的 S 型花岗岩(Mao 等,2015)。

本书对衡阳盆地东缘印支期花岗岩及川口隆起带上 W–Sn–Mo、Cu–Pb–Zn、Nb–Ta、Au 成矿元素地球化学背景进行研究,并与湖南中生代锡田 W、Sn 花岗岩进行对比,其成矿元素的含量散点分布图(图 6–3)与大陆地壳的丰度对比显示:W、Sn 元素在将军庙、川口花岗岩及围岩、五峰仙岩体中均较富集,部分元素的含量是大陆地壳的数倍至数十倍。川口花岗岩富钨、将军庙花岗岩富锡特别明显,Mo 元素的富集程度和大陆地壳值相差不大,W、Sn 在川口隆起带地层中总体比大陆地壳高,尤其是 W 的富集明显,区域上锡田花岗岩围岩中不富含 W、Sn 元素。衡阳盆地东缘印支期花岗岩及川口隆起带上地层的 Nb、Ta 元素含量和大陆地壳值对比呈富集特点,富集程度为数倍至十倍,而区域上锡田花岗岩围岩中 Nb、Ta 元素含量低于大陆地壳值,反映不同围岩中含量有显著差异的特点。元素 Cu、Pb、Zn、Au 的含量有的高于大陆地壳值,有的则低于大陆地壳值(迟清华和鄢明才,2007),但其总体的富集特征不明显,仅将军庙花岗岩中的 Pb 总体高于大陆地壳值,其他元素含量较分散,在大陆地壳值附近上下波动,未表现出明显的富集特征。上述成矿元素地球化学特征分析表明,衡阳盆地东缘印支期花岗岩及其围岩均富含 W、Sn、Nb、Ta 元素,Cu、Pb、Zn、Mo、Au 元素含量分散,未表现出高富集特征,而花岗岩围岩中元素 W、Sn、Nb、Ta、Cu、Pb、Zn、Mo、Au 的含量差异较大。综上所述,衡阳盆地东缘印支期钨矿的成矿物质主要来源于岩浆热液,其围岩也提供了重要的成矿物质,而 Nb、Ta 元素的富集显示其具有成稀有金属的潜力,花岗岩中 Pb、Zn 的部分富集也体现出成矿或矿化的趋势。

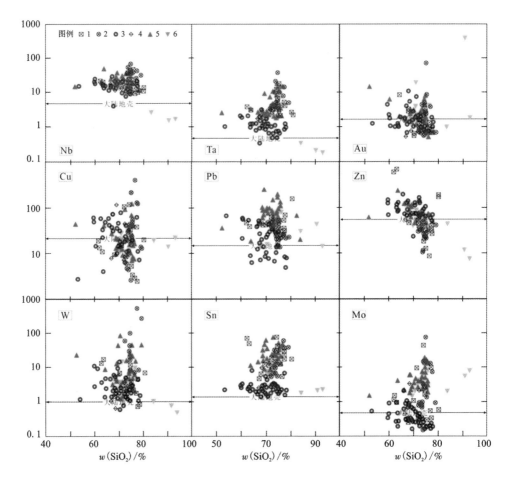

1—将军庙花岗岩；2—川口花岗岩；3—川口花岗岩围岩(新元古代地层)；
4—五峰仙花岗岩；5—锡田含钨锡矿花岗岩；6—锡田含钨锡矿花岗岩围岩(泥盆系)。

图6-3 衡阳盆地东缘花岗岩 Nb、Ta、W、Sn 等与 $w(SiO_2)$ 关系图

(数据据王先辉等，2017；湖南省地质调查院，2012)

Mao 等(1999)在综合分析和对比中国各种类型钼矿床中辉钼矿的铼含量后，总结认为从地幔到壳-幔混合源再到地壳，矿石中的铼含量呈数量级下降，从与幔源、I 型到 S 型花岗岩有关的矿床，Re 含量从 $n×10^{-4}$ 至 $n×10^{-5}$ 再至 $n×10^{-6}$ 变化。因此，辉钼矿中的铼含量可以指示成矿物质来源(Mao 等，1999；Stein 等，2001)。川口钨矿中 Re 含量为 $4.49×10^{-6} \sim 6.12×10^{-6}$，与 Mao 等，(1999)总结的来自壳源辉钼矿中的 Re 含量相当，说明其成矿物质来源于地壳。川口钨矿赋存于花岗岩岩体的内、外接触带，花岗岩中 W 含量为 $1.39×10^{-6} \sim 37.02×10^{-6}$，高于一般花岗岩的钨丰度 $1×10^{-6}$ ~ $2.5×10^{-6}$（马东升，2009）以及岩体围岩冷家溪群黄浒洞组中钨的平均丰度 $3.54×10^{-6}$（湖南省地质调查院，2017），川口花岗质岩浆可以为成矿作用提供丰富的物质来源。

川口钨矿脉中石英与钨矿物中的流体包裹体均含有 CO_2、CH_4、N_2，指示成矿流体主要来自岩浆热液，石英中流体包裹体的 $\delta^{18}O$ 值为 11.1‰ ~ 14.4‰，黑钨矿中流体包裹体的 $\delta^{18}O$ 值为 8.9‰，白钨矿中流体包裹体 $\delta^{18}O$ 值为 6.6‰ ~ 8.3‰，水氧同位素 $\delta^{18}O_{H_2O}$ 值为 6.47‰ ~ 9.95‰，也属于岩浆水范畴（熊作胜，2014）。对川口主成矿阶段钨矿石英脉中伴生的黄铁矿、黄铜矿进行了硫同位素测定，测试结果见表 6-4，结果显示硫同位素组成 $S\delta^{34}$ 值为 -3.03‰ ~ 3.0‰，表示成矿热液中的硫来自地壳深部或上地幔，与岩浆同源，显示岩浆热液来源于深地壳的特征。

表6-4　川口钨矿含矿石英脉中黄铁矿、黄铜矿硫同位素测定结果表

样品编号	测试对象	$S\delta^{34}$/‰	资料来源
SJT-1	黄铜矿	2.5	王先辉等，2017
SJT-1	黄铁矿	3.0	
SJT-4	黄铜矿	1.8	
NE 组	黄铜矿	0.73	熊作胜，2014
NE 组	黄铁矿	-3.03	
SE 组	黄铁矿	1.93	

双江口萤石矿及将军庙 Pb、Zn 矿中流体包裹体均一温度为240℃，次生包裹体均一温度为153℃，但次生包裹体并不十分发育，表明萤石主要成矿阶段为中温热液相（涂登峰，1987）。同样，双江口萤石矿的 CO_2、CH_4 含量较高，显示成矿流体来自岩浆热液。涂登峰（1987）认为这种高的 CO_2、CH_4 含量可能是萤石矿床的形成和富集的良好矿化剂，即含量愈高则品位愈富、厚度愈大。Marmo（1979）认为花岗岩中低含量的 CaO 可能是岩浆中由于某种机制而较集中在岩浆期后的热水溶液内，为热液期萤石成矿提供了重要的物质来源，将军庙岩体中晚期次侵入的花岗岩中 CaO 含量仅为 0.1% ~ 0.25%，显示花岗岩浆中的 CaO 可能集中在岩浆期后热液中，形成热液期萤石矿。

花岗岩中的锆石 Lu-Hf 同位素源区示踪显示，衡阳盆地东缘印支期五峰仙岩体中含暗色微粒包体的 $\varepsilon_{Hf}(t)$ 值（-4.4 ~ 0.7）相对较高，具有壳-幔混合成因；Nd 同位素 $\varepsilon_{Nd}(t)$ 值为 -10.3 ~ -9.1，两阶段 Nd 模式年龄 t_{2DM} 为 1.92 ~ 1.67 Ga，显示

元古宙地壳基底重熔形成的特征，但该岩体成 W、Sn 等有色金属矿产的特征不显著，以往一贯被认为是不成矿或弱成矿岩体。

秦拯纬等（2022）对南岭地区成锡、钨、铅锌花岗岩的 Hf 同位素数据分析研究显示，成锡花岗岩 $\varepsilon_{Hf}(t)$ 值为 0.3~-15.5，集中分布于-4~-8，平均值为-5.4，$t_{2DM}(Hf)$ 为 1.98~1.19 Ga，集中分布于 1.7~1.3 Ga，平均值为 1.46 Ga；成钨花岗岩 $\varepsilon_{Hf}(t)$ 值为-2.8~-14.7，集中分布于-8~-12，平均值为-9.40，$t_{2DM}(Hf)$ 为 3.07~1.30 Ga，集中分布于 2.1~1.7 Ga，平均值为 1.97 Ga；成铅锌（铜）花岗岩 $\varepsilon_{Hf}(t)$ 值为-0.2~-14.0，集中分布于-8~-12，平均值为-8.49，$t_{2DM}(Hf)$ 为 2.08~1.22 Ga，集中分布于 2.1~1.7 Ga，平均值为 1.75 Ga。上述分析数据显示，成矿花岗岩的 $\varepsilon_{Hf}(t)$ 值均为负数，与区域上燕山期的邓阜仙岩体（W 矿）、印支期、燕山期的锡田复式岩体（W、Sn 矿）、燕山期的南岭成钨花岗岩体（W 矿）的 Hf 同位素特征基本一致（图 6-4）。衡阳盆地东缘印支期的川口花岗岩（W 矿）中斑状二长花岗岩中锆石的 $\varepsilon_{Hf}(t)$ 值为-5.8~3.7，均值为-1.43，t_{2DM} 值为 1773~1021 Ma，均值为 1374 Ma；白云母花岗岩 $\varepsilon_{Hf}(t)$ 值为-16.0~4.0，均值为-1.93，t_{2DM} 值为 2243~984 Ma，均值 1356 Ma，显示 $\varepsilon_{Hf}(t)$ 值偏高，t_{2DM} 值偏低（图 6-4），结合川口花岗岩中云英岩化、硅化等蚀变强烈特点，认为川口花岗岩受流体改造或影响导致 $\varepsilon_{Hf}(t)$ 值偏高、t_{2DM} 值偏低，显示受流体改造的特征（李湘玉等 2020；陈迪等，2017），且流体的改造为川口钨矿成矿提供了条件。

6.4 高分异花岗岩成矿

高分异花岗岩与 W、Sn、Nb、Ta、Li、Be、Rb、Cs 和 REE 等稀有金属成矿作用关系密切（吴福元等，2017）。一般而言，暗色矿物含量低的浅色花岗岩或白岗岩，大多经历过强烈的结晶分异作用，为高分异或强分异花岗岩。与正常类型花岗岩相比，高分异花岗岩中的钾长石多为微斜长石并趋于富 Rb；斜长石逐渐减少，并向富钠方向演化。李洁和黄小龙（2013）、Li 等（2015）认为在岩浆演化过程中，云母矿物依次从镁质黑云母、镁铁质黑云母、铁质黑云母，向锂铁云母和锂云母方向演化，而锂电气石、锂云母或含锂白云母矿物的出现则指示为高分异花岗岩。

衡阳盆地东缘的白云母花岗岩以暗色矿物少甚至不含暗色矿物，富含白云母，同时以高的 SiO_2（>74.5%）、高的 A/CNK（>1.14）和高的分异指数（DI>90）为特征，为浅色高分异花岗岩。高分异花岗岩后期受热液或流体影响，一般 F 含量增高，有利于 W 的富集，F—W 图中显示个别高 F、高 W 含量的特征（图 6-5），在 $w(SiO_2)$—$w(Al_2O_3)$ 图解中，衡阳盆地东缘的川口花岗岩部分投点在浅色花岗岩区域（图 6-6），且这类花岗岩的 Nb、Ta 富集明显（表 6-5），具有浅色花岗岩富集稀有金属元素的特征。华南印支期、燕山期花岗岩的 Be、Nb、Ta、W、Sn 的丰

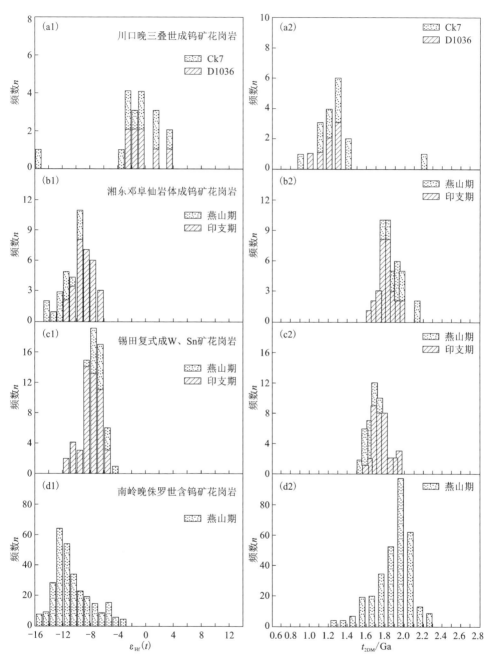

图 6-4　川口花岗岩及相关成矿岩体锆石 $\varepsilon_{Hf}(t)$ 值
和模式年龄 t_{2DM}(Hf) 频率分布直方图

[投图数据据蔡杨 (2013)；姚远等 (2013)；黄旭栋等 (2017)]

度值比世界酸性岩的平均值高(表6-5),这些成矿元素的富集,是华南地区大陆地壳及其主要组成花岗岩类岩石长期演化的结果。在花岗岩的演化过程中,这些成矿元素从不稳定状态(分散状态、类质同象状态)到稳定状态(形成独立矿物)逐渐富集起来,一直到形成工业矿床(陈毓川等,1989;康永孚等,1994;陈多福等,1998;柏道远等,2021;蔡杨等,2012)。本书通过对川口浅色高分异花岗岩岩石学、岩石地球化学特征研究,建立岩浆成矿专属性(Nb、Ta),不仅有助于阐明稀有金属矿的成因,更有助于指导找矿实践。

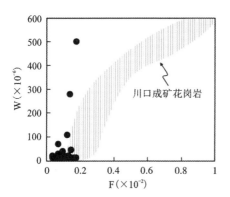 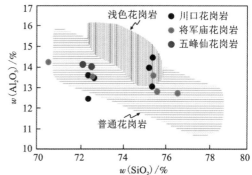

图6-5　川口成矿花岗岩 F—W 图解　　图6-6　川口浅色花岗岩 $w(SiO_2)$—$w(Al_2O_3)$ 图解

表6-5　衡阳盆地东缘印支期花岗岩 Be、Nb、Ta、W、Sn 丰度值比较数据表

名称	衡阳盆地东缘花岗岩($\times 10^{-6}$)	川口成 W、Sn 矿花岗岩($\times 10^{-6}$)[1]	华南燕山期花岗岩($\times 10^{-6}$)[2]	酸性岩($\times 10^{-6}$)[2]	地壳($\times 10^{-6}$)[3]
Be	2.86~15.2;均值5.79	9.1~81.7;均值24.4	9.8(早期);4.5(晚期)14(二云母花岗岩)19(白云母花岗岩)	5.5	1.9
Nb	10.6~75.8;均值24.5	6.33~16.4;均值11.4	30~80(早期)40~170(晚期)	20	8
Ta	1.1~38.8;均值6.57	1.94~7.47;均值3.83	5(早期)8~22(晚期)	3.5	0.7
W	0.65~61.8;均值7.49	0.84~530;均值172.1	7.6(早期)6.6(晚期)	1.5	1
Sn	2.49~71.2;均值14.2	7.42~79;均值16.7	25(早期)12(晚期)	3	1.7

注:表中数据引自①刘经纬等,2017;②莫柱荪和叶伯丹,1980;③迟清华和鄢明才,2007。

川口花岗岩在全岩中表征温度数值的 Zr 含量（$23×10^{-6}$～$41×10^{-6}$）很低，锆石饱和温度 tZr 为 660～$690℃$，显示岩浆分异过程中，其结晶温度呈降低趋势，这就决定了高分异花岗岩应该具有较低的结晶温度（Bau，1996；Breiter 等，2014；Deering 等，2016）。花岗岩浆在结晶分异过程中将导致 Cr、Ni、Co、Sr、Ba 和 Zr 等微量元素的显著降低，以及 Li、Rb 和 Cs 等含量的显著增高（Gelman 等，2014；Lee 和 Morton，2015）；稀土元素含量趋低、轻重稀土比值趋小和 Eu 负异常加大，并在稀土元素的配分模式中具有四分组效应（Miller 和 Mittlefehldt，1982，1984；李洁和黄小龙，2013；Gelman 等，2014），显示川口白云母花岗岩为高分异花岗岩且富含稀有金属元素的特征。

川口白云母花岗岩 Zr/Hf 值（7.6～22.5）较低（大陆地壳 Zr/Hf 值为 36）（迟清华和鄢明才，2007），分异花岗岩 Zr/Hf 值降低的原因是锆石的分离结晶作用（Dostal 和 Chatterjee，2000；Claiborne 等，2006）或锆石（$ZrSiO_4$）和铪石（$HfSiO_4$）溶解行为的变化（Linnen 和 Keppler，2002）。Zr 和 Hf 虽然具有相似的地球化学性质，但是随着分异作用的不断增强，花岗质岩浆的结构将逐渐发生变化，在达到熔体—流体相互作用阶段时，锆石（$ZrSiO_4$）和铪石（$HfSiO_4$）的溶解行为也会随之发生变化，虽然 Zr 和 Hf 在高分异花岗质岩浆中的溶解度都升高，熔体中的 Zr 和 Hf 的浓度也都升高，但 Hf 的溶解度将明显高于 Zr 的溶解度（Linnen 和 Keppler，2002），导致熔体的 Zr/Hf 值逐渐变低（曾令森和高利娥，2017）。

王登红等（2010）提出的"五层楼"+"地下室"的成矿模式，认为深部的花岗岩型 Ta-Nb-Li-（Sn-W）矿化与上部的石英脉型黑钨矿化密切相关；吴鸣谦（2017）的研究认为华南地区的稀有金属花岗岩在形成浸染状稀有金属矿化的同时常伴生石英脉型 W-Sn 矿化（吴鸣谦，2017），表明石英脉型 W-Sn 矿化与深部的 Ta-Nb-Li 矿化具有一定的伴生关系。衡阳盆地东缘的川口钨矿以石英脉型为主，而且区内的花岗岩显示富集 Li-Ta-Nb 特征（表 6-5），指示该地区尤其是高分异的花岗岩具有成稀有金属矿产的潜力。关于花岗岩成稀有金属矿，在花岗质岩浆从正常岩浆向高硅岩浆（$SiO_2 > 72.0\%$）演化过程中，岩浆 SiO_2 升高，同时挥发分 H_2O、Cl 或 F 也随之升高，熔体结构发生实质性的变化，导致矿物组成和某些关键元素的地球化学行为发生变异（曾令森和高利娥，2017）。花岗岩质熔体在结晶晚阶段发生的流体饱和出溶作用促进某些元素向低密度超临界流体相迁移，之后上升到花岗岩体顶部，热液流体在花岗岩体顶部的不混溶作用进一步促进稀有金属的极端富集（Badanina 等，2004；范宏瑞等，2006），而花岗岩浆可以出溶多种不同化学性质的流体，这对花岗岩稀有金属矿化有着重要的作用（Veksler，2004）。因此，晚阶段结晶的川口高分异过铝质花岗岩（A/CNK>1.15）含高 P、极低 REE 和低 Th、Y、Zr、Sc 和 Pb 特征，具有极强的 Ta、Sn 和 Li 矿化潜力（Černýet 等，2005）。

　　Zurevinski（2017）等总结了赋存于花岗岩中不同类型稀有金属矿床的特征（表6-6），衡阳盆地东缘川口的石英脉型、云英岩型钨矿及高分异花岗岩中富含Ta、Nb、Li甚至局部有弱矿化的特征与花岗岩有关的浸染状矿化、热液锡钨矿化类型相似（表6-6），尽管目前川口地区还未发现具有开采价值的稀有金属矿床，但在新能源产业发展对锂资源需求日益扩大的背景下，对锂矿资源勘查与开发势必会突破现有瓶颈。本书对成矿背景、成矿潜力进行研究，将为后续锂矿资料的勘查和开发提供思路与线索。

表6-6　花岗岩相关稀有金属矿床特征数据表

类型	矿化类型	产状	实例
与花岗岩有关的浸染状矿化	Li、Rb、Cs、Be、Sn、Zr、Th、U、Nb、Ta、W、Au、REEs	过碱性花岗岩[（Na+K）/Al>1]：Zr、Nb、REE、U 和 Th 成矿期； 准铝质花岗岩[1<（Na+K）/Al<1.15]：Nb、Ta、Sn 成矿潜力； 过铝质花岗岩[（Na+K）/Al]>1.15：Ta、Sn、Li 成矿潜力	中欧华力西造山带（Marignac 和 Cuney，1999）；美国犹他州 Spor Mountain（Burt 等，1982）
热液锡钨矿化	Sn、W、Mo	云英岩型、网脉、脉型、角砾岩筒型和矽卡岩型	德国 Erzgebirge 矿区（Dill 等，2008；Dill，2015）；Panasqueira W-Sn 矿区（Poly，1989；Noronha 等，1992）；华南地区（毛景文等，2011）
稀有元素伟晶岩型矿化	Li、Rb、Cs、Be、Ga、Sc、Y、REE、Sn、Nb、Ta、U、Th、Zr、Hf	网脉状、脉状、透镜状、蘑菇状岩体	加拿大曼尼托巴省西南 Tanco 伟晶岩区（Černýet，1982a）
斑岩型矿化	Cu、Mo（常见）、少量 Sn、W 和 Au 矿床	岩筒、岩脉、岩株，发育三维蚀变带	Cadia 矿床（Holliday 等，2002）；Dinkidi 矿床（hollings 等，2011）；Galore Creek 和 Mt. Polley 矿床（Lang 等，1995）；BatuHijau 矿床（Garwin，2002）；银岩 Sn 矿床（Zheng，2015）；沙溪矿床（王世伟等，2014）

但是,花岗岩成矿系统具有多样性和复杂性,致使勘探工作极具挑战。近年来对于斑岩成矿系统研究也为勘探工作提供了部分有效的案例(刘勇等,2012;王世伟等,2014;杨立志等,2018;范楚涵等,2022;国显正等,2021)。Loucks(2014)和 Richards(2011)的研究显示,地球化学数据(如 Sr/Y 和 V/Sc 值)可以判定岩浆的氧化还原状态和斑岩的成矿潜力。可是,这些方法在区域范围内(而非单个矿床)会比较有效,因为具经济价值的矿床的形成取决于(除岩浆源以外的)一系列因素,具体到某一矿床的控矿因素,远比上述涉及的因素更为复杂。Williamson 等(2015)对斜长石研究结果可以用在评估单个侵入体的成矿潜力,帮助解决勘探问题,但仍需要更多的个案研究来优化。

6.5　岩浆成矿时代及意义

衡阳盆地东缘地区的花岗岩产出在北东—南西向茶陵至郴州断裂和北西—南东向常德至安仁断裂的交汇部位的北东处,发育有加里东期花岗岩、印支期花岗岩、燕山期花岗岩和火山岩。该地区花岗岩表现出被动、主动、被动的侵位过程(柏道远等,2021),花岗岩总体展布特征显示沿常德至安仁构造带分布,单个岩体呈近圆状、椭圆状,岩体内部岩石呈环带状出露,且在岩体边部发育流线构造,晚期岩体中发育的岩株、岩脉出露主要与北西—南东向断裂的展布特征相一致。目前研究资料显示,该地区出露的花岗岩印支期最多,显示该时期岩浆作用最为强烈。

以往的研究对区内的岩浆成岩、成矿时代缺乏高精度的年龄数据制约,对单岩体如川口岩体群有印支期和燕山期的不同认识(孙涛,2006;蔡杨等,2012;柏道远等,2007;湖南省地质调查院,2005)。本书结合高精度的锆石 U-Pb 年龄及辉钼矿的 Re-Os 年龄,明确了吴集岩体[锆石 U-Pb 年龄为(432.0±2.8)~(428.3±3.9)Ma]、狗头岭岩体[锆石 U-Pb 年龄为(395.7±2.7)Ma]侵位于加里东期;将军庙岩体[锆石 U-Pb 年龄为(229.1±2.8)Ma](李湘玉等,2020)、川口花岗岩[锆石 U-Pb 年龄为(223.1±2.6)~(202±1.8)Ma](罗鹏等,2021)、五峰仙岩体[锆石 U-Pb 年龄为(236±6)~(221.6±1.5)Ma](陈迪等,2017;王凯兴等,2012)和川口钨矿[辉钼矿 Re-Os 等时线年龄为(225.8±4.4)Ma](彭能立等,2017)为印支期产出的花岗岩体和矿床;白莲寺岩体[锆石 U-Pb 年龄为(154.6±1.2)Ma](马铁球等,2013a),新市玄武岩[锆石 U-Pb 年龄为(132.7±1.2)Ma](马铁球等,2012),冠市街玄武岩[云母 K-Ar 年龄为(71.32±0.81)~(71.04±0.87)Ma](孟立丰等,2012)为燕山期产出的花岗岩、火山岩。

衡阳盆地东缘印支期岩浆作用及成矿效果显著,花岗岩年龄数据及矿床的 Re-Os 年龄显示,衡阳盆地东缘印支花岗岩年龄为 206~202 Ma 和 236~221 Ma,

两组年龄之间相差近20 Ma，而花岗岩基从开始侵位到冷凝结晶完成所需时间一般不超过10 Ma(秦江锋，2010)，显示区内印支期岩浆作用的多阶段性。衡阳盆地东缘地区的矿床有别于南岭地区燕山期众多的矽卡岩型、云英岩型钨矿(张怡军，2014)，本书对华南地区与印支期花岗岩有关的金属矿床进行了统计(表6-7)，成矿年龄为232~211 Ma，是对印支期花岗岩成岩峰期年龄(240~210 Ma)的响应，其各个矿床成矿年龄与成矿相关的花岗岩成岩年龄基本吻合(图6-7)，说明华南地区存在一次区域性的、与印支期花岗岩有关的成矿作用，为碰撞后应力松弛构造环境下形成的岩浆岩及矿床。

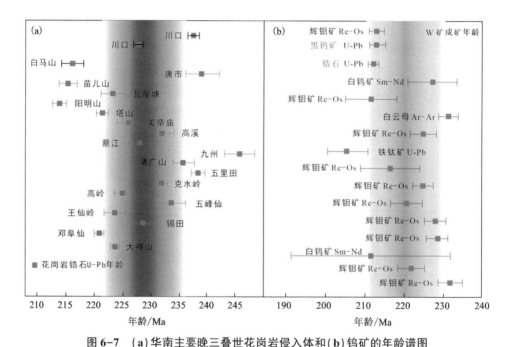

图6-7　(a)华南主要晚三叠世花岗岩侵入体和(b)钨矿的年龄谱图
[图中数据引自 Zhang 等(2015a)；Zhao 等(2018a)；Zhao 等(2018b)；Zhang 等(2015b)；Liu 等(2016)；Wu 等(2012)；Xie 等(2019)；Peng 等(2017)；Wang 等(2012)]

　　值得说明的是：川口花岗岩体群和川口钨矿床是该地区特别醒目的一个成矿花岗岩体，川口钨矿床是南岭地区一个大型矿床，三角潭矿区和杨林坳矿区保有资源储量5466万t(矿石量，2014年数据)，有数十年的开采历史，地质工作者一直关注该地区的成岩、成矿研究进展。本次获得川口钨矿的三角潭、小三角潭及南湾矿区与钨矿伴生的辉钼矿Re-Os模式年龄为(226.5~225.3)Ma及Re-Os等时线年龄为(225.8±1.2)Ma，以及获得三角潭矿区7件样品的辉钼矿Re-Os等时线年龄为(225.8±4.4)Ma(彭能立等，2017)，表明川口钨矿床形成于晚三叠世，其辉钼矿的 Re-Os 年龄为(225.8±1.2) Ma、(225.8±4.4) Ma 与含斑二云母二长花岗岩的 SHRIMP 年龄为(223.1±2.6) Ma(罗鹏等，2021)，黑云母二长花岗岩的锆石 LA-ICP-MS U-Pb 年龄为(237.3±0.78) Ma(Li 等，2021)在其误差范围内形成时间一致，这就表明成岩与成矿同时发生，且川口钨矿与川口花岗岩有密切的成因关系。但本次野外地质调查发现与钨矿床密切相关的白云母花岗岩的锆石 U-Pb 年龄为(202.0±1.8) Ma，较成矿年龄晚约 20 Ma。通过对成矿阶段的梳理，认为川口钨矿床无论是黑钨矿还是白钨矿都具有多阶段成矿的特点，辉钼矿往往是早阶段形成的矿石矿物(石英-辉钼矿-黑钨矿-白钨矿阶段)，而成钨矿的主要成矿阶段(黑钨矿：石英-辉钼矿-白钨矿-黑钨矿阶段；白钨矿：石英-辉钼矿-白钨矿-黑钨矿阶段)却少有辉钼矿形成，本书获得的成矿年龄与早期侵位的花岗岩年龄吻合，这与川口花岗岩及川口钨矿多阶段成岩成矿特征相符，且可推测白钨矿、黑钨矿床的重要成矿阶段与晚阶段花岗岩的侵位时空上密切相关。

饶家荣等(2012)利用深部地球物理资料对湖南的研究认为，扬子、华夏古板块的 NE 向结合带南东边界为川口、双排一线，与 NW 向的常德至安仁深大断裂在研究区交汇，在交汇部位发育有 W、Pb、Zn 矿床。NW 向常德至安仁构造带沿线发育有呈线性展布的岩坝桥、桃江、沩山、歇马、南岳、川口、五峰仙等印支期岩体，已获得的岩体年龄数据(244~202 Ma)(鲁玉龙等，2017；Wang 等，2007)表明这些印支期花岗岩体侵位时代滞后于印支运动的变质峰期(258~243 Ma)(Carter，2001)且未具有挤压变形的特征，说明其是形成于印支运动碰撞挤压之后的伸展构造背景，此类特殊的区域构造背景和构造部位有利于大规模成岩、成矿事件发生，印支期常德至安仁深大断裂的活化以及强烈的岩浆活动具有较大成矿潜力。

尽管目前普遍认为华南地区印支期花岗岩的成矿作用远不如燕山期花岗岩，对印支期成岩、成矿的研究程度也不及燕山期花岗岩高，但是有越来越多的印支期花岗岩的确定以及印支期花岗岩成矿报道，如广西栗木锡矿云英岩化花岗(杨锋等，2009)；江西赣南崇义-上犹钨锡石英脉型钨矿(刘善宝等，2008)；湘南荷花坪锡多金属矿矽卡岩(蔡明海等，2006)；桂东北苗儿-越城岭云头界 W-Mo 矿床(伍静等，2012)；其成矿年龄集中在(232.5±2.4)~(214.3±4.5) Ma。在华南地区(图6-8)，已报道的印支期花岗岩及矿床年龄数据显示，花岗岩成岩年龄集中于 249~202 Ma，钨矿床成矿年龄为 232~211 Ma，成岩成矿时代基本吻合(表6-7、图6-8)，表明华南地区存在区域性的、强烈的印支期成岩、成矿作用。本书重点讨论的印支期川口钨矿(围岩为青白口系，矿床类型为石英脉型钨矿)为南岭地区的一个大型钨矿床，该矿床有别于南岭地区燕山期众多的矽卡岩型、云英岩型钨矿，表明南岭地区在印支期也发生了不同于燕山期的大规模成岩成矿作用，本次的研究为区域上提供了一个印支期岩浆作用形成大型矿床的典型案例，对在南岭地区寻找印支期大型 W-Sn-Mo-Bi 矿床具有积极的意义。

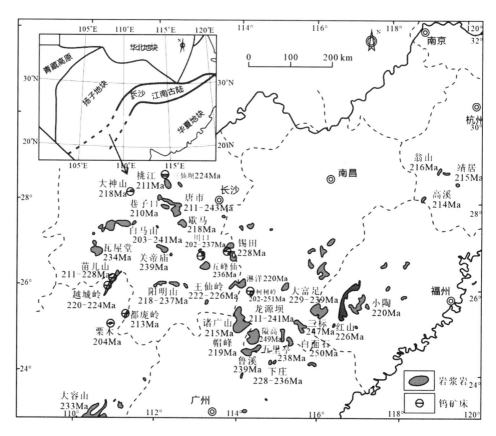

图 6-8　华南印支期花岗岩与钨矿床分布图

[据罗鹏等(2021)修改]

表 6-7　华南地区印支期矿床形成年龄及相关岩体年龄数据表

岩体	矿床	矿种	测年方法	年龄数据/Ma	资料来源	备注
王仙岭	荷花坪	Sn	白云母 K-Ar	222~226	柏道远等, 2006d	岩体
			锆石 U-Pb	235.0±1.3	郑佳浩等, 2012	岩体
			辉钼矿 Re-Os	224.0±1.9	蔡明海等, 2006	矿床
红山	红山	Sn-U	锆石 U-Pb	226.2±2.4	赵蕾等, 2006	岩体

续表6-7

岩体	矿床	矿种	测年方法	年龄数据 /Ma	资料来源	备注
柯树岭	仙鹅塘	W-Sn	锆石 U-Pb	202~251	郭春丽等，2011	岩体
			白云母 K-Ar	232.2±2.4	刘善宝等，2008	矿床
栗木	栗木	W-Sn	锆石 U-Pb	214~218	康志强等，2012	岩体
			白云母 Ar-Ar	214.1±1.9	杨锋等，2009	矿床
都庞岭	李贵富	W-Mo	锆石 U-Pb	215	龚名文等，2005	岩体
			辉钼矿 Re-Os	211.9±6.4	邹先武等，2009	矿床
越城岭	云头界	W-Mo	锆石 U-Pb	211~228	伍静等，2012	岩体
			辉钼矿 Re-Os	216.8±7.5	伍静等，2012	矿床
大神山	大溶溪	W	锆石 U-Pb	224.3±1.0	张龙升等，2012	岩体
			辉钼矿 Re-Os	223.3±3.9	张龙升等，2012	矿床
苗儿山	高岭	W	锆石 U-Pb	220~224	张迪等，2015	岩体
			白钨矿 Sm-Nd	212±20	张迪等，2015	矿床
锡田	垄上	W-Sn	锆石 U-Pb	225.2±0.6	陈迪等，2013	岩体
			辉钼矿 Re-Os	225.0±3.6	邓湘伟等，2015	矿床
川口	三角潭	W	锆石 U-Pb	223.1±2.6	陈迪等，2022	岩体
			辉钼矿 Re-Os	225.8±4.4	彭能立等，2017	矿床
川口	南湾	W	锆石 U-Pb	223.1±2.6	陈迪等，2022	岩体
			辉钼矿 Re-Os	225.3±3.4	陈迪等，2022	矿床

6.6　典型岩浆矿床

衡阳盆地东缘有代表性的矿床为川口钨矿，该矿是一个老矿山，早在 1948 年，在川口矿田范围内先后有多家私营业主经营钨矿采矿。川口钨矿原开采川口、三角潭二个矿区，20 世纪 70 年代川口矿区闭坑，20 世纪 80 年代末杨林坳采矿区投产，由于矿石品位低、采选成本高、市场销售价低、企业负担沉重，矿山经过多次重组后才延续开采至今。据 2014 年储量数据，目前该矿区保有 WO_3 资源储量 22.3652×10^4 t。

衡南县川口钨矿(杨林坳钨矿)矿床位于衡南县城以东直线距离约 40 km 处花桥镇,矿区地理坐标为东经 113°00′27″,北纬 26°54′04″,面积为 5.16 km²。杨林坳矿区于 1989 年正式生产,建成采选规模 600 t/d,属衡阳远景钨业有限公司杨林坳白钨矿区,综合采选能力 1500 t/d。该矿床产品主要为白钨精矿,次为黑钨精矿。矿山采用平硐—溜井—斜坡道的开拓方法,主要采矿方法为:高端壁式无底柱分段崩落法和连续回采的分段空场法。该矿床采用重—浮联合工艺选矿,精矿品位约 72%,钨回收率 70%左右,目前风化矿尚无法回收利用。

6.6.1 矿区地质特征

衡阳川口钨矿床分布于近南北向的川口隆起带,其大地构造位于华夏板块和扬子板块的接合部位(湖南省地质调查院,2017),川口隆起带基底为新元古代冷家溪群一套厚度巨大的具浊积特征的复理石沉积,主要为粉砂质板岩,粉砂质绢云母板岩,斑点状、条带状粉砂质板岩,条带状粉砂质板岩,凝灰质板岩及岩屑石英杂砂岩。区内不同期次、不同方向的构造相互叠加改造,形成区内复杂的构造,但不同时期的构造形迹基本清晰,其武陵期形成了近东西向的褶皱;加里东期主要形成东西向的构造基底,构造形迹以褶皱为主;印支期主要形成南北向的褶皱构造,川口隆起带于这一期间形成;燕山期在区域内主要形成北东向断裂和褶皱(郑平,2008)。

区内岩浆岩主要为川口花岗岩岩体群[图 6-9(a)],岩石类型以岩株状产出的二长花岗岩、白云母花岗岩为特征,见少量的伟晶岩、细晶岩脉等,本书对川口花岗岩开展了单颗粒锆石 U-Pb 定年,花岗岩的形成年龄为(237.3±0.78)Ma(Li 等,2021)、223.1 Ma(罗鹏等,2021)、206.4 Ma 及 202.0 Ma,反映花岗岩形成于印支期。

矿区位于下扬子古板块川口南北隆起之南缘,为茶陵至郴州 NNE 向深大断裂与常德至安仁 NW 向基底隐伏走滑断裂交汇夹持的三角区(柏道远等,2005b;柏道远等,2021)。前震旦系地层青白口系高涧群为一套板岩、砂板岩类复理石建造,上古生界泥盆系—石炭系为一套碳酸盐岩碎屑岩建造,呈角度不整合覆于基底之上。印支期富硅、富碱、过铝、高钾的钙碱性花岗岩呈小岩株侵入上述地层,在川口隆起带上的上敏东、三角塘、老水车、赤水等地,共发现二十余处大小不一、形态各异的花岗岩体[图 6-9(a)]。川口花岗岩分异程度高,富含钨钼及挥发分,是钨成矿的有利岩体(柏道远等,2007;曾宪科等,2011)。川口钨矿以白钨矿为主、黑钨矿次之,白钨矿多沿节理及部分小断裂成组、成带发育于青白口纪地层中[图 6-9(b)],岩体内接触带发育粗大的黑钨矿脉,矿脉的展布受断裂的控制明显,川口钨矿床勘探线横截面图显示,川口花岗岩的内、外接触带是成矿的有利部位[图 6-9(c)]。

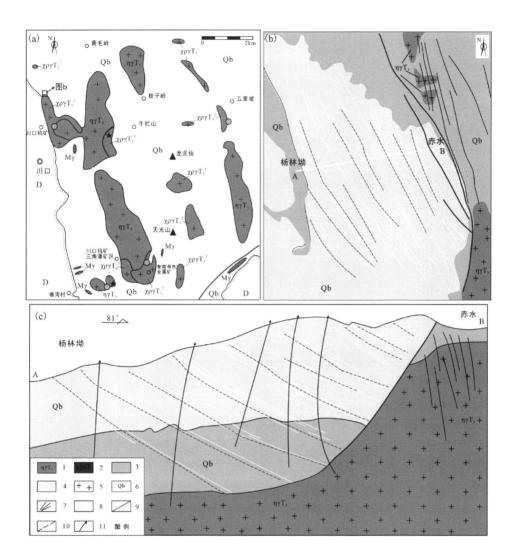

1—晚三叠世二云母二长花岗岩；2—晚三叠世碱长花岗岩；3—青白口纪板岩、砂质板岩；

4—青白口纪杂砂岩；5—花岗质侵入体；6—青白口系；7—黑钨矿脉；8—白钨矿脉；

9—断裂；10—节理及部分小断裂；11—钻孔位置示意图。

图6-9　(a)川口花岗岩侵入体分布简图和(b)杨林坳钨矿地质简图、(c)勘查线横截面

[底图据湖南省地质调查院(2017)；Li 等(2021)]

6.6.1.1 矿区地层

矿区内出露地层较为简单,由老至新主要是青白口纪黄浒洞组,泥盆纪跳马涧组、易家湾组和棋梓桥组,在地势低洼处还有第四系残坡积层。矿区出露的地层中(第四系除外)均有石英脉发育,主要的赋矿围岩是黄浒洞组的板岩、砂质板岩、杂砂岩[图6-9(b)]。

黄浒洞组下部为灰绿色薄层状石英黑云母角岩、中层状黑云母长英质角岩夹灰绿色薄层状堇青石黑云母角岩、中层状凝灰质板岩,偶见灰绿色薄层状角岩化粉(细)砂岩。中—下部以浅灰色薄层状角岩化(斑点状)条带状板岩、斑点状板岩、灰黑色薄层状角岩化粉砂质板岩为主,夹条带状云母质角岩、堇青石黑云母角岩,偶夹灰绿色中层状变质不等粒石英砂岩,发育平行层理及向上变细的正粒序层理;上部为浅灰色薄—中层状石英二云母角岩,偶夹灰绿色薄层状绿泥石二云母角岩、深灰色薄层状云母质角岩。

跳马涧组下部为灰色、灰黄色厚层—巨厚层状石英砾岩夹厚层状含砾中细粒石英砂岩及中层状细粒石英砂岩,局部含少量中—细粒石英杂砂岩,由下向上,砾石逐步减少,石英砂岩增多,层厚逐步增厚;中部为灰白色、浅肉红色中—厚层状细—中粒石英砂岩,夹紫红色、灰黄色中层状(含砾)粉砂质泥岩、泥质粉砂岩、页岩,偶夹块状石英砾岩;上部为灰黄色中厚层状细粒石英砂岩夹含粉砂质泥岩,向上泥质含量有所增加,砂岩颗粒变细,砂岩以中厚层为主,砂状结构,发育水平层理和斜层理。

易家湾组呈条带状毗邻于下伏跳马涧组分布,二者呈整合接触,分界标志清楚,以页岩夹薄层状泥质灰岩或其透镜体为特征,页岩的出现则为本组的开始。区内易家湾组岩性简单,为薄层状灰黄色钙质页岩、粉砂质页岩、泥灰岩夹少量含泥质灰岩透镜体。页岩中水平纹层较发育,由下向上,钙质增加,泥质减少,属浅海陆棚相沉积。

棋梓桥组下部以灰、深灰色厚层状—块状生物碎屑灰岩(层孔虫灰岩)、生物碎屑含白云质灰岩、生物碎屑—泥晶含泥质灰岩、角砾状泥晶—藻屑灰岩为主,夹细晶白云岩、层孔虫灰质白云岩、生物碎屑细晶白云岩、泥晶含炭泥质灰岩、角砾状泥晶—藻屑灰岩、粉晶—泥晶白云质灰岩;上部以钙质页岩夹灰岩为标志,岩性以浅灰—深灰色中—巨厚层含生物碎屑泥晶灰岩为主,夹块状核形石细晶灰岩、角砾状(含)生物碎屑泥晶灰岩。岩石中生物碎屑主要为核形石,少量为珊瑚。局部岩石表面见少量泥质条带,条带宽为5~6 mm,间距为4~10 cm,形态不规则,呈波状,平行于灰岩层面,为不连续发育,局部可见生物条带构造,属碳酸盐台地潮下高能带沉积。

第四系:分布于沟谷地带,由砂质黄土夹杂砂、砾、石块等残坡积物构成。

6.6.1.2　矿区构造

矿区经历过多次构造活动，东西向、南北向及北东向和北北东向构造相互交汇和不同时期的构造作用叠加，使矿区构造十分复杂，矿区内与成矿关系密切的褶皱、断裂和节理特征简述如下。

褶皱：矿区处在近南北向的川口隆起带，该隆起为一大型复式背斜，南北向褶皱为川口隆起的南延部分，轴向 NNW，背斜核部出露青白口纪地层，东西两翼依次出露泥盆纪、石炭纪以及二叠纪地层。在背斜的轴部，有印支期花岗岩呈岩株状侵入，且花岗岩侵入隆起部位与围岩的接触带是成矿的有利部位 [图 6-10(a)]，背斜向南倾伏，其倾伏端位于矿区南部樟树脚一带。矿区内见不到背斜的全貌，其次一级的南北向褶皱不发育。

矿区发育有轴向呈东西向的褶皱，后经构造叠加改造，轴线偏转成 NEE 向。东西向褶皱的形成时间较早，为加里东期构造活动的产物，在矿区范围内这组褶皱规模不大，多为隐伏的背向斜，褶皱分布在青白口纪变质岩中，由于后期岩浆的侵入，褶皱在背斜核部发育；因岩体与围岩接触带向上隆起，隆起的长轴与背斜轴近于一致。

断裂：矿区内主要发育三个方向的断裂，NEE 向、NNW 向和 NE 向。

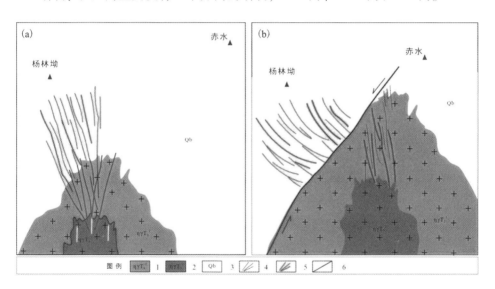

1—晚三叠世二云母二长花岗岩；2—晚三叠世白云母花岗岩；
3—青白口系盖层；4—黑钨矿脉；5—白钨矿脉；6—断裂。

**图 6-10　(a)川口钨矿床钨矿成矿空间和成因关系图和
(b)晚期断裂与白钨矿、黑钨矿空间关系图**
[据 Li 等(2021)修改]

　　NEE 向断层产在花岗岩与围岩接触的内接触带，由横节理演化而成，为主要的容矿断层。断层形成于岩浆侵入后冷却收缩阶段，在内接触带形成了一系列北东东向的横节理，节理中充填有含钨石英脉。由于后期构造活动，沿这些横节理、矿脉产生断层，且断层具有多次活动特点，其早期活动以压剪为主，并伴有相应的成矿作用，矿化以金属硫化物居多，晚期表现出的力学性质以正平移活动为主，矿体中或矿脉底板上的断层大多在这期间形成。

　　NNW 向断层多属正断层，在断层形成后，部分仍有继承性活动，多属导矿和容矿构造。NNW 向断层规模较大，沿走向延长较为稳定，一般在 200 m 左右。断层多向北东倾斜，倾角变化较大，40°～60° 不等。NNW 向断层具有如下特点：①断层多以含矿差的石英脉出现，主要为烟灰色石英、夹褐色条带，脉壁常见断层泥；②断层多沿岩体与围岩接触带展布，大多切割矿体，与矿体走向近于直交，使矿体沿走向出现不连续 [图 6-10（b）]；③成矿后断层活动对矿体的破坏作用主要体现在切断矿体，使矿体沿走向或倾向突然消失，矿体的连续性和完整性被破坏，围岩和矿体被断层破坏，成为角砾被断层泥胶结；④NNW 向断层具有多次活动特点，晚期活动沿早期硅化破碎带或厚大的石英脉壁滑动，破碎带不发育，一般在几十厘米之内，破碎带泥化强，滑动面光滑平整、胶结差。由于后期继承性活动断面产状与早期控矿构造面产状一致，且后期活动不甚强烈，故对矿体的破坏程度很小。

　　NE 向断层规模不大，以破碎带的形式出现，厚度不一，破碎带内充填构造角砾和断层泥，为成矿后断层，但未对矿体产生大的破坏。

　　除上述几组断层外，矿区内还存在 NNE 向的小断层，它们的规模一般不大，与成矿关系不密切，对矿体也未产生大的破坏作用，是一些沿晚期节理产生的破裂面。

　　节理：按节理成因，矿区存在两种类型的节理，一种是由岩浆冷却时形成的原生节理，另一种是由构造作用形成的次生节理。按产状分类，矿区发育有横节理、纵节理。横节理常形成于岩体顶部，其走向垂直于岩体顶部的流线构造，倾角较陡。横节理形成的应力条件有两种，一是岩浆冷却收缩，沿岩体长轴方向产生拉伸作用，形成与岩体长轴方向垂直的破裂构造—横节理；二是岩浆向上流动，导致上、下方向的挤压应力与岩浆沿流线方向向两侧流动导致的水平拉伸应力所形成的破裂构造。无论是哪种形成方式，这些破裂构造的力学性质都应与张节理相似。矿区内的横节理以及在此基础上发展成的断裂，是矿区主要的容矿构造。含钨石英脉大多充填在这类裂隙构造中。纵节理在矿区不发育，仅在坑道内见数条，纵节理的走向为北北西，倾角很陡，有的地段穿切横节理，在穿切地段，两方向节理中的石英无先后关系，说明这两组节理形成于同一时期（邓湘伟，2009）。

6.6.1.3　矿区岩浆岩

矿区花岗岩体出露在其东部，岩体呈岩株形式产出，总体呈北北西向侵入于青白口纪黄浒洞组中，接触面产状倾向西，自地表向西以 60°~70° 倾角向深部延伸 400 m 左右后，再以 25° 左右的缓倾角延展至矿区深部，在深部川口岩体可能为一大型岩基，部分地段已得到钻探验证（邓湘伟，2009；柳智，2012；王银茹，2012）。

区内多见浅灰色、灰白色中细粒（含斑）二云母二长花岗岩，细粒结构，部分为中粒结构，块状构造，岩石中总体不发育斑晶，少部分含斑，斑晶为石英，偶见长石斑晶，斑晶含量一般小于 5%，斑晶粒径为 0.8~1 cm，局部地段有斑晶富集特征，但含量不超过 10%。基质主要由钾长石、斜长石、石英、白云母组成，暗色矿物较少，见黑云母、电气石等。

碱长花岗岩呈零星的岩株出露于岩体边部，野外风化面呈黄褐色，新鲜面呈浅肉红色、灰白色，岩性主要为含黑云母碱长花岗岩。主要矿物有石英、碱性长石、斜长石、黑云母矿物，副矿物有锆石、萤石、独居石、金红石等。石英呈半自形—它形粒状，与长石、黑云母等矿物镶嵌生长。碱性长石以条纹长石为主，呈自形—半自形板状，部分发育卡氏双晶。少量条纹长石被熔蚀呈眼球状，边部被石英、钠长石交代。黑云母呈它形，多已蚀变为绿泥石或白云母。

白云母花岗岩零星出露，多与云英岩化花岗岩共生产出，呈灰白色、细粒结构、块状构造，组成矿物为石英、钾长石、斜长石、白云母，局部岩石中白云母、金云母含量较高。矿物粒径一般在 1 mm 左右，部分呈微粒，粒径在 0.1 mm 左右。

细粒花岗岩脉偶见，呈灰白色，块状构造，细粒花岗结构，呈脉状出露，组成矿物为石英、钾长石、斜长石、黑云母等。

川口花岗岩属强过铝质壳源成因的 S 型花岗岩（柏道远等，2007），早期侵位的中粒斑状黑云母二长花岗岩年龄为（223.1±2.6）Ma、（237.3±0.78）Ma，为印支期晚三叠世产物（彭能立等，2017；罗鹏等，2021；Li 等，2021）。矿区多见细粒花岗岩同时切穿早期形成的二长花岗岩和含矿石英脉（图 6-11），细粒花岗岩中见有二长花岗岩捕掳体（图 6-12），细粒花岗岩是在花岗岩和含矿石英脉形成之后侵位的，结合矿脉、二长花岗岩、细粒花岗岩脉产出的素描图，可见该区矿脉与岩浆岩的先后关系为二长花岗岩最先形成，其次为矿脉，然后是细粒花岗岩。

然而白钨矿脉主要沿细晶岩与粗粒花岗岩接触界面产出，且见细矿脉插入细晶岩中，细晶岩呈脉状产出，其中夹有花岗岩，花岗岩为细晶岩围岩，两者接触面较平整（图 6-12），表明矿脉的形成晚于二长花岗岩和细粒花岗岩或与细粒花岗岩脉同期形成。

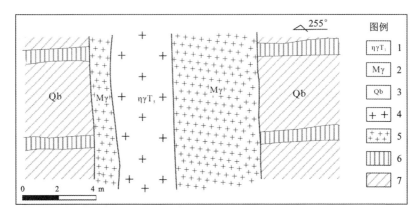

1—晚三叠世花岗岩；2—细粒花岗岩脉；3—青白口纪地层；
4—黑云母二长花岗岩；5—细粒花岗岩；6—矿脉；7—青白口纪地层。

图 6-11　川口花岗岩、岩脉与矿脉的穿插关系示意图

［据王银茹(2012)修改］

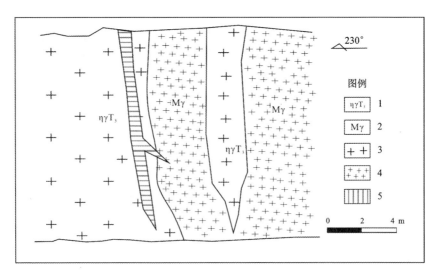

1—晚三叠世花岗岩；2—细粒花岗岩脉；
3—黑云母二长花岗岩花纹；4—细粒花岗岩花纹；5—矿脉。

图 6-12　川口岩脉、矿脉沿裂隙分布示意图

［据王银茹(2012)修改］

6.6.1.4　矿区围岩蚀变

矿区花岗岩体侵入至青白口纪黄浒洞组中，板岩在距接触带 200～1000 m 范围内，受热变质作用的影响，自岩体向围岩方向形成角岩、斑点状角岩、斑点板岩、板岩热变质晕圈。含矿石英脉主要出露在岩体与围岩的接触带，内、外接触带附近的蚀变有云英岩化、硅化、绢云母化、碳酸盐化。其中，云英岩化与钨矿化呈正比关系，是钨矿床的良好找矿标志，其他热液蚀变次之。

云英岩化是一种重要的高温气水溶液蚀变作用，川口地区的云英岩化主要表现为长石水解为粗—中粒的石英和白云母。花岗岩在遭受云英岩化作用过程中，会有 F、B 等挥发分及其他金属元素参加，有 CaO、Na_2O、K_2O、Fe_2O_3 及部分 Al_2O_3 被淋出。花岗岩经过云英岩化作用后，除化学性质稳定的石英外，其他原生矿物则蚀变为白云母、锂云母、电气石、萤石等；副矿物有绿柱石、绢云母、黄铁矿、黑钨矿、黄铜矿和辉钼矿等。平面上，云英岩化呈线(带状)沿矿脉两侧分布，其蚀变宽度取决于矿脉宽度和蚀变强度，一般脉侧数厘米至几十厘米均见蚀变，其特点是以矿脉为中心，向两侧强度逐渐变弱，以至消失过渡到正常花岗岩。此外，矿脉中的花岗岩条带或角砾均已不同程度地遭受云英岩化蚀变，有的已经全变为云英岩，局部地段的矿脉壁分布有由大片状白云母组成带状产出的云母线。矿脉两侧一般云英岩化作用越强，钨矿化越好，云英岩化与钨矿化呈正相关关系，云英岩化是川口矿床极为重要的找矿标志(邓湘伟，2009；柳智，2012；王银茹，2012)。

硅化是一种最普遍而常见的热液蚀变。硅化作用中，SiO_2 由热液带入，它使被蚀变的岩石中的石英增加。川口地区硅化作用主要表现为：①外接触带硅化。岩体的围岩板岩、砂岩的硅化使岩石中石英碎屑重结晶为颗粒更大的石英，且石英含量明显增加，岩性致密坚硬，抗风化能力增强，同时局部岩石中还发育有绿泥石化和绢云母化热液蚀变作用。②内接触带硅化。矿脉两侧花岗岩中的硅化作用，使岩石中的石英含量相对增加，有次生加大边出现，有的以微细石英脉形式产出。川口地区花岗岩中的硅化作用强度不及云英岩化，主要分布于矿脉附近的花岗岩中，同时岩石中还发育有绢云母化等蚀变。花岗岩内接触带蚀变中，往往云英岩化、硅化、绢云母化热液蚀变共生，即矿脉两侧的花岗岩中既发育有云英岩化，又发育有硅化及绢云母化和其他蚀变(邓湘伟，2009；柳智，2012；王银茹，2012)。

6.6.2　矿体地质特征

川口钨矿产于川口花岗岩体外接触带的青白口纪黄浒洞组杂砂岩、板岩、粉砂质板岩中，矿床与花岗岩有密切的成因联系。矿体主要受北北西向构造裂隙控制，主体为石英细脉带型矿床，次为石英大脉型矿床。矿体在空间上呈北北西向带状产于脉带中,走向长 1300 余米,矿带宽 500 余米。矿区内有脉带型矿体 55 个,其中大型矿体 5 个,中型矿体 9 个,小矿体 41 个。大、中型矿体集中分布于矿区东侧,小型矿体则现于大、中型矿体下盘或发育于大、中型矿体尾部。自北向南,矿体出露标高从 400 m 左右降至 175 m,矿带有向南侧伏的趋势,大型矿体资源储量占全区的 80%。根据矿体的氧化程度可分为风化带氧化矿体(一般厚 40~80 m)、半风化带混合型矿体(一般厚 50~90 m)及原生带的原生矿体(一般厚 100~350 m)。

根据矿体围岩赋存情况,川口钨矿一般分为砂岩型矿体和板岩型矿体,两种矿体的分布特征见图 6-9(c),其各自的矿物成分和分布特征分别简介如下:

砂岩型矿石:钨矿物主要为白钨矿,含微量黑钨矿;主要的金属硫化物为黄铁矿、白铁矿,微量辉钼矿、辉铋矿、毒砂、磁黄铁矿及少量铜蓝和锡石。主要铁矿物有磁铁矿、赤铁矿、褐铁矿、菱铁矿;主要脉石矿物有石英、萤石、白云母、绢云母,含少量长石、方解石、绿泥石、磷灰石、电气石、锆石。

板岩型矿石:白钨矿和黑钨矿是主要含钨矿物,二者之比为 3∶1。矿石被风化含微量钨华;主要硫化物为白铁矿、黄铁矿,其次为黄铜矿、铜蓝、辉铜矿、辉铋矿和极少量辉钼矿;主要脉石矿物为石英、绢云母、电气石。风化形成的主要铁锰氧化物有褐铁矿、赤铁矿、软锰矿、硬锰矿。

矿体形态受北北西向含矿构造裂隙的影响,裂隙发育的地方,矿体厚大而简单;裂隙不发育的地方,矿体尖灭侧现,分支复合相当普遍,从而使矿体形态复杂多变。川口钨矿体走向总体为 NEE,倾向 SSE,倾角为 65°~80°,局部倾向有反向特征,品位为 0.41%~0.64%。受含矿石英脉的影响,川口钨矿体厚度极不稳定,在空间上,表现为上部(接近地表)矿体厚度较大而稳定,往下部(远离地表)矿体分支,变薄乃至尖灭(图 6-13);沿走向矿体表现为中部矿体厚度较稳定,向两端矿体变小乃至尖灭。矿脉(体)在平面上成群出现,主要呈北东组和南西组展布,脉组间为 40~100 m 的无矿带,脉与脉间距一般在 8~30 m 不等。

白钨矿、黑钨矿的矿体呈脉状赋存在岩体的内、外接触带,内接触带主要赋矿岩石为云英岩、云英岩化花岗岩;外接触带的赋矿围岩主要为青白口纪黄浒洞组中的硅化、角岩化岩石和断层角砾岩。值得注意的是,含矿石英脉与云英岩化矿化花岗岩的界线清楚,显示矿体呈裂隙充填特征。探矿工程揭露,区内规模较大的矿体沿走向延长可达 150 m,沿倾向延深约 50 m,或厚约 2 m;规模小的矿脉、矿体沿走向延长不足百米,沿倾向延深仅数十米,厚十余厘米。矿体的上部以板状、粒状白钨矿和板状黑钨矿及少量片状辉钼矿化为主,少见黄铜矿、黄铁矿化,向下白钨矿、黑钨矿化逐渐减少,而黄铁矿、黄铜矿等硫化物增加;走向方向上,矿脉、矿体接近接触带以白钨矿、黑钨矿化为主,少见硫化铁、铜矿化,而远离接触带则以黄铜矿、黄铁矿等硫化物矿化为主。川口钨矿总体表现出中部矿

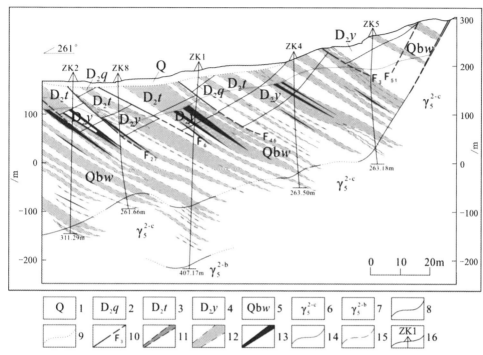

Q	1	D_2q	2	D_2t	3	D_2y	4	Qbw	5	γ_5^{2-c}	6	γ_5^{2-b}	7		8
	9	F_3	10		11		12		13		14		15	ZK1	16

1—第四系；2—泥盆系中统棋梓桥组；3—泥盆系中统跳马涧组；4—泥盆系下统杨林坳组；5—板溪群五强溪组；6—燕山早中期第三幕花岗岩体；7—燕山早中期第二幕花岗岩体；8—地质界线；9—推测地质界线；10—实测及推测断层及编号；11—断层破碎带；12—石英脉带；13—矿体；14—原生与风化矿物相线；15—半风化物相线；16—钻孔及编号。

图 6-13　川口杨林坳钨矿床 59 号勘探线剖面图

[据湖南省地质调查院(2013)]

体厚度稳定，以中间部位矿化最好，钨、铜矿化两位一体，而且矿石品位相对较高(邓湘伟，2009)。

6.6.3　矿石特征

川口钨矿有黑钨矿床和白钨矿床两种类型，其特征如下：

黑钨矿床中矿石类型有石英–黑钨矿矿石、石英–黄铜矿–黑钨矿矿石、石英–黄铁矿、黄铜矿矿石。矿石中金属矿物主要为黑钨矿、白钨矿，还有锡石、毒砂、辉钼矿、辉铋矿、黄铜矿、黄铁矿、闪锌矿等；脉石矿物以石英为主，见少量长石、电气石、重晶石、方解石[图 6-14(a)]。黑钨矿呈黑色，半金属光泽，黑钨矿石比重较大，黑钨矿大小不等，多呈块状、团粒状[图 6-14(c)]、星点状产出；矿石结构有自形晶粒结构、它形—半自形晶粒结构、乳浊状结构、溶蚀交代结构等；矿石常见梳状构造、块状构造、浸染状构造、脉状构造、晶洞状构造等(柳智，2012)。矿床的围岩蚀变发育，多见硅化、云英岩化，电气石化、绢云母化，其中云英岩化与成矿关系最为密切。矿石矿物中，辉钼矿与黑钨矿、石英脉、云英岩化花岗岩伴生，呈片状集合体产出，一般大小为1~2 cm[图6-14(b)]，辉钼矿呈浅灰色，强金属光泽，硬度较低，用指甲能划动。

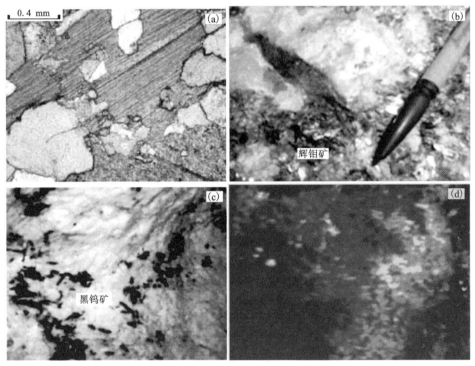

(a)云英岩花岗岩花岗岩的镜下特征(正交光)；(b)钨矿脉测中伴生的团块状辉钼矿团块；
(c)川口钨矿中黑钨矿矿石特征；(d)云英岩化花岗岩中白钨矿在荧光灯的照射下特征。

图6-14 川口云英岩化花岗岩及钨矿特征图像

白钨矿床中矿石类型有石英-黄铁矿-白钨矿矿石、白钨矿-黑钨矿-黄铁矿矿石，矿石中的主要矿物是白钨矿和黑钨矿，主要的金属硫化物矿物有黄铁矿、黄铜矿、毒砂、磁黄铁矿、辉铋矿及少量的锡石，主要的含铁矿物有磁铁矿、褐铁矿、菱铁矿；脉石矿物有石英、萤石、白云母、绢云母及少量长石、方解石、电气石、锆石等。矿石呈自形—半自形板状、板柱状结构，自形—半自形粒状结构，交代结构等。矿体多产在含矿石英脉与围岩之间，含矿石英脉主要呈密集的平行脉状或分支、复合、交错的网脉状产出，部分呈微细短小脉体不规则穿插于围岩碎屑颗粒间；矿石构造多呈脉状、网脉状和块状构造(郑平，2008)。矿体多产在花岗岩与围岩的接触带，花岗岩侵入冷家溪群地层发生了强烈的热变质作用，多见角岩、斑点状角岩、斑点板岩及硅化；靠近岩体一侧蚀变多为云英岩化、绢云母化。

川口钨矿床的矿石结构有自形晶粒状结构、它形—半自形粒状结构、交代溶蚀结构、固溶体分离结构。(1)自形晶粒状结构：该结构是川口钨矿床矿石的一种常见而主要的结构。黑钨矿呈大小不等的自形晶，为厚板状或小的薄板状集合体不均匀分布于石英脉中，大板状晶体表面可见晶面条纹。黑钨矿呈板状，被后期的黄铜矿、黄铁矿所交代，黄铜矿呈细脉状穿插于黑钨矿的裂隙中。白钨矿呈晶形较好的粒状八面体分布于石英中，产出于张裂隙的脉壁，呈浸染状产出于脉体的云英岩化花岗岩中，从脉体往花岗岩方向，黑钨矿减少，白钨矿基本不变。(2)它形—半自形粒状结构：这种结构仅次于自形晶粒状结构类型，黄铜矿呈它形、半自形粒状集合体，以及不规则团块状、星点状或脉状分布于含钨石英脉中。(3)交代溶蚀结构：该结构为一种微观结构，主要为后期的黄铜矿交代溶蚀早期产出的黑钨矿、白钨矿和黄铁矿。(4)固溶体分离结构：这种结构也为一种微观结构类型，指黄铜矿呈乳滴状分布于黑钨矿和白钨矿中，黄铜矿、黑钨矿又被晚期的黄铜矿所溶蚀交代。

川口钨矿床的矿石构造有梳状构造、块状构造、晶洞状构造、脉状构造、斑杂状构造。

(1)梳状构造：该构造类型在矿化富集地段较发育，先期形成的白钨矿首先沿着张节理面上的云英岩化花岗岩呈浸染状、细脉状产出，后期形成的黑钨矿则呈板状晶体密集垂直脉壁往中间生长，形态如梳，为梳状构造。(2)块状构造：该构造在各矿体的富矿地段均可见到，黑钨矿、白钨矿密集分布，或者黄铜矿、黄铁矿也在该矿段富集，矿石矿物含量为75%左右。(3)晶洞状构造：这种构造类型在矿体的中下部特别发育，黑钨矿、白钨矿、石英、方解石、重晶石沿晶洞壁自由生长，晶形完好。(4)脉状构造：这种构造类型宏观、微观均可见到，如黑钨矿、白钨矿、黄铜矿、黄铁矿呈细脉状穿插于脉石矿物或先期生成的矿石矿物中。(5)斑杂状构造：这种构造在富矿段十分常见，呈不规则团块状的黄铜矿交代辉钼矿和石英，辉钼矿呈星点状分布于黄铜矿中，构成矿石矿物比例大，且排列杂乱无章。

根据矿物共生组合关系，矿石结构构造、矿物包裹体测温资料，围岩蚀变类型以及主要矿物之间的穿插关系、包含关系、溶蚀关系可划分三期五个矿化阶段，具体为金属氧化物期(包含石英−辉钼矿−黑钨矿−白钨矿阶段；石英−辉铋矿−白钨矿−黑钨矿阶段)、金属硫化物期(包含石英−多金属硫化物−黑钨矿阶段；石英−黄铜矿−多金属硫化物阶段)和表生期(碳酸盐−钨华阶段)，矿物生成顺序见图6-15。

1.金属氧化物期：石英–辉钼矿–黑钨矿–白钨矿阶段

含矿热液沿控矿断裂运移，在有利的地段交代充填成矿，主要形成不透明、油脂光泽、它形块状石英，由于此时含矿热液岩浆分异出的气水溶液与从围岩中萃取的物质中钙离子的浓度较大，含 W 络合物首先与之结合生成白钨矿，少部分生成黑钨矿，同时也生成高温矿物组合：辉钼矿、锡石、电气石、绿柱石等。此阶段的矿物表现为沿张裂隙的两壁进行交代充填，并胶结断层角砾，同时热液还对围岩及其断裂中的角砾进行交代，形成云英岩化的含白钨矿的花岗岩和云英岩化的花岗岩团块或条带。此后，由于受成矿构造运动的影响，本阶段的矿物组合形成的脉体沿矿脉张开成裂隙，或破碎成角砾，被后阶段的矿液交代充填胶结，此阶段主要生成大量的白钨矿，也有少量的黑钨矿生成，是成矿的重要阶段。

2.金属氧化物期：石英–辉铋矿–白钨矿–黑钨矿阶段

此阶段为该矿床矿化的主要而又重要的阶段之一。矿化表现为矿液沿上阶段矿物组合被张开后的裂隙交代充填。此阶段主要形成乳白色、半透明、强油脂光泽的它形块状石英，由于含矿热液中的钙离子浓度下降，因而形成了大量的黑钨矿，在裂隙两壁的云英岩化花岗岩中呈稠密浸染状产出，随着裂隙往花岗岩一侧发展，白钨矿体逐渐减少，而由白钨矿化花岗岩形成的裂隙壁往脉中间方向，则见梳状、板状黑钨矿生长，并充填于脉中间的位置，此时形成了晶形完好的厚板状、梳状构造、团块状构造的黑钨矿，针状的辉铋矿，菱面体晶形的白钨矿，被溶蚀交代的黄铁矿，以及少量的钾长石、白云母、锡石和晶形较为完好的石英等矿物。辉铋矿一般呈针状，白钨矿呈菱面体状，与六方柱和六方锥的聚形石英一起充填于石英晶洞中，在晶洞中有时可见小薄板状的黑钨矿与上述矿物共生，构成石英晶洞壁。此阶段所形成的矿物组合表现为对早阶段矿物组合的溶蚀和交代，同时，热液对围岩进行交代，于脉体两侧形成强云英岩化的花岗岩，于矿体顶底板形成厚度不等的云母线。此后，早阶段成矿脉由于受成矿构造活动影响而再次裂开，并被晚阶段的矿液交代充填或胶结。

3.金属硫化物期：石英–多金属硫化物–黑钨矿阶段

此阶段也为该矿床矿化作用的主要而又重要的阶段之一。矿化表现为含矿热液沿先成矿化裂隙进行充填和胶结。此阶段主要形成乳白色—灰白色，半透明、油脂光泽的它形块状石英，细粒状黄铁矿，不规则致密块状的黄铜矿，不规则的闪锌矿，半自形晶—自形晶的小薄板状的黑钨矿及其由此集合体组成的不规则团块状的黑钨矿，并见少量的方铅矿、萤石和毒砂等矿物。

黄铜矿主要呈不规则团块状和细脉状，溶蚀交代早期石英、黑钨矿，并呈细脉状穿插于黑钨矿的裂纹中，与方铅矿、闪锌矿共生，呈不规则脉状穿插于矿石中，黄铜矿主要呈团块状，还有的呈乳滴状分布于黑钨矿中。此阶段形成的矿物组合表现为对早阶段矿物组合的胶结、交代、溶蚀以及充填等，同时热液对围岩进行交代，形成云英岩化和硅化。

4. 金属硫化物期：石英—黄铜矿—多金属硫化物阶段

此阶段矿化表现为沿早期裂隙的充填和胶结，主要形成灰白色半透明、油脂光泽、它形—半自形的石英、黄铁矿、黄铜矿、白钨矿以及少量重晶石、萤石等矿物。

该阶段形成的黄铜矿、黄铁矿共生，呈网脉状穿插于闪锌矿中，黄铜矿呈细脉状穿插于早期黄铁矿中，或呈不规则状溶蚀交代黑钨矿，或溶蚀交代后呈微细脉状充填于闪锌矿的裂纹中。黄铁矿呈不规则状和脉状分布于脉石矿物中，并充填于早期形成的黄铜矿中。白钨矿呈不规则粒状和细脉状分布于脉石矿物中。此阶段所形成的矿物组合，表现为对前几期矿物组合的叠加和改造。

5. 表生期：碳酸盐—钨华阶段

成矿作用进入此阶段，矿化进入尾声。矿化表现为沿早期裂隙和孔洞充填，主要形成方解石、重晶石，以及灰白色自形程度较高的粒状石英和少量的白钨矿等矿物。

方解石主要呈晶形完好的粒状菱面体，石英呈白色透明度较高的自形晶产出。石英矿物的粒状重结晶明显，在晶洞中尤为发育，一般晶洞越大，上述矿物的晶形越好。该时期形成的晶洞内一般无黑钨矿，偶见粒状白钨矿，白钨矿主要呈细脉和它形粒状，穿插交代脉石矿物，同时热液对围岩进行交代，形成硅化和碳酸盐化等热液蚀变(邓湘伟，2009；柳智，2012；王银茹，2012)。

6.6.4　成矿流体特征

通过对不同标高、不同岩石类型的矿体中与钨矿成矿关系密切的石英进行采样分析研究可知，矿石石英包裹体以液相为主，气相较少。包裹体气相成分中 H_2O 含量高，$w(H_2O)$ 平均达 2618×10^{-6}，反映当时成矿流体中富含水，成矿以热液充填—交代为主，成分中富含 CO_2 和 CH_4，无 O_2，表明成矿环境为还原环境；王银茹(2012)在中南大学地学与环境工程学院实验中心测试研究室分析的川口钨矿气相分析结果(表 6-8)中，川口钨矿样品气相包体中一般不含 O_2 和 C_2H_2，CH_4 和 C_2H_6 仅有痕量，与一般中—高温矿床的矿液成分相吻合。包裹体液相成分中，阴离子以 SO_4^{2-}、Cl^-、F^- 为主，阳离子以 Na^+、K^+、Ca^{2+} 为主，少量 Mg^{2+}、Li^+。Na^+/K^+ 为 0.6~0.9，平均为 0.8，具岩浆热液特征，石英液相包裹体成分中(表 6-9)，$F^->Cl^-$，$K^+>Na^+$，指示当时的成矿流体来自岩浆热液，也间接证明岩浆热液是成矿物质的主要来源；王银茹(2012)报道的样品中 $K^+<Na^+$，$F^-<Cl^-$，Ca^{2+} 含量偏高，表明当时的成矿液体并非都是岩浆热液，矿床在形成过程中，有大气降水或变质水参与了成矿作用，形成白钨矿的 Ca 元素，是由非岩浆热液流体带入的。

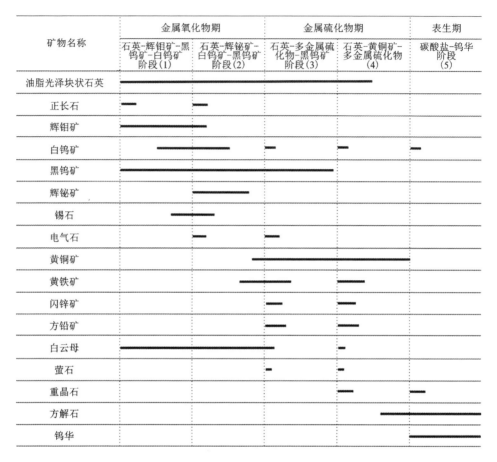

图 6-15　川口钨矿床矿物生成顺序示意图

[数据据邓湘伟(2009)；王银茹(2012)修改]

表 6-8　川口钨矿包体气相成分数据表($\times 10^{-6}$)

矿物名称	H_2	O_2	N_2	CH_4	CO	CO_2	C_2H_2	C_2H_6	H_2O
白钨矿	1.059	无	痕	痕	—	325.641	无	痕	612
黑钨矿	1.315	无	痕	痕	—	361.735	无	痕	793
石英	1.729	无	痕	1.947	—	276.451	无	痕	1247

备注：数据据王银茹(2012)。

表6-9　川口钨矿包体液相成分数据表(×10⁻⁶)

矿物名称	F⁻	Cl⁻	NO₃⁻	PO₄³⁻	SO₄²⁻	Li⁺	Na⁺	NH₄⁺	K⁺	Mg²⁺	Ca²⁺
白钨矿	0.018	0.151	无	无	8.659	无	1.092	无	0.325	痕	8.937
黑钨矿	0.045	0.194	无	无	50.644	无	1.814	无	0.459	痕	7.942
石英	0.023	2.359	无	无	6.912	无	2.573	无	1.202	痕	10.218

备注：数据据王银茹(2012)。

　　川口石英脉型钨矿体富含富液包裹体(图6-16)，流体包裹体测温结果显示川口钨矿主成矿阶段石英矿物的均一温度范围为163～274℃，集中在190～220℃，盐度集中在1.06%～5.11% NaCl，说明川口钨矿为中—高温大脉型矿床。主要流体包裹体成分显示包裹体中一般均含有 CO_2、CH_4、N_2，指示成矿流体主要来自岩浆热液，钨矿流体水氧同位素 $\delta^{18}O$ 值在 6.47‰~9.95‰，也属于岩浆水范畴(熊作胜，2014)；通过计算，该矿床硫化物的包裹体盐度为 0.3233% NaCl，成矿时的压力为 51.603 MPa，成矿时的深度为 1.7 km。川口钨矿床是在中等深度、高—中温、相对封闭的条件下形成的，这与该矿床的矿物组合(钨、铋、钼、铁、锌等)所反映的成矿温度环境相吻合(郑平等，2017)。

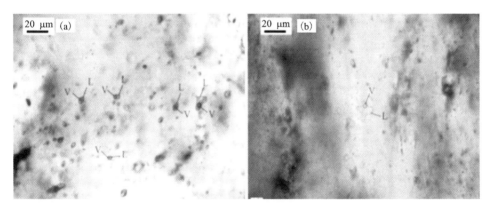

(a)包裹体形态一般呈椭圆形，长条形状；(b)包裹体形态呈不规则状。

图6-16　川口钨矿床矿石流体包裹体显微图像
[据王先辉等(2017)]

　　含矿石英脉中石英、黑钨矿、白钨矿中的氧同位素测定结果表明，成矿溶液中 $\delta^{18}O_{H_2O}$ 为 6.05‰~9.95‰，表明含矿溶液中的氧来源于岩浆水。

　　矿脉中黄铁矿、黄铜矿的硫同位素测定结果表明，其 $\delta^{34}S$ 在 -3.03‰ 至 1.93‰ 之间变化，接近于 0 值，属陨石硫的范畴，表明成矿热液中的硫为岩浆期后热液中的硫(湖南省地质调查院,2017)。

氟对成矿的作用表现也十分明显,岩浆 SiO_2 升高,同时挥发分 H_2O、Cl 或 F 也随之升高(曾令森和高利娥,2017),氟在热液中与成矿元素形成稳定络合物形式迁移(Aksyuk,2000),同时充当氧化剂,改变 W 的价态(从+4 到+6)进而促进白钨矿的沉淀(Aksyuk,2000)。南岭地区的钨锡矿体大多与富氟花岗岩浆有关(Chen 等,2014;孙占亮等,2014)。在 Hendrson 辉钼矿的云英岩中发现高含量氟,随着氟含量的增加,具有高硅特征的岩浆作用时间延长,岩体中的钾化、交代作用加强(Sotnikov 等,2006)。氟对成矿的促进作用在川口钨矿中体现出 F—W 具有一定的正相关关系(图 6-5),高的 W 含量导致 F 含量也较高,体现了氟对成矿的重要性。

6.6.5　矿床成因模式

通过对川口矿床成矿母岩及其含矿性、成矿物质来源、控矿因素、矿床特征及成因等方面的分析,该矿床为岩浆期后经充填、交代作用而形成的以白钨矿和黑钨矿为主的高—中温热液脉带型矿床。

6.6.5.1　成矿过程

川口钨矿区花岗岩岩浆期后含矿热液沿花岗岩体外接触带北北西向构造裂隙带和不整合面上升运移[图 6-9(b)],由于温度、压力降低,物理化学条件改变,成矿物质从含矿溶液中分离沉淀,并与围岩接触交代,富集成矿,形成岩浆期后高—中温热液充填交代型钨矿床。

在高温热液阶段前期,热液广泛灌入矿区主要断裂构造,使岩体接触带附近的断裂及青白口纪地层中裂隙(如节理)表现为普遍的硅化和硅质充填[图 6-9(c)]。随后含矿热水溶液运移于次级构造和围岩孔隙中成矿。由于热液运移距离较长,速度变缓,与围岩大面积的接触,产生交代作用,从围岩中吸收部分 Ca 和 Fe,为形成白钨矿和钨铁矿提供了物质条件;在岩体的内接触带,矿化表现为矿液沿岩体的内接触带裂隙交代充填,主要形成乳白色、半透明、强油脂光泽的它形块状石英,由于含矿热液中的 Ca 离子浓度下降,因而形成了大量的黑钨矿[图 6-9(c)]。

矿床在高温热液成矿阶段形成了石英-白钨矿-黑钨矿矿物组合,伴生少量黄铁矿、磁黄铁矿。高中温热液阶段是矿床的主要成矿阶段,形成了石英-黑钨矿-白钨矿矿物组合,伴生少量多金属硫化物,此阶段,由于热液冷却速度快,矿物晶出时间短、晶体小、自形程度差,多呈半自形—它形晶。在低温热液阶段,热水溶液中的 CO_2 及 F 与 Ca 作用,形成石英-萤石-碳酸盐矿物组合。在表生作用期,主要反映矿物在风化作用下,原生矿物氧化为相应的氧化物,如斑铜矿、褐铁矿、软锰矿、钨华等(郑平,2008)。

6.6.5.2　成矿规律

川口钨矿主要工业矿体的厚大富集部分，分布在青白口纪黄浒洞组与泥盆纪跳马涧组之间不整合面上、下几十米范围内，不整合面接触带具有面状导矿和容矿构造的作用［图 6-9(a)］。表现在靠近不整合面附近矿化强，矿体厚大稳定，离不整合面愈远，矿体变薄、分支且矿化减弱，且不整合面附近的板岩、杂砂岩裂隙中是白钨矿最为富集的地段［图 6-9(c)］。青白口纪黄浒洞组杂砂岩、板岩中矿化富集，这是由于青白口纪黄浒洞组杂砂岩、板岩含钙相对较高、裂隙发育、空隙度好，硫逸度较高，有利于形成充填交代型白钨矿。川口钨矿的矿体受石英脉带直接控制，倾向 NE 的石英脉组相对其他产状的石英脉含矿富集且均匀。含矿石英脉带由密集的含矿石英单脉构成，其中主体石英脉一般厚 5 cm 以上，产状相对稳定。主脉在走向上膨大、缩小、尖灭再现或侧现，其延展方向稳定，制约着含矿石英脉带展布的总体产状。在主体石英脉两侧的小脉分枝交接，密集发育，总体的延展方向与主体石英脉基本一致。岩体与围岩接触带的断裂是重要的矿液运移通道［图 6-9(c)］，矿液沿断裂自下而上运移，与不整合面连通，成为控制川口钨矿床形成的重要导矿、容矿构造。

6.6.5.3　成矿模式及成矿背景

印支运动中，衡阳盆地东缘受东西方向应力挤压，矿区形成近南北向的压性结构面，花岗岩浆沿川口隆起轴部侵入，部分岩枝插入围岩中，在岩浆上侵动力作用下，围岩的压性结构面演化成一系列张性断裂构造，这些断裂成为主要的导矿和容矿构造(柳智等，2012)。通过对川口钨矿的调查分析研究，结合前人研究成果，建立了川口钨矿成矿模式图(图 6-17)。

川口地区花岗岩多为隐伏花岗岩，结合钻探成果及地形切割岩体的出露情况，川口花岗岩自上而下在平面上分布逐渐增大且底部众多小岩株相连为一体；岩体顶部覆盖有砂岩、板岩等青白口纪地层，因川口花岗岩为岩株状成群出露，岩体与围岩的结合面较其他花岗岩多，且花岗岩与围岩的接触带多与区域上的主要构造形迹一致，岩体侵位过程中因富含流体及岩浆富酸性等特征在内接触带形成云英岩化花岗岩。尔后，富黑钨矿流体沿断裂、节理裂隙运移上升，在岩体与围岩构造薄弱地带叠加大气降水等因素，形成黑钨矿矿化带；随着岩浆的分异演化和挥发分的变化，富白钨矿流体呈脉冲状沿先期裂隙运移上升，在云英岩化带、黑钨矿矿化带、甚至穿透围岩在外接触带中形成白钨矿化体，因白钨矿具脉冲状多次叠加成矿，成矿热液的运移以早期的断裂、节理裂隙为主要导矿构造，因此矿体表现出上大、下小的逆向分带特点；成矿晚期，富矿热液因流体含量减少及速度降低，仅仅形成岩滴状、细脉状不成规模的小矿体，整个成矿过程示意见图 6-17。

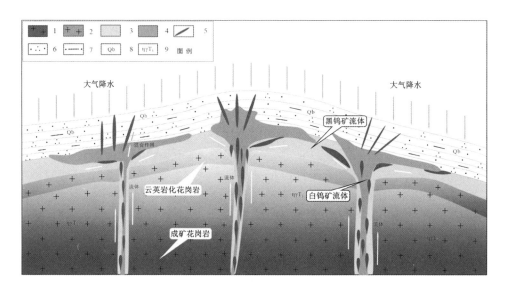

1—川口印支期二云母二长花岗岩；2—川口印支期云英岩化花岗岩；3—富含黑钨矿流体；
4—早阶段富含白钨矿流体；5—晚阶段富含白钨矿的流体；6—石英砂岩；7—砂质板岩；
8—青白口系；9—晚三叠世花岗岩。

图 6-17　川口钨矿田岩浆成矿作用及成矿模式图

[据 Pan 等（2020）修改]

　　黑钨矿形成阶段：川口钨矿为典型的中—高温大脉型热液矿床，成矿过程中物质迁移及沉淀的机制是钨矿形成的关键。钨的搬运形式较多，主要以碳的络合物形式搬运，其次还可能以复杂的氟羟基硫络合物形式搬运。关于钨迁移形式及黑钨矿的形成机理，朱众龄等（1981）用裂隙产生的瞬间减压沸腾绝热膨胀的概念加以解释，即成矿液体通过围岩孔隙产生渗滤交代作用或扩散作用，首先络合物中的 WO_3^{2-} 与 Ca^{2+} 结合，黑钨矿沿石英脉的两侧交代呈浸染状产出于云英岩化花岗岩中，随着 Ca^{2+} 离子数量的减少，一方面含钨络合物不断分解析出黑钨矿分子微粒，另一方面流体黏度加大，把（Fe，Mn）WO_4 分子微粒向前推进，在物化条件急剧变化之处，由成矿流体的不规则漩涡运动，使（Fe，Mn）WO_4 分子碰撞率增大，流体的能量损失急剧提高，由渐变转化为突变，促使黑钨矿微粒沉淀富集形成黑钨矿体。同时，含（Fe，Mn）WO_4 的络合物在迁移过程中，由于物理化学条件变化，发生分解后，部分在运移通道（断裂、节理裂隙）中结晶生长形成矿体，但其成矿规模不大。

　　白钨矿形成阶段：成矿过程中，随着岩浆的分异演化、挥发分的变化及大气降水的参与，含矿岩浆上侵，岩浆冷凝收缩与围岩接触带形成构造薄弱带，该时期含矿热液向低压区运移，沿断裂、节理运移上升，由于断裂与不整合面交汇构成控矿构造系统，矿液沿不整合面流动，并向其两侧渗透，在钙质砂岩或部分板岩中充填交代形成白钨矿，在贫钙板岩或裂隙中充填形成石英脉型黑钨矿，该阶段成矿热液具有多次呈脉冲叠加的特征，往往在岩体顶部形成大矿、富矿，是川口地区主要的成矿时期。燕山期至喜山期，川口地区长期遭受风化剥蚀，部分矿脉出露至地表，也有部分矿脉被完全剥蚀。由于断层重新活动或因差异导致的升降运动，白钨矿体和不整合面被后期断层切割成阶梯状、叠瓦状（郑平，2008），地表所见的富矿、大矿多为该阶段揭露。

细脉状白钨矿的形成阶段：成矿晚期，伴随岩浆的固结，断裂、节理及岩体与围岩的接触带被早期成矿流体充填，其成矿构造、导矿构造不发育，加上成矿晚期成矿流体减少、流速降低，其成矿作用很弱，该时期仅形成滴状、细脉状不成规模的小矿体。

衡阳盆地东缘最主要的成岩、成矿作用发生在印支期晚三叠世，川口钨矿大地构造位置地处华南板块，中生代以来，华南地区发生了多幕次强烈构造活动，伴随有广泛的岩浆活动和大规模成矿作用，而大规模成矿作用是强烈的构造—岩浆热事件背景下的产物。毛景文等（2008）总结提出了华南地区中生代主要金属矿床成矿出现于三个阶段，即晚三叠世（230～210 Ma）、中晚侏罗世（170～150 Ma）和早白垩世（134～80 Ma）。华南板块在印支期地处华北板块与印支板块之间，印支运动始于中二叠世（Li 等，2021），构造运动作用的强度由南向北依次传递，使得三大板块依次发生碰撞，主碰撞期发生在早、中三叠世，于 240～220 Ma 碰撞对接（Carter，2001），连成一体，之后开始减压进入后碰撞阶段。华南地区印支期花岗岩主要是在挤压高峰期之后，也就是后碰撞的应力松弛构造环境下侵位形成（柏道远等，2021；罗鹏等，2021）。

近年的研究数据表明（图6-7），华南地区印支期花岗岩呈面状出露，成岩年龄分布在 278～202 Ma（柏道远等，2006d；郑佳浩等，2012；蔡明海等，2006；赵蕾等，2006；郭春丽等，2011；刘善宝等，2008；康志强等，2012；杨锋等，2009；龚名文等，2005；邹先武等，2009；伍静等，2012；张龙升等，2012；张迪等，2015；陈迪等，2013；邓湘伟等，2015；彭能立等，2017），表明华南地区在印支期经历了广泛而强烈的构造—岩浆事件，年龄主要集中在 240～210 Ma，为印支期花岗岩侵位高峰期，这一时期正是板块碰撞后的应力松弛阶段，为花岗岩的形成和侵位提供了良好的动力学背景。对华南地区与印支期花岗岩有关的金属矿床进行了统计（表6-7），成矿年龄为 232～211 Ma，成矿年龄与印支期花岗岩成岩高峰期年龄（240～210 Ma）基本一致，且各个矿床成矿年龄与成矿相关的花岗岩成岩年龄相吻合，说明华南地区存在一次区域性的、与印支期花岗岩有关的成矿作用，为碰撞后应力松弛构造环境下发生的岩浆成岩、成矿作用。

　　川口钨矿为印支期强烈岩浆作用背景下形成的岩浆矿床，研究发现川口钨矿床不具有华南钨矿"五层楼"特征，而呈现逆向分带现象（郑平，2008；王银茹，2012；许建祥等，2008；王少轶等，2017；汪劲草等，2008）。水平方向上，从岩体与围岩接触带向岩体中心具有逆向分带特征，岩体与围岩的接触带位置以钨钼矿化为主，随着离接触带距离增加，钨铝矿化逐渐减少，伴之以多金属硫化物为主。垂直方向上，由深部到上部出现 Cu、Fe、W、Mo 矿化的逆向分带现象（陈泽毅等，2008；柳智等，2012），矿体的这种分布特征主要是成矿阶段多次脉冲叠加成矿所致，富矿流体呈脉冲状沿先期裂隙运移上升，在云英岩化带、黑钨矿化带、甚至穿透围岩在外接触带多次脉冲成矿，在岩体与围岩的接触带，岩体的内、外接触带等构造薄弱地带富集成矿，形成上大、下小的逆向分带的矿床特征。

　　印支期晚三叠世，在碰撞后挤压应力松弛环境下，花岗岩浆沿川口隆起轴部侵入，当侵位到川口蕉园背斜核部冷家溪群青白口纪黄浒洞组地层中，由于板岩的遮挡作用，岩浆慢慢冷却形成花岗岩时，在接触带上隆部位，由于岩浆的冷凝、表面收缩，一方面在正接触面形成一定的冷凝空间；另一方面在垂直岩体长轴方向形成一系列密集、平行的张节理。随着岩浆上侵过程中温度、压力的降低，物化条件的改变，岩浆产生结晶分异，含矿气水溶液随岩浆的分异冷凝并逐步向低压矿容区运移，同时部分地层流体和地层物质被活化萃取至低压区，矿液运移到岩体与围岩的接触面，由于围岩的隔挡屏蔽作用，含矿汽水热液从扩容空间中沿着接触带的内接触面从中间向周围辐射运移，矿液在运移过程中进一步萃取地层中的成矿物质，并沿着节理、断裂自上而下倒贯充填，卸载负荷成矿，进而形成NE 向的矿脉群，这种倒贯作用就很好地解释了川口钨矿的矿化所具的"逆向分带"特征（郑平，2008；王银茹，2012）。另外，由于矿液的液压致裂作用，使容矿构造张节理再次破裂，不断扩大，致使矿脉沿走向和倾向稳定延伸。

　　综上所述，川口地区酸性岩浆沿着古老断裂（常德至安仁构造岩浆带为早期的控岩构造）上升侵位形成印支期花岗岩，川口钨矿的形成与常德至安仁断裂的活动密切相关，断裂在中三叠世末的左行走滑兼逆冲使得深部地壳增温，并形成了近 SN 向川口隆起，从而为晚三叠世花岗质岩浆的形成和上侵就位分别提供了温度条件与空间条件（柏道远等，2021）。岩浆上升侵位过程中，印支期富含成矿流体的岩浆，成矿流体沿区内大小断裂、节理及构造薄弱面运移，最终在岩体与围岩的接触带（含内接触带和外接触带）处富集成矿。在热力作用下，围岩中的成矿物质和矿化剂的激活导致一系列的成矿化学反应，使得 Cu、Fe、W、Mo 成矿物质进一步富集（胡正华，2015；董超阁，2018），在黑钨矿和白钨矿的主成矿期，成矿流体流速大、流体物质丰富，成矿化学反应活跃，成矿流体进一步萃取了不同的围岩和岩体中的成矿物质（如 Cu、Fe、W、Mo、Fe），以致在川口花岗岩的构造薄弱带形成云英岩型、石英脉等大型的钨矿床。

参考文献

[1] 柏道远, 黄建中, 刘耀荣, 等. 湘东南及湘粤赣边区中生代地质构造发展框架的厘定[J]. 中国地质, 2005a, 32(4): 557-570.

[2] 柏道远, 熊延望, 王先辉, 等. 湖南常德-安仁 NW 向断裂左旋走滑与安仁"y"字型构造[J]. 大地构造与成矿学, 2005b, 29(4): 435-442.

[3] 柏道远, 黄建中, 王先辉, 等. 湖南邵阳-郴州北西向左旋走滑暨水口山-香花岭南北向构造成因[J]. 中国地质, 2006a, 33(1): 56-63.

[4] 柏道远, 陈建成, 孟德保, 等. 湖南炎陵印支期隔槽式褶皱形成机制[J]. 地球科学与环境学报, 2006b, 28(4): 10-14.

[5] 柏道远, 黄建中, 马铁球, 等. 湘东南志留纪彭公庙花岗岩体地质地球化学特征及其构造环境[J]. 现代地质, 2006c, 20(1): 130-140.

[6] 柏道远, 陈建成, 马铁球, 等. 王仙岭岩体地质地球化学特征及其对湘东南印支晚期构造环境的制约[J]. 地球化学, 2006d(2): 113-125.

[7] 柏道远, 汪永清, 王先辉, 等. 湖南衡阳燕山早期川口过铝花岗岩地球化学特征、成因与构造环境[J]. 沉积与特提斯地质, 2007, 27(2): 49-59.

[8] 柏道远, 李建清, 周柯军, 等. 祁阳山字型构造质疑[J]. 大地构造与成矿学, 2008a, 32(3): 265-275.

[9] 柏道远, 马铁球, 王先辉, 等. 南岭中段中生代构造-岩浆活动与成矿作用研究进展[J]. 中国地质, 2008b, 35(3): 436-455.

[10] 柏道远, 邹宾微, 赵龙辉, 等. 湘东太湖逆冲推覆构造基本特征研究[J]. 中国地质, 2009, 36(1): 53-64.

[11] 柏道远, 贾宝华, 刘伟, 等. 湖南城步火成岩锆石 SHRIMP U-Pb 年龄及其对江南造山带新元古代构造演化的约束[J]. 地质学报, 2010, 84(12): 1715-1726.

[12] 柏道远, 贾宝华, 钟响, 等. 湘东南印支运动变形特征研究[J]. 地质论评, 2012, 58(1): 19-29.

[13] 柏道远, 陈必河, 钟响, 等. 湘西南印支期五团岩体锆石 SHRIMP U-Pb 年龄、地球化学特征及形成背景[J]. 中国地质, 2014a, 41(6): 2002-2018.

[14] 柏道远, 钟响, 贾朋远, 等. 湘中印支期关帝庙岩体地球化学特征及成因[J]. 沉积与特提斯地质, 2014b, 34(4): 92-104.

[15] 柏道远, 马铁球, 钟响, 等. 萍乡东桥岩门寨组凝灰岩 LA-ICP-MS 锆石 U-Pb 年龄及南华冰期底界年代探讨[J]. 岩石矿物学杂志, 2015, 34(5): 637-647.

[16] 柏道远, 陈迪, 凌跃新, 等. 湖南常德——安仁断裂及其控岩控矿特征[M]. 武汉: 中国地质大学出版社, 2021.

[17] 蔡明海, 陈开旭, 屈文俊, 等. 湘南荷花坪锡多金属矿床地质特征及辉钼矿 Re-Os 测年[J]. 矿床地质, 2006, 25(3): 263-268.

[18] 蔡明海, 梁婷, 吴德成, 等. 桂西北丹池成矿带花岗岩地球化学特征及其构造环境[J]. 大地构造与成矿学, 2004(3): 306-313.

[19] 蔡学林, 朱介寿, 曹家敏, 等. 四川黑水-台湾花莲断面岩石圈与软流圈结构[J]. 成都理工大学学报(自然科学版), 2004(5): 441-451.

[20] 蔡杨, 马东升, 陆建军, 等. 湖南邓阜仙钨矿辉钼矿铼-锇同位素定年及硫同位素地球化学研究[J]. 岩石学报, 2012, 28(12): 3798-3808.

[21] 蔡杨. 湖南邓阜仙岩体及其成矿作用研究[D]. 南京: 南京大学, 2013.

[22] 曹豪杰, 黄国龙, 许丽丽, 等. 诸广花岗岩体南部油洞断裂带辉绿岩脉的 Ar-Ar 年龄及其地球化学特征[J]. 地质学报, 2013, 87(7): 957-966.

[23] 曹硕. 中国东部晚白垩世风成沉积[D]. 北京: 中国地质大学(北京), 2020.

[24] 陈斌, 马星华, 刘安坤, 等. 锡林浩特杂岩和蓝片岩的锆石 U-Pb 年代学及其对索仑缝合带演化的意义[J]. 岩石学报, 2009, 25(12): 3123-3129.

[25] 陈迪, 马爱军, 刘伟, 等. 湖南锡田花岗岩体锆石 U-Pb 年代学研究[J]. 现代地质, 2013, 27(4): 819-830.

[26] 陈迪, 陈焰明, 马爱军, 等. 湖南锡田岩体的岩浆混合成因: 岩相学、岩石地球化学和 U-Pb 年龄证据[J]. 中国地质, 2014, 41(1): 61-78.

[27] 陈迪, 邵拥军, 刘伟, 等. 湖南锡田复式花岗岩体岩石学、岩石地球化学特征[J]. 华南地质与矿产, 2015, 31(1): 11-25.

[28] 陈迪, 马铁球, 刘伟, 等. 湘东南万洋山岩体的锆石 SHRIMP U-Pb 年龄、成因及构造意义[J]. 大地构造与成矿学, 2016, 40(4): 873-890.

[29] 陈迪, 刘珏懿, 付胜云, 等. 湖南邓阜仙岩体地质地球化学特征、锆石 U-Pb 年龄及其意义[J]. 地质通报, 2017a, 36(9): 1601-1615.

[30] 陈迪, 刘珏懿, 王先辉, 等. 湖南五峰仙岩体岩石地球化学、SHRIMP U-Pb 年龄及 Hf 同位素特征[J]. 地质科技情报, 2017b, 36(6): 1-12.

[31] 陈迪, 罗鹏, 梁恩云. 湖南衡阳盆地东缘印支期花岗岩成因演化、岩浆作用过程与成矿效应[R]. 湖南省地质调查院, 2021, 1-90.

[32] 陈迪, 罗鹏, 曾志方, 等. 湘南都庞岭复式花岗岩成因及地质意义: 矿物化学、锆石 U-Pb 年代学、地球化学与 Nd-Hf 同位素制约[J]. 地质力学学报, 2022, 28(4): 617-641.

[33] 陈多福, 马绍刚, 董维权, 等. 广东大降坪黄铁矿矿床的铅、钕同位素及金属成矿物质来源探讨[J]. 矿床地质, 1998(3): 215-223.

[34] 陈洪德, 侯明才, 许效松, 等. 加里东期华南的盆地演化与层序格架[J]. 成都理工大学学报(自然科学版), 2006(1): 1-8.

[35] 陈世忠, 李亚楠, 朱筱婷, 等. 福建政和铁山"印支期正长岩"是燕山期钾质交代岩的矿物学证据[J]. 地质学报, 2018, 92(9): 1843-1858.

[36] 陈卫锋，陈培荣，黄宏业，等. 湖南白马山岩体花岗岩及其包体的年代学和地球化学研究[J]. 中国科学(D辑：地球科学)，2007(7)：873-893.

[37] 陈建林，郭原生，付善明. 花岗岩研究进展——ISMA花岗岩类分类综述[J]. 甘肃地质学报，2004(1)：67-73.

[38] 陈江峰，郭新生，汤加富，等. 中国东南地壳增长与Nd同位素模式年龄[J]. 南京大学学报(自然科学版)，1999(6)：7-16.

[39] 陈骏，陆建军，陈卫锋，等. 南岭地区钨锡妮担花岗岩及其成矿作用[J]. 高校地质学报，2008，14(4)：459-473.

[40] 陈培荣，华仁民，章邦桐，等. 南岭燕山早期后造山花岗岩类：岩石学制约和地球动力学背景[J]. 中国科学(D辑)，2002，32(4)：279-289.

[41] 陈贤，刘家军，张琪彬，等. 黑龙江翠宏山铁多金属矿区岩体锆石U-Pb年龄、Hf同位素特征及其地质意义. 矿物岩石地球化学通报，2014，33(5)：636-644，680.

[42] 陈相艳，仝来喜，张传林，等. 浙江龙游石榴石角闪岩(退变榴辉岩)：华夏加里东期碰撞造山事件的新证据[J]. 科学通报，2015，60(13)：1207-1225.

[43] 陈小明，王汝成，刘昌实，等. 广东从化佛冈(主体)黑云母花岗岩定年和成因[J]. 高校地质学报，2002，8(3)：293-307.

[44] 陈旭，戎嘉余. 从生物地层学到大地构造学——以华南奥陶系和志留系为例[J]. 现代地质，1999，13(4)：385-389.

[45] 陈毓川，李文祥，朱裕生. 巨型、大型和世界级矿床地质——找矿的总趋势[J]. 地球科学进展，1989(6)：37-41.

[46] 陈泽毅. 湖南省衡南三角潭黑钨矿床成因及成矿预测研究[D]. 长沙：中南大学，2008.

[47] 程顺波，吴志华，刘重芃，等. 湖南省留书塘铅锌矿床S、Pb同位素特征及意义[J]. 地质通报，2017，36(5)：846-856.

[48] 迟清华，鄢明才. 应用地球化学元素丰度数据手册[M]. 北京：地质出版社，2007：1-165.

[49] 邓湘伟，刘继顺，戴雪灵. 湘东锡田合江口锡钨多金属矿床地质特征及辉钼矿Re-Os同位素年龄[J]. 中国有色金属学报，2015，25(10)：2883-2897.

[50] 邓湘伟. 湖南川口钨矿小三角潭矿区成矿机理研究[D]. 长沙：中南大学，2009：1-83.

[51] 邓希光，陈志刚，李献华，等. 桂东南地区大容山十万大山花岗岩带SHRIMP锆石U-Pb定年[J]. 地质论评，2004(4)：426-432.

[52] 丁兴，陈培荣，陈卫锋，等. 湖南沩山花岗岩中锆石LA-ICPMSU-Pb定年：成岩启示和意义[J]. 中国科学(D辑：地球科学)，2005(7)：606-616.

[53] 丁兴，孙卫东，汪方跃，等. 湖南沩山岩体多期云母的Rb-Sr同位素年龄和矿物化学组成及其成岩成矿指示意义[J]. 岩石学报，2012，28(12)：3823-3840.

[54] 董超阁. 湖南锡田锡钨矿床和邓阜仙钨矿床成岩成矿年代学及动力学研究[D]. 北京：中国科学院大学(中国科学院广州地球化学研究所)，2018.

[55] 董申保，田伟. 花岗岩研究的反思[J]. 高校地质学报，2007(3)：353-361.

[56] 董申保. 近代花岗岩研究的回顾[J]. 高校地质学报，1995(2)：1-12.

[57] 杜远生, 徐亚军. 华南加里东运动初探[J]. 地质科技情报, 2012, 31(5): 43-49.

[58] 杜云, 邵拥军, 罗小亚, 等. 湖南桂阳县田木冲钨锡多金属矿床地质特征及成因[J]. 华南地质与矿产, 2015, 31(4): 354-367.

[59] 杜安道, 赵敦敏, 王淑贤, 等. Carius 管溶样-负离子热表面电离质谱准确测定辉钼矿铼-锇同位素地质年龄[J]. 岩矿测试, 2001(4): 247-252.

[60] 范宏瑞, 胡芳芳, 杨奎锋, 等. 白云鄂博超大型稀土-铌-铁矿床成矿过程中的流体不混溶作用[J]. 矿床地质, 2006. 25(S1): 163-166.

[61] 范蔚茗, 王岳军, 郭锋, 等. 湘赣地区中生代镁铁质岩浆作用与岩石圈伸展[J]. 地学前缘, 2003(3): 159-169.

[62] 傅昭仁, 李紫金, 郑大瑜. 湘赣边区 NNE 向走滑造山带构造发展样式[J]. 地学前缘, 1999(4): 263-272.

[63] 高彭. 华南陆块南岭地区中生代花岗岩地球化学研究[D]. 北京: 中国科学技术大学, 2016: 1-182.

[64] 范楚涵, 倪培, 王国光, 等. 赣北阳储岭斑岩型钨钼矿床成矿岩体副矿物 U-Pb 年龄精确厘定[J]. 矿床地质, 2022, 41(1): 35-52.

[65] 付建明, 伍式崇, 徐德明, 等. 湘东锡田钨锡多金属矿区成岩成矿时代的再厘定[J]. 华南地质与矿产, 2009(3): 1-7.

[66] 高万里, 王宗秀, 李春麟, 等. 浙东南印支期花岗岩的锆石 U-Pb 年代学、地球化学及意义[J]. 地质学报, 2014, 88(6): 1055-1067.

[67] 龚名文, 陆小平, 路启福, 等. 都庞岭地区锡多金属矿床地质特征及矿床成因[J]. 华南地质与矿产, 2005(2): 80-86.

[68] 关义立, 袁超, 龙晓平, 等. 华南早古生代花岗岩中暗色包体的成因: 岩石学、地球化学和锆石年代学证据[J]. 大地构造与成矿学, 2016, 40(1): 109-124.

[69] 郭春丽, 郑佳浩, 楼法生, 等. 华南印支期花岗岩类的岩石特征、成因类型及其构造动力学背景探讨[J]. 大地构造与成矿学, 2012, 36(3): 457-472.

[70] 郭春丽, 陈毓川, 黎传标, 等. 赣南晚侏罗世九龙脑钨锡铅锌矿集区不同成矿类型花岗岩年龄、地球化学特征对比及其地质意义[J]. 地质学报, 2011, 85(7): 1188-1205.

[71] 郭令智, 施央申, 马瑞士, 等. 中国东南部地体构造的研究[J]. 南京大学学报(自然科学版), 1984(4): 732-739.

[72] 郭锋, 范蔚茗, 林舸, 等. 湖南省道县虎子岩片麻岩包体的岩石学特征和年代学研究[J]. 长春地质学院学报, 1997(1): 26-31.

[73] 国显正, 周涛发, 汪方跃, 等. 长江中下游成矿带城门山斑岩-矽卡岩型铜金矿床碲元素赋存状态及沉淀机制初步研究[J]. 岩石学报, 2021, 37(9): 2723-2742.

[74] 韩吟文, 马振东, 张宏飞, 等. 地球化学[M]. 北京: 地质出版社, 2003: 1-370.

[75] 郝义, 李三忠, 金宠, 等. 湘赣桂地区加里东期构造变形特征及成因分析[J]. 大地构造与成矿学, 2010, 34(2): 166-180.

[76] 何卫红, 唐婷婷, 乐明亮, 等. 华南南华纪二叠纪沉积大地构造演化[J]. 地球科学(中国地质大学学报), 2014, 39(8): 929-953.

[77] 侯可军,李延河,谢桂青. LA-MC-ICPMS 锆石 Hf 同位素的分析方法及地质应用[C]// 李延河. 同位素分析和定年新方法. 北京:地质出版社. 2011, 40-48.

[78] 侯可军,李延河,邹天人,等. LA-MC-ICP-MS 锆石 Hf 同位素的分析方法及地址应用 [J]. 岩石学报, 2007, 23(10):2595-2604.

[79] 胡正华. 赣东北朱溪钨多金属矿床形成条件与成矿规律[D]. 成都:成都理工大学, 2015:1-207.

[80] 湖南省地质调查院. 中华人民共和国区域地质矿产调查报告:1:25 万衡阳市幅(G49 C 002004)区域地质调查报告. 长沙. 2005.

[81] 湖南省地质调查院. 中华人民共和国区域地质矿产调查报告:湖南 1:5 万腰陂 (G49E007023)、高陇(G49E007024)、茶陵县(G49E008023)、宁冈县(G49E008024)幅区域地质调查报告. 长沙. 2012.

[82] 湖南省地质调查院. 湖南省矿产资源潜力评价. 北京:地质出版社, 2013.

[83] 湖南省地质调查院. 中国区域地质志·湖南志. 北京:地质出版社, 2017.

[84] 华仁民,陈培荣,张文兰,等. 论华南地区中生代 3 次大规模成矿作用[J]. 矿床地质, 2005. 24(2):99-107.

[85] 华仁民,张文兰,顾晟彦,等. 南岭稀土花岗岩、钨锡花岗岩及其成矿作用的对比[J]. 岩石学报, 2007(10):2321-2328.

[86] 华仁民,毛景文. 试论中国东部中生代成矿大爆发[J]. 矿床地质, 1999(4):300-307.

[87] 黄乐清,黄建中,罗来,等. 湖南衡阳盆地东缘白垩系风成沉积的发现及其古环境意义 [J]. 沉积学报, 2019, 37(4):735-748.

[88] 黄旭栋,陆建军,Stanislas SIZARET,等,南岭中-晚侏罗世含铜铅锌与含钨花岗岩的成因差异:以湘南铜山岭和魏家矿床为例[J]. 中国科学:地球科学, 2017, 47(7),766-782.

[89] 季克俭. 热液矿床研究的重要新进展[J]. 湖南地质, 1991(2):115-127.

[90] 续海金,马昌前,钟玉芳,等. 湖南桃江、大神山花岗岩的锆石 SHRIMP 定年:扬子与华夏拼合的时间下限[C]. 2004 年全国岩石学与地球动力学研讨会, 2004:312-314.

[91] 冀磊,刘福来,王舫,等. 滇西哀牢山岩群变沉积岩碎屑锆石 LA-ICP-MS U-Pb 年龄及其地质意义[J]. 岩石学报, 2018, 34(5):1503-1516.

[92] 金鑫镖,王磊,向华,等. 湖南桃江地区印支期辉绿岩成因:地球化学、年代学和 Sr-Nd-Pb 同位素约束[J]. 地质通报, 2017, 36(5):750-760.

[93] 魏俊浩,李艳军,李闫华,等. 南岭中生代陆壳重熔型花岗岩类成岩成矿的有关问题[J]. 地质论评, 2007(3):349-362.

[94] 康永孚,苗树晶,李崇佑,等. 中国钨矿床[M]. 北京:地质出版社, 1994:1-102.

[95] 康志强,冯佐海,杨锋,等. 广西桂林地区东部栗木花岗岩体 SHRIMP 锆石 U-Pb 年龄 [J]. 地质通报, 2012, 31(8):1306-1312.

[96] 李彬,邓新,李银敏,等. 湘东丫江桥岩体同位素年代学、地球化学及其构造意义[J]. 华南地质与矿产, 2019, 35(4):410-422.

[97] 李昌年. 火成岩微量元素岩石学[M]. 武汉:中国地质大学出版社, 1992:1-195.

[98] 李光来,华仁民,李响,等. 赣南八仙脑钨矿区氟磷锰矿的发现及地质意义初析[J]. 矿

物学报, 2010, 30(3): 273-277.

[99] 李基宏, 杨崇辉, 杜利林. 河北平山深熔伟晶岩锆石成因及 SHRIMP U-Pb 年龄[J]. 自然科学进展, 2004, 14(7): 774-781.

[100] 李洁, 黄小龙. 江西雅山花岗岩岩浆演化及其 Ta-Nb 富集机制[J]. 岩石学报, 2013, 29: 4311-4322.

[101] 李金冬. 湘东南地区中生代构造[岩浆]成矿动力学研究[D]. 北京: 中国地质大学(北京), 2005.

[102] 李坤, 孙万财, 邓飞. 粤西印支期那蓬岩体的岩石学、地球化学特征及其成因[J]. 地质力学学报, 2017, 23(3): 411-421.

[103] 李万友, 马昌前, 刘园园, 等. 浙江印支期铝质 A 型花岗岩的发现及地质意义[J]. 中国科学: 地球科学, 2012, 42(2): 164-177.

[104] 李献华. 万洋山-诸广山花岗岩复式岩基的岩浆活动时代与地壳运动[J]. 中国科学 B 辑, 1990(7): 747-755.

[105] 李献华, 桂训唐. 万洋山-诸广山加里东期花岗岩的物质来源-I. Sr-Nd-Pb-O 多元同位素体系示踪[J]. 中国科学 B 辑, 1991, 5(5): 533-540.

[106] 李献华. 万洋山-诸广山加里东期花岗岩的形成机制-微量元素和稀土元素地球化学证据[J]. 地球化学, 1993(1): 35-44.

[107] 李献华, 李武显, 李正祥. 再论南岭燕山早期花岗岩的成因类型与构造意义[J]. 科学通报, 2007(9): 981-991.

[108] 李献华, 李武显, 王选策, 等. 幔源岩浆在南岭燕山早期花岗岩形成中的作用: 锆石原位 Hf-O 同位素制约[J]. 中国科学(D 辑), 2009, 39(7): 872-887.

[109] 李献华, 李武显, 何斌. 华南陆块的形成与 Rodinia 超大陆聚合-裂解观察、解释与检验[J]. 矿物岩石地球化学通报, 2012, 31(6): 543-559.

[110] 李湘玉, 易立文, 陈迪, 等. 湖南将军庙花岗岩的成因: 岩石化学、锆石 U-Pb 年代学与 Sr-Nd-Hf 同位素制约[J]. 矿物岩石地球化学通报, 2020, 39(4): 726-740.

[111] 李响, 王令占, 涂兵, 等. 粤西北印支期太保岩体的锆石 U-Pb 年代学、地球化学及岩石成因[J]. 地球科学, 2021, 46(4): 1199-1216.

[112] 李小伟, 莫宣学, 赵志丹. 低温平衡 ZnS-PbS-FeS-H$_2$S 四组分体系的热力学分析[J]. 岩石学报, 2010, 26(10): 3153-3157.

[113] 李晓峰, Yasushi W, 华仁民, 等. 华南地区中生代 Cu-(Mo)-W-Sn 矿床成矿作用与洋岭/转换断层俯冲[J]. 地质学报, 2008, 82(5): 625-640.

[114] 李逸群. 成矿流体中钨的来源及其性状[J]. 江西地质科技, 1989, 3: 1-6.

[115] 李永军, 赵仁夫, 李注苍, 等. 岩浆混合花岗岩微量元素成因图解尝试——以西秦岭温泉岩体为例[J]. 长安大学学报(地球科学版), 2003(3): 7-11+15.

[116] 李勇, 张岳桥, 苏金宝, 等. 湖南大义山、塔山岩体锆石 U-Pb 年龄及其构造意义[J]. 地球学报, 2015, 36(3): 303-312.

[117] 李瑞保, 裴先治, 李佐臣, 等. 东昆仑东段古特提斯洋俯冲作用——乌妥花岗岩体锆石 U-Pb 年代学和地球化学证据[J]. 岩石学报, 2018, 34(11): 3399-3421.

[118] 梁华英, 伍静, 孙卫东, 等. 华南印支成矿讨论[J]. 矿物学报, 2011, 31(S1): 53-54.

[119] 廖忠礼, 莫宣学, 潘桂棠, 等. 西藏过铝花岗岩的岩石化学特征及成因探讨[J]. 地质学报. 2006, 80(9): 1329-1341.

[120] 刘昌实, 陈小明, 陈培荣, 等. A型岩套的分类、判别标志和成因[J]. 高校地质学报. 2003, 9(4): 573-591.

[121] 刘家远. 西华山钨矿的花岗岩组成及与成矿的关系[J]. 华南地质与矿产, 2002(3): 97-101.

[122] 刘建朝, 王得权, 张海东, 等, 内蒙古浩尧尔忽洞金矿区花岗岩岩石成因及构造意义[J]. 地质力学学报, 2013, 19(4): 413-422.

[123] 刘经纬, 陈斌, 陈军胜, 等. 赣东北朱溪钨(铜)矿区高分异花岗岩的成因及与钨矿的关系[J]. 岩石学报, 2017, 33(10): 3161-3182.

[124] 刘凯, 毛建仁, 赵希林, 等. 湖南紫云山岩体的地质地球化学特征及其成因意义[J]. 地质学报, 2014, 88(2): 208-227.

[125] 刘善宝, 王登红, 陈毓川, 等. 赣南崇义—大余—上犹矿集区不同类型含矿石英中白云母40Ar/39Ar年龄及其质意义[J]. 地质学报, 2008, 82(7): 932-940.

[126] 刘悟辉. 黄沙坪铅锌多金属矿床成矿机理及其预测研究[D]. 长沙: 中南大学, 2007.

[127] 刘迅. 地质力学在矿田构造研究中的应用与进展[J]. 地质力学学报, 1996(1): 25-33.

[128] 刘英俊, 李兆麟, 马东升. 华南含钨建造的地球化学研究[J]. 中国科学化学: 中国科学, 1982, 12(10): 939-950.

[129] 刘英俊, 马东升. 钨的地球化学[M]. 北京: 科学出版社, 1987: 1-232.

[130] 刘勇, 李廷栋, 肖庆辉, 等. 湘南宁远地区碱性玄武岩形成时代的新证据: 锆石LA-ICP-MS U-Pb定年[J]. 地质通报, 2010, 29(6): 833-841.

[131] 刘勇, 李廷栋, 肖庆辉, 等, 湘南宜章地区辉绿岩、花岗斑岩、安山岩的形成时代和成因——锆石U-Pb年龄和Hf同位素组成[J]. 地质通报, 2012, 31(9): 1363-1378.

[132] 刘园园. 华南三叠纪橄榄玄粗岩系列: A型花岗岩带及其地质意义[D]. 北京: 中国地质大学地球科学学院, 2013: 38-80.

[133] 柳智. 湖南川口三角潭钨矿床控矿构造研究[D]. 长沙: 中南大学, 2012: 1-72.

[134] 鲁玉龙, 彭建堂, 阳杰华, 等. 湘中紫云山岩体的成因: 锆石U-Pb年代学、元素地球化学及Hf-O同位素制约[J]. 岩石学报, 2017, 33(6): 1705-1728.

[135] 路凤香, 桑隆康. 岩石学[M]. 北京: 地质出版社, 2002: 1-325.

[136] 罗鹏, 陈迪, 杨俊, 等. 湖南川口印支期花岗岩成因及与钨成矿关系[J]. 华南地质, 2021, 37(3): 247-264.

[137] 罗志高, 王岳军, 张菲菲, 等. 金滩和白马山印支期花岗岩体LA-ICPMS锆石U-Pb定年及其成岩启示[J]. 大地构造与成矿学, 2010, 34(2): 282-290.

[138] 马东升. 钨的地球化学研究进展[J]. 高校地质学报, 2009, 15(1): 19-34.

[139] 马丽艳, 刘树生, 付建明, 等. 湖南塔山、阳明山花岗岩的岩石成因: 来自锆石U-Pb年龄、地球化学及Sr-Nd同位素证据[J]. 地质学报, 2016, 90(2): 284-303.

[140] 马铁球, 伍光英, 贾宝华, 等. 南岭中段郴州一带中、晚侏罗世花岗岩浆的混合作

用——来自镁铁质微粒包体的证据[J]. 地质通报, 2005(6)：506-512.

[141] 马铁球, 陈立新, 柏道远, 等. 湘东北新元古代花岗岩体锆石 SHRIMP U-Pb 年龄及地球化学特征[J]. 中国地质, 2009, 36(1)：65-73.

[142] 马铁球, 闫全人, 陈辉明, 等. 湖南攸县新市玄武岩锆石 LA-ICP-MS U-Pb 定年及其地球化学特征[J]. 华南地质与矿产, 2012, 28(4)：340-349.

[143] 马铁球, 陈俊, 李彬, 等. 中华人民共和国区域地质矿产调查报告：湖南 1：25 万株洲市幅(G49 C 001004) 区调修测. 长沙：湖南省地质调查院, 2013a.

[144] 马铁球, 李彬, 陈焰明, 等. 湖南南岳岩体 LA-ICP-MS 锆石 U-Pb 年龄及其地球化学特征[J]. 中国地质, 2013b, 40(6)：1712-1724.

[145] 马振东, 单光祥. 长江中下游地区多位一体大型、超大型铜矿形成机制的地质、地球化学研究[J]. 矿床地质, 1997, 16(3)：225-234, 242.

[146] Marmo V. 花岗岩石学与花岗岩问题[M]. 北京：地质出版社, 1979：10-11.

[147] 毛景文, 陈懋弘, 袁顺达, 等. 华南地区钦杭成矿带地质特征和矿床时空分布规律[J]. 地质学报, 2011, 85(5)：636-658.

[148] 毛景文, 谢桂青, 郭春丽, 等. 南岭地区大规模钨锡多金属成矿作用：成矿时限及地球动力学背景[J]. 岩石学报, 2007(10)：2329-2338.

[149] 毛景文, 谢桂青, 郭春丽, 等. 华南地区中生代主要金属矿床时空分布规律和成矿环境[J]. 高校地质学报, 2008, 14(4)：510-526.

[150] 孟立丰. 华南中生代构造演化特征——来自沉积盆地的研究证据[D]. 杭州：浙江大学, 2012.

[151] 莫柱苏, 叶伯丹, 潘维祖. 南岭花岗岩地质学[M]. 北京：地质出版社, 1980：1-363.

[152] 倪永进. 华南中部湘东钨矿的构造演化：对中生代区域构造与成矿的启示[M]. 北京：中国科学院大学, 2016.

[153] 牛漫兰, 赵齐齐, 吴齐, 等. 柴北缘果可山岩体的岩浆混合作用：来自岩相学、矿物学和地球化学证据[J]. 岩石学报, 2018, 34(7)：1991-2016.

[154] 潘桂棠, 肖庆辉, 陆松年, 等. 大地构造相的定义、划分、特征及其鉴别标志[J]. 地质通报, 2008, 27(10)：1613-1637.

[155] 彭能立, 王先辉, 杨俊, 等. 湖南川口三角潭钨矿床中辉钼矿 Re-Os 同位素定年及其地质意义[J]. 矿床地质, 2017, 36(6)：1402-1414.

[156] 彭松柏, 金振民, 付建明, 等. 粤西新元古代蛇绿岩的发现及其地质意义[J]. 科学技术与工程, 2004(12)：1006-1012.

[157] 彭松柏, 刘松峰, 林木森, 等. 华夏早古生代俯冲作用(Ⅰ)：来自糯垌蛇绿岩的新证据[J]. 地球科学, 2016, 41(5)：765-778.

[158] 彭亚鸣, 苏丽美. 中国东南部加里东期花岗岩的特征和成因[J]. 南京大学学报(自然科学版), 1983(1)：140-152.

[159] 秦葆瑚. 南岭区域重磁异常的地质解释[J]. 湖南地质, 1987(1)：1-15.

[160] 秦江锋. 秦岭造山带晚三叠世花岗岩类成因机制及深部动力学背景[D]. 西安：西北大学, 2010.

[161] 秦锦华, 王登红, 陈毓川, 等. 试论湖南衡阳盆地与地幔柱的关系及其对关键矿产深部探测的意义[J]. 地质学报, 2019, 93(6): 1501-1513.

[162] 秦拯纬, 付建明, 邢光福, 等. 南岭成矿带中—晚侏罗世成钨、成锡、成铅锌(铜)花岗岩的差异性研究[J]. 中国地质, 2022, 49(2): 518-541.

[163] 丘元禧, 张渝昌, 马文璞. 雪峰山陆内造山带的构造特征与演化[J]. 高校地质学报, 1998, 44(4): 432-443.

[164] 邱家骧, 林景仟. 岩石化学[M]. 北京: 地质出版社, 1991: 1-286.

[165] 邱家骧. 岩浆岩石学[M]. 北京: 地质出版社, 1985: 1-348.

[166] 邱检生, 胡建, McInnes B I A, 等. 广东龙窝花岗闪长质岩体的年代学、地球化学及岩石成因[J]. 岩石学报, 2004(6): 62-73.

[167] 屈文俊, 杜安道. 高温密闭溶样电感耦合等离子体质谱准确测定辉钼矿铼-锇地质年龄[J]. 岩矿测试, 2003(4): 254-257+262.

[168] 饶家荣, 肖海云, 刘耀荣, 等. 扬子、华夏古板块会聚带在湖南的位置[J]. 地球物理学报, 2012, 55(2): 484-502.

[169] 饶家荣, 骆检兰, 易志军. 锡矿山锑矿田幔—壳构造成矿模型及找矿预测[J]. 物探与化探, 1999(4): 2-10.

[170] 饶家荣, 王纪恒, 曹一中. 湖南深部构造[J]. 湖南地质, 1993(S1): 2-3+1-101.

[171] 沈渭洲, 朱金初, 刘昌实, 等. 华南基底变质岩的Sm-Nd同位素及其对花岗岩类物质来源的制约[J]. 岩石学报, 1993, 9(2): 115-124.

[172] 沈渭洲, 张芳荣, 舒良树, 等. 江西宁冈构造意义岩体的形成时代、地球化学特征及其构造意义[J]. 岩石学报, 2008, 24(10): 2244-2254.

[173] 时毓, 三元合, 郭智超, 等, 桂东北富川鲁洞辉绿岩LA-ICP-MS锆石U-Pb年龄及Hf同位素组成[J]. 桂林理工大学学报, 2019, 39(2): 291-300.

[174] 舒斌, 王平安, 李中坚, 等. 海南抱伦金矿的成矿时代研究及其意义[J]. 现代地质, 2004(3): 316-320.

[175] 舒良树, 于津海, 贾东, 等. 华南东段早古生代造山带研究[J]. 地质通报, 2008(10): 1581-1593.

[176] 舒良树. 华南构造演化的基本特征[J]. 地质通报. 2012, 31(7): 10351053.

[177] 舒良树. 华南前泥盆纪构造演化: 从华夏地块到加里东期造山带[J]. 高校地质学报, 2006(4): 418-431.

[178] 舒徐洁. 华南南岭地区中生代花岗岩成因与地壳演化[D]. 南京: 南京大学, 2014.

[179] 水涛. 中国东南大陆基底构造格局[J]. 中国科学B辑, 1987, 4: 414-422.

[180] 宋彪, 张玉海, 万渝生, 等. 锆石SHRIMP样品靶制作、年龄测定及有关现象讨论[J]. 地质论评, 2002, 48(增): 26-30.

[181] 宋宏邦, 黄满湘, 樊钟衡, 等. 湖南川口三角潭黑钨矿床控矿构造特征及其与成矿的关系[J]. 大地构造与成矿学, 2002(1): 51-54.

[182] 孙明志, 徐克勤. 华南加里东花岗岩及其形成地质环境试析[[J]. 南京大学学报(地球科学), 1990, 2(4): 10-21.

[183] 孙海瑞, 吕志成, 韩志锐, 等. 湖南大义山晚侏罗世富硼型成锡矿 A 型花岗岩成因及地质意义[J]. 岩石学报, 2021, 37(6): 1749-1764.

[184] 孙涛, 新编华南花岗岩分布图及其说明 [J]. 地质通报, 2006, 25(3): 1-6.

[185] 孙涛, 周新民, 陈培荣, 等. 南岭东段中生代强过铝花岗岩成因及其大地构造意义[J]. 中国科学(D 辑: 地球科学), 2003(12): 1209-1218.

[186] 孙占亮. 华南南岭地区中生代花岗岩体年代学及氧逸度特征[J]. 地球科学与环境学报, 2014, 36(1): 141-151.

[187] 覃小锋, 王宗起, 胡贵昂, 等. 两广交界地区壶垌片麻状复式岩体的年代学和地球化学: 对云开地块北缘早古生代构造-岩浆作用的启示[J]. 岩石学报, 2013, 29(9): 3115-3130.

[188] 覃小锋, 王宗起, 张英利, 等. 桂西南早中生代酸性火山岩年代学和地球化学: 对钦-杭结合带西南段构造演化的约束[J]. 岩石学报, 2011, 27(3): 794-808.

[189] 汤琳, 张树明. 华南印支期花岗岩成矿作用研究进展及思考[J]. 矿物学报, 2013, 33(S2): 44-45.

[190] 陶继华, 岑涛, 龙文国, 等. 华南印支期弱过铝质和强过铝质花岗岩中矿物化学及其岩石成因制约[J]. 地学前缘, 2015, 22(2): 64-78.

[191] 涂登峰. 湖南双江口—将军庙萤石矿床矿物中包裹体研究[J]. 地球化学. 1987, 3: 274-279.

[192] 万天丰, 朱鸿. 中国大陆及邻区中生代—新生代大地构造与环境变迁. 现代地质, 2002, 16(2): 107-118.

[193] 王超, 魏昌欣, 云平, 等. 海南岛五指山地区顺作花岗岩锆石 U-Pb 年龄、地球化学特征及其地质意义[J]. 地质通报, 2019, 38(8): 1352-1361.

[194] 王德滋, 中国东南部晚中生代花岗质火山-侵入杂岩成因与地壳演化[D]. 南京: 南京大学, 2002.

[195] 王德滋, 沈渭洲. 中国东南部花岗岩成因与地壳演化[J]. 地学前缘(中国地质大学, 北京), 2003, 10(3): 209-220.

[196] 王德滋, 周金城. 我国花岗岩研究的回顾与展望[J]. 岩石学报, 1999(2): 2-10.

[197] 王方正, 李红丽, 朱勤文, 等. 湘南火山岩深源包体组合及岩石圈岩石学模型[J]. 地质科技情报, 1997(3): 2+4-8.

[198] 王光杰, 滕吉文, 张中杰. 中国华南大陆及陆缘地带的大地构造基本格局[J]. 地球物理学进展, 2000, 15(3): 25-44.

[199] 王建辉. 大宁岩体的基本特征及其与成矿作用的关系[J]. 矿产与地质, 2006(6): 618-622.

[200] 王剑, 潘桂棠. 中国南方古大陆研究进展与问题评述[J]. 沉积学报, 2009, 27(5): 818-825.

[201] 王凯兴, 陈卫锋, 陈培荣, 等. 湖南中部地区丫江桥和五峰仙岩体地球 LA-ICP-MS 锆石年代学、地球化学及岩石成因研究[C]//全国铀矿大基地建设学术研讨会论文集, 2012, 468-494.

[202] 王丽丽. 华南赣州地区早古生代晚期-中生代花岗岩类地球化学与岩石成因[D]. 北京: 中国地质大学(北京), 2015: 1-163.

[203] 王倩, 黄金莉, 刘志坤, 等. 中国东部及其邻区上地幔顶部 Pn 波速度结构及各向异性[J]. 地球物理学报, 2018, 61(7): 2750-2759.

[204] 王强, 赵振华, 熊小林. 桐柏-大别造山带燕山期 A 型花岗岩厘定[J]. 岩石矿物学杂志, 2000, 19(4): 297-306.

[205] 王汝成, 朱金初, 张文兰, 等. 南岭地区钨锡花岗岩的成矿矿物学: 概念与实例[J]. 高校地质学报, 2008, 14(4): 485-495.

[206] 王世伟, 周涛发, 袁峰, 等. 安徽沙溪斑岩型铜金矿床成岩序列及成岩成矿年代学研究[J]. 岩石学报, 2014, 30(4): 979-994.

[207] 王少轶, 赵正, 方贵聪, 等. 赣南樟(东坑)-九(龙脑)钨多金属矿床矿物学、年代学特征及其地质意义[J]. 地学前缘, 2017, 24(5): 120-130.

[208] 王涛, 洪大卫, 童英, 等. 中国阿尔泰造山带后造山喇嘛昭花岗岩体锆石 SHRIMP 年龄、成因及陆壳垂向生长意义[J]. 岩石学报, 2005, 21(3): 640-650.

[209] 王先辉, 何江南, 杨俊, 等. 中华人民共和国 1:25 万邵阳市幅(G49 C 001003)区域地质调查报告[R]. 长沙: 湖南省地质调查院, 2013.

[210] 王先辉, 杨俊, 陈迪, 等. 中华人民共和国区域地质矿产调查报告: 铁丝塘幅 G49E007020、草市幅 G49E007021、冠市街幅 G49E008020、樟树脚幅 G49E008021(比例尺 1:50000)[R]. 长沙: 湖南省地质调查院, 2017.

[211] 王晓丹, 蔡宏明, 吴兆宁, 等. 觉罗塔格造山带阿奇山花岗岩地球化学、锆石 U-Pb 定年、Lu-Hf 同位素及构造意义[J]. 矿物岩石地球化学通报, 2019, 38(5): 977-988.

[212] 王晓霞, 胡能高, 王涛, 等. 柴达木盆地南缘晚奥陶世万宝沟花岗岩: 锆石 SHRIMP U-Pb 年龄、Hf 同位素和元素地球化学[J]. 岩石学报, 2012, 28(9): 2950-2962.

[213] 王文宝, 李建华, 辛宇佳, 等. 华南大容山十万大山花岗岩体 LA-ICP-MS 锆石 U-Pb 定年、地球化学特征及地质意义[J]. 地球学报, 2018, 39(2): 179-194.

[214] 王孝磊. 花岗岩研究的若干新进展与主要科学问题[J]. 岩石学报, 2017, 33(5): 1445-1458.

[215] 王银茹. 湖南省川口三角潭钨矿床成因及成矿模式研究[D]. 长沙: 中南大学, 2012.

[216] 王岳军, Y H Zhang, 范蔚茗, 等. 湖南印支期过铝质花岗岩的形成: 岩浆底侵与地壳加厚热效应的数值模拟[J]. 中国科学(D 辑: 地球科学), 2002(6): 491-499.

[217] 王岳军, 范蔚茗, 梁新权, 等. 湖南印支期花岗岩 SHRIMP 锆石 U-Pb 年龄及其成因启示[J]. 科学通报, 2005(12): 1259-1266.

[218] 王岳军, 廖超林, 范蔚茗, 等. 赣中地区早中生代 OIB 碱性玄武岩的厘定及构造意义[J]. 地球化学, 2004(2): 109-117.

[219] 文施华. 长江中下游地区蝌蚪山双峰式火山岩研究及成因探讨[D]. 北京: 中国地质大学(北京), 2012.

[220] 汪劲草, 韦龙明, 朱文凤, 等. 南岭钨矿"五层楼模式"的结构与构式——以粤北始兴县梅子窝钨矿为例[J]. 地质学报, 2008(7): 894-899.

[221] 汪绍年. 广西大容山-十万大山岩带中花岗岩类特征及成因[J]. 岩石学报, 1991(2): 73-80.

[222] 魏道芳, 鲍征宇, 付建明. 湖南铜山岭花岗岩体的地球化学特征及锆石 SHRIMP 定年 [J]. 大地构造与成矿学, 2007, 31(4): 482-489.

[223] 巫建华, 徐勋胜, 刘帅. 赣南-粤北地区晚白垩世早期长英质火山岩 SHRIMP 锆石 U-Pb 年龄及其地质意义[J]. 地质通报, 2012, 31(8): 1296-1305.

[224] 吴福元, 李献华, 杨进辉, 等. 花岗岩成因研究的若干问题[J]. 岩石学报, 2007, 23(6): 1217-1238.

[225] 吴福元, 李献华, 郑永飞, 等. Lu-Hf 同位素体系及其岩石学应用[J]. 岩石学报. 2007, 23(2): 185-220.

[226] 吴福元, 刘小驰, 纪伟强, 等. 高分异花岗岩的识别与研究[J]. 中国科学: 地球科学 D 辑, 2017: 1-21.

[227] 吴鸣谦. 江西宜春(四一四)和大吉山矿床的矿物学、地球化学及成矿作用研究[D]. 北京: 中国地质大学(北京), 2017: 1-141.

[228] 吴锁平. 柴北缘古生代花岗岩类成因及其造山响应[D]. 北京: 中国地质科学院, 2008, 1-169.

[229] 伍光英, 马铁球, 冯艳芳, 等. 南岭万洋山加里东期花岗岩地质地球化学特征及其成因 [J]. 中国地质, 2008, 35(4): 608-617.

[230] 伍静, 梁华英, 黄文婷, 等. 桂东北苗儿山-越城岭南西部岩体和矿床同位素年龄及华南 印支期成矿分析[J]. 科学通报, 2012, 57(13): 1126-1136.

[231] 席斌斌, 张德会, 周利敏. 南岭地区几个与锡(钨)矿化有关的岩体的岩浆演化[J]. 地 质通报, 2007(12): 1591-1599.

[232] 夏宏远, 梁书艺. 南岭某些钨锡(钽铌)矿床的原生分带及成因系列研究[J]. 矿物岩石, 1986(1): 2+1-9+182.

[233] 肖克炎, 邢树文, 丁建华, 等. 全国重要固体矿产重点成矿区带划分与资源潜力特征 [J]. 地质学报, 2016, 90(7): 1269-1280.

[234] 肖庆辉, 邓晋福, 马大栓, 等. 花岗岩研究思维与方法[M]. 北京: 地质出版社, 2002.

[235] 谢桂青. 中国东南部晚中生代以来的基性岩脉(体)的地质地球化学特征及其地球动力 学意义初探——以江西省为例[D]. 北京: 中国科学院地球化学研究所, 2003.

[236] 谢才富, 朱金初, 赵子杰, 等. 三亚石榴霓辉石正长岩的锆石 SHRIMP U-Pb 年龄: 对海 南岛海西-印支期构造演化的制约[J]. 高校地质学报, 2005(1): 47-57.

[237] 邢光福, 卢清地, 陈荣, 等. 华南晚中生代构造体制转折结束时限研究——兼与华北燕 山地区对比[J]. 地质学报, 2008(4): 451-463.

[238] 邢晓婉, 张玉芝. 滇西南西盟群帕可组沉积时代厘定及构造意义: 锆石 U-Pb 年代学及 Lu-Hf 同位素证据[J]. 矿物岩石地球化学通报, 2016, 35(5): 936-948.

[239] 熊作胜. 湖南省川口岩体地球化学特征岩体演化及其与钨矿化的关系[J]. 湖南科技学 院学报, 2014, 35(10): 65-65.

[240] 徐德明, 付建明, 陈希清, 等. 都庞岭环斑花岗岩的形成时代、成因及其地质意义[J].

大地构造与成矿学, 2017, 41(3): 561-576.

[241] 徐克勤, 程海. 中国钨矿形成的大地构造背景[J]. 地质找矿论丛, 1987, 2(2): 1-7.

[242] 徐克勤, 涂光炽. 花岗岩地质与成矿关系[M]. 南京: 江苏科学技术出版社, 1984.

[243] 徐腾达. 湖南中部白马山复式岩体与衡山复式岩体的年代学、地球化学研究及其与该区域构造演化的关系[D]. 北京: 中国地质大学(北京), 2019.

[244] 徐文景. 华夏地块诸广—万洋山地区早古生代陆内岩浆作用与岩石成因[D]. 南京: 南京大学, 2017.

[245] 徐先兵, 张岳桥, 舒良树, 等. 闽西南玮埔岩体和赣州营蒲混合岩锆石 La-ICPMS U-Pb 年代学: 对武夷山加里东运动时代的制约[J]. 地质论评, 2009, 55(2): 277-285.

[246] 徐夕声, 邱检生. 火成岩岩石学. 北京: 科学出版社, 2016.

[247] 徐夕生, 邓平, S Y O'Reilly, 等. 华南贵东杂岩体单颗粒锆石激光探针 ICPMS U-Pb 定年及其成岩意义[J]. 科学通报, 2003(12): 1328-1334.

[248] 许建祥, 曾载淋, 王登红, 等. 赣南钨矿新类型及"五层楼+地下室"找矿模型[J]. 地质学报, 2008(7): 880-887.

[249] 杨帆, 黄小龙, 李洁. 华南长城岭晚白垩世斜斑玄武岩的岩浆作用过程与岩石成因制约[J]. 岩石学报, 2018, 34(1): 157-171.

[250] 杨锋, 李晓峰, 冯佐海, 等. 栗木锡矿云英岩化花岗岩白云母 40Ar/39Ar 年龄及其地质意义[J]. 桂林工学院学报, 2009, 29(1): 21-24.

[251] 杨立志, 吴湘滨, 胡斌, 等. 湘东王仙花岗闪长斑岩的岩石地球化学、锆石 U-Pb 年代学和 Hf 同位素组成[J]. 中南大学学报(自然科学版), 2018, 49(9): 2280-2291.

[252] 杨树峰, 陈汉林, 武光海, 等. 闽北早古生代岛弧火山岩的发现及其大地构造意义[J]. 地质科学, 1995, 30(2): 105-116.

[253] 姚远, 陈骏, 陆建军, 等. 湘东锡田 A 型花岗岩的年代学、Hf 同位素、地球化学特征及其地质意义[J]. 矿床地质, 2013, 32(3): 467-488.

[254] 易立文, 马昌前, 王连训, 等. 华南晚奥陶世次火山岩的发现: 早古生代与俯冲有关的英安岩[J]. 地球科学——中国地质大学学报, 2014, 39(6): 637-653.

[255] 于津海, 周新民, 赵蕾, 等. 壳-幔作用导致武平花岗岩形成——Sr-Nd-Hf-U-Pb 同位素证据[J]. 岩石学报, 2005, 21(3): 651-664.

[256] 于津海, 魏震洋, 王丽娟, 等. 华夏地块: 一个由古老物质组成的年轻陆块[J]. 高校地质学报, 2006, 12(4), 440-447.

[257] 于津海, 王丽娟, 魏震洋, 等. 华夏地块显生宙的变质作用期次和特征. 高校地质学报, 2007, 13(3): 474-483.

[258] 于玉帅, 戴平云, 张旺驰, 等. 湘东丫江桥岩体时代与成因: 来自 LA-ICP-MS 锆石 U-Pb 年代学、地球化学和 Lu-Hf 同位素制约[J]. 地质学报, 2019, 93(2): 394-413.

[259] 余心起, 吴淦国, 狄永军, 等. 赣南东坑盆地早侏罗世侵入岩的锆石 SHRIMP 测年——兼论赣南粤北地区成岩后期构造热事件[J]. 岩石学报, 2010, 26(12): 3469-3484.

[260] 张爱梅, 王岳军, 范蔚茗, 等. 闽西南清流地区加里东期花岗岩锆石 U-Pb 年代学及 Hf 同位素组成研究[J]. 大地构造与成矿学, 2010, 34(3): 408-418.

[261] 张承帅, 李莉, 张长青, 等. 福建龙岩大洋花岗岩 LA-ICP-MS 锆石 U-Pb 测年、Hf 同位素组成及其地质意义[J]. 现代地质, 2012, 26(3): 433-444.

[262] 张超, 吴新伟, 刘正宏, 等. 松嫩地块西缘前寒武岩浆事件——来自龙江地区古元古代花岗岩锆石 LA-ICP-MS U-Pb 年代学证据. 岩石学报, 2018, 34(10): 3137-3152.

[263] 张迪, 张文兰, 王汝成, 等. 桂北苗儿山地区高岭印支期花岗岩及石英脉型钨成矿作用[J]. 地质论评, 2015, 61(4): 817-834.

[264] 张芳荣, 舒良树, 土德滋, 等. 华南东段加里东期花岗岩类形成构造背景探讨[J]. 地学前缘, 2009, 16(1): 248-260.

[265] 张芳荣. 江西中—南部加里东期花岗岩地质地球化学特征及其成因[D]. 南京: 南京大学, 2011.

[266] 张菲菲, 王岳军, 范蔚茗, 等. 湘东一赣西地区早古生代晚期花岗岩体的 LA-ICP-MS 锆石 U-Pb 定年研究[J]. 地球化学, 2010, 39(5): 414426.

[267] 张国伟, 郭安林, 王岳军, 等. 中国华南大陆构造与问题[J]. 中国科学: 地球科学, 2013, 56: 1804-1828.

[268] 张龙升, 彭建堂, 张东亮, 等. 湘西大神山印支期花岗岩的岩石学和地球化学特征[J]. 大地构造与成矿学, 2012, 36(1): 137-148.

[269] 张旗, 王焰, 李乘东, 等. 花岗岩的 Sr-Yb 分类及地质意义[J]. 岩石学报, 2006, 22(9): 2249-2269.

[270] 张旗, 潘国强, 李承东, 等. 花岗岩研究的误区——关于花岗岩研究的思考之五[J]. 岩石学报, 2008, 24(10): 2212-2218.

[271] 张旗, 冉皞, 李承东. A 型花岗岩的实质是什么? [J]. 岩石矿物学杂志. 2012. 31(4): 621-626.

[272] 张万平, 王立全, 王保弟, 等. 江达-维西火山岩浆弧中段德钦岩体年代学、地球化学及岩石成因[J]. 岩石学报, 2011, 27(9): 2577-2590.

[273] 张文兰, 王汝成, 雷泽恒, 等. 湘南彭公庙加里东期含白钨矿细晶岩脉的发现[J]. 科学通报, 2011, 58(18): 1448-1454.

[274] 张晓琳, 邱检生, 王德滋, 等. 浙江普陀山黑云母钾长花岗岩及其岩石包体的地球化学与岩浆混合作用[J]. 岩石矿物学杂志, 2005(2): 81-92.

[275] 张怡军, 黄光华, 尚立晓, 等. 湘南地区钨矿成矿地质特征[J]. 中国地质, 2014, 41(1): 246-255.

[276] 张文兰, 华仁民, 王汝成, 等. 江西大吉山五里亭花岗岩单颗粒锆石 U-Pb 同位素年龄及其地质意义探讨[J]. 地质学报, 2004(3): 352-358.

[277] 张苑, 舒良树, 陈祥云. 华南早古生代花岗岩的地球化学、年代学及其成因研究——以赣中南为例[J]. 中国科学(地球科学), 2011, 41(8): 10611079.

[278] 章健. 华南印支期花岗岩与铀成矿-黑云母和绿泥石的制约[D]. 南京: 南京大学, 2010, 1-94.

[279] 赵博. 钦杭成矿带南岭与浙西成矿元素富集规律的对比研究[D]. 北京: 中国地质大学(北京), 2014.

[280] 赵葵东, 蒋少涌, 姜耀辉, 等. 湘南骑田岭岩体芙蓉超单元的锆石 SHRIMP U-Pb 年龄及其地质意义[J]. 岩石学报, 2006, 22（10）: 2611-2616.

[281] 赵蕾, 于津海, 王丽娟, 等. 红山含黄玉花岗岩的形成时代及其成矿能力分析[J]. 矿床地质, 2006(6): 672-682.

[282] 赵希林, 姜杨, 邢光福, 等. 陈蔡早古生代俯冲增生杂岩对华夏与扬子地块拼合过程的指示意义[J]. 吉林大学学报(地球科学版), 2018, 48(4): 1135-1153

[283] 赵增霞, 徐兆文, 缪柏虎, 等. 湖南衡阳关帝庙花岗岩岩基形成时代及物质来源探讨[J]. 地质学报, 2015, 89(7): 1219-1230.

[284] 赵增霞, 徐兆文, 左昌虎, 等. 湖南桂阳大义山南体(太坪山单元)花岗岩形成时代及物质来源探讨[J]. 地质论评, 2017, 63(2): 395 412.

[285] 赵振华, 包志伟, 张伯友. 湘南中生代玄武岩类地球化学特征[J]. 中国科学(D 辑: 地球科学), 1998(S2): 7-14.

[286] 曾令森, 高利娥. 喜马拉雅碰撞造山带新生代地壳深熔作用与淡色花岗岩[J]. 岩石学报, 2017, 33(5): 1420-1444.

[287] 曾认宇, 赖健清, 张利军, 等. 湘中紫云山岩体暗色微粒包体的成因: 岩相学、全岩及矿物地球化学证据[J]. 地球科学, 2016, 41(9): 1461-1481.

[288] 曾宪科, 周倩, 刘旭, 等. 湖南川口矿田钨矿化特征及成因机理[J]. 湖南科技学院学报, 2011, 32(8): 72-75.

[289] 郑佳浩. 湘南王仙岭花岗岩体的特征及成因研究[D]. 北京: 中国地质大学(北京), 2012.

[290] 郑佳浩, 郭春丽. 湘南王仙岭花岗岩体的锆石 U-Pb 年代学、地球化学、锆石 Hf 同位素特征及其地质意义[J]. 岩石学报, 2012, 28(1): 75-90.

[291] 郑平, 文春华. 安徽铜陵地区胡村铜矿床流体包裹体研究[J]. 岩石矿物学杂志, 2017, 36(4): 564-580.

[292] 郑平, 肖清华, 林乐夫. 湘东南地区中生代花岗岩放射性地球化学特征及岩石圈热结构研究[J]. 国土资源导刊, 2020, 17(4): 1-5.

[293] 郑平. 湖南衡南杨林坳白钨矿床控矿构造研究[D]. 长沙: 中南大学, 2008: 1-91.

[294] 钟响, 柏道远, 贾朋远, 等. 湘南印支期塔山岩体地球化学特征及形成构造背景[J]. 华南地质与矿产, 2015, 31(1): 36-47.

[295] 周岱, 胡军, 杨文强, 等. 粤西新兴岩体的形成时代与成因研究: 对古特提斯洋东支关闭时间的约束[J]. 中国地质, 2021, 48(6): 1896-1923.

[296] 周万蓬, 谢财富, 郭福生, 等. 赣中乐安加里东期花岗岩体岩石学及主、微量元素特征[J]. 矿物岩石地球化学通报, 2017, 36(2): 259-269.

[297] 周新民. 南岭地区晚中生代花岗岩成因与岩石圈动力学演化[D]. 南京: 南京大学, 2005.

[298] 周新民. 对华南花岗岩研究的若干思考[J]. 高校地质学报, 2003, 9(4): 556-565.

[299] 朱金初, 饶冰, 熊小林, 等. 富锂氟含稀有矿化花岗质岩石的对比和成因思考[J]. 地球化学, 2002(2): 141-152.

[300] Zurevinski S, Hollings P, 周涛发, 等. 花岗质岩浆和矿化之间的关系: 重要概念和关键特征. 岩石学报, 2017, 33(5): 1541-1553.

[301] 朱清波, 黄文成, 孟庆秀, 等. 华夏地块加里东期构造事件: 两类花岗岩的锆石 U-Pb 年代学和 Lu-Hf 同位素制约[J]. 中国地质, 2015, 42(6): 1715-1739.

[302] 朱众龄, 等. 赣南钨矿地质[M]. 南昌: 江西人民出版社, 1981.

[303] 邹明煜, 郭瑞清, 梁文博, 等. 塔里木北缘库鲁克塔格地区古生代花岗质侵入岩 Sr-Nd-Hf 同位素地球化学特征及其意义[J]. 矿物岩石地球化学通报, 2018, 37(6): 1074-1083.

[304] 邹滔, 王京彬, 王玉往, 等. 新疆克拉玛依岩体的岩浆混合作用成因: 岩石地球化学证据[J]. 中国地质, 2011, 38(1): 65-76.

[305] 邹先武, 崔森, 屈文俊, 等. 广西都庞岭李贵福钨锡多金属矿 Re-Os 同位素定年研究[J]. 中国地质, 2009, 36(4): 837-844.

[306] Aksyuk AM. Estimation of fluorine concentrations in fluids of mineralized skarn systems[J]. Economic Geology, 2000, 95(6): 1339-1347.

[307] Amelin Y, Lee DC, Halliday AN, et al. Nature of the Earth´s earliest crust from hafnium isotopes in single detrital zircons[J]. Nature, 1999, 399(6733): 1497-1503.

[308] Armstrong B G. The effects of measurement errors on relative risk regressions[J]. American Journal of Epidemiology, 1991, 132(6): 1176-1184.

[309] Badanina EV, Veksler IV, Thomas R, et al. Magmatic evolution of Li-F, rare-metal granites: A case study of melt inclusions in the Khangilay complex, eastern Transbaikalia (Russia)[J]. Chemical Geology, 2004, 210(1-4): 113-133.

[310] Barbarin B. A review of the relationships between granitoid types, their originsand their geodynamic environments[J]. Lithos, 1999, 46: 605-626.

[311] Batchelor R A, Bowden P. Petrogenetic interpretationof granitoidrock series using multicationic parameters[J]. Chem Geol, 1985, 48: 43-55.

[312] Bau M. Controls on the fractionation of isovalent trace elements in magmatic and aqueous systems: evidence from Y/Ho, Zr/Hf, and lanthanide tetrad effect[J]. Contributions to Mineralogy & Petrology, 1996, 123(3): 323-333.

[313] Bhatia M R. Plate tectonics and geochemical composition of sandstones[J]. The Journal of Geology, 1983, 91(6): 611-627.

[314] Blichert-Toft J, Albarede F. The Lu-llf isotope geochemistry of chondrites and the evolution of themantle-crust system[J]. Earth Planet Sci Lett, 1997, 148: 243-258.

[315] Bonin B. A-Type granites, related rocks: evolution of a oncept, problems, Prospects[J]. lithos, 2007, 97(1-2): 1-29.

[316] Bowen N L. The reaction principle in petrogenesis[J]. Geol, 1922, 30: 177-198.

[317] Breiter K, Lamarao CN, Borges R M K, et al. Chemical characteristics of zircon from A-type granites and comparison to zircon of S-type granites[J]. Lithos, 2014, 192-195: 208-225.

[318] Burt DM, Sheridan MF, Bikun JV, et al. Topaz rhyolites: distribution, origin, and significance for exploration[J]. Economic Geology, 1982, 77(8): 1818-1836.

[319] Castillo PR. Adakite petrogenesis. Lithos, 2012, 134-135: 304-316.

[320] Carter A, Roques D, Bristow C. Understanding Mesozoic accretion in southeast Asia: significance of Triassic thermotectonism(indosinian orogeny) in Vietnam[J]. Geology, 2001, 29: 211-214.

[321] Černýet P. The Tanco pegmatite at Bernic Lake, southeastern Manitoba. In: Černýet P (ed.). Granitic Pegmatites in Science and Industry[J]. Mineralogical Association of Canada, Short Course Handbook, 1982a, 8: 527-543.

[322] Černýet P, Blevin PL, Cuney M, et al. Granite-related ore deposits. In: Hedenquist JW, Thompson JFH, Goldfarb RJ, Richards JP, editors. Economic geology one hundredth anniversary volume[J]. Littleton (CO): Society of Economic Geologists Inc. 2005, 337-370.

[323] Chappell B W. Aluminium saturation in I- and S-type granites and the characterization of fractionated haplogranites[J]. Lithos, 1999.

[324] Chappell BW, White AJR. Two contrasting granite types[J]. Pacific Geology, 1974, 8(2): 173-174.

[325] Chappell B W, White A J R. I-and S-Type Granites in the Lachlan Fold Belt[J]. Earth and Environmental Science Transactions of the Royal Society of Edinburgh, 1992, 83(1-2): 1-26.

[326] Chappell BW, Stephens WE. Origin of infracrustal (I - type) granite magmas [J]. Transactions of the Royal Society of Edinburgh: Earth Sciences, 1988, 79(2-3): 71-86.

[327] Charvet J, Shu L, Faure M, et al. Structural development of the Lower Paleozoic belt of South China: genesis of an intracontinental orogen[J]. Journal of Asian Earth Sciences, 2010, 39 (4): 309-330.

[328] Chen B, Ma XH, Wang ZQ. Origin of the fluorine-rich highly differentiated granites from the Qianlishan composite plutons (South China) and implications for polymetallic mineralization [J]. Journal of Asian Earth Sciences, 2014, 93: 301-314.

[329] Chen CH, LIU YH, LEE CY, et al. The Triassic reworking of the yunkai massif (South China): EMPmonazite and U-Pb zircon geochronologic evidence[J]. Tectonophysics, 2017, 694: 1-22.

[330] Chen P R, Hua R M, Zhang B T, et al. Early Yanshanian post-orogenic granitoids in the Nanling region: Petrological constraints and geodynamic settings[J]. China Sciences (D), 2002, 45(8): 755-768.

[331] Chung SL, Cheng H, Jahn BM, et al. Major and Trace Element, and Sr-Nd Isotope Constraints on the Origin of Paleogene Volcanism in South China Prior to the South China Sea Opening[J]. Lithos, 1997, 40(2/3/4): 203-220.

[332] Chiaradia S. The evolution of Tungsten sources in crustal mineralization from Archean to Tertiary inferred from lead isotopes[J]. Economic Geology, 2003, 98: 1039-1045.

[333] Chu, Y, Lin W, Faure M, et al. Phanerozoic tectonothermal events of the Xuefengshan Belt, central South China: implications from U-Pb age and Lu-Hf determinations of granites[J].

Lithos, 2012, 150: 243-255.

[334] Claiborne LL, Miller CF, Walker BA, et al. Tracking magmatic processes through Zr/Hf ratios in rocks and Hf and Ti zoning in zircons: An example from the Spirit Mountain batholith[J]. Mineralogical Magazine, 2006, 70(5): 517-543.

[335] Clemens JD, Holloway JR, White AJ R. Origin of an A-type granite: experimental constraints[J]. American Minerologist, 1986, 71(3/4): 317-324.

[336] Clemens JD, Stevens G. What controls chemical variation in granitic magmas? [J] Lithos, 2012, 134-135: 317-329.

[337] Condie K C. Plate tectonics and crustal evolution (Second Edition) [M]. Pergamon Press, 1982.

[338] Collins WJ, Beams SD, White AJR, et al. Nature and origin of A-type granites with particular reference to southeastern Australia[J]. Contributions to Mineralogy and Petrology, 1982, 80 (2): 189-200.

[339] Cox K G, Bell J D, Pankhurst R J. The Interpretation of Igneoue Rock[J]. London George Allen and Unwin, 1979, 1-450.

[340] Dai B Z, JIANG S Y, JIANG Y H, et al. Geochronology, Geochemistry and Hf-Sr-Nd Isotopic Compositions of Huziyan Mafic Xenoliths, Southern Hunan Province, South China: Petrogenesis and Implicationsfor Lower Crust Evolution[J]. Lithos, 2008, 102(1): 65-87.

[341] De la Roche H, Letrrier J, Grande Claude P, et al. A classification of volcanic and plutonic rocks using R1-R2 diagrams and major element analyses – its relationship and current nomennclature[J]. Chem Geol, 1980, 29, 183-210.

[342] Deering C D, Keller B, Schoene B, et al. Zircon record of the plutonic-volcanic connection and protracted rhyolite melt evolution[J]. Geology, 2016, 44: 267-270.

[343] Defant MJ, Drummond MS. Derivation of some modern arc magmas by melting of young subducted lithosphere[J]. Nature, 1990, 347(6294): 662-665.

[344] Depaolo DJ. Neodymium isotope in the Colorado front range and crustal-Mantle evolution in the prote[J]. Nature, 1981, 291: 193-196.

[345] Dill HG, Sachsenhofer RF, Grecula P, et al. Fossil fuels, ore and industrial minerals. In: McCann T. (ed.). The Geology of Central Europe[J]. Geological Society, London, Special Publications, 2008: 1341-1449.

[346] Dill HG. Pegmatites and aplites: Their genetic and applied ore geology[J]. Ore Geology Reviews, 2015, 69: 417-561.

[347] Dirk K, Ulrich H. Post-collisional potassic granitoids from the southern and northwestern parts of the late Neoproterozoic East African Orogen: A review[J]. Lithos, 1998, 45(1-4): 177~195.

[348] Dostal J, Chatterjee A K. Contrasting behavior of Nb/Ta and Zr/Hf ratios in a peraluminous granites pluton(Nova Scotia, Canada)[J]. Chem. Geol. 2000. 163: 207-218.

[349] Douce A E P, Humphreys E D, Johnston A D. Anatexis and metamorphism in tectonically

thickened continental crust exemplified by the Sevier hinterland, western North America[J]. Earth and Planetary Science Letters, 1990, 97(3-4): 290-315.

[350] Du A D, Wu S Q, Sun D Z, et al. Preparation and certification of Re-Os dating reference material: Molybdenite HLP and JDC[J]. Geostandard and Geoanalytical Research, 2004, 28 (1): 41-52.

[351] Eby G N. The A-type granitoids: A review of their occurrence and chemical characteristics and speculation on their petrogenesis[J]. Lithos, 1990, 26(1/2): 115-126.

[352] Faure G. Principles of isotope geology (2nd ed)[M]. New York: John Wiley and Sons, 1986: 567.

[353] Faure M, Shu L, Wang B, et al. Intracontinental subduction: a possible mechanism for the Palaeozoic Orogen of SE China[J]. TerraNova, 2009, 21(5): 360-368.

[354] Feng S J, Zhao K D, Ling H F, et al. Geochronology, elemental and Nd-Hf isotopic geochemistry of Devonian A-type granites in central Jiangxi, South China: Constraints onpetrogenesis and post-collisional extension of the Wuyi-Yunkai orogeny[J]. Lithos, 2014, 206-207: 1-8.

[355] Ferla P, Meli C. Evidence of magma mixing in the "Daly Gap" of alkaline suites: A case study from the enclaves of Pantelleria(Italy)[J]. Journal of Petrology, 2006, 47(8): 1467-1507.

[356] Floyd P A, Winchester J A. Magma type and tectonic settingdiscrimination using immobile elements [J]. Earth andPlanetary Science Letters, 1975, 27: 211-218.

[357] Frost BR, Barnes CG, Collins WJ, et al. A geochemical classification for granitic rocks[J]. Journal of Petrology, 2001, 42(11): 2033-2048.

[358] Frost CD, Frost BR. On ferroan (A-type) granitoids: Their compositional variability and modes of origin[J]. Journal of Petrology, 2011, 52(1): 39-53.

[359] Garwin S. The geologic setting of intrusion-related hydrothermal systems near the Batu Hijau porphyry copper-gold deposit, Sumbawa, Indonesia. In: Goldfarb RJ and Nielsen RL (eds.). Global Exploration 2002: Integrated Methods for Discovery[J]. Colorado, USA: Society of Economic Geologists, Special Publication, 2002, 9: 333-366.

[360] Gelman S E, Deering C D, Bachmann O, et al. Identifying the crystal graveyards remaining after large silicic eruptions[J]. Earth Planet Sci Lett, 2014, 403: 299-306.

[361] Griffin WL, Pearson NJ, Belousova E, et al. The Hf isotope composition ofcratonic mantle: LA-MC-ICPMS analysis of zircon megacrysts in kimberlites[J]. Geochim. Cosmoehim. Acta, 2000, 64: 133-147.

[362] Griffin WL, Wang X, Jackson SE, et al. Zircon Chemistry andmagma genesis, SE China: Ln-siut analysis of Hf isotopes, Tonglu and Pingtan igneous complexes[J]. lithos, 2002, 61 (3): 237-269.

[363] Hibbard MJ. Textural anatomy of twelve magma-mixed granitoid systems. In: Didier J and Barbarin B (eds.)[J]. Enclaves and Granite Petrology. Amsterdam: Elsevier, 1991, 431-444.

[364] Hairs N B W, Pearce J A, Tindle A G. Geochemical characteristics of collision-zone magmatism[C]//Coward M P, Reis A C, eds. Collision tectonics. London: Spec Publ Grol Soc Lond, 1986, 19: 67-81.

[365] Healy B, Collins WJ, Richards SW. A hybrid origin for Lachlan S-type granites: the Murrumbridgee batholith example[J]. Lithos, 2004, 79, 197-216.

[366] Holliday JR, Wilson AJ, Blevin PL, et al. Porphyry gold-copper mineralisation in the Cadia district, eastern Lachlan Fold Belt, New South Wales, and its relationship to shoshonitic magmatism[J]. Mineralium Deposita, 2002, 37(1): 100-116.

[367] Hollings P, Wolfe R, Cooke DR, et al. Geochemistry of tertiary igneous rocks of northern Luzon, Philippines: Evidence for a back-arc setting for alkalic porphyry copper-gold deposits and a case for slab roll-back? [J]. Economic Geology, 2011, 106(8): 1257-1277.

[368] Hu ZC, Zhang W, Liu YS, et al. "Wave" signal-smoothing and mercury-removing device for laser ablation quadrupole and multiple collector ICPMS analysis: Application to lead isotope analysis[J]. Analytical Chemistry, 2015, 87(2): 1152-1157.

[369] Huang X L, Wang R C, Chen X M, et al. Vertical variations in the mineralogy of the Yichun topaz-lepidolite granite, Jiangxi Province, southern China[J]. Can Mineral, 2002, 40: 1047-1068.

[370] Hutton D H W. Granite emplacement mechanisms and tectonic controls: inferences from deformation studies[J]. Earth and Environmental Science Transactions of the Royal Society of Edinburgh, 1988, 79(2/3): 245-255.

[371] Irvine T N, Baragar W R A. A guide to the chemical classification of the common volcanic rocks[J]. Canadian Journal of Earth Sciences, 1971, 5(8): 523-548.

[372] Johannes W and Holtz F. Petrogenesis and experimental petrology of granitic rocks[M]. Springer-Verlag, 1996: 1-335.

[373] King P L, Chappell B W, Allen C M, et al. Are A-type granites the high-temperature felsic granites? Evidence from fractionated granites of the Wangrah Suite[J]. Ausralian Journal of Earth Science, 2001, 48: 501-514.

[374] King P L, White A J R, Chappell B W, et al. Characterization and origin of aluminous A-type granites from the Lachlan fold belt, southeastern Australia[J]. Journal of petrology, 1997, 38(3): 371-391.

[375] Kohut M, Stein H. Re-Os molybdenite dating of granite-related Sn-W-Mo mineralization at Hnilec, Gemeric Superunit, Slovakia[J]. Mineralogy and Petrology, 2005, 5: 82-89.

[376] Kouchi A, I Sunagawa. Mixing Basaltic and Dacitic Magmas By Forced Convection[J]. 1983, 304(5926): 527-528.

[377] Küster D, HARMS U. Post-collisional potassic granitoids from the southern and northwestern parts of the late Neoproterozoic East African Orogen: a review[J]. Lithos, 1998, 45(1-4): 177-195.

[378] Lang JR, Stanley CR, Thompson JFH, et al. Na-K-Ca magmatic hydrothermal alteration in

alkalic porphyry Cu-Au deposits, British Columbia. In: Thompson JFH (ed.) [J]. Magmas, Fluids and Ore Deposits. Mineralogical Association of Canada Short Course, 1995, 23: 339-366.

[379] Lee C T A, Morton D M. High silica granites: Terminal porosity and crystal settling in shallow magma chambers [J]. Earth Planet Sci Lett, 2015, 409: 23-31.

[380] Li Z, Bogdanova S V, Collins A S, et al. Assembly, configuration, and break-up history of Rodinia: A synthesis [J]. Precambrain Res, 2008, 160: 179-210.

[381] Li J, Huang X L, He P L, et al. In situ analyses of micas in the Yashan granite, South China: Constraints on magmatic and hydrothermal evolutions of W and Ta-Nb bearing granites [J]. Ore Geol Rev, 2015, 65: 793-810.

[382] Li W S, Ni P, Pan J Y, et al. Constraints on the timing and genetic link of scheelite- and olframite-bearing quartz veins in the Chuankou W ore field, South China [J]. Ore Geology Reviews, 2021, 133: 104-122.

[383] Li X H, Li WX, Li Z X, et al. Amalgamation between theYangtze and Cathaysia Blocks in South China: Constraints from SHRIMP U-Pb zircon ages, geochemistry and Nd-Hf isotopes of the Shuangxiwu volcanic rocks [J]. Precambrian Research, 2009, 174, 117-128.

[384] Ling H F, Shen W Z, Wang R C, et al. Geochemical characteristics and genesis of Neoproterozoic granitoids in the northwestern margin of the Yangtze Block [J]. Physics & Chemistry of the Earth Part A: Solid Earth & Geodesy, 2001, 26(9): 805-819.

[385] Linnen RL, Keppler H. Melt composition control of Zr/Hf fractionation in magmatic processes [J]. Geochimica et Cosmochimica Acta, 2002, 66(18): 3293-3301.

[386] Liu D B, Yang L, Deng X W, et al. Re-Os isotopic data for molybdenum from Hejiangkou tungsten and tin polymetallic deposit in Chenzhou and its geological significance [J]. Cent South Univ, 2016, 23, 1071-1084.

[387] Liu YS, Hu ZC, Gao S, et al. In situ analysis of major and trace elements of anhydrous minerals by LA-ICP-MS without applying an internal standard [J]. Chemical Geology, 2008, 257(1-2): 34-43.

[388] Loiselle MC, Wones DR. Characteristics and origin of anorogenic granites [J]. 1979, 31-34.

[389] Loucks R R. Distinctivecompositionofcopper-ore forming arc magmas [J]. Australian Journal of Earth Sciences, 2014, 61(1): 5-16.

[390] Ludwig KR. ISOPLOT 3.00. A Geochronological Toolkit for Microsoft Excel [J]. Berkeley: Berkeley Geochronology Center, California. 2001.

[391] Ludwig KR. ISOPLOT 3.00: A Geochronological Toolkit for Microsoft Excel. Berkeley: Berkeley Geochronology Center, 2003, 1-70.

[392] Maniar PD, Piccoli PM. Tectonic discrimination of granitoids [J]. Geol. Soc. Am. Bull., 1989, 101: 635-643.

[393] Maniar PD, Piccoli PM. Tcetonic discrimination of granitoids [J]. Geological society of America bulletin, 1989, 101(5): 635-643.

［394］Ma J L, Wei G J, Xu Y G, et al. Mobilization and re-distribution of major and trace elements during extreme weathering of basalt in Hainan Island, South China［J］. Geochimica et Cosmochimica Acta, 2007, 71(13): 3223-3237.

［395］Mao JW, Zhang ZC, Zhang ZH, et al. Re-Os isotopic dating of molybdenites in the Xiaoliugou U(Mo) deposit in the Northern Qilian Mountains and its geological significance［J］. GeochimCosmochim Acta, 1999, 63(11-12): 1815-1818.

［396］Mao ZH, Liu JJ, Mao JW, et al. Geochronology and geochemistry of granitoids related to the giantDahutang tungsten deposit, middle Yangtze Riverregion, China: Implications forpetrogenesis, geodynamic setting, andmineralization［J］. Gondwana Research. 2015, 28, 816-836.

［397］Marignac C, Cuney M. Ore deposits of the French Massif Central: Insight into the metallogenesis of the variscan collision belt［J］. Mineralium Deposita, 1999, 34(5-6): 472-504.

［398］Middlemost EAK. A simple classification of volcanic rocks［J］. Bulletin Volcanologique, 1972, 36(2): 382-397.

［399］Miller C F, Mittlefehldt D W. Depletion of light rare-earth elements in felsic magmas［J］. Geology, 1982, 10: 129-133.

［400］Miller C F, Mittlefehldt D W. Extreme fractionation in felsic magma chambers: A product of liquid-state diffusion or fractional crystallization［J］. Earth Planet Sci Lett, 1984, 68: 151-158.

［401］Miller C F, McDowell S M, Mapes R W. Hot and cold granites? Implications of zircon saturation temperatures and preservation of inheritance［J］. Geology, 2003, 31(6): 529-532.

［402］Noronha F, Doria A, Dubessy J, et al. Characterization and timing of the different types of fluids present in the barren and ore-veins of the W-Sn deposit of Panasqueira［J］. Central Portugal, 1992, 1-12.

［403］Neiva A M R. Geochemistry of cassiterite and wolframite from tin and tungsten quartz veins in Portugal. Ore Geolog［J］. Reviews, 2008, 33: 221-238.

［404］Nesbitt H W, Young G M, McLennan S M, et al. Effects of chemical weathering and sorting on the petrogenesis of siliciclastic sediments, with implications for provenance studies［J］. The Journal of Geology, 1996, 104(5): 525-542.

［405］Nesbitt H W, Markovics G. Weathering of granodioritic crust, long-term storage of elements in weathering profiles, and petrogenesis of siliciclastic sediments［J］. Geochimica et Cosmochimica Acta, 1997, 61(8): 1653-1670.

［406］Pan JQ, Dai TG, Zhang DX, et al. In Situ Trace Elemental Analyses of Scheelite from the Chuankou Deposit, South China: Implications for Ore Genesis［J］. Minerals, 2020, 10(11): 1007-1007.

［407］Patiňo Dounce A E. Generation of metaluminous A-type granites by low-pressure melting of calc-alkaline granitoids[J]. Geology, 1997, 25(8): 743-746.

[408] Pearce JA, Norry MJ. Petrogenetic implications of Ti, Zr, Y, and Nb variations in volcanic rocks[J]. Contributions to Mineralogy and Petrology, 1979, 69(1): 33-47.

[409] Pearce JA. Trace element characteristics of lavas from destructive plate boundaries. In: Thorpe RS (ed.). Orogenic Andesites and Related Rocks[J]. Chichester, England: John Wiley and Sons, 1982, 528-548.

[410] Pearce J A, Harris N B W, Tindle A G. Trace element discrimination diagrams for the tectonic interpretation of granitic rocks[J]. Journal of Petrology, 1984, 25(4): 956-983.

[411] Pearce J A. Sources and ettings of granitic rocks[J]. Episodes, 1996, 19: 120-125.

[412] Peccerillo A, Taylor S R. Geochemistry of eocene calc-alkaline volcanic rocks from the Kastamonu Area, NorthernTurkey[J]. Contributions to Mineralogy and Petrology, 1976, 58: 63-81.

[413] Peng N L, Wang X H, Yang J, et al. Re-Os dating of molybdenite from Sanjiaotan tungsten deposit in Chuankou area, Hunan Province, and its geological implications[J]. Mineral Deposits, 2017, 36, 1402-1414.

[414] Pitcher W S. Granite type and tectonic environment. Mountai Building Processes, Hsii(ed). Acad. Press, London, 1983, 19-40.

[415] Pitcher W S. Granites and yet more granites forty years on. Geologische Rundschau, 1987, 76(1): 51-79.

[416] Plank T, Langmuir C H. The chemical composition of subducting sediment and its consequences for the crustand mantle[J]. Chem. Geol., 1998, 145: 325-394.

[417] Polya DA. Chemistry of the main-stage ore-forming fluids of the Panasqueira W-Cu(Ag)-Sn deposit, Portugal: Implications for models of ore genesis[J]. Economic Geology, 1989, 84(5): 1134-1152.

[418] Qin J H, Wang D H, Li C, et al. The molybdenite Re-Os isotope chronology, in situ scheelite and wolframite trace elements and Sr isotope characteristics of the Chuankou tungsten ore field, South China[J]. Ore Geology Reviews, 2020, 126, 1-19.

[419] Qing L, JIANG YH, DU FG, et al., Petrogenesis and Tectonic Significance of Early Indosinian A-Type Granites in the Xinxing Pluton, Southern South China[J]. Min-eralogy and Petrology, 2020, 701-713.

[420] Raith J G, Stein H J. Re-Os dating and sulfur isotope composition of molybdenite from tungsten deposits in western Namaqual, South Africa: implications for ore genesis and the timing of metamorphism[J]. Mineralium Deposita, 2000, 35: 741-753.

[421] Rice C M, Harmon R S, Boyce A J, et al. Assessments of Grid-based whole-rock δD surveys in exploration: Boulder County epithermal Tungsten Deposit, Colorado[J]. Economic Geology, 2001, 96: 133-143.

[422] Richards JP, Kerrich R. Special paper: Adakite-like rocks: Their diverse origins and questionable role in metallogenesis[J]. Economic Geology, 2007, 102(4): 537-576.

［423］Richards JP. Magmaticto hydrothermalmetal fluxesin convergentand collided margins［J］. Ore Geology Reviews, 2011, 40(1): 1-26.

［424］Reichardt H, Weinberg RF, Andersson UB, et al. Hybridization of granitic magmas in the source: The origin of the Karakoram batholith, Ladakh, NW India［J］. Lithos, 2010, 116 (3-4): 249-272.

［425］Rudnick R L. Making continental crust［J］. Nature, 1995, 378, 571-578.

［426］Rutter MJ, Wyllie PJ. Melting of vapour-absent tonalite at 10kbar to simulate dehydration-melting in the deep crust［J］. Nature, 1988, 331(6152): 159-160.

［427］SA Bowring, T Housh. The Earth9s early evolution［M］. 1995.

［428］Shirey SB, Walker. Carius tube digestion for low-blank rhenium-osminm analysis Analytical Chemistry, 1995, 67: 2136-2124.

［429］Skjerlie K P, Johnston A D. Vapor-absent melting at 10 kbar of a biotite-and amphibole-bearing tonalitic gneiss: Implications for the generation of A-type granite［J］. Geology, 1992, 21(4): 336-342.

［430］Soderlund U, Patchett PJ, Vervoot JD, et al. The [176]Lu decay constant determined by Lu-Hf and U-Pb isotope systematic of Precambrian mafic intrusions［J］. Earth Planet Sci Lett, 2004, 219: 311-324.

［431］Sotnikov VI, Berzina AN, Berzina AP. The role of metasomatism of enclosing rocks in the balance of chlorine and fluorine during the ore formation at porphyry Cu-Mo deposits［J］. Russian Geology and Geophysics, 2006, 47(8): 937-947.

［432］Stein HJ, Markey RJ, Morgan JW, et al. TheremarkableRe-Os Chronometer in molybdenite: How and why it works［J］. Terra Nova, 2001, 13(6): 479-486.

［433］Sun SS, McDonough WF. Chemical and isotopic systematics of oceanic basalts: Implications for mantle composition and processes. Magmatism in the Ocean Basins［J］. Geol Soc Spec Publ, 1989, 42: 313-345.

［434］Sylvester PJ. Post-collisional strongly peraluminous granites［J］. Lithos, 1998, 45(1-4): 29-44.

［435］Taylor S R, Mclennan S M. The geochemical evolution of the continental crust［J］. Rev Geophys, 1995. 33: 241-265.

［436］Veksler IV. Liquid immiscibility and its role at the magmatic-hydrothermal transition: A summary of experimental studies［J］. Chemical Geology, 2004, 210(1-4): 7-31.

［437］Vervoort JD, Patchett PJ, Janne Blichert-Toft, et al. Relationships between Lu-Hf and Sm-Nd isotopic systems in the global sedimentary system［J］. Earth and Planetary Science Letters, 1999, 168: 79-99.

［438］Vervoort J D, Patchett P J, Albarède F, et al. Hf-Nd isotopic evolution of the lower crust［J］. Earth and Planetary Science Letters, 2000, 181(1-2): 115-129.

［439］Wang YJ, Fan WM, Zhang GW, et al. Phanerozoic tectonics of the South China Block: key observations and controversies［J］. Gondwana Research, 2013, 23, 1273-1305.

［440］Wang YJ, Fan WM, Sun M, et al. Geochronological, geochemicaland geothermal constraints on petrogenesis of the Indosinian peralununous granites in the South China Block: a case study in the Hunan Province[J]. Lithos, 2007, 96, 475-502.

[441] Wang ZJ, Wang J, Deng Q, et al. Paleoproterozoic I-type granites and their implications for the Yangtze block position in the Columbia supercontinent: Evidence from the Lengshui Complex, South China[J]. Precambrian Research, 2015, 263: 157-173.

[442] Wang D Z, Shu L S. Late Mesozoic basin and range tectonics and related magmatism in Southeast China[J]. Geoscience Frontiers, 2012, 3(2): 109-124.

[443] Wang Y J, Zhang A M, Fan W M, et al. Kwangsian crustal anatexis within the eastern South China Block: geochemical, zircon U-Pb geochronological and Hf isotopic fingerprints from the gneissoid granites of Wugong and Wuyi-Yunkai Domains[J]. Lithos, 2011, 127(1-2): 239-260.

[444] Wang Y J, Zhang A M, Silurian gabbro in the Fan, W. M., et al. Cathaysia Block: Origin of paleosubduction modified mantle for geochronological and geochemical evidence[J]. Lithos, 2013(160-161): 37-54.

[445] Watson J. Continuous proliferation of murine antigen-specific helper T lymphocytes in culture [J]. J. exp. med, 1979, 150(6): 1510-1519.

[446] Watson R R, Harrison T M. Zircon saturation revised: temperature and composition effects in a variety of crustal magma types[J]. Earth Planet Science Letter, 1983, 64: 295-304.

[447] Weaver B L. The origin of ocean island basalt end-member compositions: trace element and isotopic constraints. earth Planet[J]. Sci. Lett., 1991, 104, 381-397.

[448] Whalen J B, Currie K L, Chappell B W. A-Type granites: Geochemical characteristics, discrimination and petrogenesis[J]. Contrib. Miner Petrol. 1987, 95: 407-419.

[449] Wilkinson J J, Chang Z S, Cooke D R, et al. The chlorite proximitor: A new tool for detecting porphyry ore deposits[J]. Journal of Geochemical Exploration, 2015, 152: 10-26.

[450] Williams IS, Claesson S. Isotope evidence for the Precambrian province and Caledonian metamorphism of high grade paragneiss from the Seve Nappes, Scandinavian Caledonides, Ⅱ. Ion microprobe zircon U-Th-Pb[J]. Contrib Mineral Petrol, 1987, 97: 205-217.

[451] Wilson M B. Igneous Petrogenesis: A Golbal Tectonic Approach[M], London: Springer, 1989, 1-466.

[452] Wolf M B, London D. Apatite dissolution into peraluminous haplogranitic melts: An experimental studyof solubilities and mechanisms[J]. Geochim. cosmochim. acta, 1994, 58 (19): 4127-4145.

[453] Wolfgang Irber. The lanthanide tetrad effect and its correlation with K/Rb, Eu/Eu*, Sr/Eu, Y/Ho, and Zr/Hf of evolving peraluminous granite suites[J]. Geochimica Et Cosmochimica Acta, 1999, 63(3-4): 489-508.

[454] Wright JB. A simple alkalinity Ratio and its application to questions of non-orogenic granite genesis[J]. Geological Magazine, 1969, 106(4): 370-384.

[455] Wu J, Liang H Y, Huang W T, et al. Indosinian isotope ages of plutons and deposits in

southwesternMiaoershan–Yuechengling, northeastern Guangxi and implications on Indosinian mineralization in South China[J]. Chin. Sci. Bull, 2012, 57, 1024–1035.

[456] Xia Y, Xu X, Zou H, et al. Early Paleozoic crust–mantle interaction and lithosphere delamination in South China Block: evidence from geochronology, geochemistry, andSr–Nd–Hf isotopes of granites[J]. Lithos, 2014, 184–187: 416–435.

[457] Xie G Q, Mao J W, Bagas L, et al. Mineralogy and titanite geochronology of the Caojiaba W deposit, Xiangzhong metallogenic province, southern China: implications for a distal reduced skarn W formation[J]. Miner. Depos, 2019, 54, 459–472.

[458] Wood SA, Samson IM. The hydrothermal geochemistry of tungsten in granitoid environments: I. Related solubility of ferberite and scheelite as a function of T, P, Ph and mNaCl[J]. Economic Geology, 2000, 95, 143–182.

[459] Xu JF, Shinjo R, Defant MJ, et al. Origin of Mesozoic adakitic intrusive rocks in the Ningzhen area of East China: Partial melting of delaminated lower continental crust? [J]. Geology, 2002, 30(12): 1111–1114.

[460] Xu HJ, Ma CQ, Zhao JH, et al. Magma Mixing Generated Triassic I–Type Granites in South China[J]. The Journal of Geology, 2014, 122(3): 329–351.

[461] Xu KQ, SunN, Wang DZ, et al. Petrogenesis of the granitoids in South China and their metallogenetic relations. In: K Q Xu and G C Tu, eds. Geology of Granites and their Metallogenetic Relations[M]. Beijing: Science Press, 1982, 1–13.

[462] Zhang D, Zhang WL, Wang RC, et al. Quartzvein Type Tungsten Mineralization Associated with the Indosinian (Triassic) Gaoling Granite, Miao'ershan area, Northern Guangxi[J]. Geol. Rev, 2015a, 61, 817–834.

[463] Zhang R Q, Lu J J, Wang R C, et al. Constraints of in situ zircon and cassiterite U–Pb, molybdenite Re–Os and muscovite 40Ar–39Ar ages on multiple generations of graniticmagmatism and related W–Sn mineralization in the Wangxianling area, Nanling Range, South China[J]. Ore Geol. Rev, 2015b, 65, 1021–1042.

[464] Zhang F F, Wang Y J, Zhang A M, et al. Geochronological and geochemical constraints on the petrogenesis of Middle Paleozoic (Kwangsian) massive granites in the eastern South China Block[J]. Lithos, 2012, 150: 188–208.

[465] Zhao K D, Jiang S Y, Sun T, et al. Zircon U–Pb dating, trace element and Sr–Nd–Hf isotope geochemistry of Paleozoic granites in the Miao'ershan–Yuechengling batholith, South China: implication for petrogenesis and tectonic–magmatic evolution [J]. Journal of Asian Earth Sciences, 2013, 74: 244–264.

[466] Zhao P L, Yuan S D, Mao J W, et al. Constraints on the timing and genetic link of the large–scale accumulation of proximal W–Sn–Mo–Bi and distal Pb–Zn–Ag mineralization of the world–class Dongpo orefield, Nanling Range, South China[J]. Ore Geol. Rev, 2018a, 95, 1140–1160.

[467] Zhao Z, Zhao W W, Lu L, et al. Constraints of multiple dating of the Qingshan tungsten

deposit on the Triassic W(-Sn) mineralization in the Nanling region. South China[J]. Ore Geol. Rev, 2018b, 94, 46-57.

[468] Zheng W, Mao JW, Zhao CS, et al. Re-Os geochronology of molybdenite from Yinyan porphyry Sn deposit in South China[J]. Resource Geology, 2015, 66(1): 63-70.

[469] Zong KQ, Klemd R, Yuan Y, et al. The assembly of Rodinia: The correlation of early Neoproterozoic (ca. 900Ma) high-grade metamorphism and continental arc formation in the southern Beishan Orogen, southern Central Asian Orogenic Belt (CAOB)[J]. Precambrian Research, 2017, 290: 32-48.

附　录

附录1　湖南衡阳盆地东缘岩浆作用与成矿效应插图

续表

续表

续表

续表

续表

附录2 湖南衡阳盆地东缘岩浆作用与成矿效应插表

序号	表序号	附表名称	页码
1	表1-1	衡阳盆地东缘岩浆与成矿效应研究主要完成工作一览表	14
2	表2-1	衡阳盆地及其东缘地区区域地层划分简表	18
3	表2-2	衡阳盆地及其东缘地区综合地质事件表	25
4	表2-3	衡阳盆地周缘地区岩浆岩同位素年龄数据表	32
5	表2-4	衡阳盆地及其周缘地区矿产资源成矿时代特征简表	45
6	表3-1	吴集岩体、狗头领岩体CIPW标准矿物计算含量表	60
7	表3-2	吴集岩体、狗头岭岩体岩石化学分析数据表	60
8	表3-3	狗头岭岩体岩石样品Rb-Sr、Sm-Nd同位素组成数据表	69
9	表4-1	将军庙花岗岩锆石SHRIMP U-Th-Pb同位素分析数据表	105
10	表4-2	五峰仙岩体黑云母二长花岗岩SHRIMP锆石U-Pb分析数据表	110
11	表4-3	川口钨矿区辉钼矿Re-Os同位素数据表	111
12	表4-4	将军庙花岗岩体主量元素含量(%)、CIPW标准矿物值及部分特征参数表	113
13	表4-5	将军庙花岗岩体微量元素分析数据表	116
14	表4-6	将军庙花岗岩体稀土元素分析结果及相关特征值数据表	118
15	表4-7	将军庙花岗岩体岩石样品Rb-Sr、Sm-Nd同位素组成数据表	120
16	表4-8	将军庙花岗岩锆石Lu-Hf分析结果数据表	121
17	表4-9	川口花岗岩体群主量元素分析数据及部分元素特征值表	122
18	表4-10	主要火成岩的分异指数表	125
19	表4-11	川口花岗岩微量元素分析结果数据表	126
20	表4-12	川口花岗岩体群稀土元素分析结果及相关特征值表	129
21	表4-13	川口花岗岩岩体群代表性岩石样品Rb-Sr、Sm-Nd同位素组成数据表	131
22	表4-14	川口二长花岗岩锆石Hf同位素分析数据表	133
23	表4-15	五峰仙花岗岩岩体群主量元素分析数据及部分元素特征值表	135
24	表4-16	五峰仙岩体CIPW标准矿物值含量表	137
25	表4-17	五峰仙岩体微量元素、稀土元素分析结果及相关特征值数据表	137
26	表4-18	五峰仙岩体锆石Hf同位素分析数据表	139

续表

图书在版编目（CIP）数据

湖南衡阳盆地东缘岩浆作用与成矿效应／陈迪等著.
—长沙：中南大学出版社，2023.5
ISBN 978-7-5487-5366-7

Ⅰ．①湖… Ⅱ．①陈… Ⅲ．①盆地—岩浆作用—研究
—衡阳②盆地—成矿作用—研究—衡阳 Ⅳ．①P588.11
②P617.264.3

中国国家版本馆 CIP 数据核字（2023）第 087009 号

湖南衡阳盆地东缘岩浆作用与成矿效应
HUNAN HENGYANG PENDI DONGYUAN YANJIANG ZUOYONG YU CHENGKUANG XIAOYING

陈 迪 罗 鹏 杨 俊 李银敏
著
刘庚寅 梁恩云 邹光均 马铁球

□出 版 人	吴湘华	
□责任编辑	史海燕	
□责任印制	唐 曦	
□出版发行	中南大学出版社	
	社址：长沙市麓山南路	邮编：410083
	发行科电话：0731-88876770	传真：0731-88710482
□印　　装	湖南省众鑫印务有限公司	

□开　　本	710 mm×1000 mm 1/16	□印张 19.25	□字数 387 千字
□版　　次	2023 年 5 月第 1 版	□印次 2023 年 5 月第 1 次印刷	
□书　　号	ISBN 978-7-5487-5366-7		
□定　　价	138.00 元		